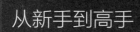
从新手到高手

张振　王修洪 / 编著

HTML+CSS+JavaScript
网页设计与布局

从新手到高手

U0229831

清华大学出版社
北京

内 容 简 介

本书主要介绍使用 HTML5、CSS3 和 JavaScript 进行网站图像、网页动画、设计以及网页制作的方法和实践经验，并从网站开发的角度，详细介绍开发不同类型静态网站的经验与过程。全书共分 21 章，内容包括网页基础、HTML5 概述、创建文本和图像、创建表格、创建超链接、应用多媒体、绘制图形、创建表单、Web 应用技术、揭秘 CSS3、美化字体与段落、美化菜单和图片、美化背景与边框、美化表格、美化表单、使用变形与动画、盒样式与用户界面、JavaScript 概述、JavaScript 核心语句与事件处理、JavaScript 内置对象、JavaScript 核心对象等。

本书图文并茂，秉承了基础知识与实例相结合的特点，其内容简单易懂，结构清晰，实用性强，案例经典，适合网页设计初学者、大中院校师生及计算机培训人员使用，同时也是网页设计爱好者的必备参考书。

图书在版编目（CIP）数据

HTML+CSS+JavaScript 网页设计与布局从新手到高手/张振，王修洪编著. —北京：清华大学出版社，2019
（从新手到高手）

ISBN 978-7-302-49183-5

Ⅰ. ①H… Ⅱ. ①张… ②王… Ⅲ. ①超文本标记语言–主页制作–程序设计–高等学校–教材 ②网页制作工具–高等学校–教材 ③JAVA 语言–程序设计–高等学校–教材 Ⅳ. ①TP312②TP393.092

中国版本图书馆 CIP 数据核字（2017）第 330847 号

责任编辑：陈绿春
封面设计：潘国文
责任校对：胡伟民
责任印制：沈　露

出版发行：清华大学出版社

网　　　址：http://www.tup.com.cn, http://www.wqbook.com
地　　　址：北京清华大学学研大厦 A 座　　　邮　　编：100084
社 总 机：010-62770175　　　　　　　　　邮　　购：010-62786544
投稿与读者服务：010-62776969，c-service@tup.tsinghua.edu.cn
质量反馈：010-62772015，zhiliang@tup.tsinghua.edu.cn

印 装 者：三河市君旺印务有限公司
经　　销：全国新华书店
开　　本：190mm×260mm　　印　张：31.25　　字　数：885 千字
版　　次：2019 年 4 月第 1 版　　　　　　印　次：2019 年 4 月第 1 次印刷
定　　价：89.00 元

产品编号：063670-01

前　言

HTML5 是自 2010 年以来最热门的技术之一。学习 HTML5 成为 Web 开发者的一项重要任务。当你学会了 HTML5，就掌握了迈向未来 Web 平台的一把钥匙。因此我们希望借助此书，帮助国内的 Web 开发者更好地学习 HTML5，以及与之相伴随的 CSS3 与 JavaSricpt 技术。

本书是一种典型的 HTML5、CSS3 和 JavaSricp 实例教程，由多位经验丰富的网页设计人员和程序员编著而成。本书立足于网络行业，详细介绍 HTML5、CSS3 和 JavaSricp 网页的设计和制作流程。

1．本书内容

全书系统全面地介绍了 HTML5+CSS3+JavaSricp 网页设计与布局的应用知识，每章都提供了丰富的实用案例，用来帮助读者巩固所学知识。本书共分为 21 章，内容如下所述。

第 1 章：全面介绍了网页基础，包括初始网页、W3C 概述、网站设计概述、网页的艺术表现与风格设计等内容。

第 2 章：HTML5 概述，包括 HTML5 基本概念、HTML5 的优势、HTML5 的主体结构、HTML5 文件的编写方法等内容。

第 3 章：全面介绍了创建文本和图像，包括添加网页文本、设置文本格式、设置文字列表、使用图像等内容。

第 4 章：全面介绍了创建表格，包括使用表格、编辑单元格、设置表格、处理表格数据等内容。

第 5 章：全面介绍了创建超链接，包括链接与路径、使用超链接、应用 IFrame 框架等内容。

第 6 章：全面介绍了应用多媒体，包括插入 Flash、使用音频文件、使用视频文件等内容。

第 7 章：全面介绍了绘制图形，包括认识 HTML5 Canvas 元素、绘制基本形状、绘制渐变图形、绘制变形图形、编辑图形、使用图像、绘制文字等内容。

第 8 章：全面介绍了创建表单，包括添加表单、添加文本和网页元素、添加选择和按钮元素、添加表单高级元素等内容。

第 9 章：全面介绍了 Web 应用技术，包括本地存储、离线 Web 应用、通信应用、线程应用等内容。

第 10 章：揭秘 CSS3，包括 CSS3 简介、应用 CSS3、使用 CSS 选择器等内容。

第 11 章：全面介绍了美化字体与段落，包括设置字体格式、设置段落格式、设置高级样式等内容。

第 12 章：全面介绍了美化菜单与图片，包括插入图像文件、设置图片格式、图文混排、设置项目列表等内容。

第 13 章：全面介绍了美化背景与边框，包括设置背景格式、设置边框格式、设置圆角效果等内容。

第 14 章：全面介绍了美化表格、美化表单、美化超链接等内容。

第 15 章：全面介绍了 CSS3 变形与动画，包括 2D 变形、设计动画、渐变效果等内容。

第 16 章：全面介绍了盒样式与用户界面，包括使用盒相关样式、用户界面模块、设置分栏效果等内容。

第 17 章：全面介绍了 JavaScript 概述，包括 JavaScript 简介、JavaScript 语法基础、JavaScript 数据结构和类型、JavaScript 运算符等内容。

第 18 章：全面介绍了 JavaScript 核心语法，包括条件判断语句、循环和跳转语句、函数、事件驱动和事件处理等内容。

第 19 章：全面介绍了 JavaScript 的内置对象，包括面向对象概述、字符串对象、数值对象、日期对象、数组对象等内容。

第 20 章：全面介绍了 JavaScript 的核心对象，包括窗口对象、文档对象、表单和图像对象等内容。

第 21 章：全面介绍了网站后台管理系统，以综合案例的方式搭配使用 HTML5、CSS3 和 JavaScript 技术。

2．本书主要特色

- ❑ **系统全面，超值实用**。全书提供了 39 个练习案例，通过示例分析和设计过程，讲解 HTML5、CSS3 和 JavaScript 网页设计与布局的应用知识。每章穿插提示、分析、注意和技巧等栏目，构筑了面向实际的知识体系。本书采用了紧凑的体例和版式，在相同的内容下，篇幅缩减了 30% 以上，实例数量增加了 50%。

- ❑ **串珠逻辑，收放自如**。统一采用三级标题灵活安排全书内容，摆脱了普通培训教程按部就班讲解的窠臼。每章都配有扩展知识点，便于用户查阅相应的基础知识。内容安排收放自如，方便读者学习图书内容。

- ❑ **全程图解，快速上手**。各章内容分为基础知识和实例演示两部分，全部采用图解方式，图像均做了大量的裁切、拼合、加工，信息丰富，效果精美，令读者阅读体验轻松，上手容易。读者在书店中一翻开图书，就会获得强烈的视觉冲击，感到本书与同类书在品质上拉开距离。

- ❑ **新手进阶，加深印象**。全书提供了 82 个基础实用案例，通过示例分析、设计应用，全面加深 HTML5+CSS3+JavaScript 网页设计与布局的基础知识应用方法的讲解。在新手进阶部分，每个案例都提供了操作简图与操作说明，并在光盘中配以相应的基础文件，以帮助用户完全掌握案例的操作方法与技巧。

3．本书使用对象

本书从网页设计与布局的基础知识入手，全面介绍了 HTML5、CSS3 和 JavaScript 网页设计与布局面向应用的知识体系。本书适合高职高专院校学生学习使用，也可作为计算机办公用户深入学习网页设计与布局的培训和参考资料。

参与本书编写的人员除了封面署名的人员之外，还有于伟伟、王翠敏、冉洪艳、刘红娟、谢华、夏丽华、卢旭、吕咏、扈亚臣、程博文、方芳、房红、孙佳星、张彬、马海霞等人。

由于水平有限，疏漏之处在所难免，欢迎读者朋友登录清华大学出版社的网站 www.tup.com.cn 与我们联系，帮助我们改进提高。

本书的配套素材文件请扫描封底的二维码进行下载，如果在下载过程中碰到问题，请联系陈老师，联系邮箱：chenlch@tup.tsinghua.edu.cn。

作　者

2019 年 1 月

目　录

第 1 章

网页基础

　　随着互联网的逐渐发展，网站建设已成为企业发展战略中的重要内容之一。而随着市场上的激烈竞争，越来越多的网站开始注重网页的界面设计，以期通过优化和美化界面，取得竞争的主动权，达到吸引更多用户的目的。网页是浏览器与网站开发人员沟通交流的窗口，一个美观且易于与用户交互的图形化网页，除了方便用户浏览网页内容和使用各种网页功能之外，还可以为用户提供美的视觉享受。本章主要介绍网页设计之前的网页构成、网页配色、网站布局等一些基础知识，以及设计网页所需要进行的各种准备工作。

1.1　初识网页

网页（Web Page）是网站中的一个页面，是构成网站的基本元素，通常是 HTML 格式（文件扩展名为.html、.htm、.asp、.aspx、.php 或者.jsp 等）。文字和图片是构成网页的两个最基本的元素，并通过网页浏览器来阅读。

1.1.1　网页的构成

Internet 中的网页内容各异，然而多数网页都是由一些基本的版块组成的，包括 Logo、导航条、Banner、内容版块、版尾和版权等。

1．Logo 图标

Logo 是企业或网站的标志，是徽标或者商标的英文说法，起到对徽标拥有公司的识别和推广的作用。通过形象的 Logo，可以让浏览者记住公司主体和品牌文化。网络中的 Logo 徽标主要是各个网站用来与其他网站链接的图形标志，代表一个网站或网站的一个版块。例如，微软的 Logo，如下图所示。

2．导航条

导航条是网站的重要组成标签。合理安排的导航条可以帮助浏览者迅速查找需要的信息。例如，新浪网的导航条，如下图所示。

3．Banner

Banner 的中文直译为旗帜、网幅或横幅，意

译则为网页中的广告。多数 Banner 都以 JavaScript 技术或 Flash 技术制作，通过一些动画效果，展示更多的内容，并吸引用户观看，如下图所示。

4．内容版块

网页的内容版块通常是网页的主体部分。这一版块可以包含各种文本、图像、动画、超链接等。例如，蔡司光学网站的内容版块，如下图所示。

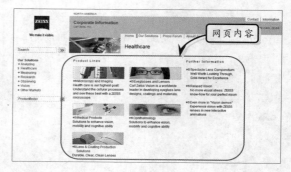

5．版尾版块

版尾是网页页面的最底端版块，通常放置网站的联系方式、友情链接和版权信息等内容，如下图所示。

1.1.2　静态网页

网页可以从技术上分为静态网页或者动态网页。静态网页是指网站的网页内容"固定不变"，当用户浏览器通过互联网的 HTTP（Hypertext Transport Protocol）协议向 Web 服务器请求提供网页内容时，服务器仅仅是将原已设计好的静态 HTML 文档传送给用户浏览器，如下图所示。

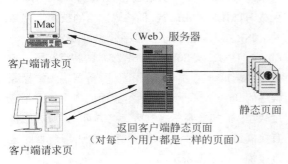

随着技术的发展，在 HTML 页面中添加样式表、客户端脚本、Flash 动画、Java Applet 小程序和 ActiveX 控件等，会使页面的显示效果更加美观和生动。但是，这只不过是视觉动态效果而已，它仍然不具备与客户端进行交互的功能。常见的静态页面以.html 或者.htm 为扩展名，如下图所示。

1.1.3　动态网页

这里说的动态网页，与网页上的各种动画、滚动字幕等视觉上的"动态效果"没有直接关系，动态网页可以是纯文字内容，也可以是包含各种动画的内容，这些只是网页具体内容的表现形式，无论网页是否具有动态效果，采用动态网站技术生成的网页都称为"动态网页"。

动态网页在于可以根据先前制定好的程序页面，以及用户的不同请求返回其相应的数据。动态页面常见的扩展名有：.asp、.php、.jsp、.cgi 等。

动态网页的优点是效率高、更新快、移植性强，从而快速地达到所见即所得的目的，但是它的优点同样也是它的缺点，其工作流程如下图所示。

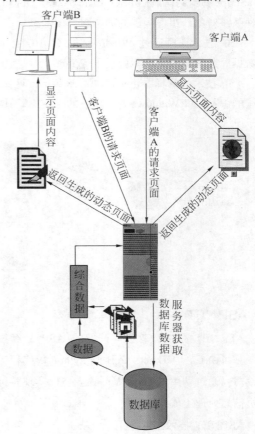

动态页面通常可以通过网站后台管理系统对网站的内容进行更新管理，而前端显示的内容可以随着后台数据的更改而改变，如发布新闻、发布公司产品、交流互动、博客、学校网等，如下图所示。

下面就常见的几种动态网技术来做简单的介绍。

1．ASP 技术

ASP（Active Server Pages，动态服务网页）是微软公司开发的一种由 VBScript 脚本语言或 JavaScript 脚本语言调用 FSO（File System Object，文件系统对象）组件实现的动态网页技术。

ASP 技术必须通过 Windows 的 ODBC 与后台数据库通信，因此只能应用于 Windows 服务器中。ASP 技术的解释器包括两种，即 Windows 9X 系统的 PWS 和 Windows NT 系统的 IIS，如下图所示。

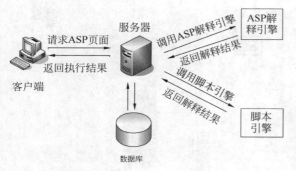

2．ASP.NET 技术

ASP.NET 是由微软公司开发的 ASP 后续技术，其可由 C#、VB.net、Perl 及 Python 等编程语言编写，通过调用 System.Web 命名空间实现各种网页信息处理工作。

ASP.NET 技术主要应用于 Windows NT 系统中，需要 IIS 及.NET Framework 的支持。通过 Mono 平台，ASP.NET 也可以运行于其他非 Windows 系统中，如下图所示。

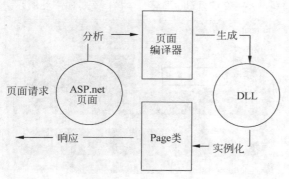

> **提示**
>
> 虽然 ASP.NET 程序可以由多种语言开发，但是最适合编写 ASP.NET 程序的语言仍然是 C#语言。

3．JSP 技术

JSP（JavaServer Pages，Java 服务网页）是由太阳计算机系统公司开发的，以 Java 编写，动态生成 HTML、XML 或其他格式文档的技术。

JSP 技术可应用于多种平台，包括 Windows、Linux、UNIX 及 Solaris。JSP 技术的特点在于，如果客户端第一次访问 JSP 页面，服务器将先解释源程序的 Java 代码，然后执行页面的内容，因此速度较慢。而如果客户端是第二次访问，则服务器将直接调用 Servlet，无需再对代码进行解析，因此速度较快，如下图所示。

4．PHP 技术

PHP（Personal Home Page，个人主页）也是一种跨平台的网页后台技术，最早由丹麦人 Rasmus Lerdorf 开发，并由 PHP Group 和开放源代码社群维护，是一种免费的网页脚本语言。

PHP 是一种应用广泛的语言，其多在服务器端执行，通过 PHP 代码产生网页，并提供对数据库的读取。

1.1.4　数据库

数据库是"按照数据结构来组织、存储和管理数据的仓库"。在日常工作中，常常需要把某些相关的数据放进"仓库"，并根据管理的需要进行相应的处理。

　　大家知道数据库是用于存储数据内容的，而对生活中一个事件或者一类问题，如何将它们存储到数据库中呢？在学习数据库之前，先来了解一下数据库的概念。

1. 数据与信息

　　为了了解世界、交流信息，人们需要描述事物。在日常生活中，可以直接用自然语言（如汉语）来描述。如果需要将这些事物记录下来，也可以将事物变成信息进行存储。而信息是对客观事物属性的反映，也是经过加工处理，并对人类客观行为产生影响的数据表现形式。

　　例如，在计算机中，为了存储和处理这些事物，需要抽象地描述这些事物的特征，而这些特征，正是在数据库中所存储的数据。数据是描述事物的符号记录，描述事物的符号可以是数字，也可以是文字、图形、图像、声音、语言等多种表现形式。

　　下面以"学生信息表"为例，通过学号、姓名、性别、年龄、系别、专业和年级等内容，来描述学生在校的特征。

（08060126　王海平　男　21　科学与技术
计算机教育　一年级）

　　在这里的学生记录就是信息。在数据库中，记录与事物的属性是对应的关系，其表现如下图所示。

特征（属性）→	学号	姓名	性别	年龄	系别	专业	年级
记录（信息）→	08060126	王海平	男	21	科学与技术	计算机教育	一年级

　　可以把数据库理解为存储在一起的相互有联系的数据集合，数据被分门别类、有条不紊地保存。而应用于网站时，则需要注意一些细节问题，即这些特征需要用字母（英文或者拼音）来表示，避免不兼容性问题的发生。例如，对于描述用户注册信息，如下图所示。

ID	User	Pwd	Sex	FaceImg	QQ	Email	Page
2	admin	123	girl	face/girl/2.jpg	34567892	34567892@qq.com	Http:// kb.com

　　其中，每个特征中字母所代表的含义见下表。

特　征	含　义
ID	用于自动产生的编号。该编号将从 1 开始进行累加，每条记录加 1
User	代表"用户名"。用于记录用户的名称，可以包含中文或者英文，也称为"昵称"
Pwd	代表"用户密码"。用于记录用户登录时所使用的密码信息
Sex	代表"性别"。记录用户的性别，如"男"或者"女"，这里用 girl 或 boy 表示
FaceImg	代表"头像地址"。存储一个图像所在的文件地址
QQ	代表"QQ 号码"。存储用户聊天所使用的 QQ 号码
Email	代表"电子邮箱"。存储用户常用的电子邮箱地址
Page	代表"个人主页"。用于存储用户的个人主页地址

2. 数据库

　　综上所述，数据库（Database，DB）是存储在一起的相关数据的集合，这些数据是结构化的，无有害的或不必要的冗余，并为多种应用服务；数据的存储独立于使用它的程序；对数据库插入新数据，修改和检索原有数据均能按一种公用的和可控制的方式进行。当某个系统中存在结构上完全分开的若干个数据库时，则该系统包含一个"数据库集合"。这是 J.Martin 给数据库下的一个比较完整的定义。

　　因此，以 Access 数据库为例，可以将这个"数据仓库"以表的形式表现出来。其中，每条记录中存储的内容即所指的信息。例如，在"学生信息表"中，显示了每位学生的数据存储情况，如下图所示。

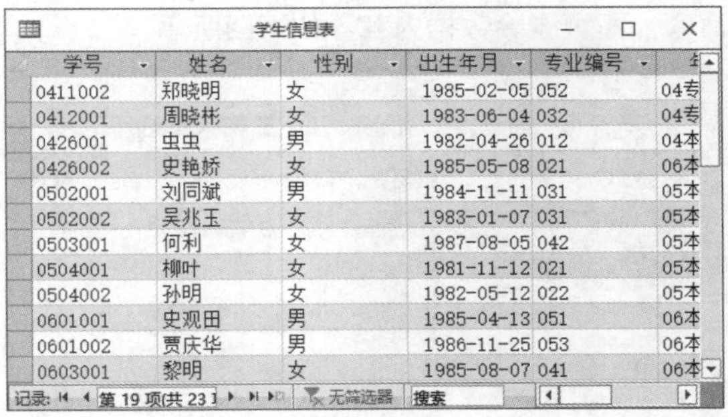

学号	姓名	性别	出生年月	专业编号	年
0411002	郑晓明	女	1985-02-05	052	04专
0412001	周晓彬	女	1983-06-04	032	04专
0426001	虫虫	男	1982-04-26	012	04本
0426002	史艳娇	女	1985-05-08	021	06本
0502001	刘同斌	男	1984-11-11	031	05本
0502002	吴兆玉	女	1983-01-07	031	05本
0503001	何利	女	1987-08-05	042	05本
0504001	柳叶	女	1981-11-12	021	05本
0504002	孙明	女	1982-05-12	022	05本
0601001	史观田	男	1985-04-13	051	06本
0601002	贾庆华	男	1986-11-25	053	06本
0603001	黎明	女	1985-08-07	041	06本

记录：第 19 项(共 23 项)　无筛选器　搜索

3．数据库管理系统

数据库管理系统（Database Management System，DBMS）是一种操纵和管理数据库的大型软件，是用于建立、使用和维护数据库的。它对数据库进行统一的管理和控制，以保证数据库的安全性和完整性。

用户通过 DBMS 访问数据库中的数据，数据库管理员也通过 DBMS 进行数据库的维护工作。DBMS 提供多种功能，可使多个应用程序和用户用不同的方法在同时或不同时刻去建立、修改和询问数据库。主要包括以下几方面的功能。

❑ **数据定义功能**

DBMS 提供数据定义语言（Data Definition Language，简称 DDL），用户通过它可以方便地对数据库中的数据对象进行定义。例如，在 Access 数据表中，可以定义数据的类型、数据的属性（如字段大小、格式）等，如下图所示。

❑ **数据操纵功能**

DBMS 还提供数据操纵语言（Data Manipulation Language，简称 DML），用户可以使用 DML 操纵数据，实现对数据库的基本操作，如查询、插入、删除和修改等。例如，在"学生信息表"中，用鼠标右击任意记录，执行【删除记录】命令，即可删除数据内容，如下图所示。

❑ **数据库的运行管理**

数据库在建立、运用和维护时，由数据库管理系统统一管理、控制，以保证数据的安全性、完整性。

❑ **数据库的建立和维护功能**

它包括数据库初始数据的输入、转换功能；数据库的转储、恢复功能；数据库的管理重组功能和性能监视、分析功能等。这些功能通常是由一些实用程序完成的。

> **提示**
>
> 在网站中，一般完成数据库系统的操作，都需要通过网站编程语句进行。

4．数据库的作用

在动态网站建设中，数据库发挥着不可替代的作用。它用于存储网站中的信息，可以包含静止的和经常需要更换的内容。通过对数据库中相应部分内容的调整，可以使网站的内容更加灵活，并且对这些信息进行更新和维护也更加方便、快捷。

❑ **新闻系统**

如果要在网站中放置新闻，其更新的频率往往比较大，而通过数据库功能可以快速地发布信息，且很容易存储以前的新闻，便于网站浏览者和管理者查阅，同时也避免了直接修改主要页面，以保持网站的稳定性，如下图所示。

❑ **产品管理**

产品管理是网站数据库的重要应用，如果网站中有大量的产品需要展示和销售，那么使用数据库可以方便地进行分类，把产品更有条理、更清晰地展示给客户。并且方便日后的维护、检索与储存，如下图所示。

□ **收集信息**

普通的静态页面是无法收集浏览者的信息的，而管理者为了加强网站的营销效果，往往需要搜集大量潜在客户的信息，或者要求来访者成为会员，从而提供更多的服务，如下图所示。

□ **搜索功能**

如果站内提供大量的信息而没有搜索功能，浏览者只能依靠清晰的导航系统，而对于一个新手往往要花些时间搜索网页，有时候甚至无法达到目的。此时，提供方便的站内搜索不仅可以使网站结构清晰，而且有利于需求信息的查找，节省浏览者的时间，如下图所示。

□ **BBS 论坛**

BBS 对于企业而言，不仅可以增加与访问者的互动，更重要的是可以加强售前、售后服务和增加新产品开发的途径。利用 BBS 可以收集客户反馈信息，对新产品以及企业发展的看法、投诉等，增强企业与消费者的互动，提高客户服务质量和效率，如下图所示。

1.2 W3C 概述

网页标准化体系简称 W3C，它是由万维网联盟（World Wide Web Consortium）建立的一种规范网页设计的标准集。

基于网页标准化体系，网页的设计者可以通过简单的代码，在多种不同的浏览器平台中显示一个统一的页面。该体系的建立，大大提高了设计人员开发网页的效率，减轻了网页设计工作的复杂性，免去了人们编写兼容性代码的麻烦。

1.2.1 了解 W3C

网页标准化（W3C）是针对网页代码开发提出的一种具体的标准规范。自从世界上第一个网页浏览器 WorldWideWeb 在 1990 年诞生以来，网页代码的编写长期没有一个统一的规范，而是依靠一种只包含少量标签的 HTML（HyperText Markup Language，超文本标记语言）作为基本的编写语言。

1993 年，第一款针对个人用户的网页浏览器 Mosaic 出现，极大地引发了互联网的热潮，受到了很多用户的欢迎。Mosaic 也是第一种支持网页图像的浏览器，在 Mosaic 浏览器中，开发者为 HTML 定义了<img>标签，以方便地显示图像，如下图所示。

早期的 HTML 语法被定义为松散的规则，因此诞生了众多的版本，既包括 1982 年开发的原始版本，又包括大量增强的版本。版本的混乱使得很多网页只能在某一种特定的浏览器下被正常浏览。为了保证网页在尽可能多的用户浏览器中正常显示，网页设计者必须耗费更多的精力。

1994 年网景公司的 NetScape Navigator 浏览器诞生。几乎与此同时，微软公司通过收购的方式发行了 Internet Explorer 浏览器。自此，网景公司和微软公司在争夺网页浏览器市场时进行了一场为时 3 年的"浏览器大战"。在这场竞争中，双方都为浏览器添加了一些独有的标签。这一举动又造成了大量互不兼容的网页产生，使设计兼容多种浏览器的网页变得非常困难。

1995 年，人们为避免因浏览器竞争而导致的开发困难，提出了建立一种统一的 HTML 标准，以适应所有浏览器平台。这一标准最初被称为 HTML+计划，后被命名为 HTML 2.0。由于缺乏浏览器的支持，HTML 2.0 并未成为实际的标准。

1996 年，刚成立的 W3C 继承了 HTML 2.0 的思路，提出了 HTML 3.0 标准，并根据该标准提供了更多新的特性与功能，加入了很多特定浏览器的元素与属性。1996 年 1 月，W3C 公布了 HTML 3.2 标准，并正式成为大多数网页浏览器支持的标准。自此，网页标准化开始为绝大多数网页设计者所重视。

随着多媒体技术的发展与个人计算机性能的快速提高，简单的文字与图像已经不能满足用户的需求，因此，W3C 逐渐为网页标准化添加了更多元素。其将 HTML 标准定义为网页标准化结构语言，并增加了网页标准化表现语言——CSS 技术（Cascading Style Sheets，层叠样式表）以及符合 ECMA（ECMA 国际，一个国际信息与电信标准化组织，前身为欧洲电气工业协会）标准的网页标准化行为语言——ECMAScript 脚本语言。

2000 年 1 月，W3C 发布了结合 XML（eXtensible Markup Language，可扩展的标记语言）技术和 HTML 的新标记语言 XHTML（eXtensible HyperText Markup Language，可扩展的超文本标记语言），并将其作为新的网页标准化结构语言。

目前，XHTML 语言已经成为网页编写的首选结构语言，其不仅被应用在普通的计算机中，还被广泛应用于智能手机、PDA、机顶盒，以及各种数字家电等。由 XHTML 延伸出的多种标准，为各种数字设备所支持。

1.2.2　W3C 的结构

作为整个网页标准化体系的支撑，网页结构语言经历了从传统混合了描述与结构的 HTML 语言到如今结构化的 XHTML 语言，其间发生了巨大的变化。

1．传统 HTML 语言

传统 HTML 结构语言是指基于 HTML 3.2 及之前版本的 HTML 语言。早期的 HTML 语言只能够描述简单的网页结构，包括网页的头部、主体以及段落、列表等。随着人们对网页美观化的要求越来越高，HTML 被人们添加了很多扩展功能。例如，可表示文本的颜色、字体的样式等。

功能的逐渐增多，使得 HTML 成为了一种混合结构性语句与描述性语句的复杂语言。例如，在 HTML 3.2 中，既包含了表示结构的<head>、<title>和<body>等标签，也包含了描述性的<b>、<font>等标签。

大量复杂的描述性标签使得网页更加美观，但同时也导致了网页设计的困难。例如，在进行一个简单的、内容非常少的网页设计时，可以通过 HTML 3.2 中的<font>标签对网页中的文本进行描述，如下所示。

```
<font size=3 color=blue>这是一段蓝色3
号文字。</font>
```

然而，在对大量不同样式的文本进行描述时，HTML 3.2 版本就显得力不从心了。网页的设计者不得不在每一句文字上添加<font>标签，并书写大量的代码。这些相同的标签除了给书写造成麻烦以外，还容易发生嵌套错误，给浏览器的解析带来困难，造成网页文档的臃肿。

因此，随着网页信息内容的不断丰富以及互联网的不断发展，传统的 HTML 结构语言已不堪重负，人们迫切需要一种新的、简便的方式来实现网页的模块化，降低网页开发的难度和成本。

2．XHTML 结构语言

XHTML 结构语言是一种基于 HTML 4.01 与 XML 的新结构化语言。其既可以看作 HTML 4.01 的发展和延伸，又可以看作 XML 语言的一个子集。

在 XHTML 语言中，摒弃了所有描述性的 HTML 标签，仅保留了结构化的标签，以减小文件内容对结构的影响，同时减少网页设计人员输入代码的工作量。

> **提示**
>
> 在 XHTML 标准化的文档中，XHTML 只负责表示文档的结构，而文档中内容的描述通常可交给 CSS 样式表来进行。

W3C 对 XHTML 标签、属性、属性值等内容的书写格式做了严格规范，以提高代码在各种平台下的解析效率。无论是在计算机中，还是在智能手机、PDA 手持计算机、机顶盒数字设备中，XHTML 文档都可以被方便地浏览和解析。

> **提示**
>
> 严格的书写规范可以极大地降低代码被浏览器误读的可能性，同时提高文档被判读解析的速度和搜索引擎索引网页内容的概率。

1.2.3　W3C 的表现

网页的标准化不仅需要结构的标准化，还需要表现的标准化。早期的网页完全依靠 HTML 中的描述性标签来实现网页的表现化，设置网页中各种元素的样式。随着 HTML 3.2 被大多数网站停止使用，以及 HTML 4.01 和 XHTML 的不断普及，人们迫切地需要一种新的方式来定义网页中各种元素的样式。

HTML 3.2 在描述大量文本的样式时暴露了一些问题，为了解决这些问题，可以从面向对象的编程语言中引入类库的概念，通过在网页标签中添加对类库样式的引用，实现样式描述的可重用性，提高代码的效率。这些类库的集合，就被称作 CSS 层叠样式表（简称 CSS 样式表或 CSS）。

1．CSS 样式表

CSS 样式表是一种列表，其中可以包含多种定义网页标签的样式。每一条 CSS 的样式都包含 3 个部分，其规范写法如下所示。

```
Selector { Property : value }
```

在上面的伪代码中，各关键词的含义如下。

- ❑ **Selector**　选择器，相当于表格表头的名称。选择器提供了一个对网页标签的接口，供网页标签调用。
- ❑ **Property**　属性，是描述网页标签的关键词。根据属性的类型，可对网页标签的多种不同属性进行定义。
- ❑ **value**　属性值，是描述网页标签不同属性的具体值。

在 CSS 中，允许为某一个选择器设置多个属性值，但需要将这些属性以半角分号"；"隔开，如下所示。

```
Selector { Property1 : value1 ;
Property2 : value }
```

同时，CSS 还允许对同一个选择器的相同属性进行重复描述。由于各种浏览器在解析 CSS 代码时使用逐行解析的方式，因此这种重复描述将以最后一次进行的描述内容为准。例如，一个名为 simpleClass 的类中先描述所有文本的颜色为红色（#FF0000），然后再描述该类中所有文本的颜色为绿色（#00FF00），如下所示。

```
simpleClass { color : #ff0000 }
simpleClass { color : #00ff00 }
```

在上面的代码中，对 simpleClass 中的内容进行了重复描述，根据逐行解析的规则，最终显示的这些文本颜色将为绿色。用户也可将这两个重复的样式写在同一个选择器中，代码如下所示。

```
simpleClass { color : #ff0000 ; color :
#00ff00 }
```

2．CSS 的颜色规范

网页标签的样式包含多种类型，其中，最常见的就是颜色。CSS 允许用户使用多种方式描述网页标签的样式，包括十六进制数值、三原色百分比、三原色比例值和颜色的名称等 4 种方法。

❏ 十六进制数值

十六进制数值是最常用的颜色表示方法，其将颜色拆分为红、绿、蓝三原色的色度，然后通过 6 位十六进制数字表示。其中，前两位表示红色的色度，中间两位表示绿色的色度，后两位表示蓝色的色度，并在十六进制数字前加"#"号以方便识别。

> **提示**
>
> 色度是描述色彩纯度的一种色彩属性，又被称作饱和度或彩度。在纯色中，色度越高则表示其越接近原色。

例如，以十六进制数值分别表示红色、绿色、蓝色、黑色和白色等颜色，见下表。

颜色	十六进制数值	颜色	十六进制数值
红色	#FF0000	黑色	#000000
绿色	#00FF00	白色	#FFFFFF
蓝色	#0000FF		

❏ 三原色百分比

三原色百分比也是一种 CSS 色彩表示方法。在三原色百分比的表示方法中，将三原色的色度转

换为百分比值，其中，最大值为 100%，最小值为 0%。例如，表示白色的方法如下。

```
rgb(100%,100%,100%)
```

其中，第一个百分比值表示红色，第二个百分比值表示绿色，第三个百分比值表示蓝色。

❏ 三原色比例值

三原色比例值是将 16 进制的三原色色度转换为 3 个 10 进制数字，然后再进行表示的方法。其中，第一个数字表示红色，第二个数字表示绿色，第三个数字表示蓝色。每一个比例数值最大值为 255，最小值为 0。例如，表示黄色（#FFFF00），如下所示。

```
rgb(255,255,0)
```

❏ 颜色的英文名称

除了以上几种根据颜色的色度表示色彩的方式以外，CSS 还支持 XHTML 允许使用的 16 种颜色英文名称来表示颜色。这 16 种颜色英文名称见下表。

颜 色 名	颜 色 值	英 文 名 称
纯黑	#000000	black
深蓝	#000080	navy
深绿	#008000	green
靛青	#008080	teal
深红	#800000	maroon
深紫	#800080	purple
褐黄	#808000	olive
深灰	#808080	gray
浅灰	#c0c0c0	gray
浅蓝	#0000ff	blue
浅绿	#00ff00	lime
水绿色	#00ffff	aqua
大红	#ff0000	red
品红	#ff00ff	fuchsia
明黄	#ffff00	yellow
白色	#ffffff	white

3．CSS 长度单位

在量度网页中的各种对象时，需要使用多种单

位，包括绝对单位和相对单位。绝对单位是指网页对象的物理长度单位，而相对单位则是根据显示器分辨率大小、可视区域、对象的父容器大小而定义的单位。CSS 的可用长度单位主要包括以下几种。

- **in** 英寸，是在欧美国家使用最广泛的英制绝对长度单位。
- **cm** 厘米，国际标准单位制中的基本绝对长度单位。
- **mm** 毫米，在科技领域最常用的绝对长度单位。
- **pt** 磅，在印刷领域广泛使用的绝对长度单位，也称点，约等于 1/72 英寸。
- **pica** 派卡，在印刷领域广泛使用的绝对长度单位，又被缩写为 pc，约等于 1/6 英寸。
- **em** CSS 相对单位，相当于在当前字体大小下大写字母 M 的高度，约等于当前字体大小。
- **ex** CSS 相对单位，相当于在当前字体大小下小写字母 X 的高度，约等于当前字体大小的 1/2。在实际浏览器解析中，1ex 等于 1/2em。
- **px** 计算机通用的相对单位，根据屏幕的 px 点大小而定义的字体单位。通常在 Windows 操作系统下，1px 等于 1/96 英寸。而在 MAC 操作系统下，1px 等于 1/72 英寸。
- **百分比** 百分比也是 CSS 允许使用的相对单位值。其往往根据父容器的相同属性来进行计算。例如，在一个表格中，表格的宽度为 100px，而其单元格宽度为 50px，则可将该单元格的宽度设置为 50%。

1.2.4 W3C 的行为

XHTML 仅仅是一种结构化的语言，即使将其与 CSS 技术结合，也只能制作出静态的、无法进行改变的网页页面。如果需要网页具备交互的行为，还需要为网页引入一种新的概念，即浏览器脚本语言。在 W3C 的网页标准化体系中，网页标准化行为的语言为 ECMAScript 脚本语言，以及为

ECMAScript 提供支持的 DOM 模型等。

1. 脚本语言

脚本语言是有别于高级编程语言的一种编程语言，其通常为缩短传统的程序开发过程而创建，具有短小精悍、简单易学等特性，可帮助程序员快速完成程序的编写工作。

脚本语言被应用于多个领域，包括各种工业控制、计算机任务批处理、简单应用程序编写等，也被广泛应用于互联网中。根据应用于互联网的脚本语言解释器位置，可以将其分为服务器端脚本语言和浏览器脚本语言两种。

- **服务器端脚本语言**

服务器端脚本语言主要应用于各种动态网页技术，用于编写实现动态网页的网络应用程序。对于网页的浏览者而言，大多数服务器端脚本语言是不可见的，用户只能看到服务器端脚本语言生成的 HTML/XHTML 代码。

服务器端脚本语言必须依赖服务器端的软件执行。常见的服务器端脚本语言包括应用于 ASP 技术的 VBScript、JScript、PHP、JSP、Perl、CFML 等。

- **浏览器脚本语言**

浏览器脚本语言区别于服务器端脚本语言，是直接插入到网页中执行的脚本语言。网页的浏览者可以通过浏览器的查看源代码功能，查看所有浏览器脚本语言的代码。

浏览器脚本语言不需要任何服务器端软件支持，任何一种当前流行的浏览器都可以直接解析浏览器脚本语言。目前应用最广泛的浏览器脚本语言包括 JavaScript、JScript 以及 VBScript 等。其中，JavaScript 和 JScript 分别为 NetScape 公司和微软公司开发的 ECMAScript 标准的实例化子集，语法和用法非常类似，因此往往统一被称为 JavaScript 脚本。

2. 标准化的 ECMAScript

ECMAScript 是 W3C 根据 Netscape 公司的 JavaScript 脚本语言制定的、关于网页行为的脚本语言标准。根据该标准制订出了多种脚本语言，包括应用于微软 Internet Explorer 浏览器的 Jscript 和

用 Flash 脚本编写的 ActionScript 等。

ECMAScript 具有基于面向对象的方式开发、语句简单、快速响应交互、安全性好和跨平台等优点。目前绝大多数的网站都应用了 ECMAScript 技术。

3．标准化的文档对象模型

文档对象模型（Document Object Model, DOM）是根据 W3C DOM 规范而定义的一系列文档对象接口。文档对象模型将整个网页文档视为一个主体，文档中包含的每一个标签或内容都被其视为对象，并提供了一系列调用这些对象的方法。

通过文档对象模型，各种浏览器脚本语言可以方便地调用网页中的标签，并实现网页的快速交互。

1.3 网站设计概述

互联网的各种应用，都是基于网站进行的。而网站又是由各种网页组成，必须通过网页传递其信息。因此，用户在设计和创建网页之前，还需要先来了解以下网站的设计概述，包括网站的整体策划、网页的设计任务等内容。

1.3.1 网站整体策划

网站的整体策划是一个系统工程，是在建设网站之前进行的必要工作。

1．市场调查

市场调查提供了网站策划的依据。在市场分析过程中，需要先进行 3 个方面的调查，即用户需求调查、竞争对手情况调查，以及企业自身情况的调查。

2．市场分析

市场分析是将市场调查的结果转换为数据，并根据数据对网站的功能进行定位的过程。

3．制订网站技术方案

在建设网站时，会有多种技术供用户选择，包括服务器的相关技术（NT Server/Linux）、数据库技术（ACCESS/My Sql/SQL Server）、前台技术（XHTML+CSS/Flash/AIR），以及后台技术（ASP/ASP.Net/PHP/JSP）等。

> **注意**
>
> 在制订网站技术方案时，切忌一切求新，盲目采用最先进的技术。符合网站资金支持和技术水平的技术才是最合适的技术。

4．规划网站内容

在制订网站技术方案之后，即可整理收集的网站资源，并对资源进行分类整理、划分栏目等。

网站的栏目划分，标准应尽量符合大多数人理解的习惯。例如，一个典型的企业网站栏目，通常包括企业的简介、新闻、产品，用户的反馈，以及联系方式等。产品栏目还可以再划分子栏目。

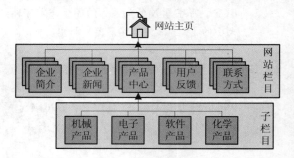

5．前台设计

前台设计包括所有面向用户的平面设计工作，例如，网站的整体布局设计、风格设计、色彩搭配，以及 UI 设计等。

6．后台开发

后台开发包括设计数据库和数据表，以及规划后台程序所需要的功能范围等。

7．网站测试

在发布网站之前需要对网站进行的各种严密测试，包括前台页面的有效性、后台程序的稳定性、数据库的可靠性，以及整体网站各链接的有效性等。

8．网站发布

在制订网站的测试计划后，即可制订网站发布的计划，包括选择域名、网站数据存储的方式等。

9．网站推广

除了网站的规划和制作外，推广网站也是一项重要的工作，例如，登记各种搜索引擎、发布各种广告、公关活动等。

10．网站维护

维护是一项长期的工作，包括对服务器的软件、硬件维护，数据库的维护，网站内容的更新等。多数网站还会定期地改版，保持用户的新鲜感。

1.3.2　网页设计任务

在设计网页时，需要首先了解网页设计的任务，以及网页设计的最终目的。

网页设计是艺术创造与技术开发的结合体。其任务是吸引用户，为用户创造良好的体验，在此基础上为网页的所有者提供收益。任何网页设计的行为，都是围绕这一最终目的进行的。

在设计网页时，可将网页根据网页的内容，即网页为用户提供的服务类型分为 3 类。并根据网页的类型设计网页的风格。

1．资讯类网站

资讯类站点通常是比较大型的门户网站。这类网站需要为用户提供海量的信息，在用户阅读这些信息时寻找商机。

在设计这类站点时，需要在信息显示与版面简洁等方面找到平衡点，做到既以用户阅读信息的便捷性为核心，又要保持页面的整齐和美观，防止大量的信息造成用户视觉疲劳。

在设计文本时，可着力对文本进行分色处理，将各种标题、导航、内容按照不同的颜色区分。同时要对信息合理地分类，帮助用户以最快的速度找到需要的信息。

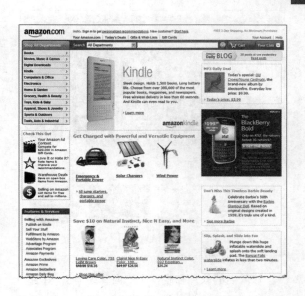

以美国最大的在线购物网站亚马逊的首页为例。其在设计中，使用了较为传统的国字型布局。

其网站的 3 类导航使用了 3 种字体颜色，在同一板块内的导航标题使用橙色粗体，而导航内容则使用普通的蓝色字体。在刺激用户感官的同时避免视觉疲劳。

在亚马逊首页中，每一条详细信息都保证有一张预览图片，防止大段乏味的文字使用户厌烦。

2．艺术资讯类网站

艺术资讯类站点通常是中小型的网站，例如一些大型公司、高校、企业的网站等。互联网中的大多数网站都属于这一类型。

这类网站在设计上要求较高，既需要展示大量的信息，又需要突出公司、高校和企业的形象，还需要注重用户的体验。

设计这类网站时，尤其需要注意图像与文字的平衡，背景图像的选用，以及整体网站色调的搭配等。

在这类网站的首页不应放置过多的信息。清晰有效的分类远比铺满屏幕的产品资料更容易吸引客户的注意力。

以著名的软件和硬件生产商苹果为例,其首页设计上以追求简洁为主,以简明的导航条和大片的留白,给用户较大的想象空间。

苹果公司在网站设计上非常有心得,其擅长使用简单的圆角矩形栏目和渐变的背景色使网站显得非常大气,对一些细节的把握非常到位。

3. 艺术资讯类网站

艺术类站点通常体现在一些小型的企业或工作室设计中。这类网站向用户提供的信息内容较少,因此设计者可以将较多的精力放在网站的界面设计中。

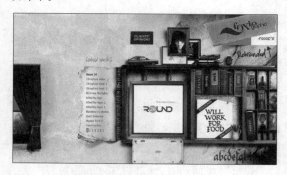

上图为俄罗斯设计师 foxie 的个人主页,通过大幅的留白以及简明的色彩,模拟了一个书架。并以书架上的书本和相框作为导航条。

其在设计中发布的信息并不多,因此整站以Flash 制作而成,大量使用动画技术,通过绚丽的色彩展示个性。

1.3.3　网页设计实现

在了解了设计的目的后,即可着手进行设计。网页设计是平面设计的一个分支,因此在设计网页时,有一定的平面设计基础可以帮助设计者更好更快地把握设计的精髓。

1. 设计结构图

首先,应规划网站中栏目的数量及内容,策划网站需要发布哪些东西。

然后,应根据规划的内容绘制网页的结构草图,这一部分既可以在纸上进行,也可以在计算机上通过画图板、inDesign,或者其他更专业的软件进行。

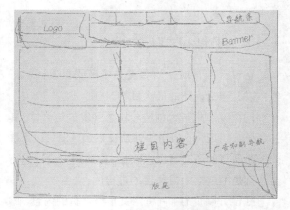

结构草图不需要太精美,只需要表现出网站的布局即可。(关于布局,请参考本章之前的内容。)

2. 设计界面

在纸上或电脑上绘制好网页的结构图之后,即可根据网站的基本风格,在计算机上使用 Illustrator 或 CorelDraw 等矢量图形软件,或 Photoshop、Fireworks 等位图处理软件,绘制网页的 Logo、按钮和图标。

Logo、按钮、图标等都是网页界面设计的重要组成部分。设计这些内容时需要注意整体界面的风格一致性。包括从色调到图形的应用、圆角矩形与普通矩形的分布等。

其中,设计 Logo 时,可使用一些抽象的几何图形进行旋转、拼接,或将各种字母和文字进行抽象变化(见下图)。例如,倾斜、切去直角、用线条切割、连接笔画、反色等。

按钮的设计较为复杂。常见的按钮主要可分为圆角矩形、普通矩形、梯形、圆形，以及不规则图形等。

在网页中，水平方向导航菜单的按钮设计比较随意，可以使用各种形状（见下图）。而垂直方向的导航菜单则多使用矩形或圆角矩形，以使各按钮贴得更加紧密，给用户以协调的感觉。

图标是界面中非常重要的组成部分，可以起到画龙点睛的作用。在绘制图标时，需要注意图标必须和其代表的内容有明显的联系。

例如，多数网站的首页图标，都会绘制一栋房子，而多数网站的联系方式图标，都是电话、信纸等通信的方式，这样的图标会使用户一眼看出其作用（见下图）。

而如果使用过于抽象的图标，则容易被用户误解，或影响用户使用网站的功能。

3．设计字体

字体是组成网页的最主要元素之一。合理分配的字体可以使网站更加美观，也更便于用户阅读。

在设计网页的字体时，应先对网页进行分类处理。

对于多数浏览器和操作系统而言，汉字是非常复杂的文字，多数中文字体都是无法在所有字号下正常清晰显示的。

以宋体字为例，10px 以下的宋体通常会被显示为一个黑点（在手持设备上这点尤为突出）。而 20px 大小的宋体，则会出现明显的锯齿，笔画粗细不匀。

即使是微软设计的号称最清晰的中文字体微软雅黑，也无法在所有的分辨率及字号下清晰地显示。

经过详细的测试，中文字体在 12px、14px、16px（最多不超过 18px）的字号下，显示得最为清晰美观。

因此，多数网站都应使用 12px 大小的字体作为标准字体，而将 14px 的字体作为标题字体。在设计网页时，尽量少用 18px 以上的字体（输出为图像的文本除外）。

在字体的选择上，网站的文本是给用户阅读的。越是大量的文本，越不应该使用过于花哨的字体。

如针对的用户主要以使用 Windows XP 系统和纯平显示器为主，则应使用宋体或新宋体等作为主要字体。如果用户是以使用 Vista 系统和液晶显示器为主，则应使用微软雅黑字体，以获得更佳的体验。

4．制作网页概念图

在设计完成网页的各种界面元素后，即可根据这些界面元素，使用 Photoshop 或 Fireworks 等图像处理软件制作网页的概念图。

网页概念图的分辨率应照顾到用户的显示器分辨率。针对国内用户的显示器设置，大多数用户使用的都是 17in 甚至更大的显示器，分辨率大多为 1024×768 以上。去除浏览器的垂直滚动条后，页面的宽度应为 1003px。高度则尽量不应超过屏幕高度的 5 倍到 10 倍（即 620×5=3100px 到 6200px 之间）。

概念图的作用主要包括两个方面。一方面，设计者可以为用户或网站的投资者在网页制作之前先提供一份网页的预览，然后根据用户或投资者的意见，对网页的结构进行调整和改良。

另一方面，设计者可以根据概念图制作切片网页，然后再根据切片快速为网站布局，提高网页制作的效率（参见下图）。

5. 切片的优化

切片的优化是十分必要的。优化后的切片，可以减小用户在访问网页时消耗的时间，同时提高网页制作时的效率。

对于早期以调制解调器用户为主的国内网络而言，需要尽量避免大面积的图像，防止这些图像在未下载完成时网页出现空白。通常的做法是通过切片工具将图像切为多块，实现分块下载。

然而随着网络传输速度的发展，用户用于下载各种网页图像的时间已经大为缩短，请求下载图像的时间已超过了下载图像本身的时间。下载 1 张 100kB 的图像，消耗的时间要比下载 10 张 10kB 的图像更少。

因此，多数网站都开始着手将各种小图像合并为大的图像，以减少用户请求下载的时间，提高网页的访问速度。

6. 编写网页代码

在 Photoshop 或 Fireworks 中设计完成网页的概念图，并制作切片网页后，最终还是需要输出为 XHTML+CSS 的代码。

网页技术的发展，使网页的制作越来越像一个系统的软件工程。从基础的 XHTML 结构到 CSS 样式表的编写，再到 JavaScript 交互脚本的开发，是网页制作的收尾工程。

7. 优化页面

在设计完成网页后，还需要对网页进行优化，提高页面访问速度，以及页面的适应性。

设计者应按照 Web 标准编写各种网页的代码，并对代码进行规范化测试。通过 W3C 的官方网站验证代码的准确性。

同时，还应根据当前主流的各种浏览器（IE9、IE10、IE11，以及 FireFox、Safari、Opera、Chrome 等）和各种分辨率的显示设备测试兼容性，编写 CSS Hack 和 JavaScript 检测脚本，以保证网页在各种浏览器中都可正常显示。

1.4 网页配色

网页设计是平面设计的一个分支，和其他平面设计类似，对色彩都有较大的依赖性。色彩作为网页视觉元素的一种，不仅情感丰富，其形式的美感也使浏览者得以视觉和心理的享受。将色彩成功地运用在网页创意中，可以强化网页的视觉张力。

1.4.1　色彩的基础概念

色彩是网站最重要的一个部分，在学习如何为网站进行色彩搭配之前，首先要来认识颜色。

1. 色彩与视觉原理

色彩的变化是变幻莫测的，这是因为物体本身除了其自身的颜色外，有时也会因为周围的颜色，以及光源的颜色而有所改变。

❏ 光与色

光在物理学上是电磁波的一部分，其波长在700~400nm，在此范围称为可视光线。当把光线引入三棱镜时，光线被分离为红、橙、黄、绿、青、蓝、紫，因而得出的自然光是七色光的混合。这种现象称作光的分解或光谱，七色光谱的颜色分布是按光的波长排列的，如下图所示，可以看出红色的波长最长，紫色的波长最短。

光是以波动的形式进行直线传播的，具有波长和振幅两个因素。不同的波长长短产生色相差别。不同的振幅强弱大小产生同一色相的明暗差别。光在传播时有直射、反射、透射、漫射、折射等多种形式。

光直射时直接传入人眼，视觉感受到的是光源色。当光源照射物体时，光从物体表面反射出来，人眼感受到的是物体表面色彩。当光照射时，如遇玻璃之类的透明物体，人眼看到是透过物体的穿透色，光在传播过程中，受到物体的干涉时，则产生漫射，对物体的表面色有一定影响。如通过不同物体时产生方向变化，称为折射，反映至人眼的色光与物体色相同。

❏ 物体色

自然界的物体五花八门、变化万千，它们本身虽然大都不会发光，但都具有选择性地吸收、反射、透射色光的特性。当然，任何物体对色光不可能全部吸收或反射，因此，实际上不存在绝对的黑色或白色。

物体对色光的吸收、反射或透射能力，很受物体表面肌理状态的影响。但是，物体对色光的吸收与反射能力虽是固定不变的，而物体的表面色却会随着光源色的不同而改变，有时甚至失去其原有的色相感觉。所谓的物体"固有色"，实际上不过是常光下人们对此的习惯而已。例如在闪烁、强烈的各色霓虹灯光下，所有建筑几乎都失去了原有本色而显得奇异莫测。

2. 色彩三要素

自然界的色彩虽然各不相同，但任何有彩色的色彩都具有色相、亮度、饱和度这 3 个基本属性，也称为色彩的三要素。

❏ 色相

色相指色彩的相貌，是区别色彩种类的名称。色相是根据该色光波长划分的，只要色彩的波长相同，色相就相同，波长不同才产生色相的差别。红、橙、黄、绿、蓝、紫等每个字都代表一类具体的色相，它们之间的差别就属于色相差别。当用户称呼到其中某一色的名称时，就会有一个特定的色彩印象，这就是色相的概念。正是由于色彩具有这种具体相貌特征，用户才能感受到一个五彩缤纷的世界。如果说亮度是色彩隐秘的骨骼，色相就很像色彩外表华美的肌肤。色相体现着色彩外向的性格，是色彩的灵魂。

相的特征，但它的鲜艳度降低了，亮度提高了，成为淡蓝色；当混入黑色时，鲜艳度降低了，亮度变暗了，成为暗蓝色；当混入与蓝色亮度相似的中性灰时，它的亮度没有改变，饱和度降低了，成为灰蓝色。采用这种方法有十分明显的效果，就是从纯色加灰渐变为无饱和度灰色的色彩饱和度序列（见下图）。

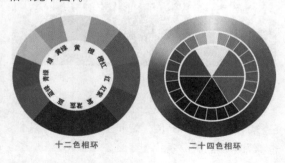

如果把光谱的红、橙、黄、绿、蓝、紫诸色带首尾相连，制作一个圆环，在红和紫之间插入半幅，构成环形的色相关系，便称为色相环。在六种基本色相各色中间加插一个中间色，其首尾色相按光谱顺序为：红、橙红、橙、黄、黄绿、绿、青绿、蓝绿、蓝、蓝紫、紫、红紫，构成十二基本色相，这十二色相的彩调变化，在光谱色感上是均匀的。如果进一步再找出其中间色，便可以得到二十四个色相（见下图）。

黑白网页与彩色网页之间存在着非常大的差异。大多数情况下黑白网页给浏览者的视觉冲击力不如彩色网页效果强烈，同时对作品网页的风格也有着一些局限性。而色彩的选择不仅仅决定了作品的风格，同时也使得作品更加饱满，富有魅力（参见下图）。

十二色相环　　　　　二十四色相环

❑ 饱和度

饱和度是指色彩的纯净程度。可见光辐射，有波长相当单一的，有波长相当混杂的，也有处在两者之间的，黑、白、灰等无彩色就是波长最为混杂，纯度、色相感消失造成的。光谱中红、橙、黄、绿、蓝、紫等色光都是最纯的高纯度的色光。

饱和度取决于该色中含色成分和消色成分（黑、白、灰）的比例，含色成分越大，饱和度越大；消色成分越大，饱和度越小，也就是说，向任何一种色彩中加入黑、白、灰都会降低它的饱和度，加的越多就降的越低。

当在蓝色中混入了白色时，虽然仍旧具有蓝色

❑ 亮度

亮度是色彩赖以形成空间感与色彩体量感的主要依据，起着"骨架"的作用。在无彩色中，亮度最高的色为白色，亮度最低的色为黑色，中间存

在一个从亮到暗的灰色系列（见下图）。

　　亮度在三要素中具有较强的独立性，它可以不带任何色相的特征而通过黑白灰的关系单独呈现出来。

　　色相与饱和度则必须依赖一定的明暗才能显现，色彩一旦发生，明暗关系就会同时出现，在用户进行一幅素描的过程中，需要把对象的有彩色关系抽象为明暗色调，这就需要有对明暗的敏锐判断力。用户可以把这种抽象出来的亮度关系看作色彩的骨骼，它是色彩结构的关键（参见下图）。

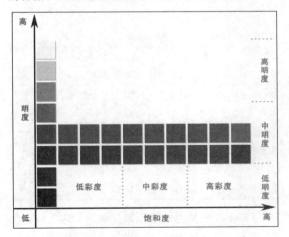

3. 色彩的混合

　　客观世界中的事物绚丽多彩，调色板上色彩变化无限，但如果将其归纳分类，基本上就是两大类：一类是原色，即红、黄、蓝；另一类就是混合色。而使用间色再调配混合的颜色，称为复色。从理论上讲，所有的间色、复色都是由三原色调和而成。

　　在构成网页的色彩布局时，原色是强烈的，混合色较温和，复色在明度上和纯度上较弱，各类间色与复色的补充组合，形成丰富多彩的画面效果。

❑ **原色理论**

　　所谓三原色，就是指这三种色中的任意一色都不能由另外两种原色混合产生，而其他颜色可以由这三原色按照一定的比例混合出来，色彩学上将这3个独立的颜色称为三原色。

❑ **混色理论**

　　将两种或多种色彩互相进行混合，造成与原有色不同的新色彩称为色彩的混合。它们可归纳成加色法混合、减色法混合、空间混合等3种类型。

　　加色法混合是指色光混合，也称第一混合，当不同的色光同时照射在一起时，能产生另外一种新的色光，并随着不同色混合量的增加，混色光的明度会逐渐提高。将红（橙）、绿、蓝（紫）3种色光分别做适当比例的混合，可以得到其他不同的色光。反之，其他色光无法混出这3种色光来，故称为色光的三原色，它们相加后可得白光（见下图）。

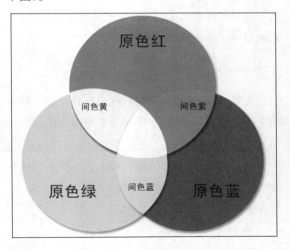

　　减色法混合即色料混合，也称第二混合。在光源不变的情况下，两种或多种色料混合后所产生新色料，其反射光相当于白光减去各种色料的吸收光，反射能力会降低。故与加色法混合相反，混合后的色料色彩不但色相发生变化，而且明度和纯度都会降低。所以混合的颜色种类越多，色彩就越暗越混浊，最后近似于黑灰的状态（见下图）。

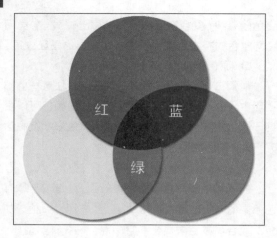

空间混合法亦称中性混合、第三混合。将两种或多种颜色穿插、并置在一起，于一定的视觉空间之外，能在人眼中造成混合的效果，故称空间混合。其实颜色本身并没有真正混合，它们不是发光体，而只是反射光的混合。因此，与减色法相比，增加了一定的光刺激值，其明度等于参加混合色光的明度平均值，既不减也不加。

由于它实际比减色法混合明度显然要高，因此色彩效果显得丰富、响亮，有一种空间的颤动感，表现自然、物体的光感更为闪耀。

1.4.2 色彩的模式

简单地讲，颜色模式是一种用来确定显示和打印电子图像色彩的模型，即一幅电子图像用什么样的方式在计算机中显示或者打印输出。Photoshop中包含了多种颜色模式，每种模式的图像描述和重现色彩的原理及所能显示的颜色数量各不相同。常见的有如下4种模式。

1. RGB 颜色模式

RGB 色彩模式是工业界的一种颜色标准，是通过对红（Red）、绿（Green）、蓝（Blue）3 个颜色通道的变化，以及它们相互之间的叠加，来得到各式各样的颜色的。RGB 即是代表红、绿、蓝 3 个通道的颜色，这个标准几乎包括了人类视力所能感知的所有颜色，是目前运用最广的颜色系统之一，如下图所示。其中的颜色为每两种颜色的等量，或者非等量相加所产生的颜色。

其中，每两种不同量度相加所产生的颜色如下表所述。

混合公式	色板
RGB 两原色等量混合公式：	
R（红）＋G（绿）生成 Y（黄）（R＝G）	
G（绿）＋B（蓝）生成 C（青）（G＝B）	
B（蓝）＋R（红）生成 M（洋红）（B＝R）	
RGB 两原色非等量混合公式：	
R（红）＋G（绿↓减弱）生成 Y→R（黄偏红）红与绿合成黄色，当绿色减弱时黄偏红	
R（红↓减弱）＋G（绿）生成 Y→G（黄偏绿）红与绿合成黄色，当红色减弱时黄偏绿	
G（绿）＋B（蓝↓减弱）生成 C→G（青偏绿）绿与蓝合成青色，当蓝色减弱时青偏绿	
G（绿↓减弱）＋B（蓝）生成 CB（青偏蓝）绿和蓝合成青色，当绿色减弱时青偏蓝	
B（蓝）＋R（红↓减弱）生成 MB（品红偏蓝）蓝和红合成品红，当红色减弱时品红偏蓝	
B（蓝↓减弱）＋R（红）生成 MR（品红偏红）蓝和红合成品红，当蓝色减弱时品红偏红	

对 RGB 三基色各进行 8 位编码，这 3 种基色中的每一种都有一个从 0（黑）~255（白色）的亮度值范围。当不同亮度的基色混合后，便会产生出 256×256×256 种颜色，约为 1670 万种，这就是用户常听说的"真彩色"。电视机和计算机的显示器都是基于 RGB 颜色模式来创建其颜色的。

2. CMYK 颜色模式

CMYK 颜色模式是一种印刷模式。其中 4 个字母分别指青（Cyan）、洋红（Magenta）、黄（Yellow）、黑（Black），在印刷中代表 4 种颜色的油墨。CMYK 基于减色模式，由光线照到有不同比例 C、M、Y、K 油墨的纸上，部分光谱被吸收后，反射到人眼的光产生颜色。在混合成色时，随着 C、M、Y、K 4 种成分的增多，反射到人眼的光会越来越少，光线的亮度会越来越低（参见下图）。

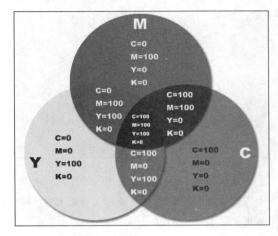

3．HSB 颜色模式

色泽（Hue）、饱和度（Saturation）和明亮度（Brightness）也许更适合人们的习惯，它不是将色彩数字化成不同的数值，而是基于人对颜色的感觉，让人觉得更加直观一些。其中色泽（Hue）是基于从某个物体反射回的光波，或者是透射过某个物体的光波；饱和度（Saturation），经常也称作chroma，是某种颜色中所含灰色的数量多少，含灰色越多，饱和度越小；明亮度（Brightness）是对一个颜色中光的强度的衡量。明亮度越大，则色彩越鲜艳（参见下图）。

技巧

在 HSB 模式中，所有的颜色都用色相、饱和度、亮度 3 个特性来描述。它可由底与底对接的两个圆锥体形象的立体模型来表示。其中轴向表示亮度，自上而下由白变黑；径向表示色饱和度，自内向外逐渐变高；而圆周方向，则表示色调的变化，形成色环。

4．Lab 颜色模式

Lab 色彩模式是以数学方式来表示颜色，所以不依赖于特定的设备，这样确保输出设备经校正后所代表的颜色能保持一致性。其中 L 指的是亮度；a 是由绿至红；b 是由蓝至黄（见下图）。

1.4.3　自定义网页颜色

一般情况下，访问者的浏览器 Netscape Navigator 和 Internet Explorer 选择了网页的文本和背景的颜色，让所有的网页都显示这样的颜色。但是，网页的设计者经常为了视觉效果而选择了自定义颜色。自定义颜色是一些为背景和文本选取的颜色，它们不影响图片或者图片背景的颜色，图片一般都以它们自身的颜色显示。自定义颜色可以为下列网页元素独自分配颜色。

- ❏ **背景**：网页的整个背景区域可以是一种纯粹的自定义颜色。背景色总是在网页的文本或者图片的后面。
- ❏ **普通文本**：网页中除了链接之外的所有文本。
- ❏ **超级链接文本**：网页中的所有文本链接。
- ❏ **已被访问过的链接文本**：访问者已经在浏览器中使用过的链接。访问过的文本链接以不同的颜色显示。
- ❏ **当前链接文本**：当一个链接被访问者单击的瞬间，它转换了颜色以表明它已经被激活了。

对于制作网页的初学者可能更习惯于使用一

些漂亮的图片作为自己网页的背景，但是，浏览一下大型的商业网站，你会发现他们更多运用的是白色、蓝色、黄色等，使得网页显得典雅、大方和温馨，如下图所示的网页中，主要由白色背景，和蓝色、黄色、粉红色以及黑色笔触组成，能够加快浏览者打开网页的速度（参见下图）。

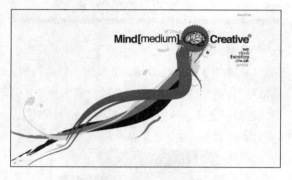

一般来说，网页的背景色应该柔和一些、素一些、淡一些，再配上深色的文字，使人看起来自然、舒畅。而为了追求醒目的视觉效果，可以为标题使用较深的颜色。一些经常用到的网页背景颜色列表，如下表所述。

颜色图标	十六进制值	文字色彩搭配
	#F1FAFA	做正文的背景色好，淡雅
	#E8FFE8	做标题的背景色较好
	#E8E8FF	做正文的背景色较好，文字颜色配黑色
	#8080C0	上配黄色、白色文字较好
	#E8D098	上配浅蓝色或蓝色文字较好
	#EFEFDA	上配浅蓝色或红色文字较好
	#F2F1D7	配黑色文字素雅，如果是红色，则显得醒目
	#336699	配白色文字好看些
	#6699CC	配白色文字好看些，可以作标题
	#66CCCC	配白色文字好看些，可以作标题
	#B45B3E	配白色文字好看些，可以作标题
	#479AC7	配白色文字好看些，可以作标题

续表

颜色图标	十六进制值	文字色彩搭配
	#00B271	配白色文字好看些，可以作标题
	#FBFBEA	配黑色文字比较好看，一般作为正文
	#D5F3F4	配黑色文字比较好看，一般作为正文
	#D7FFF0	配黑色文字比较好看，一般作为正文
	#F0DAD2	配黑色文字比较好看，一般作为正文
	#DDF3FF	配黑色文字比较好看，一般作为正文

此表只是起一个"抛砖引玉"的作用，大家可以发挥想象力，搭配出更有新意、更醒目的颜色，使网页更具有吸引力。

1.4.4 色彩推移

色彩推移是按照一定规律有秩序地排列、组合色彩的一种方式。为了使画面丰富多彩、变化有序，网页设计师通常采用色相推移、明度推移、纯度推移、互补推移、综合推移等推移方式组合网页色彩。

1. 色相推移

选择一组色彩，按色相环的顺序，由冷到暖或者由暖到冷进行排列、组合。可以选用纯色系或者灰色系进行色相推移（见下图）。

2．明度推移

选择一组色彩，按明度等差级数的顺序，由浅到深或者由深到浅进行排列组合的一种明度渐变组合。一般都选用单色系列组合。也可以选用两组色彩的明度系列按明度等差级数的顺序交叉组合（见下图）。

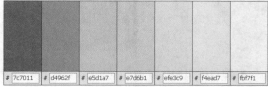

3．纯度推移

选择一组色彩，按纯度等差级数或者比差级数的顺序，由纯色到灰色或者由灰色到纯色进行排列组合（见下图）。

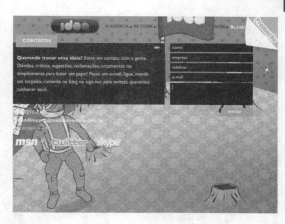

4．综合推移

选择一组或者多组色彩，按色相、明度、纯度推移进行综合排列组合的渐变形式，由于色彩三要素的同时加入，其效果当然要比单项推移复杂、丰富得多（见下图）。

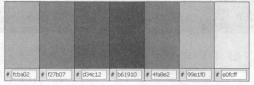

1.5　网页的艺术表现与风格设计

网页设计属于平面设计的范畴，所以网页效果同样包含色彩与布局这两种元素。网页设计虽然具有其自身的结构布局方式，但是平面设计中的构成原理和艺术表现形式也适用于网页设计。并且当两者成功结合时，制作的网页才更受浏览者喜爱。

1.5.1　网页形式的艺术表现

平面构成的原理已经广泛应用于不同的设计领域，网页设计也不例外。在设计网页时，平面构成原理的运用能够使网页效果更加丰富。

1．分割构成

在平面构成中，把整体分成部分，叫做分割。在日常生活中这种现象随时可见，如房屋的吊顶出顶、地板都构成了分割。下面介绍几种常用的分割方法。

❏　等形分割

该分割方法要求形状完全一样，如果分割后再把分隔界线加以取舍，会有良好的效果（参见下图）。

❑ 自由分割

该分割方法是不规则的将画面自由分割的方法，它不同于数学规则分割产生的整齐效果，但它的随意性分割，给人活泼不受约束的感觉（见下图）。

❑ 比例与数列

利用比例完成的构图通常具有秩序、明朗的特性，给人清新之感。分隔给予一定的法则，如黄金分割法、数列等（如下图）。

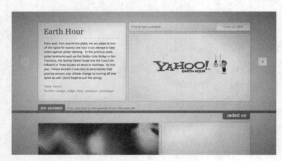

2．对称构成

对称具有较强的秩序感。可是仅仅居于上下、

左右或者反射等几种对称形式，便会产生单调乏味之感。所以，在设计时要在几种基本形式的基础上，灵活加以应用。以下是网页中常用的几种基本对称形式。

❑ 左右对称

左右对称是平面构成中最为常见的对称方式，该方式能够将对立的元素平衡地放置在同一个平面中。如下图所示，为某网站的进站首页。该页面通过左右对称结构，将黑白两种完全不同的色调融入同一个画面。

中轴对称布局比较简单，所以在修饰方面也要采用简单大方的元素（如下图）。

❑ 回转对称

回转对称构成给人一种对称平衡的感觉，使用该方式布局网页，打破导航菜单一贯长条制作的方法，又从美学角度使用该方法平衡页面（如下图）。

3．平衡构成

在造型的时候，平衡的感觉是非常重要的，由于平衡造成的视觉满足，使人们能够在浏览网页时产生一种平衡、安稳的感受。平衡构成一般分为两种：一是对称平衡，如人、蝴蝶，一些以中轴线为中心左右对称的形状；另一种是非对称平衡，虽然没有中轴线，却有很端正的平衡美感。

❑ **对称平衡**

对称是最常见、最自然的平衡手段。在网页中以局部或者整体彩页对称平衡的方式进行布局，能够得到视觉上的平衡效果。下图就是在网页的中间区域采用了对称平衡构成，使网页保持了平稳的效果（如下图）。

❑ **非对称平衡**

非对称其实并不是真正的"不对称"，而是一种更高层次的"对称"，如果把握不好页面就会显得乱，因此使用起来要慎重，更不可用得过滥。如下图所示，通过左上角浅色图案堆积与右下角深色填充的非对称设计，形成非对称平衡结构。

1.5.2　网页构成的艺术表现

重复、渐变以及空间构成，这都是色彩构成的方式，它们同样也适用于网页。运用这些形式不仅可以使网页具有充实、厚重、整体、稳定的视觉效果，而且能够丰富网页的视觉效果，尤其是空间构成的运用，能够产生三维的空间，增强网页的深度感以及立体感。

1．**重复构成**

重复是指同一画面上，同样的造型重复出现的构成方式，重复无疑会加深印象，使主题得以强化，也是最富秩序的统一观感的手法。在网站构成中使用重复，可以分成背景和图像两种形态出现，在背景设计中就是形状、大小、色彩、肌理完全重复（如下图）。

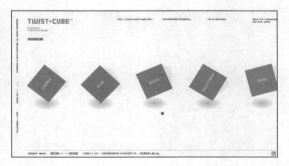

2．**渐变构成**

渐变是骨骼或者基本形循序渐进的变化过程中，呈现出阶段性秩序的构成形式，反映的是运动变化的规律。例如按形状、大小、方向、位置、疏密、虚实、色彩等关系进行渐次变化排列的构成形式（如下图）。

3．空间构成

用户一般所说的空间，是指的二维空间。在日常生活中用户可以看见，物体在空间给人的感觉总是近大远小。例如在火车站，月台上的柱子近的高，远的低，铁轨是近的宽，远的窄，用户要对这些特性加以研究探索，分析立体形态元素之间的构成法则，提高在平面中创建三维形态的能力。

❑ 平行线的方向

改变排列平行线的方向，会产生三次元的幻象。下图为具有空间感的网页效果。

❑ 折叠表现

在平面上一个形状折叠在另一个形状之上，会有前有后、上下的感觉，产生空间感（如下图）。

❑ 阴影表现

阴影的区分会使物体具有立体感和凹凸感。下图为通过阴影得到的立方体效果的网页。

1.5.3 网页纹理的艺术表现

纹理归根结底是色彩。它是网页的重要视觉特征。在网页设计时，使用不同的纹理，配以适当的内容，能够让浏览者记忆深刻，尤其当运用牛皮纸、木纹等图案时，使得在网页中具有了更强的真实感。此外，发射与密集构成的图案，能够增强网页的空间感，将浏览者的思维转换到三维空间，充分发挥其想象力。

1．肌理构成

肌理又称质感，由于物体的材料不同，表面的排列、组织、构造上不同，因而产生粗糙感、光滑、软硬感。在设计中，为达到预期的设计目的，强化心理表现和更新视觉效应，必须研究创造更新更美的视觉效果。

现代计算机、摄影和印刷技术的发展更加扩大了肌理、材质的表现性，成为现代设计的重要手段。抽象主义和其他现代艺术流派创造的各种表现技法，是艺术设计师必须研习的课题。肌理即形象表面的纹理特征，用户可以通过多种方法创建不同的肌理。

❑ 纸类肌理

各种不同的纸张，由于加工的材料不同，本身在粗细、纹理、结构上不同，或人为的折皱、揉搓产生特殊的肌理效果。

物体表面的编排样式不仅反映其外在的造型特征，还反映其内在的材质属性，如下图所示，该网页以布料肌理为背景。

❏ 利用喷绘

使用喷笔、金属网、牙刷将溶解的颜料刷下去后，颜料如雾状地喷在纸上，也可以创造出个性的肌理。下图所示为毛笔纹理的网页。

❏ 渲染

这种方法是在具有吸水性强的材料表面，通过液体颜料进行渲染、浸染，颜料会在表面自然散开，产生自然优美的肌理效果（如下图）。

❏ 自然界元素

现在网站设计对背景的重视程度越来越高，因为网站要给人一种整体效果。下图为木纹与绿叶肌理形成的网页背景。

2．发射构成

发射的现象在自然界中广泛存在，太阳的光芒、盛开的花朵、贝壳、螺纹和蜘蛛网等形成发射图形。可以说发射是一种特殊的重复和渐变，其基本形和骨骼线均环绕着一个或者几个中心。发射有强烈的视觉效果，能引起视觉上的错觉，形成令人眩目的、有节奏的、变化不定的图形。

❏ 中心点式发射构成

该构成方式是由中心向外或由外向内集中的发射。发射图案具有多方的对称性，有非常强烈的焦点，而焦点易于形成视觉中心，发射能产生视觉的光效应，使所有形象有如光芒从中心向四面散射（如下图）。

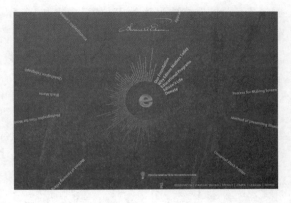

❏ 螺旋式发射

它是以旋绕的排列方式进行的，旋绕的基本形逐渐扩大形成螺旋式的发射（如下图）。

❏ 同心式发射

同心式发射是以一个焦点为中心，层层环绕发射。下图所示为同心式发射网页背景效果。

3．密集构成

密集在设计中是一种常用的组图手法，基本形在整个构图中可自由散布，有疏有密。最疏松或者最紧密的地方常常成为整个设计的视觉焦点，在画面中造成一种视觉上的张力，像磁场一样，具有节奏感。密集也是一种对比的情况，利用基本形数量排列的多少，产生疏密、虚实、松紧的对比效果。下图所示为双色圆环图案的网页背景。

2．矢量风格

矢量风格的网页是通过矢量图像组合而成，这种风格的网页图像效果可以任意地放大与缩小，而不会影响查看效果，所以经常应用于动画网站中（如下图）。

3．px 风格

px 画也属于点阵式图像，但它是一种图标风格的图像，更强调清晰的轮廓、明快的色彩，几乎不用混叠方法来绘制光滑的线条，所以常常采用.gif 格式，同时它的造型比较卡通，得到很多朋友的喜爱。下图所示的网页，就是采用了 px 画与真实人物结合的方式制作而成的。

1.5.4　网页设计风格类型

随着审美要求的提高，网页视觉效果越来越被重视。由于网页设计隶属于平面设计，所以平面设计中的绘画风格同样能够应用于网页设计。

1．平面风格

平面风格是通过色块或者位图等元素形成二维的效果，这种效果最常出现在网页设计中（见下图）。

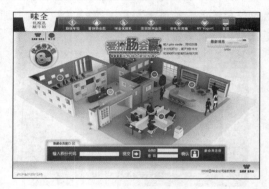

4．三维风格

三维是指在平面二维系中又加入了一个方向向量构成的空间系。三维风格中的三维空间效果，在网页中的运用，能够使其效果无限延伸（如下图）。

而三维风格中的三维对象在网页中的应用，则能够在显示立体空间的同时，突出其主题（如下图）。

第 2 章

HTML5 概述

　　HTML 是一种规范、一种标准，它通过标签符号来标记要显示的网页中的各个部分。网页文件本身是一种文本文件，通过在文本文件中添加标签符，可以告诉浏览器如何显示其中的内容（如显示文本信息、处理图像、播放动画，以及网页中显示的样式等）。而作为下一代的网页语言，HTML5 拥有很多让用户期待已久的新特性，可以说是近 10 年来 Web 标准最巨大的飞跃。本章中，将详细介绍 HTML5 的基本概念和编写方法，以及 HTML 的主体结构和浏览方法，从而使读者初步了解 HTML，为之后的学习打下基础。

2.1　HTML5 基本概念

XHTML（eXtensible HyperText Markup Language，可扩展的超文本标签语言）是一种基于 XML（eXtensible Markup Language，可扩展的标签语言）与 HTML（HyperText Markup Language，超文本标签语言）的新型标签语言和结构语言。

2.1.1　HTML5 简介

HTML 是万维网的核心语言、标准通用标记语言下的一个应用超文本标记语言，主要用于描述超文本中内容的显示方式。2014 年 10 月 29 日，万维网联盟宣布，经过几乎 8 年的艰辛努力，HTML5 标准规范终于制定完成了，并已公开发布。HTML5 将会取代 1999 年制定的 HTML 4.01、XHTML 1.0 标准，期待可以在互联网应用迅速发展的时候，使网络标准达到符合当代的网络需求，为桌面和移动平台带来无缝衔接的丰富内容。

HTML 是一种标记语言，标记语言经过浏览器的解释和编译，虽然它本身不能显示在浏览器中，但在浏览器中可以正确显示 HTML 标记的内容。HTML 语言从 1.0 至 5.0 经历了巨大的变化，从单一的文本显示功能到图文并茂的多媒体显示功能，许多特性经过多年的完善，已经成为一种非常完善的标记语言。

使用 XHTML 语言创建的文档，其扩展名与由 HTML 创建的文档相同，既可以是.htm，也可以是.html。

目前，所有的网页浏览器都可以完全解析 XHTML 文档，并显示出来。一个典型的 XHTML 文档由各种以尖括号"<>"括住的标签组成，主要包括 DTD（Document Type Definition，文档类型声明）、HTML 命名空间等两个部分。其结构如下所示。

```
<!DOCTYPE html PUBLIC "-//W3C//DTD
XHTML 1.0 Strict//EN"
```

```
"http://www.w3.org/TR/xhtml1/DTD
/xhtml1-strict.dtd">
<html xmlns="http://www.w3.org/
1999/xhtml">
  <head>
   <meta http-equiv="Content-
   Type"content="text/html;
   charset
   =utf-8" />
   <title>无标题文档</title>
  </head>
  <body>
  </body>
</html>
```

在上面的代码中，主要包括"<!DOCTYPE……dtd">"部分为文档的 DTD，其他则为 HTML 命名空间部分，也就是 XHTML 的根标签。HTML 的命名空间部分（html 根标签）还包括文档头（head 标签）和文档主体（body 标签）部分。

文档头的作用是提供网页文档的媒体标签（meta 标签）、标题标签（title 标签），以及加载的各种外部描述性文档（style 标签）或脚本文档（script 标签）等。而文档的主体部分则用于存储各种显示于网页中的数据。

使用 XHTML 语言，用户可以方便地将各种文本、图像、音频、视频和动画嵌入到网页中，并交由浏览器显示，但却不能直接对这些网页标签进行描述和排版。因此，使用 XHTML 编写的网页文档结构更加规范，体积更小，代码也更加精炼，更容易被搜索引擎检索。基于这些优点，XHTML 迅速取代了传统的 HTML，成为网络中应用最广泛的结构语言。

2.1.2　HTML5 文档类型

HTML 文件包括标题、段落、列表、表格、绘制的图形，以及各种嵌入对象，其基本结构如下所示。

```
<!DOCTYPE html>
<html>                 文件开始的标记
<head>                 文件头部开始的标记
…                      文件头部的内容
</head>                文件头部结束的标记
<body>                 文件主体开始的标记
…                      文件主体的内容
</body>                文件主体结束的标记
</html>                文件结束的标记
```

相比 HTML 语言，XHTML 语言更加严谨和规范，因此，W3C 对 XHTML 进行了一定程度的修改，将 XHTML 文档分为 3 种类型，即过渡型、严格型和框架型。

1．过渡型

过渡型的 XHTML 文档为考虑到大多数网页设计者的习惯，允许使用部分描述性的 HTML 标签，对网页中的内容进行描述。在采用过渡型的 XHTML 文档中，通过 DTD 标识其类型。

```
<!DOCTYPE html PUBLIC "-//W3C//DTD
XHTML 1.0 Transitional//EN
"http://www.w3.org/TR/xhtml1/DTD/
xhtml1-transitional.dtd">
```

2．严格型

严格型的 XHTML 文档完全符合结构与表现分离的原则，通过严谨的结构以及代码规范来实现网页数据的结构框架。在严格型的网页文档中，任何对网页标签的描述都必须通过 CSS 等描述性内容实现。严格型的网页文档本身不对描述性的标签进行支持，其 DTD 内容如下所示。

```
<!DOCTYPE html PUBLIC "-//W3C//DTD
XHTML 1.0 Strict//EN"
"http://www.w3.org/TR/xhtml1/DTD/
xhtml1-strict.dtd">
```

3．框架型

框架型的 XHTML 文档主要应用于各种框架网页中，其对描述性标签的支持程度与过渡型的 XHTML 文档类似，都支持一定程度的描述性标签，其 DTD 内容如下所示。

```
<!DOCTYPE html PUBLIC "-//W3C//DTD
XHTML 1.0 Frameset//EN"
"http://www.w3.org/TR/xhtml1/DTD/
xhtml1-frameset.dtd">
```

2.1.3 页面构成

在 HTML5 中引入的规划网页的新标签。创建的网页将会有高层设计，页面的设计包含了一个 Header 区、一个 Navigation 区、一个包含了 3 个 Section 区和一个 Aside 区的 Article 区，以及最后的一个 Footer 区，如下图所示。

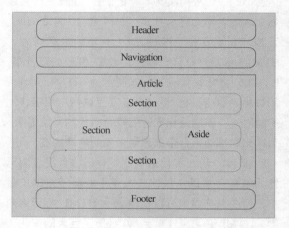

1．Header 区

Header 区包含了页面标题和副标题，<header> 标签用来创建页面的 Header 区的内容。

除了网页本身之外，<header> 标签还可以包含关于 <section> 和 <article> 的公开信息。这里创建的网页有该页面的一个 Header 区（这在高层设计中有给出），以及一个位于 Article 和 Section 区内部的 Header 区。

```
<header>
    <h1>标题文字</h1>
    <p>文本或是图像可放在这里</p>
    <p>Logo 通常也放在这个地方</p>
</header>
```

2．Navigation 区

用户可以使用 <nav> 标签来创建页面的

Navigation 区。<nav>标签定义了一个用于导航的区域，<nav>标签应该用做主站点的导航，而不是用来放置被包含在页面的其他区域中的链接。

3．Article 和 Section 区

页面包含了一个 Article 区，该区域存放了页面的实际内容。使用< article>标签来创建这一区域，该标签定义的内容可独立于页面中的其他内容使用。

Article 区包含了 3 个 Section 区，可使用<section>标签来创建这几个区域。<section>包含了Web 内容的相关组件区域，<section>标签和<article>标签，可以包含页眉、页脚，或是其他需要用来完成该部分内容的组件。

<section>标签用于分组的内容，<section>标签和<article>标签通常以一个<header>为开始，并以一个< footer>结束，标签的内容则放在这两者之间。

<section>标签也可以包含<article>标签，就像<article>标签可以包含<section>标签一样。

<section> 和<article>标签，以及<header> 和<footer>标签都可以包含<figure>标签，用来加入图像、图表和照片。

<figure>标签可以包含<figcaption>，该标签相应地包含了包含在<figure>标签中的图形的标题，其允许用户输入描述，把图形和内容更加紧密地关联起来。

4．Aside 区

Aside 区可通过使用< aside>标签来创建。这一标签被看作是用来存放补充内容的地方，这些内容不是其所补充的一篇连续文章的组成部分。在杂志上，插入语（Aside）通常被用来突出文章本身所制造的一个观点。<aside>标签包含的内容可被删除，而这不会影响到包含了该内容的文章、章节或是页面所要传达的信息。

5．Footer 区

<footer>标签包含了与页面、文章或是部分内容有关的信息，例如文章的作者或是日期。

2.2 HTML5 的优势

HTML5 发展从 HTML4.0、XHTML 到HTML5，使 HTML 描述性标记语言变得更加规范，同时也增加了许多非常实用的新功能。

2.2.1 HTML5 优点

随着 HTML 新特特性的不断完善，目前HTML5 己成为一种非常流行的标记语言，它具备如下 4 个优点。

1．网络标准

HTML5 本身是由 W3C 推荐出来的，它的开发是由几百家公司一起酝酿的技术，该技术为公开技术。因此，W3C 通过的 HTML5 标准可以实现在每一个浏览器或每一个平台中。

2．多设备跨平台

HTML5 技术可以跨平台使用，例如可以将HTML5 开发的游戏移植到 UC 的开放平台、Opera的游戏中心、Facebook 应用平台，甚至可以通过

封装的技术发放到 App Store 或 Google Play 上，所以它的跨平台性非常强大，深受大多数开发者的青睐。

3．自适应网页设计

HTML5 具有自适应网页设计功能，也就是实现了"一次设计，普遍适用"的设想，它可以让同一张网页适应不同大小的屏幕，并根据屏幕宽度自动调整布局。

4．即时更新

HTML5 拥有即时更新功能，更新游戏好像更新页面一样简单、迅速和即时；从而解决了使用游戏客户端更新操作麻烦的问题。

通过上述优点，可以将 HTML5 的优点概括为下列几点。

- ❏ 提高可用性。
- ❏ 改进用户体验。
- ❏ 新增标签有助于开发人员定义重要的内容。

- ❑ 可以在站点中放置更多的多媒体视频。
- ❑ 可以很好地替代 FLASH 和 Silverlight。
- ❑ 被大量应用到移动应用程序和游戏。
- ❑ 可移植性好。

2.2.2　HTML5 的特性

HTML5 的设计目的是为了在移动设备上支持多媒体，除了上述目的之外，HTML5 还具有下列特性。

- ❑ **语义特性**　HTML5 更加丰富的标签会随着对 RDFa、微软数据及微格式等方面的支持，构建对程序及对用户都更具有价值的数据驱动 Web。
- ❑ **本地存储特性**　由于 HTML5 具有 APP Cache 和本地存储功能，因此促使基于 HTML5 开发的网页 APP 拥有更短的启动时间、更快的联网速度。
- ❑ **设备兼容特性**　HTML5 提供的数据与应用接入开放接口，使外部应用可以直接与浏览器内部的数据直接相连，从而为网页应用开发者们提供了更多功能上的优化选择。
- ❑ **连接特性**　HTML5 拥有更有效的服务器推送技术，促使基于页面的实时聊天、更快速的网页游戏体验、更优化的在线交流得到了实现。而其中的 Server-Sent Event 和 WebSockets 特性，能够帮助用户实现服务器将数据"推送"到客户端的功能。
- ❑ **网页多媒体特性**　HTML5 支持网页端的 Audio、Video 等多媒体功能，它与网站自带的 APPS、摄像头、影音功能相得益彰。
- ❑ **三维、图形及特效特性**　HTML5 基于 SVG、Canvas、WebGL 及 CSS3 的 3D 功能，可以在浏览器中呈现出惊人的视觉效果。
- ❑ **性能与集成特性**　HTML5 通过 XMLHttp-Request2 等技术，解决了以前的跨域等问题，帮助用户的 Web 应用和网站在多样化的环境中更快速地工作。

- ❑ **CSS3特性**　在保持性能和语义结构的前提下，CSS3 提供了更多的风格和更强的效果。

2.2.3　HTML5 新功能

HTML5 的发展越来越迈向成熟，很多的应用已经逐渐出现在日常生活中了，不止让传统网站上的互动 Flash 逐渐地被 HTML5 的技术取代，更重要的是可以透过 HTML5 的技术来开发跨平台的手机软体，让许多开发者感到十分兴奋。

下面列出的就是一些 HTML 4 和 HTML5 之间主要的不同之处。

- ❑ **简化的语法**　更简单的<doctype>声明，在 HTML5 中，用户只需要写<!doctype html>就行了。HTML5 的语法兼容 HTML 4 和 XHTML 1。
- ❑ **替代 Flash 的<Canvas>标签**　但对于那些花很多时间加载和运行的臃肿的 Flash 视频的人来说，用新的<Canvas>标签生成视频的技术已经到来。
- ❑ **新的<header>和<footer>标签**　HTML5 的设计是要更好地描绘网站的解剖结构。这些<header>、<footer>等新标签的出现，是专门为标识网站的这些部分而设计的。
- ❑ **<section>和<article>标签**　跟<header>和<footer>标签类似，HTML5 中引入的新的<section>和<article>标签，可以让开发人员更好地标注页面上的这些区域。
- ❑ **<menu>和<figure>标签**　新的<menu>标签可以被用作普通的菜单，也可以用在工具条和右键菜单上，虽然这些东西在页面上并不常用。

新的<figure>标签是一种更专业的管理页面上文字和图像的方式。

- ❑ **<audio> 和 <video> 标签**　<audio>和<video>标签是 HTML5 中增加用来嵌入音频和视频文件的。

除此之外还有一些新的多媒体的标签和属性，例如<track>标签是用来提供跟踪视频的文字信息的。有了这些标签，HTML5 使 Web 2.0 特征变得越来越友好。

　　❖　全新的表单设计。<form>和<forminput>标签对原有的表单标签进行的全新的修改，

它们有很多的新属性。

　　❖　不再使用<b>和<font>标签。
　　❖　不再使用<frame>、<center>、<big>等标签。

2.3　HTML5 的主体结构

　　标准的超文本标记语言文件都具有一个基本的整体结构，标记一般都是成对出现（部分标记除外例如：
），即超文本标记语言文件的开头与结尾标志和超文本标记语言的头部与实体两大部分。下面将向用户介绍 HTML5 的基本文档结构和新增的语义化标签。

2.3.1　HTML5 结构性标签体系

　　HTML5 变革最明显的地方，是让人机交互、人网交互变得更加舒适，更贴合用户。这对文档结构和语义化标签体系的革新，起到了很大的作用。

　　如同 XHTML 语义化一样，HTML5 语义化标签的使用也应该遵循：每个标签都有它特定的意义，而语义化，就是让用户在适当的位置用适当的标签，以便让人和机器（机器可理解为浏览器，也可理解为搜索引擎）都一目了然。

1．语义更明确简洁的结构

　　从"头"说起，一个标准的 XHTML 头部代码应该是这样：

```
<!DOCTYPE html PUBLIC "-//W3C//DTD
XHTML 1.0 Transitional//EN"
"http://www.w3.org/TR/xhtml1/DTD
/xhtml1-transitional.dtd">
<html xmlns="http://www.w3.org/
1999/xhtml">
<head>
<meta    http-equiv="Content-Type"
content="text/html; charset=
gb2312" />
</head>
```

　　能记住吗？你会去死记硬背吗？当然不会！用户只需要机械地复制粘贴即可。再看看一个标准的

HTML5 头部是怎样的。

```
<!doctype html>
<meta charset=gb2312>
```

　　现在的 DOCTYPE 好记多了。同 DOCTYPE 变化一样，字符集的声明也被简化了。

　　HTML5 的头部可以如此简单，可以轻易地记住！并且，可以忽略大小写，引号以及最后一个尖括号前的反斜线。

　　为什么可以如此松散？其实，如果把 XHTML 当成 text/html 发送，浏览器一样可以很好地解析，浏览器并不在乎代码的语法。所以，HTML5 是形而上的，它可能会破坏原有的一些标准，但仍可在浏览器中有很好地表现。

　　当然，为了团队协助与后续维护的方便，用户还是应该统一一种自己喜欢的风格的写法，例如：

```
<!doctype html>
<html>
<head>
<meta charset="gb2312" />
…
</head>
<body>
…
</body>
</html>
```

　　使用新的 DOCTYPE 后，浏览器默认以标准模式显示页面。例如，使用 Firefox 打开一个 HTML5 页面，然后执行【工具】|【页面信息】命令，将打开【页信息】对话框，其中标注出当前页面是以标准模式显示的。

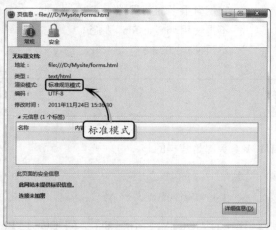

另外，目前 HTML5 虽然并不为所有浏览器所支持，但这个能省去 100 多字节（对于日 PV 百万级以上的站点，能省下不少的流量）的头部已可以完美地兼容了。如果对浏览器解析模式有研究的话，应该知道，页面在没有定义 DOCTYPE 的情况下会触发怪异模式，而只要定义了<!doctype html>浏览器就可以在标准模式下解析页面，而不需要指定某个类型的 DTD。

2. 新的语义化标签体系

语义化编码是一个合格前端开发者必备的技能，但随着网页的日渐丰富化，仅仅用原有的 XHTML 标签去语义化显然已经力不从心。于是，HTML5 提供了一系列新的标签及相应属性，以反应现代网站的典型语义。下面以具体的实例来说明，如下所示。

```
<div id="header">
<div class="hgroup">
 <h1>网站标题</h1>
<h1>网站副标题</h1>
</div>
<div id="nav">
 <ul>
            <li>HTML5</li>
            <li>CSS</li>
            <li>JavaScript</li>
        </ul>
    </div>
</div>
<!--//header end-->
```

```
<div id="left">
    <div class="article">
        <p>这是一篇讲述 HTML5 新结构标
            签的文章。</p>
    </div>
    <div class="article">
        <p>这还是一篇讲述 HTML5 新结构
            标签的文章。</p>
    </div>
</div>
<!--//left end-->
<div id="aside">
    <h1>作者简介</h1>
    <p>Mr.Think, 专注 Web 前端技术的凡
        夫俗子。</p>
</div>
<!--//side end-->
<div id="footer">
页面的底部
</div>
<!--//footer end-->
```

上面是一个简单的博客页面部分 HTML，由头部、文章展示区、右侧栏、底部组成。编码整洁，也符合 XHTML 的语义化，即便是在 HTML5 中也可以有很好的表现。

但是对浏览器来说，这就是一段没有区分开权重的代码，而不是以一个让机器也能读懂语义的标签来定义相应的区块。例如，标准浏览器（例如 Firefox、Chroome 甚至新版的 IE）都有一个快捷键可以带引客户直接跳转到页面的导航，但问题是所有的区块都是用 DIV 定义的，并且 DIV 的 ID 值是同开发者定的，所以，浏览器并不知道哪个应该是导航链接所在区块。

那么，将上面的代码换成 HTML5 就可以写成如下形式。

```
<header>
    <hgroup>
        <h1>网站标题</h1>
        <h1>网站副标题</h1>
    </hgroup>
    <nav>
        <ul>
```

```
        <li>HTML5</li>
        <li>CSS</li>
        <li>JavaScript</li>
      </ul>
    </nav>
</header>
<div id="left">
    <article>
        <p>这是一篇讲述 HTML5 新结构标
        签的文章。</p>
    </article>
    <article>
        <p>这还是一篇讲述 HTML5 新结构
        标签的文章。</p>
    </article>
</div>
<aside>
    <h1>作者简介</h1>
    <p>Mr.Think，专注 Web 前端技术的凡
    夫俗子。</p>
</aside>
<footer>
    网页底部
</footer>
```

原来，HTML 的页面结构可以如此之美，不用注释也能一目了然。对于浏览器，找到对应的区块也不再会茫然无措。

2.3.2　新增的主体结构标签

HTML5 相比于 HTML 4，改变最大的就是增加了很多新的标签，新增加的标签较以往的标签更加语义化。其中，用于控制页面主体内容的结构标签，可以划分为主体结构标签。

1．article 标签

该标签表示文档、页面、应用程序或站点中的自包含成分所构成的一个页面的一部分，并且这部分专用于独立地分类或复用。例如，一个博客的帖子、一篇文章、一个视频文件等。

示例 2-1：article.html

```
<!DOCTYPE HTML>
<html>
```

```
<head>
<meta charset="utf-8">
<title>无标题文档</title>
</head>
<article>
<header>
<h1>文章标题</h1>
<p>发表日期: <time pubdate=
"pubdate">2016/07/20 </time></p>
</header>
<p>文章正文</p>
<footer>
<p><span>阅读: 1320</span><span>
推荐: 5</span></p>
</footer>
</article>
</body>
</html>
```

上面的示例可以看到 article 里面嵌套了 header、footer、p 标签（见下图）。

可以看到相比于 HTML 4，XHTML 更加语义化。header 表示文章的头部（标题），p 表示文章的正文，footer 表示文章的底部。需要注意的是 article 可以嵌套 article。

示例 2-2：article1.html

```
<!DOCTYPE HTML>
<html><head>
<meta charset="utf-8">
<title>无标题文档</title>
</head>
<body>
<article>
  <header>
    <h1>文章标题</h1>
```

```
       <p>发表日期: <time pubdate=
       "pubdate">2015/11/23 </time>
       </p>
   </header>
   <p>文章正文</p>
   <section>
     <h2>评论</h2>
     <article>
       <header><h3>发表者: 东方日报
       </h3></header>
       <p>评论内容</p>
     </article>
     <article>
       <header><h3>发表者: 东方日报
       </h3></header>
       <p>评论内容</p>
     </article>
   </section>
 </article>
</body></html>
```

此示例比上一个示例是一篇更加完善的博文，不仅有正文，还有正文的评论。整体使用了 article 标签，与上一示例一样，header 表示文章头部，正文还是 p 标签，section 标签区分正文与评论。评论也是独立的内容部分，也包含 header 和 p(见下图)。

嵌套 Article 元素

2. section 标签

该标签用来定义文档中的节（Section），例如章节、页眉、页脚或文档中的其他部分。用于成节的内容，会在文档流中开始一个新的节。它主要用于表示对网站或应用程序中页面上的内容进行分块。section 标签通常由内容及其标题组成，如下代码所示。

```
<section>
<h1>section 是什么? </h1>
<h2>一个新的章节</h2>
<article>
<h2>关于 section</h1>
<p>section 的介绍</p>
...
</article>
</section>
```

提示

section 和 article 的区别是: section 的作用是对页面上内容进行分块，article 是独立的完整的内容。语义上有区别。

3. nav 标签

HTML5 结构标签<nav>标签用于构建一个页面或一个站点内的链接，表示一个可以用作页面导航的链接组。其中的导航标签链接到其他页面或当前页面的其他部分。

但是，并不是链接的每一个集合都是一个<nav>，比如: 赞助商的链接列表及搜索结果页面就不是，因为它们是当前页面的主内容。如下代码所示:

```
<nav>
<ul>
<li><a>首页</a></li>
<li><a>公司简介</a></li>
<li><a>产品展示</a></li>
<li><a>资源下载</a></li>
</ul>
</nav>
```

提示

<nav>标签适用的版块包括普通的导航、侧边栏的导航、页内导航。

4. aside 标签

该标签定义 article 以外的内容，aside 的内容应该与 article 的内容相关，表示当前页面或文章的附属信息部分，可以包含与当前页面或主要内容相关的引用、侧边栏、导航条以及广告；或者 Web 2.0 博客网站的 tag。用于成节的内容，会在文档流中开始一个新的节。

```
<!DOCTYPE HTML>
<html>
<head>
<meta charset="utf-8">
<title>无标题文档</title>
</head>
<aside>
<h1>作者简介</h1>
<p>Mr.Think，专注Web前端技术的凡夫俗
子。</p>
</aside>
<aside>
<nav>
<ul><li><a href=" ">asp.net</a>
</li>
<li><a href=" ">jQuery</a></li>
</ul>
</nav>
</aside>
</body>
</html>
```

此实例第一个 aside 展示了文章版权信息，第二个 aside 展示了相关文章的友情链接。aside 标签的主要用法如下所述。

◇　被包含在<article>标签中作为主要内容的附属信息部分，其中的内容可以是与当前文档有关的参考资料、名词解释等。

◇　在<article>标签之外使用，作为页面或网站全局的附属信息部分（见下图）。

5. time 标签与微格式

time 标签代表 24 小时中的某个时刻或某个日期，表示时刻时允许带时差，可以包括如下格式。

```
<time date="2010-11-13">2010 年 11
月 13 日</time>
<time date="2010-11-13">11 月 13 日
</time>
<time date="2010-11-13">我的生日
</time>
<time date="2010-11-13T20:00">我
生日的晚上 8 点</time>
<time date="2010-11-13T20:00Z">我
生日的晚上 8 点</time>
<time date="2010-11-13T20:00+09:
00">我生日的晚上 8 点的美国时间</time>
```

在上面的代码中，日期与时间之间要用"T"字符隔开；以"Z"结尾的格式表示使用 UTC 标准时间编码；最后一种格式为添加时差。

time 标签的"pubdate"是一个可选的 boolean 型属性，可以用在 article 标签中的 time 标签上，表示具体发布日期，如下代码所示。

```
<article>
    <header>
        <h1>文章标题</h1>
        <p>发表日期: <time pubdate=
        "pubdate">2011/11/20
        </time></p>
    </header>
    <p>文章正文</p>
</article>
```

2.3.3　新增的非主体结构标签

与主体结构标签相对应的，就是非主体结构标签。这些标签，用于放置辅助主体内容的信息。例如，放置主体内容的标题，将标题进行群组化，添加页面的页眉页脚等。

1. header 标签

header 标签是页面加载的第一个标签，包含了站点的标题、Logo、网站导航等，是一种具有引导

和导航作用的结构标签，通常用来放置整个页面或页内的一个内容区块的标题。

一个网页内并未限制 header 标签的个数，可以拥有多个，可以为每个内容区块增加一个。header 标签中可以包含多个"h1~h6"标签、hgroup 标签、nav 标签、form 标签、table 标签等。

```
<article>
  <header>
    <hgroup>
        <h1>主标题</h1>
        <h2>副标题</h2>
    </hgroup>
  </header>
</article>
```

2．hgroup 标签

hgroup 标签是将标题及其子标题进行分组的标签，通常用于对网页或区段（Section）的标题进行组合，特别惯用于标题类的组合，例如文章的标题与副标题。

```
<hgroup>
    <h1>这是一篇介绍 HTML5 结构标签的
    文章</h1>
    <h2>HTML5 的革新</h2>
</hgroup>
```

3．footer 标签

footer 标签包含了与页面、文章或是部分内容有关的信息，可以作为其上层父级内容区块或是一个根区块的脚注，通常包括其相关区块的脚注信息，例如说文章的作者或是日期。作为页面的页脚，其有可能包含了版权或是其他重要的法律信息。

```
< footer>
< p>Copyright 2011 Acme United. All
rights reserved.< /p>
< /footer>
```

一个页面中也未限制 footer 标签的个数。可以为 article 标签或 section 标签添加 footer 标签。

4．address 标签

address 标签用来在文档中呈现联系信息，包括文档或文档维护者的名字、邮箱、电话号码等。

一般包含版权数据、导航信息、备案信息、联系方式等内容，如下代码所示。

```
<body>
    <nav>…</nav>
    <div id=mainContent>…</div>
    <aside>
    <nav>
    <h2>…</h2>
    <ul>…</ul>
    </nav>
    <nav>
    <h2>…</h2>
    <ul>…</ul>
    </nav>
    </aside>
    <footer>
    <small>
    &copy;2010 Copyright © 2010
    JianYuan Century Inc. All
    Rights Reserved
    </small>
    </footer>
</body>
```

2.4　HTML5 文件的编写方法

对于比较熟悉 HTML5 代码的用户，可以直接手写 HTML5 文件。而对于对 HTML5 代码不太熟悉的用户，则需要借助 HTML 编辑器来编写 HTML5 文件，例如使用 Dreamweaver 来编写 HTML5 文件。

2.4.1　手工编写 HTML5

由于 HTML5 是一种标记语言，而标记语言是以文本形式存在的，因此所有的记事本工具都可以作为它的开发环境（见下图）。

若要使用记事本编写 HTML5 文件，则需要执行【程序】|【记事本】命令，打开一个记事本，并在记事本中输入 HTML 代码。

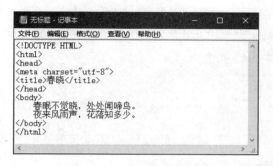

编辑完 HTML 文件后，执行【文件】|【保存】命令，或按 Ctrl+S 快捷键保存记事本，在弹出的【另存为】对话框中，将其扩展名保存为.html 或.htm（如下图）。

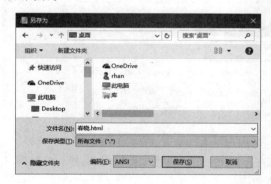

单击【保存】按钮，即可保存该文件。然后，使用浏览器打开该文件，在浏览器中预览最终效果（如下图）。

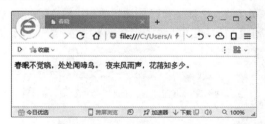

2.4.2　使用 Dreamweaver 编写

对于一些不太熟悉 HTML 代码的用户来讲，为了避免代码编写错误及编写效率低下等问题，还需要使用专门的 HTML 网络编写软件进行编写。使用 HTML 网页编写软件，在编写的过程中可以出现语法错误和格式提示，便于用户更改与查阅。最常用的 HTML 代码编写软件便是由 MACROMEDIA 公司开发的 Adobe Dreamweaver 软件了。

Adobe Dreamweaver 简称"DW"，其中文名称为"梦想编织者"，是目前业界最流行的静态网页制作与网站开发工具。Dreamweave 是集网页制作和管理网站于一身的所见即所得的网页编辑器，不仅可以帮助不同层次的用户快速设计网页，还可以借助其内置的功能使用 ASP、JSP、PHP、ASP.net 和 CFML 等服务器语言为网站服务。

1．欢迎界面

当用户启用 Dreamweave CC 时（见下图），会出现一个欢迎界面，以帮助用户进行相应的操作，包括组建浏览的文件、新建、了解等操作。

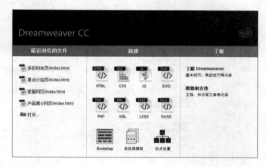

2．工作界面

在欢迎界面中执行某项操作之后，便可以进入到工作界面中。Dreamweave CC 2015 所提供的工作界面是一种可伸缩、自由定制的界面，用户可以根据工作习惯自由设置界面。其中，默认的灰色界面颜色使整个界面显得更加紧凑。

Dreamweave CC 2015 工作界面中窗口组成的具体情况，如下所述（参见下图）。

❑ **菜单栏**　菜单栏中包含各种操作执行菜单命令，以及切换按钮，如【最小化】、【最大化】、【还原】和【关闭】等按钮。

❑ **工作区切换器**　允许用户更改窗口的界面以"新手""代码""默认""设计"或"Extract"方式显示，以及允许用户新建工作区、管理工作区和保存当前工作区等操作。

❑ **标签选择器**　位于【文档】窗口底部的状态栏中，用于显示环绕当前选定内容的标签，以及该标签的父标签等，可体现出这些标签的层次结构。

❏ **面板组** 显示 Dreamweaver 提供的各种面板，默认显示插入、CSS 设计器、CSS 过渡效果和文件等面板。

❏ **编码工具栏** 用于显示 Dreamweaver 中的各种编码工具，包括打开文档、显示代码浏览器、选择父标签等 15 种常用工具。

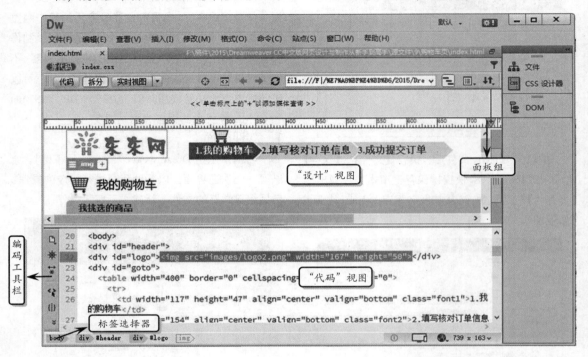

3. 文档视图

Dreamweaver CC 2015 为用户提供了多种文档视图，以帮助用户更为便捷地编辑网页内容。

❏ **【设计】视图**

【设计】视图以可视化的形式来显示网页内容（如下图），其界面中并不存在 HTML 编码，外形类似于用户在浏览器中查看 Web 页面时的状态。

用户可通过单击【文档】工具栏中的【设计】按钮，或执行【查看】|【设计】命令，切换到该视图中。

❏ **【代码】视图**

【代码】视图以 HTML 代码形式来显示网页编辑内容，用户可以利用界面中【编码】工具栏中的各类工具，来提高代码的编辑效果。用户可以通过单击【文档】工具栏中的【代码】按钮，或执行【查看】|【代码】命令，切换到该视图中（见下图）。

□ 【拆分】视图

【拆分】视图是一个复合型的工作区，它可以同时显示【设计】和【代码】2 种视图样式，在其中一个窗口中创建和编辑网页时，所做的更改会即时显示在另一个窗口中。用户可通过单击【文档】工具栏中的【拆分】按钮，或执行【查看】|【代码和设计】命令，切换到该视图中（如下图）。

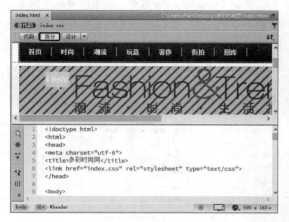

除此之外，为了适应新的平板扩展显示宽度，Dreamweaver 为用户提供了垂直和水平拆分两种格式。用户可通过执行【查看】|【垂直拆分】命令，来显示垂直拆分格式，而再次执行该命令，则取消垂直拆分格式，转而使用水平拆分格式。

□ 【实时视图】

【实时视图】类似于【设计】视图，但相对于【设计】视图来讲，【实时视图】可以更逼真地显示文档在浏览器中的表示形式，并能够像在浏览器中那样与文档进行交互（如下图）。

在【实时视图】中无法对素材进行编辑，用户可通过【代码】视图来编辑网页内容，并通过刷新操作将编辑结果显示在【实时视图】中。用户可通过单击【文档】工具栏中的【实时视图】按钮，或执行【查看】|【实时视图】命令，切换到该视图中。

□ 【实时代码】视图

【实时代码】视图只有在【实时视图】模式下，才可以显示。用户需要先切换到【实时视图】模式下，再通过单击【文档】工具栏中的【在代码视图中显示实时视图源】按钮，或执行【查看】|【实时代码】命令，来显示该视图模式。而【实时代码】主要用于执行该页面的实际代码，并不能进行编辑；当在【实时视图】中与该页面进行交互时，它可以显示动态变化（如下图）。

4．编码工具栏

在 Dreamweaver 中的【代码】视图中，用户可以通过编辑 HTML 代码的方式来制作网页，而【编码】工具栏则位于该视图中。其【编码】工具栏显示在【文档】窗口的左侧，包含了可用于执行多种标准编码操作的按钮（如下图）。

Dreamweaver 为用户提供了实时显示提示功能，用户只需将鼠标移至【编码】工具栏的按钮上，系统即会显示工具提示信息。默认情况下，【编码】工具栏中各个显示按钮的具体功能如下表所示。

按钮图标	按钮名称	含 义
	打开文档	列出打开的文档。选择了一个文档后，它将显示在【文档】窗口中。
	显示代码导航器	显示代码导航器。
	折叠整个标签	折叠一组开始和结束标签之间的内容（如位于<table>和</table>之间的内容）。
	折叠所选	折叠所选代码。
	扩展全部	还原所有折叠的代码。
	选择父标签	插入点的内容及其两侧的开始和结束标签。
	选取当前代码	放置插入点的那一行的内容及其两侧的圆括号、大括号或方括号。
	行号	使可以在每个代码行的行首隐藏或显示数字。
	高亮显示无效代码	用黄色高亮显示无效的代码。
	自动换行	单击该按钮，一行中较长的代码，将自动换行。
	信息栏中的语法错误警告	启用或禁用页面顶部提示语法错误的信息栏。当检测到语法错误时，语法错误信息栏会指定代码中发生错误的那一行。
	应用注释	在所选代码两侧添加注释标签或打开新的注释标签。
	删除注释	如果所选内容包含嵌套注释，则只会删除外部注释标签。
	环绕标签	在所选代码两侧添加选自【快速标签编辑器】的标签。
	最近的代码片断	从【代码片断】面板中插入最近使用过的代码片断。
	移动或转换 CSS	将 CSS 移动到另一位置，或将内联 CSS 转换为 CSS 规则。
	缩进代码	将选定内容向右移动。
	凸出代码	将选定内容向左移动。
	格式化源代码	将先前指定的代码格式应用于所选代码。如果未选择代码，应用于整个页面。

通过上表，用户已了解【编码】工具栏中的工具，此时便可以使用工具栏中的按钮来快速编写比较规范的代码。

5. 编写 HTML 代码

了解 Dreamweaver 的基本操作界面之后，便可以编写 HTML 代码了。

启动 Dreamweaver 软件，在欢迎屏幕中的【新建】栏中，选择所需创建的文档类型，即可快速创建所选文档类型的空白文档（如下图）。

或者，执行【文件】|【新建】命令，在弹出的【新建文档】对话框中，激活【新建文档】选项卡，在【文档类型】列表中选择"HTML"文档类型，然后在【框架】列表中选择一种框架类型，单击【创建】按钮即可，如下图。

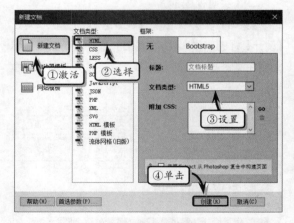

然后，单击【文档】工具栏中的【代码】按钮，或执行【查看】|【代码】命令，切换到该视图中，如下图。

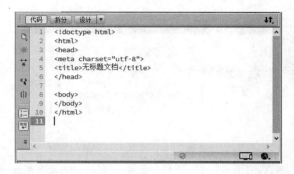

存】命令，在弹出的【另存为】对话框中，设置保存位置和名称，单击【保存】按钮即可，如下图。

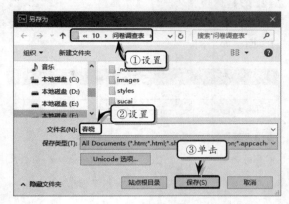

修改 HTML 的文档标题，将代码中的<title>标记中的"无标题文档"修改为"春晓"。然后，在<body>标记中输入网页内容，如下图。

修改完 HTML 代码之后，执行【文件】|【保

此时，在 Dreamweaver 中，按下 F12 功能键，使用默认浏览器查看最终效果，如下图。

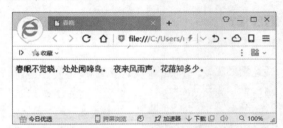

2.5 练习：创建 HTML5 文档

在创建 HTML5 文档时，用户可以通过许多开发工具实现。其中，最熟悉就是 Dreamweaver。在 Dreamweaver CC 版本中，用户可以直接创建 HTML5 文档，并在【编辑器】中编辑 HTML5 代码内容，如下图。

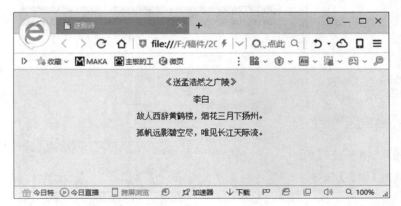

练习要点
● 新建文档
● 设置页面属性
● 输入文本
● 设置文本格式
● 保存文档
● 预览文档

操作步骤 >>>>

STEP|01 执行【文件】|【新建】命令，在【文档类型】列表框中选择【HTML】选项，创建一个空白页面，如下图。

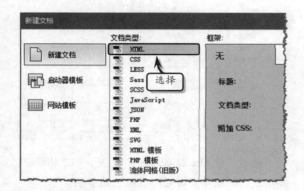

STEP|02 然后，在页面下方的【属性】面板中，单击【页面属性】按钮，如下图。

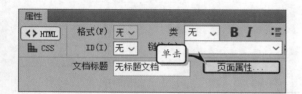

STEP|03 在弹出的【页面属性】对话框中的【外观（CSS）】选项卡中，设置页面文本大小、文本颜色和背景颜色，如下图。

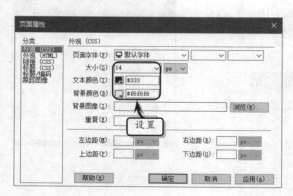

STEP|04 激活左侧的【标题/编码】选项卡，在【标题】文本框中输入页面标题，并单击【确定】按钮，如下图。

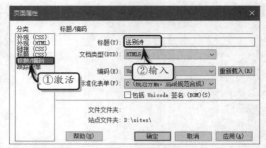

STEP|05 在【设计】视图中，输入"送孟浩然之广陵"诗词内容，如下图。

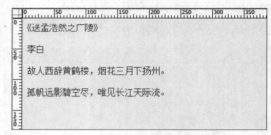

STEP|06 在【属性】面板中，激活【CSS】选项卡，单击【居中对齐】按钮，设置对齐格式，如下图。

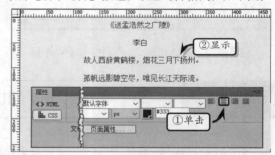

STEP|07 执行【文件】|【保存】命令，在弹出的【另存为】对话框中，设置保存名称，单击【保存】按钮，如下图。

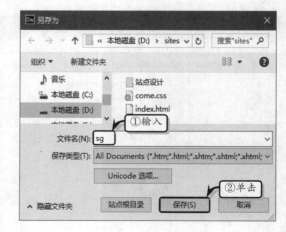

STEP|08 最后，按下 F12 键，在弹出的浏览器中查看最终效果，如下图。

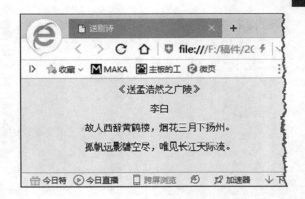

2.6　练习：制作第一个 HTML5 网页

当为序列应用特效之前，需要对序列进行嵌套。在本练习中，如下图，将通过制作穿梭效果，来详细介绍嵌套序列，以及视频效果、音频过渡效果、动画关键帧的使用方法和操作技巧。

练习要点
● 新建文档
● 设置背景颜色
● 设置标题
● 设置副标题
● 设置段落内容

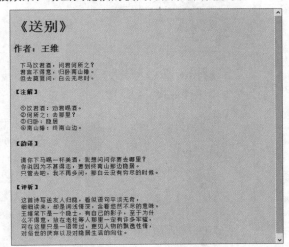

操作步骤 ▶▶▶▶

STEP|01 启动 Dreamweaver，在欢迎界面中选择【HTML】选项，创建一个空白页面，如下图。

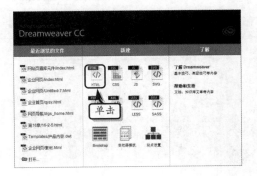

STEP|02 切换到【代码】页面中，在\<title\>\</title\>标签内输入网页标题，同时输入设置背景颜色的\<style\>代码，如下图。

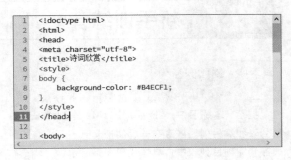

```
1  <!doctype html>
2  <html>
3  <head>
4  <meta charset="utf-8">
5  <title>诗词欣赏</title>
6  <style>
7  body {
8      background-color: #B4ECF1;
9  }
10 </style>
11 </head>
12
13 <body>
```

STEP|03 然后，在<body></body>标签内，输入 h1 标题和 h3 标题的代码及标题文本，如下图。

```
6  <style>
7  body {
8      background-color: #B4ECF1;
9  }
10  </style>
11  </head>
12
13  <body>
14  <h1>《送别》</h1>
15  <h3>作者：王维</h3>
16  </body>
17  </html>
```

STEP|04 在 h3 标题下方输入<pre></pre>代码，并在代码中间输入诗歌正文，如下图。

```
11  </head>
12
13  <body>
14  <h1>《送别》</h1>
15  <h3>作者：王维</h3>
16      <pre>
17      下马饮君酒，问君何所之？
18      君言不得意，归卧南山陲。
19      但去莫复问，白云无尽时。
20      </pre>
21  </body>
22  </html>
```

STEP|05 在</pre>代码下方，输入<h5></h5>代码，并在代码中间输入标题文本，如下图。

```
11  </head>
12
13  <body>
14  <h1>《送别》</h1>
15  <h3>作者：王维</h3>
16      <pre>
17      下马饮君酒，问君何所之？
18      君言不得意，归卧南山陲。
19      但去莫复问，白云无尽时。
20      </pre>
21      <h5>【注解】</h5>
22  </body>
```

STEP|06 随后，在</h5>代码下方输入<pre> </pre>

STEP 代码，并在代码中间输入注解内容，如下图。

```
18      君言不得意，归卧南山陲。
19      但去莫复问，白云无尽时。
20      </pre>
21      <h5>【注解】</h5>
22      <pre>
23      ①饮君酒：劝君喝酒。
24      ②何所之：去那里？
25      ③归卧：隐居
26      ④南山陲：终南山边。
27      </pre>
28  </body>
29  </html>
30
```

STEP|07 使用同样的方法，在下方分别输入【韵译】和【评析】代码及文本，如下图。

```
32      只管去吧，我不再多问，那白云没有穷尽的时候。
33      </pre>
34      <h5>【评析】</h5>
35      <pre>
36      这首诗写送友人归隐，看似语句平淡无奇，
37      细细读来，却是词浅情深，含着悠然不尽的意味。
38      王维笔下是一个隐士，有自己的影子，至于为什
39      么不得意，放在老杜等人那里一定有许多牢骚，
40      可在这里只是一语带过，更见人物的飘逸性情，
41      对俗世的厌弃以及对隐居生活的向往。
42      </pre>
43  </body>
44  </html>
```

STEP|08 最后，按下 F12 键，在弹出的浏览器中查看最终效果，如下图。

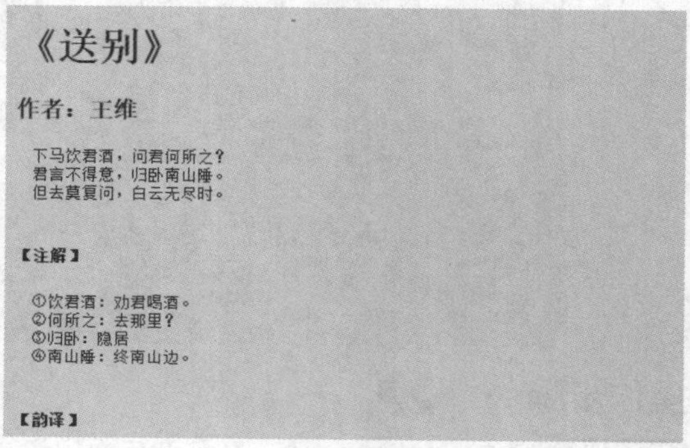

《送别》

作者：王维

下马饮君酒，问君何所之？
君言不得意，归卧南山陲。
但去莫复问，白云无尽时。

【注解】

①饮君酒：劝君喝酒。
②何所之：去那里？
③归卧：隐居
④南山陲：终南山边。

【韵译】

2.7 新手训练营

练习1：制作嵌套列表

downloads\2\新手训练营\嵌套列表

提示：本练习中，将使用 XHTML 来制作一个项目列表和编号列表嵌套在一起的嵌套列表，其编号列表嵌套在项目列表中。具体代码如下所示。

```
<!doctype html>
<html>
<head>
<meta charset="utf-8">
<title>无标题文档</title>
</head>
```

```
<body>
<ul>一、学历 <ol>1.博士</ol>
  <ol>2.研究生</ol>
  <ol>3.本科</ol></ul>
<ul>二、工作年限
  <ol>1.三年以下</ol>
  <ol>2.三年</ol>
  <ol>3.五年</ol>
  <ol>4.十年</ol>
  <ol>5.十年以上</ol></ul>
</body>
</html>
```

练习 2：制作特定表格
downloads\2\新手训练营\特定表格

提示：本练习中，将使用 XHTML 代码制作一个
3 行×4 列、宽度为 200px、边框粗细为 1、单元格边
距和间距为 2，以及表格标题位于顶部的一个特定表
格。具体代码如下所示。

```
<!doctype html>
<html>
<head>
<meta charset="utf-8">
<title>无标题文档</title>
</head>
<body>
<table width="200" border="1"
cellspacing="2" cellpadding="2">
  <caption>
    特定表格
  </caption>
  <tbody>
    <tr>
      <th scope="col"></th>
      <th scope="col"></th>
      <th scope="col"></th>
      <th scope="col"></th>
    </tr>
    <tr>
      <td></td>
      <td></td>
      <td></td>
      <td></td>
    </tr>
```

```
    <tr>
      <td></td>
      <td></td>
      <td></td>
      <td></td>
    </tr>
  </tbody>
</table>
</body>
</html>
```

练习 3：制作选择列表
downloads\6\新手训练营\选择列表

提示：本练习中，将使用 XHTML 代码来制作一
个具有下拉功能的选择列表。具体代码如下所示。

```
<!doctype html>
<html>
<head>
<meta charset="utf-8">
<title>无标题文档</title>
</head>
<body>
<form id="form1" name="form1"
method="post">
  <label for="select">学历:</label>
  <select name="select" id="select">
  <option>博士</option>
  <option>研究生</option>
  <option>本科</option>
  <option>大专</option>
  <option>高中</option>
  </select>
</form>
</body>
</html>
```

使用浏览器预览，其效果如下图所示。

练习 4：制作日期选择器

downloads\6\新手训练营\日期选择器

提示：本练习中，将使用 XHTML 代码，来制作一个日期选择器。具体代码如下所示。

```
<!doctype html>
<html>
<head>
<meta charset="utf-8">
<title>无标题文档</title>
</head>
<body>
<form id="form1" name="form1"
method="post">
  <label for="date">日期选择器<br>
  </label>
```

```
    <input type="date" name="date" id=
    "date">
</form>
</body>
</html>
```

使用浏览器预览，其效果如下图所示。

第 3 章

创建文本和图像

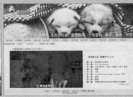

　　文本是网页设计中不可或缺的内容，具有传达信息和表达网页主题要素的作用。一个整理有序的文本网页，不仅可以令人赏心悦目，还可以充分体现网页整洁清晰的效果。但是，单纯的文本会给人单调和枯燥的感觉，此时便需要使用图像来增加网页的生动性和说服力。在网页中，除了通过对文本应用格式、列表和段落设置来增加美观性和可读性之外，还可以通过设置图像属性，达到图文混排效果，以帮助用户制作出更加华丽的网页，吸引更多浏览者。在本章中，将详细介绍添加网页文本、设置文本格式、设置文字列表，以及设置图像属性等网页元素制作的基础知识。

3.1　添加网页文本

文本是网页主页元素之一，一般以普通文字、段落或各种项目符号等形式进行显示。由于文本具有易于编辑、存储空间小等优点，因此在网站制作中具有不可替代的地位。

3.1.1　添加普通文本

普通文本的添加一般可以通过直接输入和选择性粘贴 2 种方法来实现。

1．直接输入文本

直接输入是创建网页文本最常用的方法，用户只需要在 body 标签中输入文本即可。如若用户借助网页制作软件，例如 Dreamweaver 软件，则需要在【设计】视图下直接输入文本，如下图。

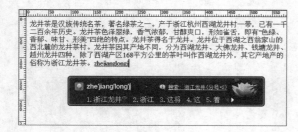

2．粘贴外部文本

在编辑网页内容时，对于篇幅比较长的文本，则可以直接将外部文本复制到网页文件中。在 HTML 代码中，所粘贴的文本仅仅是文字，而不包含格式。

如若用户借助 Dreamweaver 软件制作网页，则需要借助"选择性粘贴"功能，只粘贴文本，而不粘贴文本中的格式。

例如，在某个网页中复制一段文本，切换到 Dreamweaver 文档中，执行【编辑】|【选择性粘贴】命令，按下 Ctrl+V 组合键，在弹出的【选择性粘贴】对话框中，选择所需粘贴的文本样式，单击【确定】按钮即可，如下图。

在【选择性粘贴】对话框中，主要包括下列选项。

- ❏ **仅文本**　仅粘贴文本字符，不保留任何字体格式。
- ❏ **带结构的文本**　粘贴包含段落、列表和表格等结构的文本。

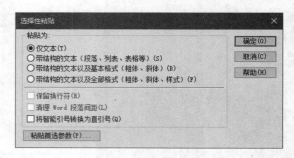

- ❏ **带结构的文本以及基本格式**　粘贴包含段落、列表、表格，以及粗体和斜体的文本。
- ❏ **带结构的文本以及全部格式**　粘贴包含段落、列表、表格，以及粗体、斜体和色彩等所有样式的文本。
- ❏ **保留换行符**　启用该复选框，在粘贴文本时，将自动添加换行符号。
- ❏ **清理 Word 段落间距**　启用该复选框，在复制 Word 文本后将自动清除段落间距。
- ❏ **将智能引号转换为直引号**　启用该复选框，在粘贴文本时将自动将智能引号转换为直引号。
- ❏ **粘贴首选参数**　单击该按钮，可以在弹出的【首选项】对话框中设置粘贴首选项。

3.1.2　添加特殊字符

在制作网页时，经常会遇到一些特殊的行业信息，例如数学、物理和化学中的一些特殊符号等。

对于这些特殊符号，HTML 以&开头，否则 HTML 会将特殊符号当成字符来处理。例如，当需要输入小于号"<"时，必须使用"<"代表符号"<"。

HTML 中一些常用特殊字符的表述方法，如下表所示。

符号	说　　明	HTML 编码
	半角大的空白	
	全角大的空白	
	连续行的空白格	
<	小于	<
>	大于	>
&	&符号	&
"	双引号	"
"	左引号	“
"	右引号	”
©	版权	©
®	注册商标	®
TM	商标（美国）	™
×	乘号	×
÷	除号	÷
—	破折线	—
–	短破折线	–
£	英镑符号	£
¥	日元符号	¥
€	欧元符号	€

虽然 HTML 为用户提供了一些特殊字符的表示方法，但在使用时这些方法比较烦琐。为了提高工作效率，用户可以使用下列 3 种方法，来插入特殊字符。

1．借助输入法软键盘

对于那些无法使用键盘直接输入的特殊字符，用户可以使用"中文输入法"中的软键盘进行输入。例如，在"搜狗"中文输入法界面中，右击鼠标，在弹出的菜单中选择【软键盘】选项，如下图，弹出特殊符号分类。

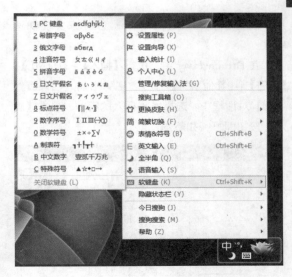

在弹出的级联菜单中，选择所需的类型，即可弹出相关的符号。例如，选择【数学符号】选项，在弹出的符号窗口中选择所需要使用的符号即可，如下图。

2．快速输入空格

HTML 内置了快速输入空格功能，用户只需将输入法切换成"中文输入法"，并将输入法的状态调整为"全角"(Shift+空格)状态，然后按下键盘上的空格键，即可快速输入空格了。

但需要注意的是：在 HTML 中，如果文字与文字之间的空格超过 1 个，那么从第 2 个空格开始，HTML 会忽略这些空格。

> **注意**
>
> 尽量不要使用多个" "来表示多个空格，因为多数浏览器对空格距离的实现是不一样的。

3．借助网页设计软件

除了上述 2 种快速输入特殊字符的方法之外，

用户还可以借助 Dreamweaver 软件来实现快速输入。

在 Dreamweaver 中，执行【插入】|【HTML】|【字符】|【其他字符】命令，在弹出的【插入其他字符】对话框中，选择所需插入的符号，单击【确定】按钮即可，如下图。

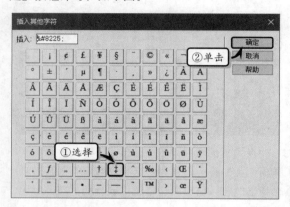

3.2 设置文本格式

对于网页中的文本，可以通过设置其格式来增加页面的美观性和层次感。例如，设置文本样式、设置对齐方式和段落样式等。

3.2.1 设置文本样式

HTML 样式是 HTML4 引入的，它是一种新的首选的改变 HTML 元素样式的方式。通过 HTML 样式，可以设置一些特殊的文本，例如加粗显示、斜体文本、上标和下标文本等。

1．加粗显示（加强）

加粗显示（加强）通常以粗体显示、强调方式显示或加强调方式显示。在 HTML 中，可以使用 <b> 标记和 <strong> 标记来实现加粗加强文本显示。下列示例代码中，显示了上述两种标记的具体使用方法和效果。

```
<!DOCTYPE html>
<html>
<head>
```

```
<meta charset="utf-8">
<title>无标题文档</title>
</head>
<body>
<p>
<b>黄四娘家花满蹊，千朵万朵压枝低</b>
</p>
<p>
<strong>黄四娘家花满蹊，千朵万朵压枝低
</strong>
</p>
</body>
</html>
```

将上述代码在浏览器中预览，其效果如下图所示。

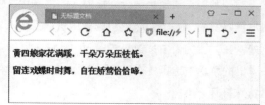

2．斜体（强调）

在 HTML 中，可以使用<em>和<i>标记设置文本的强调内容。对于所有浏览器来说，这意味着要把这段文字用斜体方式呈现给大家显示，这个与 html 斜体效果相同。

下列示例代码中，显示了上述两种标记的具体使用方法和效果。

```
<!doctype html>
<html>
<head>
<meta charset="utf-8">
<title>无标题文档</title>
</head>
<body>
<p>
<em>黄四娘家花满蹊，千朵万朵压枝低。</em>
</p>
<p>
<i>留连戏蝶时时舞，自在娇莺恰恰啼。</i>
</p>
</body>
</html>
```

将上述代码在浏览器中预览，其效果如下图所示。

3．上标和下标文本

HTML 与 Word 一样，也可以设置上标和下标文本。在 HTML5 中，用户可以使用<sup>和<sub>标记，来设置上标和下标文本。

下列示例代码中，显示了上述两种标记的具体使用方法和效果。

```
<!doctype html>
<html>
<head>
<meta charset="utf-8">
```

```
<title>无标题文档</title>
</head>
<body>
<p>
x<sup>2</sup>+y<sup>2</sup>=Z
</p>
<p>
CO<sub>2</sub>+H<sub>2</sub>O=H<sub>2</sub>CO<sub>3</sub>
</p>
</body>
</html>
```

将上述代码在浏览器中预览，其效果如下图所示。

4．下画线和删除线

<u></u>下画线标签告诉浏览器把其加<u>标签的文本加下画线样式呈现给用户。对于所有浏览器来说，这意味着要把这段文字加下画线样式来显示。

而<s></s>标签为删除线标签，告诉浏览器把其加<s>标签的文本文字加删除画线样式（文字中间一道横线）呈现给用户。

例如，下面的代码示例，充分展示了下画线和删除线文本的显示方式。

```
<!DOCTYPE html>
<html>
<head>
<meta charset="utf-8">
<title>无标题文档</title >
</head>
<body>
<p><u>下画线显示效果</u></p>
<p><s>删除线显示效果</s></p>
</body>
</html>
```

将上述代码在浏览器中预览，其效果如下图所示。

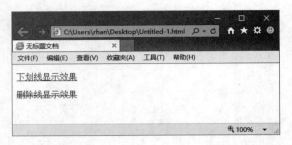

5. 键盘

<kbd>标签定义键盘文本。说到技术概念上的特殊样式时，就要提到<kbd>标签，它用来表示文本是从键盘上键入的。

例如，下面的代码示例，充分展示了键盘文本的显示方式。

```html
<!doctype html>
<html>
<head>
<meta charset="utf-8">
<title>无标题文档</title>
</head>
<body>
<article>
<header>
<p>输入<kbd>quit</kbd>退出，或者输入
<kbd>menu</kbd>返回主菜单。</p>
</header>
</article>
</body>
</html>
```

将上述代码在浏览器中预览，其效果如下图所示。

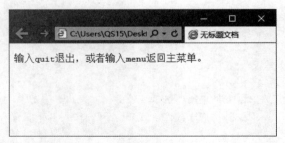

<kbd>标签经常用于计算机相关的文档和手

册中，浏览器通常用等宽字体来显示该标签中包含的文本。

6. 引用

<cite>标签通常表示它所包含的文本对某个参考文献的引用，例如书籍或者杂志的标题。按照惯例，引用的文本将以斜体显示。

例如，下面的代码示例，充分展示了引用文本的显示方式：

```html
<!doctype html>
<html>
<head>
<meta charset="utf-8">
<title>无标题文档</title>
</head>
<body>
<article>
<header>
<cite cite="http://www.html.com/
xhtml/">HTML 学习殿堂</cite>
</header>
</article>
</body>
</html>
```

通过上述代码，用户可以在浏览器中看到标签中所显示的效果。

用<cite>标签把指向其他文档的引用分离出来，尤其是分离那些传统媒体中的文档。如果引用的这些文档有联机版本，还应该把引用包括在一个<a>标签中，从而把一个超链接指向该联机版本。

<cite>标签还可以从文档中自动摘录参考书目，并可以使浏览器能够以各种实用的方式来向用户表达文档的内容。

7. 定义

<dfn>标签可标记那些对特殊术语或短语的定义，目前流行的浏览器通常用斜体来显示<dfn>标签中的文本。

例如，下面的代码示例，充分展示了定义文本的显示方式。

```
<!doctype html>
<html>
<head>
<meta charset="utf-8">
<title>无标题文档</title>
</head>
<body>
<article>
<header>
<p><dfn>海燕</dfn>是一种鸟类,又是一篇
著名散文诗!</p>
</header>
</article>
</body>
</html>
```

通过上述代码，用户可以在浏览器中看到标签中所显示的效果，如下图。

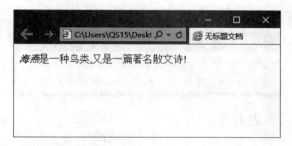

8. 已删除

<del>标签是成对出现的，以<del>开始，</del>结束。<del>标签通常应连同<ins>标签一同使用，表示被删除与被插入的文本。

例如，下面的代码示例，充分展示了已删除文本的显示方式。

```
<!doctype html>
<html>
<head>
<meta charset="utf-8">
```

```
<title>无标题文档</title>
</head>
<body>
<article>
<header>
<p>HTML 教程网址<del title="del url"
cite="http://www.dHTML.com/
"datetime="2016-10-21T08:08:03-05:
00">http://www.dHTML.com/xhtml/</del>
<ins>http://www.dHTML.com/css/</ins>,
原先<del>http://www.dHTML.com/xhtml/
</del>网址已经删除。</p>
</header>
</article>
</body>
</html>
```

通过上述代码，用户可以在浏览器中看到标签中所显示的效果，如下图。

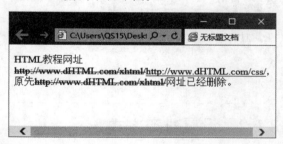

9. 已插入

<ins>标签也是成对出现的，以<ins>开始，</ins>结束。<ins>标签通常应连同<del>标签一同使用，表示被插入与被删除的文本。使用<ins>标签定义的文本通常带有下画线。

例如，下面的代码示例，充分展示了已插入文本的显示方式。

```
<!doctype html>
<html>
<head>
<meta charset="utf-8">
<title>无标题文档</title>
</head>
<body>
<article>
<header>
```

```
<p>绿茶，是中国的主要茶类之一
<del title="del_Text" cite="语法">
            是茶叶的新叶或芽
        </del>
        <ins>是未经发酵制成的茶。</ins>
        ，包含
        <del>鲜叶的天然物质</del>
        茶多酚、茶儿素、叶绿素、咖啡碱、氨
        基酸、维生素等。
</p>
    </header>
</article>
</body>
</html>
```

通过上述代码，用户可以在浏览器中看到标签中所显示的效果，如下图。

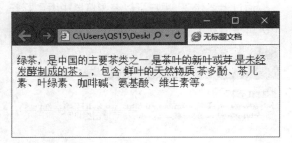

3.2.2　设置对齐方式

在网页编辑文档中，用户也可以像设置 Word 文档中的文本一样，可以对文本进行对齐方式设置。

1. 居中对齐

"居中对齐"可以调整文字的水平间距，使段落的文字沿水平方向向中间集中对齐，它可以使文章两侧文字整齐地向中间集中，使整个段落都整齐地在页面中间显示。如若需要在编辑状态设计文本为"居中对齐"方式，需要在<p>标签中添加 align 属性，并设置参数为 center。

例如，下面的代码实现了对文本的居中对齐。

```
<!doctype html>
<html>
<head>
<meta charset="utf-8">
```

```
<title>文本段换行</title>
<style type="text/css">
.a {
width: 200px;
}
</style>
</head>
<body>
<div class="a">
<p align="center">春眠</p>
</div>
春眠不觉晓，处处闻啼鸟。<br/>
夜来风雨声，花落知多少。
</body>
</html>
```

使用浏览器预览上述代码，效果如下图所示，实现了"居中对齐"效果。

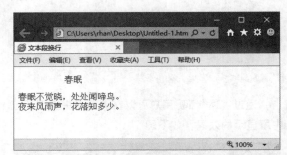

> **提示**
>
> 上述代码中的 style 标签表示 CSS 样式，该代码中的 CSS 样式用于指定 Div 标签的宽度。

2. 左对齐

在设计网页时，默认的文本排列方式为左对齐方式。如若需要在编辑状态设计文本为左对齐方式，需要在<p>标签中添加 align 属性，并设置参数为 left。例如，下面的代码实现了对文本的左对齐。

```
<!doctype html>
<html>
<head>
<meta charset="utf-8">
<title>文本段换行</title>
<style type="text/css">
.a {
```

```
width: 200px;
}
</style>
</head>
<body>
<div class="a">
<p align="left">春眠</p>
</div>
春眠不觉晓，处处闻啼鸟。<br/>
夜来风雨声，花落知多少。
</body>
</html>
```

使用浏览器预览上述代码，效果如下图所示，实现了"左对齐"效果。

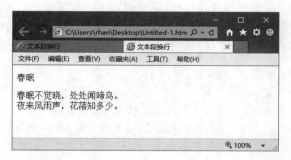

3. 右对齐

"右对齐"是使段落或者文章中的文字沿水平方向向右对齐的一种对齐方式，它可以使文章右侧文字具有整齐的边缘。如若需要在编辑状态设计文本为"左对齐"方式，需要在\<p\>标签中添加 align 属性，并设置参数为 right。

例如，下面的代码实现了对文本的"左对齐"。

```
<!doctype html>
<html>
<head>
<meta charset="utf-8">
<title>文本段换行</title>
<style type="text/css">
.a {
width: 200px;
}
</style>
</head>
<body>
```

```
<div class="a">
<p align="right">春眠</p>
</div>
春眠不觉晓，处处闻啼鸟。<br/>
夜来风雨声，花落知多少。
</body>
</html>
```

使用浏览器预览上述代码，效果如下图所示，实现了"右对齐"效果。

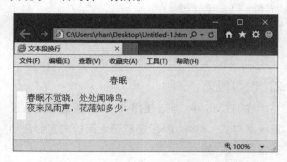

3.2.3 设置段落样式

段落样式包括换行、段落和标题等样式，而标题样式又包括"标题 1"、"标题 2"、"标题 3"…"标题 6"等样式，既可以应用于文本段落，又可以应用于标题。

1. 设置换行

换行是 HTML5 中经常使用的样式之一，通过使用\<br\>单标记来表示强制换行。也就是说，在 HTML5 中，只需使用\<br\>或\<br/\>一个标记便可以完成换行操作。

下面的示例代码中，展示使用\<br\>但标记强制换行的使用方法和效果。

```
<!DOCTYPE html>
<html>
<head>
<meta charset="utf-8">
<title>无标题文档</title>
</head>
<body>
黄四娘家花满蹊，千朵万朵压枝低。<br>
留连戏蝶时时舞，自在娇莺恰恰啼。<br/>
春眠不觉晓，处处闻啼鸟。<br/>
```

```
夜来风雨声，花落知多少。
</body>
</html>
```

使用浏览器预览上述代码，效果如下图所示，实现了"左对齐"效果。

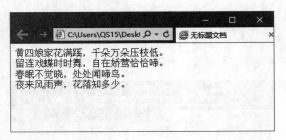

2. 设置段落

在 HTML 中，可以使用<P></P>段落标记来设置段落样式。<P></P>段落标记之间的内容会自动形成一个段落。

下列示例代码中，显示了段落标记的具体使用方法和效果。

```
<!DOCTYPE html>
<html>
<head>
<meta charset="utf-8">
<title>无标题文档</title>
</head>
<body>
<p>黄四娘家花满蹊，千朵万朵压枝低。</p>
<p>留连戏蝶时时舞，自在娇莺恰恰啼。</p>
<p>春眠不觉晓，处处闻啼鸟。</p>
<p>夜来风雨声，花落知多少。</p>
</body>
</html>
```

使用浏览器预览上述代码，效果如下图所示。

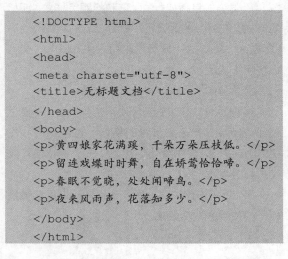

3. 设置标题

标题是文章的眉目。各类文章的标题，样式繁多，但无论是何种形式，总要以全部或不同的侧面体现作者的写作意图、文章的主旨。标题一般分为总标题、副标题、分标题等几种。

在 HTML 中，各种级别的标题由<h1>到<h6>元素来定义，<h1>到<h6>标题标记中的字母 h 是英文 headline（标题行）的简称。其中<h1>代表 1 级标题，级别最高，文字也最大，其他标题元素依次递减，<h6>的级别最低。

下面的代码实现了不同级别标题的显示效果。

```
<!DOCTYPE html>
<html>
<head>
<meta charset="utf-8">
<title>无标题文档</title>
</head>
<body>
<h4>黄四娘家花满蹊，千朵万朵压枝低。</h4>
<h3>留连戏蝶时时舞，自在娇莺恰恰啼。</h3>
<h2>春眠不觉晓，处处闻啼鸟。</h2>
<h1>夜来风雨声，花落知多少。</h1>
</body>
</html>
```

使用浏览器预览上述代码，效果如下图所示。

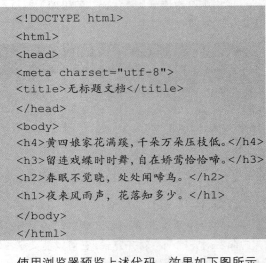

4. 编排格式

<pre>标签可定义预格式化的文本，被包围在<pre>标签中的文本通常会保留空格和换行符，而文本也会呈现为等宽字体，<pre>标签的一个常见应用就是用来表示计算机的源代码。

在代码中，可以导致段落断开的标签（如标题、

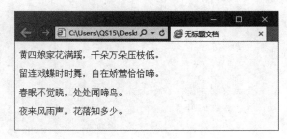

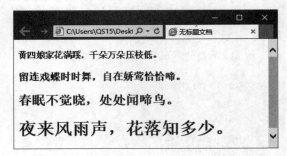

<p>和<address>标签）绝不能包含在<pre>标签所定义的块里。尽管有些浏览器会把段落结束标签解释为简单地换行，但是这种行为在所有浏览器上并不都是一样的。

　　<pre>标签中允许的文本可以包括物理样式和基于内容的样式变化，还有链接、图像和水平分隔线。当把其他标签（比如<a>标签）放到<pre>标签块中时，就像放在 HTML/XHTML 文档的其他部分中一样即可。

　　例如，下面的代码在正文第一行插入了<pre>标签，然后在<pre>标签中，对文本进行换行，并插入空格，以测试显示效果。

```
<!doctype html>
<html>
<head>
<meta charset="utf-8">
<title>无标题文档</title>
```

```
</head>
<body>
<h1>卜算子·咏梅</h1>
<pre>
驿外断桥边，寂寞开无主。
已是黄昏独自愁，更著风和雨。
无意苦争春，一任群芳妒。
零落成泥碾作尘，只有香如故。</pre>
</body>
</html>
```

使用浏览器预览上述代码，效果如下图所示。

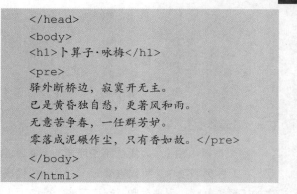

3.3 设置文字列表

　　列表是网页中常见的一种文本排列方式，包括项目列表和项目编号两种样式。通过设置文档列表，不仅可以美化页面，还可以凸显出文本的层次性。

3.3.1 设置单个列表

　　相同类型的列表相当于 Word 中的项目符号和自动编号，分为无序列表和有序列表两种类型。

1. 无序列表

　　无序列表相当于 Word 中的项目符号，不存在排序，只在文本的开头处显示相应的符号。

　　在 HTML5 中，无序列表使用<ul></ul>标记进行表示，并使用<li></li>标记表示无序列表中的各项。

　　下面的代码实现了无序列表的使用方法和显示效果。

```
<!DOCTYPE html>
<html>
```

```
<head>
<title>嵌套无序列表</title>
</head>
<body>
<hi>文本和图像</hi>
<ul>
<li>网页文本</li>
<li>文本格式
<ul>
<li>换行</li>
<li>对齐方式</li>
<li>段落颜色</li>
</ul>
</li>
<li>文字列表
<ul>
<li>编号</li>
<li>列表</li>
</ul>
</li>
```

```
<li>图像格式</li>
<li>添加图像</li>
<li>调整图像</li>
<li>排列图像</li>
<ul>
</body>
</html>
```

在浏览器中预览，效果如下图所示。读者会发现，在无序列表项中，可以嵌套一个列表。如代码中的"系统分析"列表项和"网页草图"列表项中都有下级列表，因此在这对<li></li>标记间，又增加了一对<ul></ul>标记。

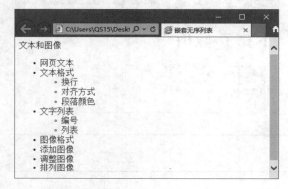

2. 有序列表

有序列表相当于 Word 中的自动编号，存在编号排序，可在文本的开头处显示编号。

在 HMTL5 中，有序列表使用<ol></ol>标记来表示，并使用<li></li>标记表示有序列表中的各项。

下面的代码实现了无序列表的使用方法和显示效果。

```
<!DOCTYPE html>
<html>
<head>
<title>有序列表的使用</title>
</head>
<body>
<hi>文本和图像</hi>
<ol>
<li>添加普通文本</li>
<li>添加特殊字符</li>
<li>添加特殊文本</li>
```

```
<li>排版文档</li>
<li>设置文字列表</li>
<ol>
</body>
</html>
```

在浏览器中预览，效果如下图所示。

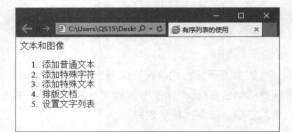

3.3.2 设置多个列表

多个不同类型的类别包括不同类型的无序列表和不同类型的有序列表两部分内容，无序列表使用<ul>标记进行表示，而有序列表则使用<ol>标记进行表示。

1. 多个无序列表

在 HTML 中，可以通过使用多个<ul>标记，来创建多个无序列表。下面的代码实现了多个无序列表的使用方法和显示效果。

```
<!DOCTYPE html>
<html>
<head>
<meta charset="utf-8">
<title>无标题文档</title>
</head>
<body>
<h4>项目符号列表一：</h4>
<ul type="one">
<li>计算机</li> <li>政治</li> <li>
历史</li> <li>散文</li>
</ul>
<h4>项目符号列表二：</h4>
<ul type="two">
<li>显示器</li> <li>硬盘</li> <li>
显卡</li> <li>内存条</li>
</ul>
<h4>项目符号列表三：</h4>
```

```
<ul type="three">
<li>铅笔</li> <li>圆珠笔</li> <li>
钢笔</li> <li>毛笔</li>
</ul>
</body>
</html>
```

在浏览器中预览，效果如下图所示。

2. 多个有序列表

在 HTML 中，可以通过使用多个<ol>标签，来创建多个有序列表。下面的代码实现了多个有序列表的使用方法和显示效果。

```
<!DOCTYPE html>
<html>
<head>
<meta charset="utf-8">
<title>无标题文档</title>
</head>
<body>
<h4>列表一：</h4>
<ol type="one">
<li>计算机</li>
<li>政治</li>
<li>历史</li>
<li>散文</li>
</ol>
<h4>列表二</h4>
<ol type="two">
<li>显示器</li>
<li>硬盘</li>
```

```
<li>显卡</li>
<li>内存条</li>
</ol>
</body>
</html>
```

在浏览器中预览，效果如下图所示。

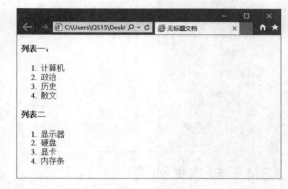

3.3.3　设置嵌套列表

嵌套列表是在一个列表中嵌入一个或多个列表，以形成上下级关系。在 HTML5 中，可以使用<ul>标签制作嵌套列表。下面的代码实现了嵌套列表的使用方法和显示效果。

```
<!DOCTYPE html>
<html>
<head>
<meta charset="utf-8">
<title>无标题文档</title>
</head>
<body>
<h4>一个嵌套列表:</h4>
<ul>
<li>红茶</li>
<li>绿茶
<ul>
<li>烘青绿茶</li>
<li>炒青绿茶
<ul>
<li>龙井</li>
<li>碧螺春</li>
</ul>
</li>
</ul>
```

```
</li>
<li>白茶</li>
</ul>
</body>
</html>
```

在浏览器中预览，效果如下图所示。

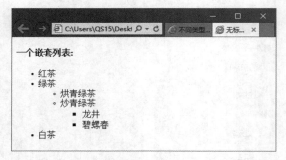

3.3.4　自定义列表

在 HTML5 中，除了可以设置无序、有序和嵌套列表之外，还可以使用<dl>标签设置自定义列表。下面的代码实现了自定义列表的使用方法和显示效果。

```
<!DOCTYPE html>
<html>
```

```
<head>
<meta charset="utf-8">
<title>无标题文档</title>
</head>
<body>
<h2>自定义列表</h2>
<dl>
<dt>绿茶</dt>
<dd>分为炒青绿茶、烘青绿茶、晒青绿茶、
蒸青绿茶……</dd>
<dt>红茶</dt>
<dd>分为小种红茶、工夫红茶、红碎茶……</dd>
</dl>
</body>
</html>
```

在浏览器中预览，效果如下图所示。

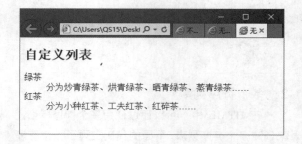

3.4　使用图像

图像是网页中重要的多媒体元素之一，可以弥补纯文本的单调性，增加网页的多彩性。但是，过多的图像会导致网页的打开速度变慢，因此在设计网页时还需要考虑图像的数目、大小和图形格式等因素。

3.4.1　网页图像格式

网页对图像格式并没有太严格的限制，但由于 GIF 和 JPEG 格式的图片文件较小，并且许多浏览器完全支持，因此它们是网页制作中最为常用的文件格式。一般情况下，网页中的图像格式包括下列最常见的 6 种。

1．JPEG（Joint Photographic Experts Group）

JPEG 是 Web 上仅次于 GIF 的常用图像格式。JPEG 是一种压缩得非常紧凑的格式，专门用于不含大色块的图像。JPEG 格式的图像有一定的失真度，但是在正常的损失下，肉眼分辨不出 JPEG 和 GIF 图像的差别。而 JPEG 文件只有 GIF 文件的 1/4 大小。JPEG 对图标之类的含大色块的图像支持度不大，不支持透明图和动态图。

2．PNG（Portable Network Graphic）

PNG 格式是 Web 图像中最通用的格式。它是一种无损压缩格式，但是如果没有插件支持，有的浏览器可能不支持这种格式。PNG 格式最多可以

支持 32 位颜色，但是不支持动画图。

3．GIF（Graphics Interchange Format）

GIF 是 Web 上最常用的图像格式，它可以用来存储各种图像文件。特别适用于存储线条、图标和计算机生成的图像、卡通和其他有大色块的图像。

GIF 格式的文件容量非常小，形成的是一种压缩的 8 位图像文件，所以最多只支持 256 种不同的颜色。Gif 支持动态图、透明图和交织图。

4．BMP（Windows Bitmap）

BMP 格式使用的是索引色彩，它的图像具有极其丰富的色彩，可以使用 16M 色彩渲染图像。此格式一般在多媒体演示和视频输出等情况下使用。

5．TIFF（Tag Inage File Format）

TIFF 格式是对色彩通道图像来说最有用的格式，支持 24 个通道，能存储多于 4 个通道。TIFF 格式的结果要比其他格式更大、更复杂，它非常适合于印刷和输出。

6．TGA（Targa）

TGA 格式与 TIFF 格式相同，都可以用来处理高质量的色彩通道图形。另外，PDD、PSD 格式也是存储包含通道的 RGB 图像的最常见的文件格式。

3.4.2　插入图像

在 HTML 中，可以使用<img>标记来插入图像，而<img>标记的属性及描述如下表所示。

属　性	值	描　　述
alt	text	用于设置图像说明
src	URL	用于设置图像的路径
height	pixels%	用于设置图像的高度
width	pixels%	用于设置图像的宽度
ismap	URL	将图像定义为服务器端的图像映射
usemap	URL	将图像定义为客户端图像映射

1．插入本地图像

在 HTML5 中插入本地图像，需要使用 img 标记，以及 img 标记中的 src 属性。通过上表，发现 src 属性用于设置图片文件的路径，是 img 标记中必须存在的属性。

插入本地图像的语法格式，如下所示：

```
<img src="图像路径">
```

下列代码显示了在网页中插入本地图像的方法。

```
<!DOCTYPE html>
<html>
<head>
<title>插入图像</title>
</head>
<body>
<img src="图片1.jpg"/>
</body>
</html>
```

在浏览器中预览，效果如下图所示。

2．插入其他来源的图像

在 HTML5 中，除了可以插入本地图像之外，还可以插入一些其他来源的图像，例如其他文件夹或服务器中的图片。

下列代码显示了在网页中插入文件中图像的方法。

```
<!DOCTYPEhtml>
<html>
<body>
<p>
<img src=图片/3.jpg/>
</p>
</body>
</html>
```

3.4.3 编辑图像

为网页插入图像之后,还需要根据网页的设计需求,对图像进行一系列的更改和调整,以使图像适应网页的整体布局。

1. 调整图像大小

原始图像添加到网页后,会由于尺寸过大或过小而影响整体布局,此时用户需要设置图片的大小,通过更改图像,使其符合整体布局。

在 HTML 文档中,可以使用 width(宽度)和 height(高度)属性来设置图像的大小。下列代码显示了调整图像大小的方法。

```
<!DOCTYPE html>
<html>
<head>
<title>插入图像</title>
</head>
<body>
<img src="图片/6.jpg" width="300"
height="300"/>
<img src="图片/6.jpg" width="242"
height="182"/>
</body>
</html>
```

在浏览器中预览,效果如下图所示。

> **技巧**
>
> 图像的尺寸单位可以使用百分比或数值,百分比为相对尺寸,数值是绝对尺寸。

2. 设置提示文字

在网页中插入图像之后,为了便于说明和检索图片,还需要为图片设置提示文字。设置提示文字之后,用户只需在浏览器中将鼠标移至图像上方,便会显示提示性文本。

下列代码显示了在网页中设置图像提示文本的方法。

```
<!DOCTYPE html>
<html>
<head>
<title>无标题文档</title>
</head>
<body>
<img src="images/6.jpg" width="300"
height="200" alt="优美的风景"/>
</body>
</html>
```

> **提示**
>
> 部分浏览器会不支持该功能,例如火狐浏览器。

3. 设置网页背景

在 HTML5 插入图像之后,还可以将图像设置为网页的背景。当将图像设置为网页背景时,如若图像比页面小,则系统会自动重复图片。

下列代码显示了将图像设置为背景的方法。

```
<!DOCTYPE html>
<html>
<head>
<meta charset="utf-8">
<title>无标题文档</title>
</head>
<body background="图片/3.jpg">
</body>
</html>
```

在浏览器中预览,效果如下图所示。

4．对齐图像

当用户在网页中插入多张图像时，为了使网页更具有美观性，还需要设置图像的对齐方式，包括居中对齐、底部对齐、顶部对齐等。

下列代码显示了设置图像对齐方式的一些常用方法。

```html
<!DOCTYPE html>
<html>
<head>
<meta charset="utf-8">
<title>无标题文档</title>
</head>
<body>
<h3>顶部对齐<img src="图片/3.jpg"
width="174" height="83" align="top"/>
</h3><br/>
<h3>居中对齐
<img src="图片/3.jpg" width="174"
height="83" align="middle"/></h3>
<br/>
<h3>底部对齐<img src="图片/3.jpg" width
="174" height="83" align="bottom"/>
</h3>
</body>
</html>
```

在浏览器中预览，效果如下图所示。

> **提示**
>
> 在 HTML5 中，图像默认的对齐方式为"bottom"方式。

5．创建图像热点

图像地图指被分为多个区域（热点）的图像，而图像热点隶属于图像地图，可以实现"一图多链"的超链接特效。

图像热点只是在一幅图像中的某一部分区域内包含超链接信息，对于图像中其他未定义的区域不存在任何影响，一般用于导航栏制作和地图多点链接等。

在 HTML 中，绘制图像热点的示例代码，如下所示。

```html
<!DOCTYPE html>
<html>
<head>
<meta charset="utf-8">
<title>无标题文档</title>
</head>
<body>
<img src="图片/3.jpg" alt="" width
="466" height="310" usemap="#Map"/>
<map name="Map">
  <area shape="circle" coords="334,
  87,38" href="http://www.baidu.com"
  target="_blank" alt="百度搜索">
</map>
</body>
</html>
```

在上述代码中，首先插入图像"3.jpg"，然后在图像上的"334,87,38"处绘制名为"Map"的圆形热点区域，并设置区域的链接地址、目标和替换名称。在浏览器中预览，效果如下图所示。

> **提示**
>
> 在 HTML5 中，如若绘制方形热点，则需要使用 "rect" 属性；绘制多边形热点，则需要使用 "poly" 属性。

3.5 练习：制作数学试题网页

随着互联网的逐渐普及，越来越多的人通过网络来查找自己需要的信息。一些为广大学生提供学习和考试资料的网站也应运而生，如下图，本例将通过插入特殊符号等功能来制作一个数学试题网页。

> **练习要点**
>
> - 设置背景颜色
> - 设置对齐方式
> - 插入表格
> - 设置表格颜色
> - 调整表格
> - 设置字体格式

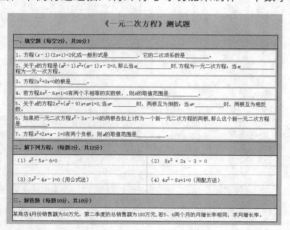

操作步骤 ▶▶▶▶

STEP|01 设置背景样式。首先，在`<title></title>`标记中间修改网页标题。然后，输入设置背景样式和对齐方式的`<style>`代码。

```
<style>
body {
background-color: #D6DBF1;
text-align: center;
}
</style>
```

STEP|02 制作标题。在`<body>`和`</body>`之间，输入数学试卷的标题名称，并将标题样式设置为二级标题。

```
<body>
<h2>《一元二次方程》测试题</h2>
```

```
</body>
</html>
```

STEP|03 制作表格。在`</h2>`后面输入插入表格代码，将表格边框设置为 1px，单元格边距和间距分别设置为 0px，并将表格的对齐方式设置为"居中对齐"。

```
<table width="800" border="1"
align="center" cellpadding="0"
cellspacing="0">
  <tbody>
    <tr>
      <td> </td>
    </tr>
    <tr>
      <td> </td>
    </tr>
```

```
<tr>
  <td> </td>
</tr>
<tr>
  <td> </td>
</tr>
<tr>
  <td> </td>
</tr>
<tr>
  <td> </td>
</tr>
</tbody>
</table>
```

STEP|04 将光标定位在表格中的第 2 行中，插入一个 7 行 1 列的表格，并将单元格边距和间距分别设置为 1px 和 5px。

```
<table width="100%" border="0"
cellspacing="5" cellpadding="1">
      <tbody>
        <tr>
          <td> </td>
        </tr>
        <tr>
          <td> </td>
        </tr>
        <tr>
          <td> </td>
        </tr>
        <tr>
          <td> </td>
        </tr>
        <tr>
          <td> </td>
        </tr>
        <tr>
          <td> </td>
        </tr>
        <tr>
          <td> </td>
        </tr>
      </tbody>
```

```
</table>
```

STEP|05 在新插入的表格中，逐行输入试卷内容，设置文本的字体格式，并设置每行的高度和背景色。

```
<table width="100%" border="0"
cellspacing="5" cellpadding="1" >
      <tr>
        <td height="30" bgcolor=
        "#FFFFFF">1、方程(x-1)(2x+1)=
        2 化成一般形式是 ，它的二次项
        系数是。</td>
      </tr>
      <tr>
        <td height="30" bgcolor=
        "#FFFFFF">2、关于 x 的方程是
        (m2-1)x2+(m-1)x-2=0，那 么
        当 m 时，方程为一元二次方程；当
        m 程为一元一次方程。</td>
      </tr>
      <tr>
        <td height="30" bgcolor=
        "#FFFFFF">3、方程 2x2+3x=0 的
        根是。</td>
      </tr>
      <tr>
        <td height="30" bgcolor=
        "#FFFFFF">4、若方程 kx2-6x+
        1=0 有两个不相等的实数根，，则
        k 的取值范围是 。 </td>
      </tr>
      <tr>
        <td height="30" bgcolor=
        "#FFFFFF">5、关于 x 的方程 2x2+
        (m2-9)x+m+1=0，当 m= 时，两根
        互为倒数；当 m= 时，两根互为相
        反数。</td>
      </tr>
      <tr>
        <td height="30" bgcolor=
        "#FFFFFF">6、如果把一元二次
        方程 x2-3x-1=0 的两根各加上 1
```

作为一个新一元二次方程的两根,
那么这个新一元二次方程是。</td>
        </tr>
        <tr>
          <td height="30" bgcolor=
          "#FFFFFF">7、方程 x2+2x+a-1
          =0 有两个负根,则 a 的取值范围是。
          </td>
        </tr>
      </table>

STEP|06 将光标放置在第 1 个表格中的第 4 行中,插入 1 个 4 行 2 列的嵌套表格,并将单元格边距和单元格间距分别设置为 5px 和 1px。

```
<table    width="100%"    border="0"
cellspacing="1" cellpadding="5">
      <tbody>
      <tr>
        <td> </td>
        <td> </td>
      </tr>
      <tr>
        <td> </td>
        <td> </td>
      </tr>
      <tr>
        <td> </td>
        <td> </td>
      </tr>
      <tr>
        <td> </td>
        <td> </td>
      </tr>
      </tbody>
    </table>
```

STEP|07 然后,在嵌套表格中,输入相应的数学试题,并设置其字体格式和单元格的背景颜色。

```
<table    width="100%"    border="0"
cellspacing="1" cellpadding="5">
      <tbody>
```

```
    <tr>
      <td bgcolor="#FFFFFF">(1)
      <em>x</em><sup>2</sup>-5
      <em>x</em>-6=0</td>
      <td bgcolor="#FFFFFF">(2)
      8x<sup>2</sup>+  2x -  3 =
      0</td>
    </tr>
    <tr>
      <td bgcolor="#FFFFFF"> 
      </td>
      <td bgcolor="#FFFFFF"> 
      </td>
    </tr>
    <tr>
      <td bgcolor="#FFFFFF">(3)
      3<em>x</em><sup>2</sup>-4
      <em>x</em>-1=0(用公式法)
      </td>
      <td bgcolor="#FFFFFF">(4)
      4<em>x</em><sup>2</sup>-8
      <em>x</em>+1=0(用配方法)
      </td>
    </tr>
    <tr>
      <td> </td>
      <td> </td>
    </tr>
    </tbody>
  </table>
```

STEP|08 将方便放置在第 1 个表格中的第 1 行中,输入文本内容,设置文本的字体格式,同时设置行高和单元格的背景颜色。用同样的方法,制作剩余的单元格。

```
<tr bgcolor="#B3D9FF">
    <td  height="41"  style="text-
    align: left"><strong style="text-
    align:left">一、填空题(每空 2 分,
    共 20 分)</strong></td>
  </tr>
```

3.6 练习：制作导航条

导航条在页面中起到了至关重要的作用，它可以引导用户访问网站中各个页面的内容。导航条按照种类可以分为文字导航和图片导航，而传统的文字导航与 CSS 样式代码的结合可以呈现出与图片相同的视觉效果。在本练习中，将详细介绍制作导航条的操作方法和实用技巧（参见下图）。

练习要点

- 插入 Div 标签
- 插入表单
- 插入按钮
- 插入选择列表
- 链接 CSS 文件
- 添加域集
- 添加标签

操作步骤 ▶▶▶▶

STEP|01 链接 CSS 文件。首先，在<title></title>标签之间，修改网页标题。然后，在</title>标签下方输入链接 CSS 文件的代码。

```
<!doctype html>
<html>
<head>
<meta charset="utf-8">
<title>购物车--飞马商城</title>
<link href="styles/main.css" rel=
"stylesheet" type="text/css">
</head>
```

STEP|02 制作首导航栏。在<body></body>标签中间插入 Div 层，将 id 设置为"header"，将类设置为"mainLayout"。

```
<body>
<div class="mainLayout" id="header">
</div>
</body>
</html>
```

STEP|03 紧接着，在该 Div 标签中插入一个名为"logo"的 Div 层，在"logo"层后，插入一个名为"banner"的 Div 层，再在该层中插入一个名为"topNavigator"的 Div 层。

```
<body>
<div class="mainLayout" id="header">
<div id="logo"></div>
<div id="banner">
<div id="topNavigator"></div>
</div>
</div>
</body>
</html>
```

STEP|04 在"topNavigator"层中输入"登录"文本，并设置该文本的链接方式和链接标题。然后，在</a>标签后面添加" | "代码和"注册"文本，并设置其链接和标题。

```
<div id="topNavigator">
<a href="javascript:void(null);"
title="登录">登录</a> | 
<a href="javascript:void(null)" title=
"注册">注册</a>
</div>
```

STEP|05 使用同样的方法，分别添加其他文本，并设置其链接和标题属性。

```
<div id="topNavigator"><a href=
"javascript: void(null);" title="
登录">登录</a> | <a href=
"javascript:void(null)" title=
"注册">注册</a> | <a href=
```

```
"javascript:void(null);" title="我的
订单">我的订单</a> | <a
href="javascript:void(null);" title
="我的积分">我的积分</a> | <a
href="javascript:void(null);"title =
"我的优惠券">我的优惠券</a> |
 <a href="javascript:void(null);"
title="快递查询">快递查询</a> 
| <a href="javascript:void(null);"
title="购物车">购物车</a>  |
 客服热线 0372-6537231  
</div>
```

STEP|06 制作搜索区域。在"topNavigator"层后面添加一个名为"searchBox"的 Div 层，并在该层中插入一个表单，并设置其属性。

```
<div id="searchBox">
<form  action="javascript:void(null);"
method="post" id="search">
</form>
</div>
```

STEP|07 然后，在表单中分别插入一个域集、标签、文本、选择和"提交"按钮，并设置各对象的属性。

```
<form action="javascript:void(null);"
method="post" id="search">
 <fieldset>
 <label id="searchTitle">商品搜索：
 </label>
 <input name="searchText" type="text"
 id="searchText">
 <select  name="searchType&quot;"
 id="searchType&quot;">
         <option value="0">数码产品
         </option>
         <option value="1">家用电器
         </option>
         <option value="2">服装配饰
         </option>
         <option value="3">美容化妆
         </option>
         <option value="4">家具家用
         </option>
```

```
        <option value="5">文体用品
        </option>
        <option value="6">虚拟服务
        </option>
        <option value="7">食品保健
        </option>
    </select>
    <input name="searchBtn" type=
    "submit" id="searchBtn" value=
    "搜索" />
</fieldset>
</form>
```

STEP|08 "searchBox" Div 层后面，插入一个名为"topSpacing"的 Div 标签，并在标签之间输入" "代码。

```
<div id="topSpacing"> </div>
```

STEP|09 制作导航内容。在</div>和</body>标签之间，插入一个名为"navigator"的 Div 标签。在该 Div 中插入一个"mainNavigator" Div 层，输入文本并设置其属性。

```
<div class="mainLayout" id="navigator">
    <div id="mainNavigator"><a href=
    "javascript:void(null);" title="
    首页">首 页</a> |<a href="javascript:
    void(null);" title="家用电器">家用电器
    </a> |<a href="javascript:void(null);"
    title="手机数码">手机数码</a> | <a
    href="javascript:void(null);" title="
    电脑产品">电脑产品</a> | <a href=
    "javascript:void(null);" title="
    日用百货">日用百货</a> | <a href=
    "javascript:void(null);" title="
    精彩资讯">精彩资讯</a> | <a href=
    "javascript:void(null);" title="
    精彩活动">精彩活动</a> | <a href=
    "javascript:void(null);" title="
    创意驿站">创意驿站</a> | <a href=
    "javascript:void(null);" title="
    时尚饰品">时尚饰品</a> | <a href=
    "javascript:void(null);" title="
    照片冲印">照片冲印</a> | <a href=
    "javascript:void(null);" title="
```

```
年 历">年 历</a> | <a href=
"javascript:void(null);" title="
亲子论坛">亲子论坛</a> | <a href=
"javascript:void(null);" title="
玩 具">玩 具</a>
</div>
</div>
```

STEP|10 在该 Div 层后面，插入一个 "searchTag"
的 Div 层，在层内输入相应文本，并设置文本的链
接和标题属性。

```
<div id="searchTag"><a href="javascript:
void(null);"title="热门搜索">热门搜索：
</a> <a href="javascript: void
(null);" title="卡西欧">卡西欧</a>
 <a href="javascript:void(null);"
title="天梭">天梭</a> <a href=
"javascript:void(null);" title="钻
石戒指">钻石戒指</a> <a href=
"javascript:void(null);" title="翡
```

```
翠">翡翠</a> <a href="javascript:
void(null);" title="胸针">胸针</a>
 <a href="javascript:void(null);"
title="迷你家具">迷你家具</a> 
<a href="javascript:void(null);" title=
"乐 扣">乐 扣</a> <a href=
"javascript:void(null);" title="苏
泊尔">苏泊尔</a> <a href=
"javascript:void(null);" title="zippo">
ippo</a> <a href="javascript:
void(null);" title="派克">派克</a>
 <a href="javascript:void(null);"
title="瑞士军刀">瑞士军刀</a> 
<a href="javascript:void(null);" title=
"跳舞毯">跳舞毯</a> <a href=
"javascript:void(null);" title="望
远镜"> 望远镜</a> <a href=
"javascript:void(null);" title="耐
克">耐克</a>
</div>
```

3.7 新手训练营

练习 1：使用 Web 字体
downloads\3\新手训练营\Web 字体

提示：本练习中，将运用 CSS 样式在网页中使
用 Web 字体。首先，在\<head\>标签内输入 CSS 样式。
然后，在\<body\>标签内插入 Div 层，设置段落标记并
输入文本。具体代码如下所示。

```
<!doctype html>
<html>
<head>
<meta charset="utf-8">
<title>无标题文档</title>
<style>
@import url("方正硬笔行书/stylesheet.
css");

#box {
background-image: url(35.jpg);
```

```
height: 440px;
width: 670px;
}
.font01 {
font-family: "方正硬笔行书";
}
</style>
</head>
<body>
<div id="box">
  <p> </p>
  <p> </p>
  <p> </p>
  <p><strong style="font-size: 60px;
  color: #F51216; text-align: center;">
       
       
     <span class=
  "font01">风景如画</span></strong>
```

```
    </p>
  </div>
</body>
</html>
```

使用浏览器进行预览，其效果如下图所示。

练习 2：制作大学生辩论赛页

⊙downloads\3\新手训练营\大学生辩论赛页

提示：本练习中，将运用 CSS 样式来制作一个大学生辩论赛网页。首先，在<head>标签内输入设置 Div 层的 CSS 样式，其代码如下所示。

```
<style>
#box {
background-image: url(11.jpg);
background-repeat: no-repeat;
height: 897px;
width: 1321px;
margin-top: auto;
margin-right: 100px;
margin-bottom: auto;
margin-left: auto;
padding-top: 70px;
padding-right: 70px;
padding-bottom: 60px;
padding-left: 90px;
}
</style>
```

然后，在<body>标签内插入 Div 层和表格，并设置其内容。使用浏览器进行预览，其最终效果如下图所示。

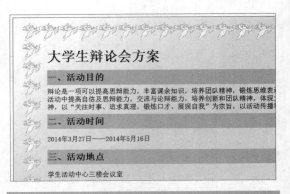

练习 3：设置图像背景

⊙downloads\3\新手训练营\图像背景

提示：本练习中，将通过在<head>标签内插入 CSS 样式的方法，来设置网页的图片背景样式。具体代码如下所示。

```
<!doctype html>
<html>
<head>
<meta charset="utf-8">
<title>无标题文档</title>
<style type="text/css">
body {
background-image: url(0.jpg);
background-repeat: no-repeat;
}
</style>
</head>
<body>
</body>
</html>
```

使用浏览器进行预览，其效果如下图所示。

练习 4：制作景点介绍网页

downloads\3\新手训练营\景点介绍网页

　　提示：本练习中，将运用 CSS 样式、插入表格、插入图像设置文本格式等功能，制作一个景点介绍网页。最终效果如下图所示。

第 **4** 章

创建表格

　　表格是用于在 HTML 页面上显示表格式数据，以及对图文进行合理布局的强有力的工具，它是由一行或多行组成的，而每行又由一个或多个单元格组成。用户可以将网页元素放在任意一个单元格中，通过控制网页元素在网页中的显示位置，来达到对网页进行精细排版的目的。在本章中，将详细介绍表格的创建和编辑方法，使读者在 HTML 中能够进行简单的页面布局。

4.1　使用表格

表格的主要功能是对网页元素进行定位与排版。熟练的地用表格，不仅可以任意定位网页元素，还可以丰富网页的页面效果。在创建表格之前，需要先来了解一下表格的基本结构。

4.1.1　创建表格

在网页中使用表格，可以更加清晰和直观地显示网页内容。HTML5 中的表格类似于 Excel 表，一般由行、列和单元格组成，如下图所示。

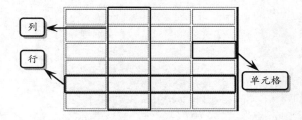

在 HTML5 中，用于创建表格的标记包括下列 3 个。

- ❑ **\<table\>**　该标记是表格标记，表示创建一个表格，与其他标记一样使用\</table\>标记表示结束。
- ❑ **\<tr\>**　该标记表示表格中的行，使用\</fr\>标记表示结束。
- ❑ **\<td\>**　该标记表示表格中的单元格，使用\</td\>标记表示结束。

通常，完整的表格中会包含\<table\>\</table\>标记、\<tr\>\< / tr\>和\<td\>\</td\>标记。例如，插入一个 3 行 3 列的表格，代码如下所示：

```
<!doctype html>
<html>
<head>
<meta charset="utf-8">
<title>无标题文档</title>
</head>
<body>
<table border="1">
```

```
  <tr>
   <td>春晓</td>
   <td>行宫</td>
   <td>相思</td>
  </tr>
  <tr>
   <td>秋夕</td>
   <td>赤壁</td>
   <td>瑶池</td>
  </tr>
  <tr>
   <td>落花</td>
   <td>月夜</td>
   <td>早秋</td>
  </tr>
 </table>
</body>
</html>
```

使用浏览器预览，其效果如下图所示。

> **提示**
>
> 上述代码中的 border 标签表示表格的边框粗细，而 Cellpad 表示单元格边距，CellSpace 表示单元格的间距。

4.1.2　创建嵌套表格

嵌套表格是在另一个表格单元格中插入的表格，其设置属性的方法与任何其他表格相同。例如，在上述表格中"赤壁"单元格中插入一个表示数字的 2 行 2 列的表格，代码如下所示：

```
<!doctype html>
<html>
<head>
<meta charset="utf-8">
<title>无标题文档</title>
</head>
<body>
<table border="1">
    <tr>
     <td>春晓</td>
     <td>行宫</td>
     <td>相思</td>
    </tr>
    <tr>
     <td>秋夕</td>
     <td>赤壁
     <table width="100%" border="3"
     cellspacing="0" cellpadding="0">
     <tr>
     <td>1234</td>
     <td>2234</td>
     </tr>
     <tr>
     <td>3234</td>
     <td>4234</td>
     </tr>
    </table>
</td>
     <td>瑶池</td>
    </tr>
    <tr>
     <td>落花</td>
     <td>月夜</td>
     <td>早秋</td>
    </tr>
 </table>
</body>
</html>
```

使用浏览器预览，其效果如下图所示。

4.1.3 创建标题表格

通过插入表格和嵌套表格，用户会发现所创建的表格都不包含表格标题。此时，为了方便描述表格内容，可使用<caption>标记为表格添加标题。添加表格标题的示例代码，如下所示：

```
<!doctype html>
<html>
<head>
<meta charset="utf-8">
<title>无标题文档</title>
</head>
<body>
<table border="1">
<caption>
<strong>数据统计表</strong>
</caption>
    <tr>
     <td>春晓</td>
     <td>行宫</td>
     <td>相思</td>
    </tr>
    <tr>
     <td>秋夕</td>
     <td>赤壁
     </td>
     <td>瑶池</td>
    </tr>
    <tr>
     <td>落花</td>
     <td>月夜</td>
     <td>早秋</td>
    </tr>
 </table>
</body>
</html>
```

使用浏览器预览，其效果如下图所示。

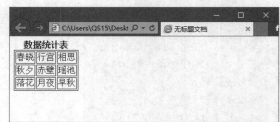

4.2 编辑单元格

创建表格之后，可以通过调整单元格、合并单元格、设置单元格背景等一系列的设置操作，达到美化表格的目的。

4.2.1 调整单元格

调整单元格包括调整单元格的列宽和行高，以及单元格的对齐方式。

1．调整列宽与行高

在 HTML5 中，可通过在<tb>标签中添加 width 和 height 属性的方法，来调整单元格的列宽与行高。调整列宽与行高的代码，如下所示：

```
<td width="100" height="30">单元格
</td>
```

例如，如若创建一个 3 列 3 行，单元格宽度为 60，高度为 50 的表格，代码如下所示：

```
<!doctype html>
<html>
<head>
<meta charset="utf-8">
<title>无标题文档</title>
</head>
<body>
<table border="1">
<caption>
<strong>数据统计表</strong>
</caption>
    <tr>
        <td width="60" height="50">
        春晓</td>
        <td width="60" height="50">
        行宫</td>
        <td width="60" height="50">
        相思</td>
    </tr>
    <tr>
        <td width="60" height="50">
```

```
秋夕</td>
        <td width="60" height="50">
        赤壁</td>
        <td width="60" height="50">
        瑶池</td>
    </tr>
    <tr>
        <td width="60" height="50">
        落花</td>
        <td width="60" height="50">
        月夜</td>
        <td width="60" height="50">
        早秋</td>
    </tr>
</table>
</body>
</html>
```

使用浏览器预览，其效果如下图所示。

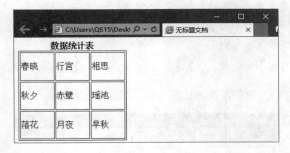

2．调整对齐方式

对齐方式包括水平对齐和垂直对齐，水平对齐包括左对齐、居中对齐和右对齐，垂直对齐包括顶端对齐、居中对齐、底部对齐和基线对齐。在 HTML5 中，水平对齐使用 align 属性，垂直对齐则使用 valign 属性。不同对齐方式的示例代码如下所示：

```
<!DOCTYPE html>
<html>
<head>
<meta charset="utf-8">
```

```
<title>无标题文档</title>
</head>
<body>
<table width="327" border="1">
    <tr>
    <td width="100" height="80"
    align="left">左对齐</td>
    <td width="100" height="80"
    align="center">居中对齐</td>
    <td width="100" height="80"
    align="right">右对齐</td>
    <td width="100" height="80">
    默认</td>
    </tr>
      <tr>
    <td width="100" height="80"
    valign="top">顶端对齐</td>
    <td width="100" height="80"
    valign="middle">居中对齐</td>
    <td width="100" height="80"
    valign="bottom">底部对齐</td>
    <td width="100" height="80"
    valign="baseline">基线对齐</td>
    </tr>
</table>
</body>
</html>
```

使用浏览器预览，其效果如下图所示。

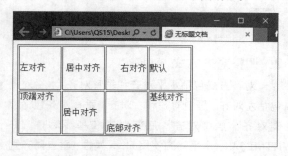

3. 调整边距和间距

在 HTML5 中，可以通过调整单元格边距和间距来调整单元格的大小。调整单元格的边距，可通过 cellspacing 属性来实现；而调整单元格的间距，则需要通过 cellpadding 属性来实现。具体代码如下所示：

```
<!doctype html>
<html>
<head>
<meta charset="utf-8">
<title>无标题文档</title>
</head>
<body>
<h4>正常表格</h4>
<table border="1">
    <tr>
    <td>春晓</td>
    <td>行宫</td>
    <td>相思</td>
    </tr>
    <tr>
    <td>秋夕</td>
    <td>赤壁</td>
    <td>瑶池</td>
    </tr>
    <tr>
    <td>落花</td>
    <td>月夜</td>
    <td>早秋</td>
    </tr>
</table>
<h4>调整间距和边距的表格</h4>
<table border="1" cellpadding="5"
cellspacing="5">
    <tr>
    <td>春晓</td>
    <td>行宫</td>
    <td>相思</td>
    </tr>
    <tr>
    <td>秋夕</td>
    <td>赤壁</td>
    <td>瑶池</td>
    </tr>
    <tr>
    <td>落花</td>
    <td>月夜</td>
    <td>早秋</td>
    </tr>
</table>
</body>
</html>
```

使用浏览器预览，其效果如下图所示。

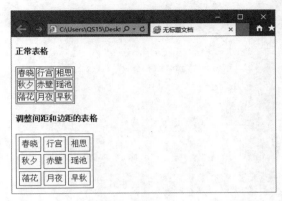

4.2.2 设置单元格背景

在 HTML5 中，可以为单元格设置背景颜色和背景图片。例如，下面代码中显示了为单元格添加背景颜色的标签。

```
<!doctype html>
<html>
<head>
<meta charset="utf-8">
<title>无标题文档</title>
</head>
<body>
<table width="236" height="143"
border="1" cellpadding="5" cellspacing
="5">
  <tr>
  <td background="1.jpg">春晓 </td>
   <td>行宫</td>
   <td>相思</td>
  </tr>
  <tr>
   <td>秋夕</td>
   <td bgcolor="#BDF3E8">赤壁</td>
   <td>瑶池</td>
  </tr>
  <tr>
   <td>落花</td>
   <td>月夜</td>
   <td>早秋</td>
  </tr>
 </table>
```

```
</body>
</html>
```

使用浏览器预览，其效果如下图所示。

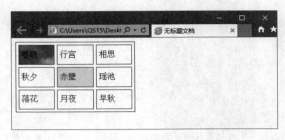

4.2.3 合并单元格

合并单元格可以将同行或同列中的多个连续单元格合并为一个单元格，但所选连续的单元格必须可以组成一个矩形形状，否则将无法合并单元格。

在 HTML 中，使用 td 标记中的属性即可实现合并单元格操作，合并单元格分为左右和上下合并两种方式。

1. 左右合并

左右单元格的合并即合并左右相邻的两个及以上数量的单元格，可使用 td 标记中的 colspan 属性进行合并，该属性的语法格式如下：

```
<td colspan="数值">单元格内容</td>
```

在上述语法中，colspan 属性值表示需要进行合并的单元格数量。左右合并单元格的示例代码如下所示：

```
<!DOCTYPE html>
<html>
<head>
<meta charset="utf-8">
<title>单元格左右合并</title>
</head>
<body>
<table border="1">
<tr>
<td colspan="2">北京 上海</td>
<td>青岛</td>
</tr>
```

```
<tr>
<td>北京</td>
<td>上海</td>
<td>青岛</td>
</tr>
<tr>
<td>北京</td>
<td>上海</td>
<td>青岛</td>
</tr>
<tr>
<td>北京</td>
<td>上海</td>
<td>青岛</td>
</tr>
</table>
</body>
</html>
```

使用浏览器预览，其效果如下图所示。

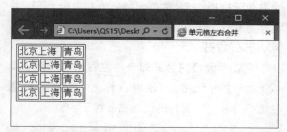

> **注意**
>
> 合并单元格后，相应单元格的标记便会减少。例如，北京和上海合并后，上海单元格的<td></td>标记就应该丢掉，否则会多出来一个单元格。

2. 上下合并

上下单元格的合并即合并上下连续的两个及以上数量的单元格，可使用<td>标记中的 rowspan 属性进行合并，该属性的语法格式如下所示：

```
<td rowspan="数值">单元格内容</td>
```

在上述语法格式中，colspan 属性值表示进行上下合并的单元格数量。上下合并单元格的示例代码如下所示：

```
<!DOCTYPE html>
<html>
<head>
<meta charset="utf-8">
<title>单元格上下合并</title>
</head>
<body>
<table border="1">
<tr>
<td rowspan="2">北京 北京</td>
<td>上海</td>
<td>青岛</td>
</tr>
<tr>
<td>上海</td>
<td>青岛</td>
</tr>
<tr>
<td>北京</td>
<td>上海</td>
<td>青岛</td>
</tr>
<tr>
<td>北京</td>
<td>上海</td>
<td>青岛</td>
</tr>
</table>
</body>
</html>
```

使用浏览器预览，其效果如下图所示。

3. 上下左右合并

在 HTML5 中，除了左右合并及上下合并单元格之外，还可以进行上下左右合并单元格。其中，上下左右合并单元格的示例代码，如下所示：

```
<!DOCTYPE html>
<html>
<head>
<meta charset="utf-8">
<title>上下左右合并</title>
</head>
<body>
<table border="1">
<tr>
<td colspan="2" rowspan="2">北京上海
<br>北京上海</td>
<td>青岛</td>
</tr>
<tr>
<td>青岛</td>
</tr>
<tr>
<td>北京</td>
<td>上海</td>
```

```
<td>青岛</td>
</tr>
<tr>
<td>北京</td>
<td>上海</td>
<td>青岛</td>
</tr>
</table>
</body>
</html>
```

使用浏览器预览，其效果如下图所示。

4.3 设置表格

设置表格包括定义表格大小、定义表头、设置边框类型等内容，通过设置表格可以使表格符合网页的整体设计要求，从而达到美化和规范网页的目的。

4.3.1 定义表格

定义表格包括定义表格的大小和定义表格的表头两部分内容，定义表格的大小是调整表格的整体大小，而定义表头则是设置表头区域的格式。

1. 定义表格大小

在 HTML5 中，创建的表格大小是固定的，可通过下列代码来调整表格大小：

```
<!doctype html>
<html>
<head>
<meta charset="utf-8">
<title>无标题文档</title>
</head>
<body>
```

```
<table   width="248"   height="176"
border="1">
    <tr>
    <td >春晓</td>
    <td>行宫</td>
    <td>相思</td>
    </tr>
    <tr>
    <td>秋夕</td>
    <td>赤壁</td>
    <td>瑶池</td>
    </tr>
    <tr>
    <td>落花</td>
    <td>月夜</td>
    <td>早秋</td>
    </tr>
 </table>
</body>
</html>
```

使用浏览器预览，其效果如下图所示。

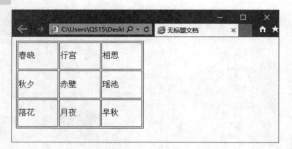

2. 定义表格的表头

在 HTML5 中，可以通过<th>标记定义表格中的表头。表头分为垂直和水平两种类型，下面示例代码中显示了分别创建带有垂直和水平表头的表格。

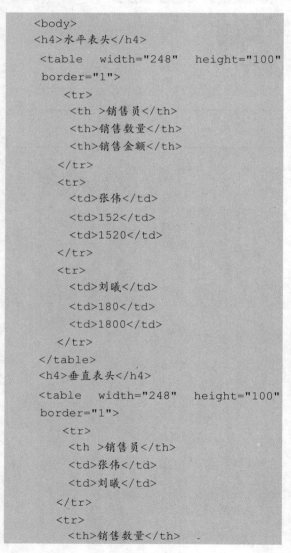

```html
<body>
<h4>水平表头</h4>
<table  width="248"  height="100"
 border="1">
    <tr>
     <th >销售员</th>
     <th>销售数量</th>
     <th>销售金额</th>
    </tr>
    <tr>
     <td>张伟</td>
     <td>152</td>
     <td>1520</td>
    </tr>
    <tr>
     <td>刘曦</td>
     <td>180</td>
     <td>1800</td>
    </tr>
</table>
<h4>垂直表头</h4>
<table  width="248"  height="100"
 border="1">
    <tr>
     <th >销售员</th>
     <td>张伟</td>
     <td>刘曦</td>
    </tr>
    <tr>
     <th>销售数量</th>
```

```html
     <td>152</td>
     <td>180</td>
    </tr>
    <tr>
     <th>销售金额</th>
     <td>1520</td>
     <td>1800</td>
    </tr>
</table>
</body>
```

使用浏览器预览，其效果如下图所示。

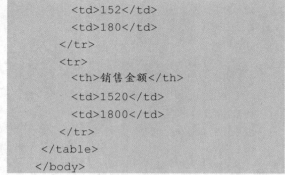

4.3.2　设置边框类型

在 HTML5 中，可以使用表格的 border 属性来定义表格的边框类型，也就是定义表格的外边框类型。不同边框类型表格的示例代码如下所示：

```html
<body>
<h4>普通边框</h4>
<table  width="248"  height="100"
 border="1">
    <tr>
     <th >销售员</th>
     <th>销售数量</th>
     <th>销售金额</th>
    </tr>
    <tr>
     <td>张伟</td>
     <td>152</td>
     <td>1520</td>
    </tr>
    <tr>
```

```
      <td>刘曦</td>
      <td>180</td>
      <td>1800</td>
    </tr>
</table>
<h4>加粗边框</h4>
<table  width="248"  height="100"
border="5">
    <tr>
      <th >销售员</th>
      <th>销售数量</th>
      <th>销售金额</th>
    </tr>
    <tr>
      <td>张伟</td>
      <td>152</td>
      <td>1520</td>
    </tr>
    <tr>
      <td>刘曦</td>
      <td>180</td>
      <td>1800</td>
    </tr>
</table>
</body>
```

使用浏览器预览，其效果如下图所示。

4.3.3 设置表格背景

在 HTML5 中，可以像设置网页背景那样设置表格背景，从而增加表格的美观性。

1. 设置表格背景颜色

设置表格的背景颜色与设置单元格的背景颜

色大体一致，也是使用 bgcolor 属性进行设置。设置表格背景颜色的示例代码如下所示：

```
<body>
<h4>普通边框</h4>
 <table  width="248"  height="100"
 border="1" bgcolor="#AFEEEE">
    <tr>
      <th >销售员</th>
      <th>销售数量</th>
      <th>销售金额</th>
    </tr>
    <tr>
      <td>张伟</td>
      <td>152</td>
      <td>1520</td>
    </tr>
    <tr>
      <td>刘曦</td>
      <td>180</td>
      <td>1800</td>
    </tr>
 </table>
</body>
</html>
```

使用浏览器预览，其效果如下图所示。

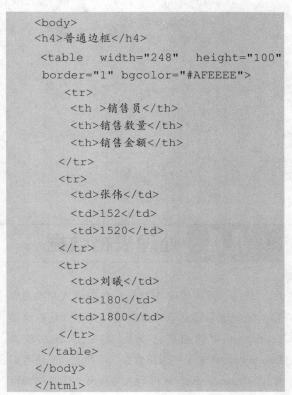

2. 设置表格背景图片

在 HTML5 中，除了为表格设置背景颜色之外，还可以使用 background 属性，为表格设置背景图片。将图片设置为表格背景的示例代码如下所示：

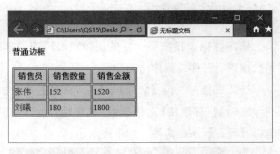

```
<body>
<h4>普通边框</h4>
 <table  width="248"   height="100"
```

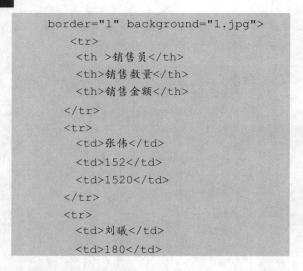

```
border="1" background="1.jpg">
    <tr>
        <th >销售员</th>
        <th>销售数量</th>
        <th>销售金额</th>
    </tr>
    <tr>
        <td>张伟</td>
        <td>152</td>
        <td>1520</td>
    </tr>
    <tr>
        <td>刘曦</td>
        <td>180</td>
```

```
        <td>1800</td>
    </tr>
</table>
</body>
```

使用浏览器预览，其效果如下图所示。

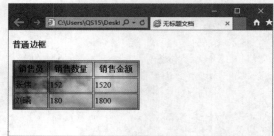

4.4   处理表格数据

目前，可以使用 HTML5 代码插入和编辑表格，但无法单独对表格数据进行排序。只能借助 JavaScript 中的函数，以及 HTML5 编写软件 Dreamweaver 来排序表格数据。除此之外，还可以借助 Dreamweaver 软件导入与导出外部数据和网页数据。

4.4.1   排序数据

排序数据是指按照一定的规律对表格内的单列数据进行升序或降序排列。

选择表格，执行【命令】|【排序表格】命令。在弹出的【排序表格】对话框中，设置相应的选项，单击【确定】按钮即可，如下图所示。

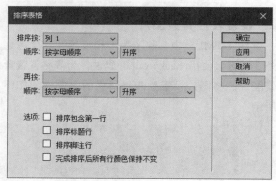

其中，【排序表格】对话框中各选项的具体含义如下所述。

❏ **排序按**   用于设置进行排序所依据的列。
❏ **顺序**   用于设置排序的顺序和方向，选择"按字母顺序"选项，将按照字母的排列进行排序；而选择"按数字顺序"选项，则按照数字的排列进行排序。当选择"升序"方向时，则表示排序按照数字从小到大，字母从 A 到 Z 的方向进行排列；当选择"降序"方向时，则表示排序按照数字从大到小，字母从 Z 到 A 的方向进行排列。
❏ **再按**   用于设置进行排序所依据的第二依据的列。
❏ **顺序**   用于设置第二依据的排序顺序和方向。
❏ **排序包含第一行**   启用该复选框，可以将表格第一行包含在排序中。
❏ **排序标题行**   启用该复选框，可以指定使用与主体行相同的条件对表格的标题部分中的所有行进行排序。
❏ **排序脚注行**   启用该复选框，可以指定按照与主体行相同的条件对表格的脚注部分中所有的行进行排序。

- ❑ **完成排序后所有行颜色保持不变** 启用该复选框，可以指定排序之后表格行属性应该与同一内容保持关联。

4.4.2 导入/导出表格数据

Dreamweaver 为用户提供了导入/导出表格数据功能，通过该功能不仅可以将以分隔文本格式、Excel 和 Word 等格式的数据导入到 Dreamweaver 中，还可以将 Dreamweaver 中的数据导出为普通的表格式数据。

1．导入表格式数据

在 Dreamweaver 文档中，执行【文件】|【导入】|【表格式数据】命令，在弹出的【导入表格式数据】对话框中，设置相应选项，单击【确定】按钮即可，如下图。

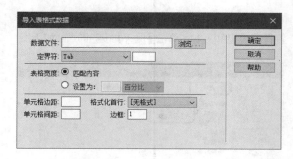

其中，在【导入表格式数据】对话框中，主要包括下列 7 种选项。

- ❑ **数据文件** 用于设置所需导入的文件路径，可通过单击【浏览】按钮，在弹出的对话框中选择导入文件。
- ❑ **定界符** 用于设置导入文件中所使用的分隔符，包括"逗号""引号""分号""Tab"和"其他"5 种分隔符；当用户选择"其他"分隔符时，则需要在右侧的文本框中输入新的分隔符。
- ❑ **表格宽度** 用于设置表格的宽度，选中"匹配内容"选项可以使每个列足够宽，以适应该列中最长的文本字符串；选中"设置

为"选项，既可以以 px 为单位指定表格的固定列宽，又可以按照浏览器窗口宽度的百分比来指定表格的列宽。

- ❑ **单元格边距** 用于指定单元格内容与单元格边框之间的距离，以 px 为单位。
- ❑ **单元格间距** 用于指定相邻单元格之间的距离，以 px 为单位。
- ❑ **格式化首行** 用于设置表格首行的格式，包括"无格式""粗体""斜体"和"加粗斜体"4 种格式。
- ❑ **边框** 用于指定表格边框的宽度，以 px 为单位。

2．导入 Excel 数据

在 Dreamweaver 文档中，选择导入位置，执行【文件】|【导入】|【Excel 文档】命令，在弹出的【导入 Excel 文档】对话框中，选择 Excel 文件，单击【打开】按钮，如下图。

此时，用户可以在 Dreamweaver 文档中，查看所导入的 Excel 文档中的数据。对于导入的 Excel 数据表，用户也可以选择该表，在【属性】面板中设置表格的基本属性，如下图。

3．导入 Word 数据

在 Dreamweaver 文档中，选择导入位置，执行【文件】|【导入】|【Word 文档】命令，在弹出的【导入 Word 文档】对话框中，选择 Word 文件，单击【打开】按钮，如下图。

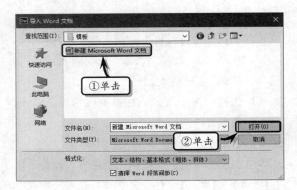

此时，用户可以在 Dreamweaver 文档中，查看所导入的 Word 文档中的数据，如下图。

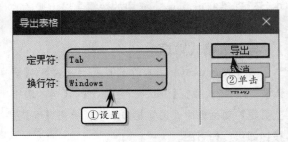

提示

导入 Word 文档时，其 Word 文档中的内容必须以表格的形式进行显示，否则所导入的 Word 文档内容将会以普通文本的格式进行显示。

4．导出数据

在 Dreamweaver 文档中，除了可以导入外部数据之外，还可以将 Dreamweaver 文档中的表格导出为普通的表格式数据。

首先，选择表格或选择任意一个单元格，执行【文件】|【导出】|【表格】命令。然后，在弹出的【导出表格】对话框中，设置【定界符】选项，用于指定分隔符样式；同时设置【换行符】选项，用于指定打开文件所使用的操作系统版本，并单击【导出】按钮，如下图。

最后，在弹出的【表格导出为】对话框中，设置保存位置和名称，单击【保存】按钮即可，如下图。

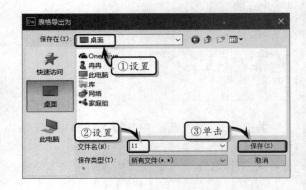

4.5 练习：制作个人简历

表格在网页中是用来定位和排版的，有时一个表格无法满足所有的需要，这时就需要运用到嵌套表格。在本练习中，将通过制作一份个人简历（如下图），来详细讲述嵌套表格的使用方法和操作技巧。

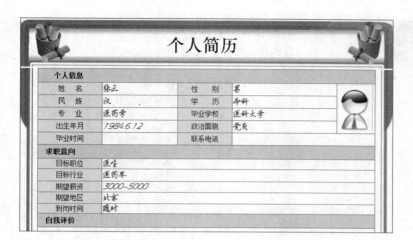

个人简历

个人信息				
姓　名	张云	性　别	男	
民　族	汉	学　历	本科	
专　业	医药学	毕业学校	医科大学	
出生年月	1984.6.12	政治面貌	党员	
毕业时间		联系电话		
求职意向				
目标职位	医生			
目标行业	医药界			
期望薪资	3000~5000			
期望地区	北京			
到岗时间	随时			
自我评价				

练习要点

- 插入表格
- 设置表格属性
- 嵌套表格
- 插入图像
- 创建 CSS 样式

操作步骤 ▶▶▶▶

STEP|01 创建 CSS 样式。在<head></head>标签中间输入<style></style>标记，并在其中间输入 CSS 样式。

```
<!doctype html>
<html>
<head>
<meta charset="utf-8">
<title>无标题文档</title>
<style>
.tbg {
background-color: #4bacc6;
}
.tdcolor {
background-color: #FFF;
}
.tdfonts {
font-family: "方正硬笔行书";
font-size: 18px;
}

body,td,th {
font-size: 14px;
}
</style>
</head>
<body>
</body>
</html>
```

STEP|02 插入表格。在<body>标记中输入标签属

性代码，同时输入插入表格代码，插入指定大小的 3 行 3 列的表格。

```
<body bgcolor="#FFFFFF" leftmargin=
"0" topmargin="0" marginwidth="0"
marginheight="0">
<table    width="759"    border="0"
cellspacing= "0" cellpadding="0">
    <tr>
     <td></td>
     <td></td>
     <td></td>
    </tr>
    <tr>
     <td></td>
     <td></td>
     <td></td>
    </tr>
    <tr>
     <td></td>
     <td></td>
     <td></td>
    </tr>
</table>
</body>
```

STEP|03 合并单元格。在第 1 个<td>标签中输入合并属性 colspan="3"，合并 3 个单元格，同时删除该标签下方的 2 行单元格标记。

```
<table    width="759"    border="0"
cellspacing="0" cellpadding="0">
```

```
        <tr>
        <td colspan="3"></td>
      </tr>
      <tr>
        <td></td>
        <td></td>
        <td></td>
      </tr>
      <tr>
        <td></td>
        <td></td>
        <td></td>
      </tr>
</table>
```

STEP|04 在合并后的单元格中输入属性代码并插入图片，然后在第 2 行中的第 1 和第 3 单元格中分别设置属性，并插入图片。

```
<body bgcolor="#FFFFFF" leftmargin=
"0" topmargin="0" marginwidth="0"
marginheight="0">
<table width="759" border="0"
cellspacing="0" cellpadding="0">
    <tr>
      <td height="103" colspan="3">
      <img src="top.gif" width="759"
      height="103" alt=""/></td>
    </tr>
    <tr>
      <td><img src="images/left.gif"
      width="29" height="850" alt=
      ""/></td>
      <td></td>
      <td align="right"><img src=
      "images/right.png" width="28"
      height="850" alt=""/></td>
    </tr>
    <tr>
      <td></td>
      <td></td>
      <td></td>
    </tr>
</table>
```

STEP|05 合并第 3 行中的所有单元格，并在合并后的单元格中插入图片。

```
<table    width="759"    border="0"
cellspacing="0" cellpadding="0">
    <tr>
      <td height="103" colspan=
      "3"><img src="top.gif" width=
      "759"  height="103"  alt=""/>
      </td>
    </tr>
    <tr>
      <td><img src="images/left.gif"
      width="29"  height="850"  alt=
      ""/></td>
      <td></td>
      <td   align="right"><img   src=
      "images/right.png"  width="28"
      height="850" alt=""/></td>
    </tr>
    <tr>
      <td colspan="3"><img src=
      "images/foot.gif" width="759"
      height="39" alt=""/></td>
    </tr>
</table>
```

STEP|06 制作表格内容。选择第 2 行第 2 列单元格，设置其属性值并插入一个 27 行 5 列的表格。然后，合并第 1 行所有单元格，设置其属性并输入文本。

```
<table width="688" border="0" cel
<table width="688" border="0" align=
"center" cellpadding="0" cellspacing=
"1" class="tbg">
    <tr>
      <td   height="28"   colspan="5"
      bgcolor="#d2eaf1"><strong> 
         个人信息
      </strong></td>
    </tr>
    <tr>
      <td></td>
```

```
      <td></td>
      <td></td>
      <td></td>
      <td></td>
   </tr>
   ......
</table>
```

STEP|07 根据简历设计要求，合并相应的单元格，并分别设置不同单元格的不同背景颜色。然后，在各单元格中输入相应的文本及属性。

```
      <tr>
      <td width="130" height=
      "25" align="center" bgcolor
      ="#efefef">姓  
       名</td>
      <td width="153" bgcolor
      ="#FFFFFF" class="tdfonts">
      张三</td>
      <td width="110" align=
      "center" bgcolor="#efefef">
      性    
      别</td>
      <td width="212" bgcolor=
      "#FFFFFF" class="tdfonts">
      男</td>
      <td width="77" rowspan="4"
      bgcolor="#FFFFFF"><img
      src="个人简历/images/head.
      jpg" width="74" height="96">
      </td>
    </tr>
    <tr>
      <td height="25" align=
      "center" bgcolor="#efefef">
      民   族</td>
      <td bgcolor="#FFFFFF" class=
      "tdfonts">汉</td>
      <td align="center" bgcolor=
      "#efefef">学  
        历</td>
      <td bgcolor="#FFFFFF" class=
      "tdfonts" >本科</td>
```

```
    </tr>
    <tr>
      <td height="25" align="center"
      bgcolor="#efefef">专 
        业</td>
      <td bgcolor="#FFFFFF" class=
      "tdfonts">医药学</td>
      <td align="center" bgcolor=
      "#efefef">毕业学校</td>
      <td bgcolor="#FFFFFF" class=
      "tdfonts">医科大学</td>
    </tr>
    <tr>
      <td height="25" align=
      "center" bgcolor="#efefef">
      出生年月</td>
      <td bgcolor="#FFFFFF" class=
      "tdfonts"><em>1984.6.12
      </em></td>
      <td align="center" bgcolor=
      "#efefef">政治面貌</td>
      <td bgcolor="#FFFFFF" class=
      "tdfonts">党员</td>
    </tr>
    <tr>
      <td height="25" align=
      "center" bgcolor="#efefef">
      毕业时间</td>
      <td bgcolor="#FFFFFF" class=
      "tdfonts"> </td>
      <td align="center" bgcolor=
      "#efefef">联系电话</td>
      <td colspan="2" bgcolor=
      "#FFFFFF" class="tdfonts">
       </td>
    </tr>
    <tr bgcolor="#d2eaf1">
      <td height="28" colspan="5">
      <strong>  求职意
      向</strong></td>
    </tr>
    <tr>
      <td height="21" align=
```

```
        "center" bgcolor="#efefef">
        目标职位</td>
          <td height="20" colspan=
        "4" bgcolor="#FFFFFF" class=
        "tdfonts">医生</td>
        </tr>
         <tr>
          <td    height="25"    align=
        "center" bgcolor="#efefef">
        目标行业</td>
          <td height="20" colspan=
        "4" bgcolor="#FFFFFF" class=
        "tdfonts">医药界</td>
        </tr>
         <tr>
          <td    height="22"    align=
        "center" bgcolor="#efefef">
        期望薪资</td>
          <td height="20" colspan=
        "4" bgcolor="#FFFFFF" class=
        "tdfonts"><em>3000-5000
        </em></td>
        </tr>
         <tr>
          <td    height="23"    align=
        "center" bgcolor="#efefef">
        期望地区</td>
          <td height="20" colspan=
        "4" bgcolor="#FFFFFF" class=
        "tdfonts">北京</td>
        </tr>
         <tr>
          <td    height="20"    align=
        "center" bgcolor="#efefef">
        到岗时间</td>
          <td colspan="4" bgcolor=
        "#FFFFFF" class="tdfonts">
        随时</td>
        </tr>
         <tr bgcolor="#d2eaf1">
          <td height="28" colspan=
        "5"><strong>  自
        我评价</strong></td>
        </tr>
         <tr>
          <td height="60" colspan=
        "5" bgcolor="#FFFFFF" class=
        "tdfonts"> 热情随和, 活
        波开朗, 具有进取精神和团队精神,
        有较强的动手能力, 良好的协调沟通
        能力, 适应力强, 反应快, 积极, 灵
        活爱创新! </td>
        </tr>
         <tr bgcolor="#d2eaf1">
          <td height="28" colspan=
        "5"><strong>  工
        作经验</strong></td>
        </tr>
         <tr bgcolor="#efefef">
          <td    height="29"    align=
        "center">公司名称</td>
          <td    colspan="2"    align=
        "center">职位名称</td>
          <td    colspan="2"    align=
        "center">工作职责</td>
        </tr>
         <tr>
          <td height="25" bgcolor=
        "#FFFFFF" class="tdfonts">
        百草堂</td>
          <td    height="25"    colspan=
        "2" bgcolor="#FFFFFF" class=
        "tdfonts"> 医生</td>
          <td    colspan="2"    bgcolor=
        "#FFFFFF" class="tdfonts">
        开药方</td>
        </tr>
         <tr>
          <td height="27" bgcolor=
        "#FFFFFF" class="tdfonts">
         </td>
          <td    height="25"    colspan=
        "2" bgcolor="#FFFFFF" class=
        "tdfonts"> </td>
          <td    colspan="2"    bgcolor=
        "#FFFFFF" class="tdfonts">
```

```
                 </td>                              <td height="25" bgcolor=
            </tr>                                    "#FFFFFF" class="tdfonts">
        <tr bgcolor="#d2eaf1">                            </td>
          <td height="28" colspan=                      <td colspan="4" bgcolor=
        "5"><strong>  教                   "#FFFFFF" class="tdfonts">
        育背景</strong></td>                               </td>
        </tr>                                       </tr>
        <tr bgcolor="#efefef">                    <tr bgcolor="#d2eaf1">
          <td height="29" align=                     <td height="28" colspan="5">
        "center">时                    <strong>  主修课程
        间</td>                                      </strong></td>
          <td colspan="4" align=                   </tr>
        "center">地                        <tr>
         点</td>                                  <td height="70" colspan=
        </tr>                                      "5" bgcolor="#FFFFFF" class=
        <tr>                                       "tdfonts">中药学、中药鉴定学、
          <td height="25" bgcolor=                 中药化学、方剂学、西药药理学、中
        "#FFFFFF" class="tdfonts">                 药药理学、中药制剂分析、中药炮制
        <em>2006--2009</em></td>                   学</td>
          <td colspan="4" bgcolor=                 </tr>
        "#FFFFFF" class="tdfonts">                 <tr bgcolor="#d2eaf1">
        北京医科大学</td>                                 <td height="28" colspan="5">
        </tr>                                      <strong>  兴趣爱好
        <tr>                                       </strong></td>
          <td height="25" bgcolor=                 </tr>
        "#FFFFFF" class="tdfonts">                  <tr>
         </td>                                   <td height="70" colspan="5"
          <td colspan="4" bgcolor=                 bgcolor="#FFFFFF"    class=
        "#FFFFFF" class="tdfonts">                 "tdfonts">篮球、羽毛球、唱歌、
         </td>                                溜冰热爱自然科学，喜欢书籍。
        </tr>                                      </td>
         <tr>                                        </tr>
```

4.6　练习：制作购物车页

　　随着网络营销的不断扩展，越来越多的用户喜欢在网络上购买物品，而网上商城也将逐步替代实体经营店。用户在网络商城购物时，需要将当前所需购买的商品放在购物车中（如下图），以便选择完所有的商品后一次性支付购物款项。此时，购物网站会通过一个表格将用户所购买的商品逐个列举，并计算总额供用户查看和支付。在本练习中，将详细介绍使用表格功能制作购物车网页的操作方法。

练习要点

● 插入表格
● 设置表格属性
● 插入图像
● 创建 CSS 样式

操作步骤 ▶▶▶▶

STEP|01 链接 CSS 文件。首先，在<title></title>标签内输入网页名称。然后，在其后输入链接 CSS 文件的代码。

```
<!doctype html>
<html>
<head>
<meta charset="utf-8">
<title>东东购物车</title>
<link href="index.css" rel="stylesheet"
type="text/css">
</head>
<body>
</body>
</html>
```

STEP|02 制作导航栏。在<body>标签后插入名为"header"的 Div 层，然后在该层中插入名为"logo"的 Div 层，在该层中插入图片。

```
<body>
<div id="header">
<div id="logo"><img src="images/
logo2.png" width="167" height="50"
alt=""/></div>
</div>
</body>
```

STEP|03 在"logo"层中插入名为"goto"的 Div 层，在该层中插入 1 行 3 列的表格，设置表格及单元格的属性，并输入相应的文本。

```
<div id="goto">
  <table   width="400"   border="0"
  cellspacing="0" cellpadding="0">
   <tr>
    <td   width="117"   height="47"
    align="center"   valign="bottom"
    class="font1">1.我的购物车</td>
    <td width="154" align="center"
    valign="bottom" class="font2">
    2.填写核对订单信息</td>
    <td width="129" align="center"
    valign="bottom" class="font2">3.
    成功提交订单</td>
   </tr>
  </table>
</div>
```

STEP|04 在</div>与</body>之间插入名为"myCar"的 Div 层，在其后插入名为"carList"的 Div 层，紧接着插入名为"footer"的 Div 层，并在该层中输入版尾信息。

```
<div id="myCar"></div>
<div id="carList"></div>
```

```
<div id="footer">关于我们 | 联系我们 |
广告服务| 人才招聘|京东社区 |商品评价 |
友情链接<br>
  北京市公安局海淀分局备案编号: 1101081681X
京 ICP 证 07035X 号
  <br>
Copyright©2013-2015  buy东东商城
版权所有 </div>
```

STEP|05 将光标定位在名为"carList"的 Div 层中，在该层中插入一个 10 行 7 列的表格，并设置表格属性。设置不同行内单元格的属性，并输入相应的文本。

```
<table  width="98%"  align="center"
cellpadding="4" cellspacing="1">
  <tr class="font3">
    <td width="9%" height="35" align=
"center" bgcolor="#ebf4fb"> 商
品编号</td>
    <td width="49%" align="center"
bgcolor="#ebf4fb">商品名称</td>
    <td width="9%" align="center"
bgcolor="#ebf4fb">价格</td>
    <td width="7%" align="center"
bgcolor="#ebf4fb">返现</td>
    <td width="8%" align="center"
bgcolor="#ebf4fb">赠送积分 </td>
    <td width="8%" align="center"
bgcolor="#ebf4fb">商品数量</td>
    <td width="10%" align="center"
bgcolor="#ebf4fb">操作</td>
  </tr>
  <tr>
    <td height="30" bgcolor=
"#FFFFFF">130188</td>
    <td bgcolor="#FFFFFF" class=
"font5">快易典 电子词典 全能 A810
（白色）</td>
    <td  align="center"  bgcolor=
"#FFFFFF" class="font4">￥188.00
</td>
    <td  align="center"  bgcolor=
"#FFFFFF">￥0.00</td>
    <td   align="center"   bgcolor=
```

```
"#FFFFFF">0</td>
    <td  align="center"  bgcolor=
"#FFFFFF">1</td>
    <td  align="center"  bgcolor=
"#FFFFFF">购买/删除</td>
  </tr>
  <tr>
    <td height="30" bgcolor=
"#FFFFFF">231541</td>
    <td bgcolor="#FFFFFF"  class=
"font5">Clinique 倩碧保湿洁肤水 2
号 200ml</td>
    <td align="center" bgcolor=
"#FFFFFF" class="font4">￥136.80
</td>
    <td  align="center"  bgcolor=
"#FFFFFF">￥0.00</td>
    <td  align="center"  bgcolor=
"#FFFFFF">0</td>
    <td  align="center"  bgcolor=
"#FFFFFF">3</td>
    <td  align="center"  bgcolor=
"#FFFFFF">购买/删除</td>
  </tr>
  <tr>
    <td height="30" bgcolor=
"#FFFFFF">182172</td>
    <td bgcolor="#FFFFFF"  class=
"font5">松下（Panasonic）FX65GK
数码相机（银色）</td>
    <td  align="center"  bgcolor=
"#FFFFFF" class="font4">￥1,499.00
</td>
    <td  align="center"  bgcolor=
"#FFFFFF">￥0.00</td>
    <td  align="center"  bgcolor=
"#FFFFFF">0</td>
    <td  align="center"  bgcolor=
"#FFFFFF">4</td>
    <td  align="center"  bgcolor=
"#FFFFFF">购买/删除</td>
  </tr>
  <tr>
    <td height="30" bgcolor=
"#FFFFFF">220926</td>
```

```html
    <td bgcolor="#FFFFFF" class=
"font5">adidas 阿迪达斯女式运动训
练鞋 G18149 6 码</td>
    <td align="center" bgcolor=
"#FFFFFF" class="font4">￥248.00
</td>
    <td align="center" bgcolor=
"#FFFFFF">￥0.00</td>
    <td align="center" bgcolor=
"#FFFFFF">0</td>
    <td align="center" bgcolor=
"#FFFFFF">2</td>
    <td align="center" bgcolor=
"#FFFFFF">购买/删除</td>
  </tr>
  <tr>
    <td height="30" bgcolor=
"#FFFFFF">207771</td>
    <td bgcolor="#FFFFFF" class=
"font5">天梭(TISSOT)运动系列石英
男表 T17.1.586.52</td>
    <td align="center" bgcolor=
"#FFFFFF" class="font4">￥2,625.00
</td>
    <td align="center" bgcolor=
"#FFFFFF">￥0.00</td>
    <td align="center" bgcolor=
"#FFFFFF">0</td>
    <td align="center" bgcolor=
"#FFFFFF">2</td>
    <td align="center" bgcolor=
"#FFFFFF">购买/删除</td>
  </tr>
  <tr>
    <td height="30" bgcolor=
"#FFFFFF">247173</td>
    <td bgcolor="#FFFFFF" class=
"font5">颖礼天鹅烛台 AY93053N-b
-6</td>
    <td align="center" bgcolor=
"#FFFFFF" class="font4">￥129.00
</td>
    <td align="center" bgcolor=
"#FFFFFF">￥0.00</td>
    <td align="center" bgcolor=
"#FFFFFF">0</td>
"#FFFFFF">0</td>
    <td align="center" bgcolor=
"#FFFFFF">1</td>
    <td align="center" bgcolor=
"#FFFFFF">购买/删除</td>
  </tr>
  <tr>
    <td height="30" bgcolor=
"#FFFFFF">165436</td>
    <td bgcolor="#FFFFFF" class=
"font5">LG 37 英寸 高清 液晶电视
37LH20RC<br>
    <span class="font4">[赠品]</span>
    LG 42 英寸电视底座 AD-42LH30S <span
    class="font4">×1</span></td>
    <td align="center" bgcolor=
"#FFFFFF" class="font4">￥3,699.00
</td>
    <td align="center" bgcolor=
"#FFFFFF">￥0.00</td>
    <td align="center" bgcolor=
"#FFFFFF">0</td>
    <td align="center" bgcolor=
"#FFFFFF">1</td>
    <td align="center" bgcolor=
"#FFFFFF">购买/删除</td>
  </tr>
  <tr>
    <td height="30" bgcolor=
"#FFFFFF">236381</td>
    <td bgcolor="#FFFFFF" class=
"font5">海尔（Haier）1 匹壁挂式家
用单冷空调 KF-23GW/03GCE-S1
    [<br>
    <span class="font4">赠品]</span>
    海尔（Haier）1 匹壁挂式家用单冷空调
    KF-23GW/03GCE-S1（室外机）<span
    class="font4">×1</span></td>
    <td align="center" bgcolor=
"#FFFFFF" class="font4">￥1,999.00
</td>
    <td align="center" bgcolor=
"#FFFFFF">￥0.00</td>
    <td align="center" bgcolor=
"#FFFFFF">0</td>
```

```
<td align="center" bgcolor=
"#FFFFFF">1</td>
<td align="center" bgcolor=
"#FFFFFF">购买/删除</td>
</tr>
<tr>
<td height="35" colspan="7" align=
"right" bgcolor="#ebf4fb">重量
总计:74.52kg  原始金额:¥10,023.80
元- 返现: ¥0.00 元<br>
<strong>商品总金额(不含运费):
<span id="cartBottom_price">
¥10,023.80 </span>元</strong>
</td>
</tr>
</table>
```

STEP|06 设置第 1 行中单元格的属性，并输入相应的文本。

```
<tr>
```

```
<td height="30" bgcolor=
"#FFFFFF">130188</td>
<td bgcolor="#FFFFFF" class=
"font5">快易典 电子词典 全能 A810
(白色)</td>
<td align="center" bgcolor=
"#FFFFFF" class="font4">¥188.00
</td>
<td align="center" bgcolor=
"#FFFFFF">¥0.00</td>
<td align="center" bgcolor=
"#FFFFFF">0</td>
<td align="center" bgcolor=
"#FFFFFF">1</td>
<td align="center" bgcolor=
"#FFFFFF">购买/删除</td>
</tr>
```

STEP|07 用同样的方法，设置其他单元格属性，并输入相应的文本。

4.7 新手训练营

练习 1：制作个人主页
downloads\4\新手训练营\个人主页

提示：本练习中，首先设置网页标题，以及背景图片和 body 的 CSS 样式。具体代码如下所示。

```
<style>
<!--
.tdbg {
background-image: url(images/left2.
gif);
}
body,td,th {
font-size: 14px;
}
body {
margin-left: 0px;
margin-top: 0px;
margin-right: 0px;
margin-bottom: 0px;
}
```

```
-->
</style>
```

然后，在<body>标签内插入相应的表格，设置表格属性，并设置单元格的具体内容。最终效果如下图所示。

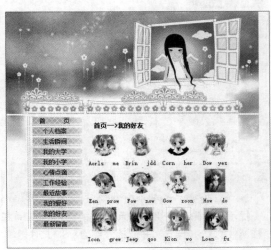

练习 2：制作软件下载页

⊙downloads\4\新手训练营\软件下载页

提示：本练习中，首先，在<head>标签内输入设置 body 和表格属性的 CSS 样式，并链接外部的 CSS 文件。具体代码如下所示。

```html
<head>
<meta charset="utf-8">
<title>无标题文档</title>
<style>
body, td, th {
font-size: 12px;
}
body {
margin-left: 0px;
margin-top: 0px;
margin-right: 0px;
margin-bottom: 0px;
width:1003px;
}
</style>
<link href="index.css" rel="stylesheet"
type="text/css" />
</head>
```

然后，在<body>标签内插入相应的 Div 层及表格，设置表格属性，并设置单元格的具体内容。最终效果如下图所示。

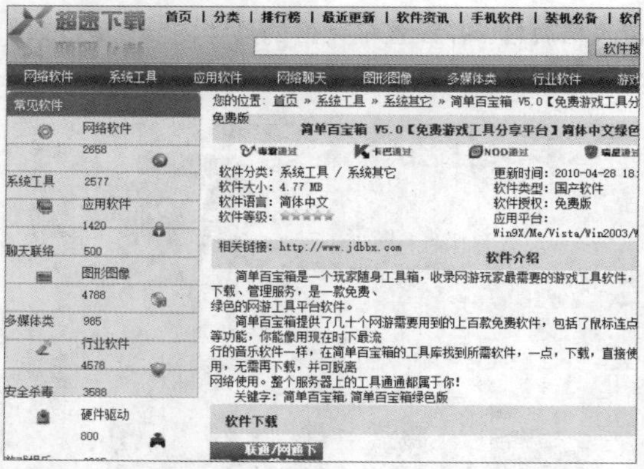

练习 3：制作相册展示页面

⊙downloads\4\新手训练营\相册展示页面

提示：首先，在<head>标签内输入设置 body 和表格属性的 CSS 样式，并链接外部的 CSS 文件。

```css
<style>
body,td,th {
font-size: 12px;
}
body {
margin-left: 0px;
margin-top: 0px;
margin-right: 0px;
margin-bottom: 0px;
}
#header {
height: 263px;
width: 1003px;
}
#logo {
display: block;
float: left;
height: 263px;
width: 200px;
}
#banner {
display: block;
float: left;
height: 263px;
width: 801px;
}
#content {
height: 430px;
width: 1003px;
}
#leftmain {
background-image: url(images/h_03.
png);
float: left;
height: 419px;
width: 198px;
}
#rightmain {
background-image: url(images/h_04.
png);
float: left;
height: 419px;
width: 801px;
}
#bigPic {
float: left;
height: 419px;
```

```
width: 300px;
}
#smallPic {
float: left;
height: 419px;
width: 350px;
margin-left: 20px;
}
#bigTitle {
font-size: 20px;
font-weight: bold;
color: #602624;
display: block;
padding-top: 20px;
padding-right: 30px;
padding-bottom: 20px;
padding-left: 30px;
}
#bPic {
text-align: center;
}
#footer {
line-height: 20px;
background-image: url(images/footer.
jpg);
text-align: center;
height: 54px;
width: 1003px;
margin-top: 10px;
}
</style>
```

然后，在<body>标签内插入相应的 Div 层及表格，设置表格属性，并设置单元格的具体内容。最终效果如下图所示。

练习 4：排序数据

⊕downloads\4\新手训练营\排序数据

提示：在本练习中，首先在 Dreamweaver 软件中新建空白文档，执行【插入】|【表格】命令，插入一个 12 行 11 列的表格。然后，在表格中输入数据，并在【属性】面板中设置单元格区域的背景颜色。最后，选择表格，执行【命令】|【排序表格】命令，在弹出的【排序表格】对话框中，将【排序按】设置为"列11"，将【顺序】设置为"按数字排序"，单击【确定】按钮后，表格中的数据即按总成绩的升序进行排列，如下图。

编号	姓名	企业概论	规章制度	法律知识	财务知识	电脑操作	商务礼仪	质量管理	平均成绩	总成绩
018760	王小童	80	84	68	79	86	80	72	78.43	549
018759	张　康	89	85	80	75	69	82	76	79.43	556
018766	东方祥	80	76	83	85	81	67	92	80.57	564
018768	赵　刚	87	83	85	81	65	85	80	80.86	566
018765	苏　户	79	82	85	76	78	86	84	81.43	570
018763	郝莉莉	88	78	90	69	80	83	90	82.57	578
018761	李圆圆	80	77	84	90	87	84	80	83.14	582
018762	郑　远	90	89	83	84	75	79	85	83.57	585
018764	王　浩	80	86	81	92	91	84	80	84.86	594
018767	李　宏	92	90	89	90	78	83	85	85.29	597
018758	刘　韵	93	76	86	85	86	86	94	86.57	606

练习 5：制作饮食文化网页

⊕downloads\6\新手训练营\饮食文化网页

提示：本练习中，在<head>标签内输入设置 body 和表格属性的 CSS 样式，并链接外部的 CSS 文件。

```
<style>
body {
margin-left: 0px;
margin-top: 0px;
margin-right: 0px;
margin-bottom: 0px;
}
body, td, th {
font-size: 12px;
color:#F3B556; font-weight:lighter
}
a:link,a:visited{
color: #C98232;
text-decoration: none;
}
a:hover {
text-decoration: underline;
color: #E0AE01;
}
a:active {
```

```css
text-decoration: none;
color: #F90;
}
.dess {border-bottom:#FFB0D8 1px dashed }
.dess a:link,.dess a:visited{
color:#F6C;
}
 .dess a:hover {
color:#F36;
    text-decoration: underline;
}
.bom{ font-size:10px; color:#C98232;
font-weight:lighter}
.coffe{border-bottom:dashed    1px
#D1A41B;}
#apDiv1 {
position:absolute;
width:164px;
height:129px;
z-index:1;
left: 227px;
top: 421px;
}
p{ margin:0px; padding:0px;}
.top {
```

```css
font-size:12px;
color:#D9006C;
font-weight:400
}
.bom {
font-size:10px;
color:#C98232;
font-weight:lighter
}
</style>
```

　　然后，插入 6 行 3 列的表格，设置表格属性，添加表格内容以制作表格结构，如下图。

第 5 章

创建超链接

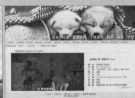

　　超链接是一个网站的灵魂，是连接网站中所有内容的桥梁，它不仅可以帮助用户从一个页面跳转到另一个页面，而且还可以帮助用户跳转到当前页面指定的标记位置。在 HTML5 中可以实现文本、图像、多媒体、可下载文件、电子邮件、脚本等多种链接方式，以协助用户可以轻松地通过可视化界面为网页添加各类网页链接。在本章中，将详细介绍网页链接与路径及创建各种网页链接的基础知识和实用方法。

5.1　链接与路径

在制作网页之后，用户还需要创建网页文档到网页文档之间的链接，在节省网页空间的同时方便浏览者浏览相关内容。在创建文档链接之前，还需要先来了解一下网页中的内部链接和外部链接，以及链接过程中的路径等基础知识。

5.1.1　网页中的链接

HTML 提供多种创建链接的方法，可创建到文档、图像、多媒体文件或可下载软件的链接。可以建立到文档内任意位置的任何文本或图像的链接，包括标题、列表、表、绝对定位的元素（AP 元素），或框架中的文本或图像，如下图。

有些设计人员喜欢在工作时创建一些指向尚未建立的页面或文件的链接。

而另一些设计人员则倾向于首先创建所有的文件和页面，再添加相应的链接。

此外，还有一些设计人员，先创建占位符页面，在完成所有站点页面之前，可在这些页面中添加和测试链接，如下图。

5.1.2　网页中的路径

了解从作为链接起点的文档到作为链接目标的文档或资料之间的文件路径，对于创建链接至关重要。

每个网页面都有一个唯一一地址，称作统一资源定位器（URL）。不过，在创建本地链接（即从一个文档到同一站点上另一个文档的链接）时，通常不指定作为链接目标的文档的完整 URL，而是指定一个始于当前文档或站点根文件夹的相对路径。

1．绝对路径

绝对路径提供所链接文档的完整 URL，其中包括所使用的协议（如对于网页面，通常为 http://）。

例如，网页的完整路径，可以为 http://www.baidu.com。对于百度的 Logo 图像，完整的 URL 为 http://www.baidu.com/img/baidu_sylogo1.gif，如下图。

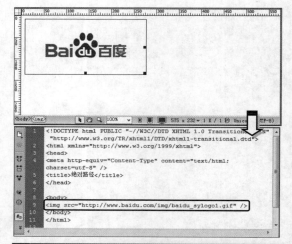

> **提示**
>
> 对本地链接（即到同一站点内文档的链接）也可以使用绝对路径链接，但不建议采用这种方式，因为一旦将此站点移动到其他域，则所有本地绝对路径链接都将断开。通过对本地链接使用相对路径，还能够在需要的站点内移动文件时提高灵活性。

2．相对路径

对于大多数 Web 站点的本地链接来说，文档中通常使用相对路径。文档相对路径的基本思想是省略掉对于当前文档和所链接的文档都相同的绝对路径部分，而只提供不同的路径部分，如下图。

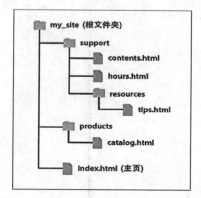

例如，若要从 contents.html 链接到 hours.html（两个文件位于同一文件夹中），可使用相对路径，则直接输入 hours.html 名称即可。若要从 contents.html 链接到 tips.html（在 resources 子文件夹中），使用相对路径 resources/tips.html。其中，斜杠(/)表示在文件夹层次结构中向下移动一个级别。这种应用非常普通，如在文档中插入同级文件夹中的图像文件。

若要从 contents.html 链接到 index.html（位于父文件夹中 contents.html 的上一级），使用"../index.html"相对路径。两个点和一个斜杠(../) 可使文件夹层次结构向上移动一个级别。

若要从 contents.html 链接到 catalog.html（位于父文件夹的不同子文件夹中），可使用"../products/catalog.html"相对路径。其中，两个点和斜杠"../"，使路径向上移至父文件夹，而"products/"使路径向下移至 products 子文件夹中。

3．根目录相对路径

站点根目录相对路径，即从站点的根文件夹到文档的路径。如果处理使用多个服务器的 Web 站点，或者使用承载多个站点的服务器，则可能需要使用这些路径。

不过，如果用户不熟悉此类型的路径，最好坚持使用文档的相对路径。站点根目录相对路径以一个正斜杠开始，表示站点根文件夹。例如，"/support/tips.html"是文件（tips.html）的站点根目录相对路径，该文件位于站点根文件夹的 support 子文件夹中。

5.2　使用超链接

链接是指从一个网页指向一个目标的链接关系，这个目标可以是网页，也可以是网页中的不同位置，还可以是图片、文件、多媒体、电子邮件地址等。HTML5 中的超链接使用<a></a>标记，其基本结构如下所示：

```
<a href=URL>网页元素</a>
```

5.2.1　创建文本超链接

文本链接是通过某段文本指向一个目标的连接关系，适用于为某段文本添加长篇注释或评论的设计。

在创建的文本链接中，包含下列 4 种状态。

❑ **普通**　在打开的网页中，超链接为最基本的状态，即默认显示为蓝色带下画线。

❑ **鼠标滑过**　当鼠标滑过超链接文本时的状态。虽然多数浏览器不会为鼠标滑过的超链接添加样式，但用户可以对其进行修改，使之变为新的样式。

❑ **鼠标单击**　当鼠标在超链接文本上按下时，超链接文本的状态，即为无下画线的橙色。

❑ **已访问**　当鼠标已单击访问过超链接，且在浏览器的历史记录中可找到访问记录时的状态，即为紫红色带下画线。

下面的代码示例中，实现了文本超链接。

```
<!DOCTYPE html>
<html>
<head>
<meta charset="utf-8">
<title>导航条</title>
<style type="text/css">
body {
background-color: hsla(78,65%,91%,1);
}
</style>
</head>
<body>
<h2><a href="译.html">江畔独步寻花
</a></h2>
<p><strong>黄四娘家花满蹊，千朵万朵压枝
低。</strong></p>
<p><strong>留连戏蝶时时舞，自在娇莺恰恰
啼。</strong></p>
</body>
</html>
```

在浏览器中预览，网页效果如下图所示。

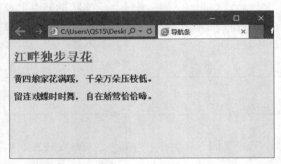

当为文本添加超链接后，系统会自动在文本下方增加下画线，并且将文本颜色更改为蓝色；单击超链接文本之后，文本颜色则会变成暗红色。

5.2.2　创建图像超链接

图像链接是通过某个图像指向一个目标的连接关系，其链接方式与图片的类似。下面的代码示例中，实现了文本超链接。

```
<!DOCTYPE html>
<html>
<head>
```

```
<meta charset="utf-8">
<title>导航条</title>
<style type="text/css">
body {
background-color: hsla(78,65%,91%,1);
}
</style>
</head>
<body>
<h2><a href="译.html">江畔独步寻花
</a></h2>
<p><strong>黄四娘家花满蹊，千朵万朵压枝
低。</strong></p>
<p><strong>留连戏蝶时时舞，自在娇莺恰恰
啼。</strong></p>
<a href="杜甫.html"><img src="杜甫.png"
width="253" height="278" alt=""/></a>
</body>
</html>
```

在浏览器中预览，网页效果如下图所示。

5.2.3　创建其他超链接

在 HTML 中，除了 html 类型的文件外，超链接所指向的目标类型还可以是其他各种类型，包括图片文件、声音文件、视频文件、Word、其他网站、FTP 服务器、电子邮件等。

1．链接到各种类型的文件

HTML 中的超链接标记不仅可以连接到图像和文本，还可以连接到其他各种类型的文件，用户只需在链接名称后面添加文件类型即可。

下面的代码示例中,实现了各种类型文件的超链接。

```html
<!doctype html>
<html>
<head>
<meta charset="utf-8">
<title>无标题文档</title>
</head>
<body>
<div style="width:400px">
<h3>2016 年销售数据统计</h3>
<p>2016 年各分公司销售数据统计工作已结束,不同类型的数据文档也已经准备好,欢迎各位同事浏览。</p>
<p><a href="a.html">网页类型</a></p>
<p><a href="a.jpg">图片类型</a></p>
<p><a href="a.doc">文档类型</a></p>
<p><a href="a.xlsx">表格类型</a></p>
</div>
</body>
</html>
```

在浏览器中预览,网页效果如下图所示。

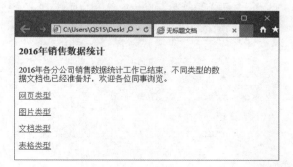

在链接各种类型的文件时,如若该文件可以被浏览器识别,则会在浏览器中直接显示出来;如若该文件无法被浏览器识别,则会显示"文件下载"对话框。

2.文件下载链接

电子邮件链接是网页中必不可少的链接对象,以方便收集网友对该网站的建议或意见,它可以以文本和图像等对象进行创建。电子邮件链接的语法格式如下:

```html
<a href="mailto: 电子邮件地址">网页元素</a>
```

在下列代码中,实现了到电子邮件的超链接。

```html
<!doctype html>
<html>
<head>
<meta charset="utf-8">
<title>电子邮件链接</title>
</head>
<body>
<img src="LOGO.jpg" width="249" height="64" alt=""/><br>
[首页][鲜花] [干花][毛绒玩具][工艺礼品]
[庆典礼品]
<a href="mailto:krhan@126.com">[站长信箱]</a>
</body>
</html>
```

在浏览器中预览,网页效果如下图所示。

在网页中单击"站长信息"链接时,会弹出询问窗口,询问用户使用什么方式打开该文件。对于不同的系统会有不同的反应,部分系统会直接显示 Outlook 窗口。

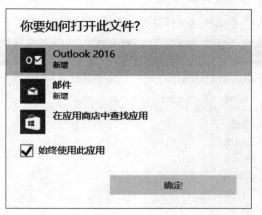

3．链接到新窗口

在 HTML 中，可以使用<a>标签中的 target 属性来创建新窗口链接。所谓新窗口链接，也就是当用户单击超链接时，目标页面会替换当前页面，显示所链接的窗口内容。

而 target 属性值包括_blank、_self、_top 和_parent 属性值，其中_blank 属性值表示在新窗口中显示超链接页面，_self 属性值表示在当前窗口中显示超链接。如若省略 target 属性值，则 target 属性默认使用_self 属性值。

在下列示例代码中，实现了到新窗口的超链接。

```html
<!doctype html>
<html>
<head>
<meta charset="utf-8">
<title>无标题文档</title>
</head>
<body>
<div style="width:400px">
<h3>2016 年销售数据统计</h3>
<p>2016 年各分公司销售数据统计工作已结
束，不同类型的数据文档也已经准备好，欢迎各
位同事浏览。</p>
<p><a href="a.html">网页类型</a></p>
<p><a href="a.jpg">图片类型</a></p>
<p><a href="a.doc">文档类型</a></p>
<p><a href="a.xlsx">表格类型</a></p>
<p><a href="a.html" target="_blank">
在新窗口中打开</a></p>
</div>
</body>
</html>
```

在浏览器中预览，网页效果如下图所示。

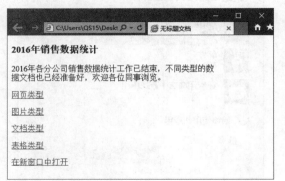

4．锚记链接

"锚记链接"是指同一个页面中不同位置处的链接。例如，在网页标题列表中设置一个锚点，并在网页的该标题相对应的位置设置一个锚点链接，从而形成一个锚记链接状态，以方便用户通过链接快速跳转到所需浏览的位置。

下列示例代码实现了锚记链接。

```html
<!DOCTYPE html>
<html>
<head>
<meta charset="utf-8">
<title>导航条</title>
<style type="text/css">
body {
background-color: hsla(78,65%,91%,1);
}
</style>
</head>
<body>
<h2><a href="#锚点">江畔独步寻花
</a></h2>
<p><strong>黄四娘家花满蹊，千朵万朵压枝
低。</strong></p>
<p><strong>留连戏蝶时时舞，自在娇莺恰恰
啼。</strong></p>
<h2>春夜喜雨</h2>
<p><strong>好雨知时节，当春乃发生。
</strong></p>
<p><strong>随风潜入夜，润物细无声。
</strong></p>
<p><strong>野径云俱黑，江船火独明。
</strong></p>
<p><strong>晓看红湿处，花重锦官城。
</strong></p>
<a name="锚点" id="锚点"><img src="
杜甫.jpg" width="244" height="259"
alt=""/></a>
</body>
</html>
```

在浏览器中预览，网页效果如下图所示。

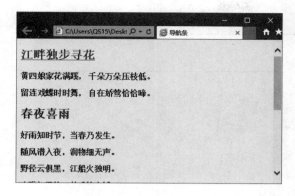

此时，单击页面中的链接，即可跳转到网页中最底端的图片处。

5．脚本链接

"脚本链接"即执行 JavaScript 代码或调用 JavaScript 函数。脚本链接的代码如下所示：

```
<!DOCTYPE html>
<html>
<head>
<meta charset="utf-8">
<title>导航条</title>
<style type="text/css">
body {
background-color: hsla(78,65%,91%,1);
}
</style>
</head>
<body>
<h2>江畔独步寻</h2>
<p><strong>黄四娘家花满蹊，千朵万朵压枝
低。</strong></p>
<p><strong>留连戏蝶时时舞，自在娇莺恰恰
啼。</strong></p>
<a href="javascript:Windows.close()">
<img src="杜甫.jpg" width="244" height=
"259" alt=""/></a>
</body>
</html>
```

在浏览器中，单击设置脚本链接的图片，会在页面底部弹出对话框，询问是否允许脚本，网页效果如下图所示。

6．空链接

"空链接"是未指派的链接，用于向页面上的对象或文本附加行为。例如，可向空链接附加一个行为，以便在指针滑过该链接时会交换图像或显示绝对定位的元素（AP 元素）。

脚本链接的代码如下所示：

```
<!DOCTYPE html>
<html>
<head>
<meta charset="utf-8">
<title>脚本链接</title>
</head>
<body>
<a href="#"><img src="images/7.jpg"
width="357" height="232" alt=""/>
</a>
</body>
</html>
```

除了使用#代表空链接之外，还可以使用"javascript:;"（javascript 后面依次接一个冒号和一个分号）来创建空连接，其代码如下所示：

```
<!DOCTYPE html>
<html>
<head>
<meta charset="utf-8">
<title>脚本链接</title>
</head>
<body>
<a  href="javascript:;"><img  src=
"images/7.jpg" width="357" height=
"232" alt=""/></a>
</body>
</html>
```

5.3 应用 IFrame 框架

IFrame 框架（浮动框架）又被称作嵌入帧，是一种特殊的框架结构，它可以像层一样插入到普通的 HTML 网页中。IFrame 框架是一种特殊的框架技术，但由于 Dreamweaver 中没有提供该框架的可视化操作，因此在应用该框架时，还需要编写一些网页源代码。

5.3.1 插入 IFrame 框架

IFrame 框架是一种灵活的框架，是一种块状对象，其与层（div）的属性非常类似，所有普通块状对象的属性都可以应用在浮动框架中。当然，浮动框架的标签也必须遵循 HTML 的规则，例如必须闭合等。在网页中使用 IFrame 框架，其代码如下所示。

```
<iframe src="index.html" id="newframe">
</iframe>
```

IFrame 框架可以使用所有块状对象可以使用的 CSS 属性及 HTML 属性。IE5.5 以上版本的浏览器已开始支持透明的 IFrame 框架。只需将 IFrame 框架的 allowTransparency 属性设置为 true，并将嵌入的文档背景颜色设置为 allowTransparency，即可将框架设置为透明。

在使用 IFrame 框架时，需要了解和注意该标签仅在微软的 IE4.0 以上版本浏览器中被支持，并且该标签仅仅是一个 HTML 标签。因此在使用 IFrame 框架时，网页文档的 DTD 类型不能是 Strict（严格型）。例如，下面的代码是在浮动框架中链接到百度网站。

```
<!DOCTYPE html>
<html>
<head>
<meta charset="utf-8">
<title>浮动框架中显示百度网站</title>
</head>
```

```
<body>
<iframe src="http://www.baidu.com">
</iframe>
</body>
</html>
```

在浏览器中预览，网页效果如下图所示。

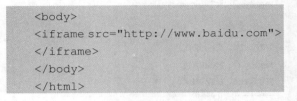

默认情况下，浮动框架的宽度和高度为 220×120，此时可以使用 CSS 样式来设置浮动框架的大小。其 CSS 代码如下所示：

```
<style>
iframe{
width:1000px;        //宽度
height:800px;        //高度
border:none;         //无边框
}
</style>
```

此时，再在浏览器中预览，网页效果如下图所示。

IFrame 框架除了可以使用普通块状对象的属性，也可以使用一些专有的属性，其各种属性的具体含义，如下所述。

- ❏ **width**　定义 IFrame 框架的宽度，其属性值为由整数+单位或百分比组成的长度值。
- ❏ **height**　定义浮动框架的高度。其属性值为由整数+单位或百分比组成的长度值。
- ❏ **name**　用于设置浮动框架的唯一名称。
- ❏ **scrolling**　用于设置浮动框架的滚动条显示方式。
- ❏ **franeborder**　用于控制框架的边框，定义其在网页中是否显示。其属性值为 0 或者 1。0 代表不显示，而 1 代表显示。
- ❏ **align**　用于设置浮动框架在其父对象中的对齐方式，top 属性值表示对齐在其父对象的顶端，middle 属性值表示对齐在其父对象的中间，left 属性值表示对齐在其父对象的左侧，right 属性值表示对齐在其父对象的右侧，bottom 属性值表示对齐在其父对象的底端。
- ❏ **longdesc**　定义获取描述浮动框架的网页的 URL。通过该属性，可以用网页作为浮动框架的描述。
- ❏ **marginheight**　用于设置浮动框架与父对象顶部和底部的边距。其值为整数与 px 组成的长度值。
- ❏ **marginwidth**　用于设置浮动框架与父对象左侧和右侧的边距。其值为整数与 px 组成的长度值。
- ❏ **src**　用于显示浮动框架中网页的地址，其可以是绝对路径，也可以是相对路径。

5.3.2　链接 IFrame 框架页面

链接 IFrame 框架页面的方法与创建普通链接的方法基本相同，其不同在于所设置的"目标"属性必须与 IFrame 框架名称保持一致。

下面的代码示例中，实现了链接 IFrame 框架页面。

```html
<!DOCTYPE html>
<html>
<head>
<meta charset="utf-8">
<title>导航条</title>
</head>
<body>
<a href="Untitled-4.html" target=
"bow">
<img src="images/7.jpg" width="216"
height="166" alt=""/>
</a><br>
<iframe    width="500"    name="bow"
height= "400"    scrolling="auto"
frameborder="1">
</iframe>
</body>
</html>
```

在浏览器中可以预览 IFrame 框架页面的最终效果。当用户单击浏览器图片时，在 IFrame 框架中将会显示所链接的页面，如下图。

5.4 练习：制作水果页面

水果页面是以水果为主题制作的一种页面，如下图，整个页面充满了水果图片及与水果图片相呼应的网页颜色，给人一种清新超脱的感觉。在本练习中，首先运用 HTML5 中新增的主体结构标签和非主体结构标签制作一个以水果为主题的网站首页，然后运用超链接功能，设置网页中的"友情链接"超链接，以帮助用户更好地了解新增主体结构、非主体结构标签，以及网页超链接的含义和应用。

练习要点

- 设置超链接
- 添加表单
- 设置字体格式
- 插入图像
- 添加 Div 层
- 添加 CSS 样式

操作步骤 >>>>

STEP|01 使用 DIV 层为页面添加页头，内容使用 h1 和 h2 标签进行修饰。

```
<div id="header_left">
<h1>美味的 <span class="red">水果
</span></h1>
<h2>品尝到天堂</h2>
```

```
</div>
```

STEP|02 为页面添加用户登录部分，由"用户名"、"密码"和"提交"按钮组成。

```
<div id="header_right">
<p class="welcome">欢迎光临，请登录或
<a href="#">
注册</a>.</p>
```

```
<form    id="form1"    method="post"
 action="">
  <p><label>用户名
  <input type="text" class="fields"
  name=              "textfield" />
  </label>
  <label>密码
  <input type="text" class="fields"
  name=
  "textfield2" />
  <input type="submit" class=
  "submit_button"       name="Submit"
  value="登  录" />
  </label></p>
</form>
</div>
```

STEP|03 为页面添加导航条，由导航标题和导航内容组成。

```
<h4><span class="menu_first_letter">
导航</span>
</h4>
<div id="navcontainer">
<ul id="navlist">
<li   id="active"><a   href="#"   id=
"current">首页  </a></li>
<li class="green"><a href="#">健康
</a></li>
<li><a href="#">水果</a></li>
<li><a href="#">社区</a></li>
<li><a href="#">关于我们 </a></li>
</ul>
</div>
```

STEP|04 为导航条添加 CSS 样式，包括 ul 和超链接等。

```
#navcontainer ul
{
    list-style-type: none;
    font-weight: bold;
    color: #990000;
}
#navcontainer a
{
    display: block;
    padding-top: 17px;
```

```
    padding-left: 37px;
    width: 182px;
    background-color: #DCE3ED;
    border-bottom: 1px solid #eee;
    background-image: url(images/
    menu.png);
    background-repeat: repeat-x;
    height: 27px;
}
```

STEP|05 在页面中添加"联系我们"模块，由"名称"、"电子邮箱"、"你的留言"和"提交"按钮组成。

```
<h4>联系我们</h4>
  <form   id="form2"   method="post"
  class="contact_
  us" action="">
    <p><label>名称
    <input type="text" class="fields_
    contact_
    us" name="textfield" /></label>
    <label>电子邮箱
    <input type="text" class="fields_
    contact_
    us" name="textfield2" />
</label><label>
    你的留言
    <textarea name="textarea" cols=""
    rows="">
    </textarea>
</label>
    <label>
    <input type="submit" class="submit_
    button_
    contact" name="Submit3" value="
    提  交" />
    </label></p>
  </form>
```

STEP|06 为页面添加正文，由于内容过多，部分代码已省略，详细代码请查看源文件。

```
<h3><A name="3_3"></A>柑桔</h3>
  <p><img src="images/demo_img.jpg"
  alt="Kiwi"idth="159" height="140"
  class="float_right"/>  
       
   柑桔、柑橘是凉性水果，也是世界上
```

最重要的商品水果，是中国亚热带地区栽培面积最广的果树，也是广西最重要的果树。它包括的种类很多，广西主要栽培的有甜橙、宽皮柑桔、柚、金桔、柠檬等，而每一种类又有许多优良品种。　　</p>

```
<p>     
 
  柑桔的果实汁多味美，风
```

味可口，含有丰富的糖分、有机酸、矿物质和维生素等成分，营养价值很高。柑桔还是医药、食品工业的重要原料。果肉除鲜食

外，还可加工成罐头、果汁、果酱等；果皮可提取橙皮苷，提炼香精和果胶。</p>

```
<p class="read_more"><a href="#">
<img src=
"images/arrow.png" alt="read more"
/>更多</a>　</p>
```

STEP|07 最后，为页面添加"友情链接"。

```
<h4>友情链接 </h4>
<a href="">牛牛的个人博客</a></div>
```

5.5　练习：制作水墨画页面

　　水墨画页是以水墨画的底色背景制作一个有关博客文章的页面，如下图，整个页面突显了一种水墨画的艺术氛围。在本练习中，将运用 HTML5 新增的主体结构标签和非主体结构标签制作一个水墨画页面，帮助用户更好地了解新增主体结构和非主体结构标签的含义和应用。

练习要点

- 添加 Div 层
- 插入图像
- 设置背景样式
- 设置字体格式
- 添加列表
- 设置超链接
- 添加 CSS 样式

操作步骤 >>>>

STEP|01 创建页面的页头。页头中的标题被放置在名称为 header 的 DIV 标签中。

```
<div id="header">
 <h1><a href="#">水墨画</a></h1>
 <h2>我不是一张废纸...</h2>
</div>
```

STEP|02 为页面添加 CSS 样式，包括 h1 和 h2 标签的样式。

```
#header {
    background: url(images/header.
    gif) no-repeat;
    height: 109px;
    padding: 0 10px 0 20px;
}
#header h1 {
    font-size: 48px;
    font-weight: normal;
    padding: 20px 0 0 170px;
}
#header h2 {
    font-size: 18px;
    font-weight: normal;
    text-align: right;
}
```

STEP|03 为页面添加导航条，被放置在名称为 topMenu 的 DIV 层中。

```
<div id="topMenu">
  <ul>
   <li><a href="#">首页</a></li>
   <li>&ndash;</li>
   <li><a href="#">关于我们</a></li>
   <li>&ndash;</li>
   <li><a href="#">档案管理</a></li>
   <li>&ndash;</li>
   <li><a href="#">文章搜索</a></li>
   <li>&ndash;</li>
   <li><a href="#">联系我们</a></li>
  </ul>
</div>
```

STEP|04 为导航条添加 CSS 样式，样式名称为 #topMenu。

```
#topMenu {
    background:url(images/menubar.gif)
    no-repeat;
    height: 48px;
}
```

STEP|05 为导航条中的 ul 列表和 li 列表项添加 CSS 样式。

```
#topMenu ul {
    font-size: 24px;
    line-height: 1em;
    list-style: none;
    padding: 14px 30px 0 0;
    text-align: right;
}
#topMenu li {
    display: inline;
}
```

STEP|06 为页面添加分类模块，该模块共包括 6 个列表项。

```
<h3>分类</h3>
<ul>
  <li><a href="#">美女</a></li>
  <li><a href="#">旅游</a></li>
  <li><a href="#">美食</a></li>
  <li><a href="#">风景</a></li>
  <li><a href="#">政治</a></li>
  <li><a href="#">娱乐</a></li>
</ul>
```

STEP|07 为页面添加档案模块，该模块共包括 5 个列表项。

```
<h3>档案</h3>
<ul>
  <li><a href="#">2011 年 12 月</a></li>
  <li><a href="#">2011 年 11 月</a></li>
  <li><a href="#">2011 年 10 月</a></li>
  <li><a href="#">2011 年 9 月</a></li>
  <li><a href="#">2011 年 8 月</a></li>
</ul>
```

STEP|08 为页面添加友情链接模块，该模块共包括 5 个列表项。

```html
<h3>友情链接</h3>
<ul>
  <li><a href="#">小说</a></li>
  <li><a href="#">动漫产业</a></li>
  <li><a href="#">油画欣赏</a></li>
  <li><a href="#">其他教程</a></li>
  <li><a href="#">时装展示</a></li>
</ul>
```

STEP|09 为名称为 sidebar 的 DIV 层添加 CSS 样式。

```css
#sidebar {
    float: right;
    padding: 20px 30px 10px 0;
    text-align: right;
    width: 150px;
}
```

STEP|10 为 sidebar 层中的 h3 标签、ul 列表项和链接添加 CSS 样式。

```css
#sidebar h3 {
    font-size: 24px;
    font-weight: normal;
}
#sidebar ul {
    line-height: 1.8em;
    list-style: none;
    padding-bottom: 20px;
}
#sidebar ul a {
    text-decoration: none;
}
```

STEP|11 为页面添加正文，正文标题为"删除昨日的烦恼"。

```html
<div class="blogItem">
    <h2><a href="#">删除昨日的烦恼
    </a></h2>
    <h3>2011 年 12 月 3 日，星期一</h3>
    <p>人要学会放弃，放弃昨日的烦恼，在
```

落泪以前转身离去，留下简单的背影；学会放弃，将昨天埋在心底。</p>

```html
    <ul>
        <li>谈做人</li>
        <li>又一年端午</li>
        <li>我是女人，我很现实</li>
        <li>一生读，读一生</li>
    </ul>
    <blockquote>
        <p>每一份感情都很美，每一程相伴也
        都令人迷醉。</p>
    </blockquote>
</div>
```

STEP|12 为正文添加 CSS 样式，包括正文、h2 和 h3 等。

```css
.blogItem {
    padding-bottom: 20px;
}
.blogItem h2 {
    font-size: 24px;
}
.blogItem h3 {
    background: url(images/hr.gif)
    bottom left no-repeat;
    font-size: 14px;
    padding-bottom: 6px;
}
```

STEP|13 为正文添加评论，评论内容被放置在 ol 列表中。

```html
<ol id="comments">
    <li> <a href="#"><b>天天快乐</b>
    </a> 说：
        <p class="commentSep"></p>
        <p>一个人，一辈子，一条路，随着年
龄的增长，观点，态度也随之改变。不
一样的环境酝酿不一样的人，不一样的
风景影响不一样的心情，不一样的态度
就会有不一样的结局。人往高处走，水
往低处流。站得高，才会看得远。</p>
    </li>
    <li> <a href="#"><b>星期天</b>
    </a> 说：
```

```
<p class="commentSep"></p>
<p>其实每个人心里都有脆弱的一面，
活得累也是我们经常的一种心态，但我
们还得活下去。生命对于我们每个人
只有一次，要好好珍惜！</p>
</li>
<li> <a href="#"><b>龙马精神</b>
</a> 说：
    <p class="commentSep"></p>
    <p>你累了，请将心靠岸；错了，别想
    到后悔；苦了，才懂得满足；伤了，才
    明白坚强；笑了，才体会美丽；
            闷了，去找你的有情人聊聊。嘿嘿！
            </p>
</li>
```

```
</ol>
```

STEP|14 为页面中的评论添加 CSS 样式。

```
#comments {
    margin: 20px 0 0 20px;
}
#comments li {
    margin-bottom: 10px;
}
.commentSep {
    background: url(images/hr.gif)
    bottom left
no-repeat;
}
```

5.6　新手训练营

练习 1：制作百科网页
downloads\5\新手训练营\百科网页

提示：本练习中，首先设置网页标题，并输入
设置各元素的 CSS 样式，其样式的具体代码如下
所示。

```
<head>
<meta charset="utf-8">
<title>日常生活百科大全</title>
<style type="text/css">
#tb01
{
border:#CCC solid 2px;
}
#tb02
{
margin-top:5px;
border:#CCC solid 2px;
}
.tdtitle
{
background-image:url(Images/02.JPG);
background-repeat:repeat-x;
padding-left:10px;
font-size:15px;
```

```
font-family:"微软雅黑";
font-weight:bold;
height:29px;
}
.tdleft
{
padding:10px;
}
.tdright
{
padding:10px;
color:#666;
font-family:"宋体";
font-size:15px;line-height:1.5em;
}
.bluetext
{
color:#3366cc;
font-weight:bold;
font-size:15px;
}
a
{
color:#3366cc;
text-decoration:underline;
```

```
}
a:hover
{
text-decoration:none;
}
</style>
```

然后，在网页中插入相应的表格，设置表格样式，关联 CSS 样式，设置表格内容及连接，其最终效果如下图所示。

练习2：制作销售网络页

downloads\5\新手训练营\销售网络页

提示：本练习中，首先设置网页标题，并输入设置各元素的 CSS 样式，其样式的具体代码如下所示。

```
<head>
<meta charset="utf-8">
<title>销售网络页面</title>
<style type="text/css">
#tb01{
border:#84bb84 solid 1px;
font-weight:bold;
}
#tb02{
border:#84bb84 solid 1px;
font-size:13px;
}
</style>
</head>
```

然后，在网页中插入表格，并设置其属性，同时，在第 2 行中插入销售网络图像，并设置图像的多边形

热点区域。最终效果如下图所示。

练习3：制作脚本链接

downloads\5\新手训练营\脚本链接

提示：在 Dreamweaver 软件中，首先新建一个空白文档，插入一个 2 行 1 列的表格，并设置表格的对齐方式。然后，将光标定位在第 1 行中，执行【插入】|【媒体】|【Flash Video】命令，插入一个视频文件，如下图。

最后，将光标定位在第 2 行中，执行【插入】|【图像】|【图像】命令，插入一个关闭图像。同时，在【属性】面板中，将【水平】设置为"右对齐"，将【链接】设置为"JavaScript:window.close()"，如下图。

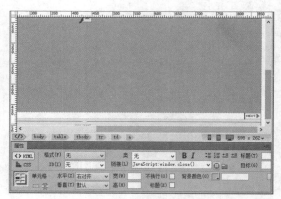

练习 4：制作文件下载链接

downloads\5\新手训练营\文件下载链接

提示：在 Dreamweaver 软件中，首先新建一个空白文档，插入一个 2 行 1 列的表格，设置表格属性。然后，在第 1 行中插入一个 Flash Video 文件，并设置播放方式和影片尺寸，如下图。

最后，在第 2 行中插入一个提示下载文件的图片，选择图片，在【属性】面板中单击【链接】后面的【浏览文件】按钮，在弹出的对话框中选择下载文件即可，如下图。

第**6**章

应用多媒体

　　在网页中，除了可以使用文字和图像元素表达网页信息之外，还可以通过适当地添加一些 Flash 动画、Flash 视频、声音及 Shockwave 影片，以及各种插件等多媒体元素，来丰富网页的效果，增强页面的可视性，为浏览者的听觉和视觉带来强烈震撼的效果。在本章中，将详细介绍创建多媒体页面的基础知识和实用技巧，以帮助用户制作出更加完美的网页。。

6.1　插入 Flash

Flash 是由 Adobe 公司推出的交互式矢量图和 Web 动画的标准，利用它可以创作出既漂亮又可以改变尺寸的导航界面，以及其他奇特的效果，是目前网络上最流行、最实用的动画格式。

6.1.1　插入 Flash 动画

Flash 动画属于 SWF 格式的文件，用户可以在网页中直接插入。由于插入 Flash 动画的代码相对复杂，需要借助网页编辑软件 Dreamweaver 来插入。

1．插入普通 Flash 动画

在网页中选择插入位置，执行【插入】|【媒体】|【Flash SWF】命令；或者在【插入】面板中，选择【媒体】类别，单击【Flash SWF】按钮，如下图。

然后，在弹出的【选择 SWF】对话框中，选择 SWF 文件，并单击【确定】按钮，如下图。

此时，系统会自动弹出【对象标签辅助功能属性】对话框，设置相应选项，单击【确定】按钮即可。另外，用户也可以直接单击【取消】按钮，插入 Flash SWF 文件，如下图。

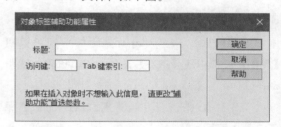

2．设置 Flash SWF 文件属性

选择插入的 Flash SWF 文件，可在【属性】面板中设置 Flash SWF 的相关属性，如下图。

其中，【属性】面板中各选项的具体含义如下表所述。

选　项	含　义
ID	为 SWF 文件指定唯一的 ID
宽和高	以 px 为单位指定影片的宽度和高度
文件	指定 SWF 文件的路径，单击文件夹图标可以浏览指定文件
背景颜色	指定影片区域的背景颜色
编辑	启动 Flash 以更新 FLV 文件，如果没有安装 Flash，则此按钮被禁用
Class	用于对影片应用的 CSS 类
循环	启用该复选框，可使影片连续播放

续表

选　　项		含　　义
自动播放		启用该复选框，在加载页面时将自动播放影片
垂直/水平边距		指定影片上、下、左、右空白的 px 数
品质	低品质	自动以最低品质播放 Flash 动画以节省资源
	自动低品质	检测用户计算机，尽量以较低品质播放 Flash 动画以节省资源
	自动高品质	检测用户计算机，尽量以较高品质播放 Flash 动画以节省资源
	高品质	自动以最高品质播放 Flash 动画
比例	默认	显示整个 Flash 动画
	无边框	使影片适合设定的尺寸，因此无边框显示并维持原始的纵横比
	严格匹配	对影片进行缩放以适合设定的尺寸，而不管纵横比例如何
WWmode	窗口	以默认方式显示 Flash 动画，定义 Flash 动画在 DHTML 内容上方
	不透明	定义 Flash 动画不透明显示，并位于 DHTML 元素下方
	透明	定义 Flash 动画透明显示，并位于 DHTML 元素上方
对齐		设置影片在页面中的对齐方式
播放		单击该按钮，可以播放影片
参数		定义传递给 Flash 影片的各种参数

3．设置透明动画

　　如果 Flash 动画没有背景图像，则可以在【属性】面板中的【参数】选项中将其设置为透明动画。

　　首先，插入一个不包含背景的 Flash 动画，保存文档内容后，在 IE 浏览器中浏览 Flash 动画。此时，用户可以发现该动画为黑色背景，并且覆盖了背景图像，如下图。

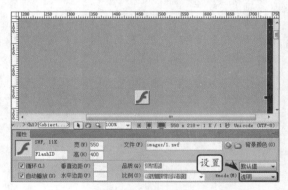

　　设置完成后，再次保存该文档。并通过 IE 浏览器浏览网页中的动画效果。此时，可以发现 Flash 动画的黑色背景被隐藏，网页背景图像完全显示，如下图。

　　然后，在 Dreamweaver 文档中，选中该 Flash 动画，并在【属性】面板中，将【Wmode】选项设置为"透明"，如下图。

6.1.2 插入 Flash 视频

FLV 是一种新的视频格式，全称为 Flash Video。用户可以向网页中轻松添加 FLV 视频，而无需使用 Flash 创作工具。

1. 累进式下载视频

累进式下载视频是将 FLV 文件下载到站点访问者的影片上，然后进行播放。但是，累进式下载视频方法允许在视频下载完成之前就开始播放视频。

选择插入视频位置，执行【插入】|【媒体】|【Flash Video】命令，在弹出的【插入 FLV】对话框中，单击【浏览】按钮，如下图。

其中，在【插入 FLV】对话框中，各选项的具体含义，如下表所述。

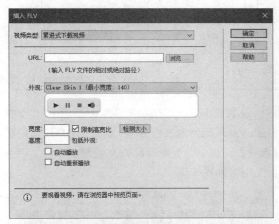

选 项	含 义
视频类型	用于设置视频类型，包括"累进式下载视频"和"流视频"两种类型
URL	用于指定 FLV 文件的相对路径或绝对路径
外观	用于指定视频组建的外观，可通过单击其下拉按钮，在下拉列表中选择外观样式
宽度和高度	以 px 为单位指定 FLV 文件的宽度和高度
限制宽高比	启用该复选框，可保持视频组件宽度和高度之间的比例不变
检测大小	用于确定 FLV 文件的准确宽度和高度
自动播放	启用该复选框，可以在页面打开时自动播放 FLV 文件
自动重新播放	启用该复选框，可以重复播放 FLV 视频

然后，在弹出的【选择 FLV】对话框中，选择所需插入的 FLV 文件，单击【确定】按钮，如下图。

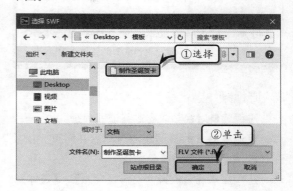

最后，在【插入 FLV】对话框中，单击【确定】按钮，文档中将会出现一个带有 Flash Video 图标的灰色方框，如下图。

此时，用户可以在【属性】面板中，设置 FLV 文件的尺寸、文件 URL 地址、外观等属性，如下图。

保存该文档并预览效果，可以发现当鼠标经过该视频时，将显示播放控制条；反之离开该视频，则隐藏播放控制条，如下图。

提示

与常规 Flash 文件一样，在插入 FLV 文件时，Dreamweaver 将插入检测用户是否拥有可查看视频的正确 Flash Player 版本的代码。如果用户没有正确的版本，则页面将显示替代内容，提示用户下载最新版本的 Flash Player。

2．流视频

流视频是对视频内容进行流式处理，并在一段可确保流畅播放的很短缓冲时间后在网页上播放该内容。

选择插入视频位置，执行【插入】|【媒体】|【Flash Video】命令，在弹出的【插入 FLV】对话框中，将【视频类型】选项设置为"流视频"，设置有关流视频的相关选项，并单击【确定】按钮，如下图。

其中，有关"流视频"类型的各选项具体含义，如下表所述。

选项名称	作　用
服务器 URI	指定服务器名称、应用程序名称和实例名称
流名称	指定想要播放的 FLV 文件的名称。扩展名为".flv"是可选的
外观	指定视频组件的外观。所选外观的预览会显示在【外观】弹出菜单的下方
宽度	以 px 为单位指定 FLV 文件的宽度
高度	以 px 为单位指定 FLV 文件的高。
限制高宽比	保持视频组件的宽度和高度之间的比例不变。默认情况下会选择此选项
实时视频输入	指定视频内容是否是实时的，启用该复选框后组件的外观上只会显示音量控件，用户无法操纵实时视频
自动播放	指定在 Web 页面打开时是否播放视频
自动重新播放	指定播放控件在视频播放完之后是否返回起始位置
缓冲时间	指定在视频开始播放之前进行缓冲处理所需的时间（以秒为单位）

设置完成后，文档中同样会出现一个带有 Flash Video 图标的灰色方框。此时，用户还可以在【属性】面板中，重新设置 FLV 视频的尺寸、服务器 URI、外观等属性。

6.2　使用音频文件

HTML5 支持多种格式的音频文件，用户可根据网站设计需求，添加不同类型的音频文件。但在使用各种音频文件之前，还需要先了解一下 audio 标签。

6.2.1　了解 audio 标签

目前，如若在网页中播放音频和视频文件，必需要安装 Flash 插件。此时，可以使用 HTML5 新增的 audio 标签，通过规定的一种包含音频的标准方法，在网页中插入音频文件。

1. audio 标签概述

audio 标签用于定义网页中的声音文件，支持 Ogg、MP3 和 WAV 音频格式，其语法格式为：

```
< audio src="1.mp3" controls="controls">
</audio>
```

上述代码中，src 属性表示所需要播放的音频地址，controls 属性表示添加播放、暂停和音量控件的属性。

下列代码中，包含了一段音频文件。

```
<!DOCTYPE html>
<html>
<head>
<title>audio</title>
</head>
<body >
<audio controls>
  <source src="01.mp3" >
</audio>
</body>
</html>
```

使用浏览器预览，其效果如下图所示。

2. audio 标签属性

audio 标签的常见属性和含义如下表所示。

属性	值	描述
autoplay	autoplay（自动播放）	该属性用于指定在页面中加载的音频文件后，设置为自动播放
controls	controls（控制）	该属性用于设置是否为音频文件添加浏览器自带的播放控制条，包括播放、暂停和音乐控制等功能

续表

属性	值	描述
loop	loop（循环）	该属性用于设置是否循环播放音频文件
preload	preload（加载）	该属性默认为只读，用于指定在浏览器中播放音频文件时，是否对数据进行加载，以提高播放速度
src	url(地址)	该属性用于设置音频文件的 URL 地址

6.2.2 添加音频文件

在 HTML5 种，不仅可以添加音频文件，还可以添加自动播放的、带有控件的、循环播放的以及预播放的音频文件。

1. 添加自动播放的音频文件

如若添加自动播放的音频文件，则需要使用 autoplay 属性。自动播放音频的代码如下所示：

```
<!DOCTYPE HTML>
<html>
<body>
<audio controls>
  <source src="01.mp3">
</audio>
</body>
</html>
```

使用浏览器预览，其效果如下图所示。在页面中，会发现网页自动加载了音频播放控制条，并开始自动播放加载的音频文件。

2. 添加带有控件的音频文件

如若添加带有控件的音频文件，则需要使用 controls 属性。带有控件的音频文件应该包括播放、暂停、定位、音量、全屏切换等。

带有控件的音频文件的代码如下所示：

```
<!DOCTYPE HTML>
<html>
<body>
<audio controls>
  <source src="02.mp3">
</audio>
</body>
</html>
```

使用浏览器预览，其效果如下图所示。在页面中可以看到网页中加载了音频播放控制条，此时只有单击"播放"按钮，才可以播放加载音频文件。

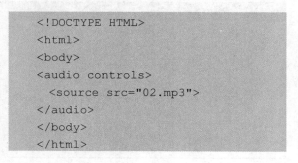

3．添加循环播放的音频文件

如若添加循环播放的音频文件，则需要使用loop属性。循环播放音频的代码如下所示：

```
<!DOCTYPE HTML>
<html>
<body>
<audio controls loop>
  <source src="03.mp3" >
</audio>
</body>
</html>
```

使用浏览器预览，其效果如下图所示。在页面中可以看到网页中加载了音频播放控制条，如下图。

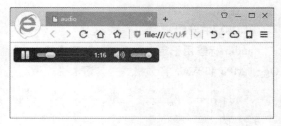

4．添加预播放的音频文件

如若添加预播放的音频文件，则需要使用preload。但是，用户如若设置了 autoplay 属性，则会忽略该属性。preload 属性的值包括 auto、mtea、none 属性，其中 auto 属性表示载入音频，meta 属性表示载入元数据，而 none 属性表示不载入音频。

预播放音频的代码，如下所示：

```
<!DOCTYPE HTML>
<html>
<body>
<audio controls preload="auto">
  <source src="04.mp3">
</audio>
</body>
</html>
```

使用浏览器预览，其效果如下图所示。

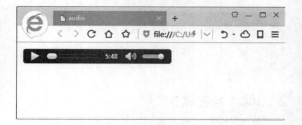

6.3 使用视频文件

在网页中也可以像添加音频文件那样添加视频文件，用户也可以根据网页设计需求来添加不同类型的视频文件。但在使用各种视频文件之前，还需要先了解一下 video 标签。

6.3.1 了解 video 标签

HTML5 视频元素提供一种将电影或视频嵌入网页中的标准方式，也就是 video 标签。使用该标签，可以将各种视频嵌入到网页中。

1．video 标签概述

video 标签用于播放网页中的视频文件或电影，可支持 Ogg、WebM 和 MPEG4 等格式，其语法格式为：

```
<video src="ss.mp4" controls="controls">
</video>
```

下面代码中，显示了在网页中插入名为"ss"的 mp4 视频文件。

```
<!DOCTYPE html>
<html>
<head>
<title>video</title>
</head>
<body >
<video src="ss.mp4" controls>
</video >
</body>
</html>
```

使用浏览器预览，其效果如下图所示。

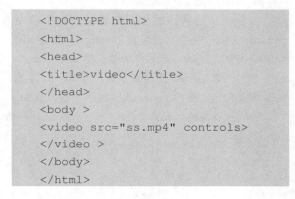

2．video 标签属性

video 标签的常见属性和含义，如下表所示。

属　性	值	描　　述
autoplay	autoplay	该属性用于指定在页面中加载视频文件后，设置为自动播放
controls	controls	该属性用于设置是否为视频文件添加浏览器自带的控制条，包括播放、暂停和控制等功能
loop	loop	该属性用于设置是否循环播放视频文件

续表

属　性	值	描　　述
preload	preload	该属性默认为只读，用于指定在浏览器中播放视频文件时，是否对数据进行预加载，以提高播放速度
src	url	该属性用于设置视频文件的 url 地址
width	宽度值	该属性用于设置视频播放器的宽度
height	高度值	该属性用于设置视频播放器的高度

6.3.2　添加视频文件

在 HTML5 中，不仅可以添加视频文件，还可以添加自动播放的、带有控件的、循环播放的，以及预播放的视频文件。

1．添加自动播放的视频文件

如若添加自动播放的视频文件，则需要使用 autoplay 属性。自动播放视频的代码如下所示：

```
<!DOCTYPE HTML>
<html>
<body>
<video controls autoplay>
  <source src="ss.mp4">
</video>
</body>
</html>
```

使用浏览器预览，其效果如下图所示。在页面中，会发现网页自动加载了视频播放控制条，并自动播放加载的视频文件。

2．添加带控件的视频文件

如若添加带有控件的视频文件，则需要使用

controls 属性，该属性包括播放、暂停、定位、音量、全屏切换等控制。

带有控件的视频文件的代码如下所示：

```
<!DOCTYPE HTML>
<html>
<body>
<video controls controls >
  <source src="ss.mp4">
</video>
</body>
</html>
```

使用浏览器预览，其效果如下图所示。在页面中可以看到网页中加载了视频播放控制条，此时只有单击"播放"按钮，视频才可以播放。

3．添加循环播放的视频文件

如若添加循环播放的视频文件，则需要使用 loop 属性。循环播放视频的代码如下所示：

```
<!DOCTYPE HTML>
<html>
<body>
<video controls loop>
  <source src="ss.mp4">
</video>
</body>
</html>
```

使用浏览器预览，其效果如下图所示。在页面

中自动加载了视频播放控制条。

4．添加预播放的视频文件

如若添加预播放的视频文件，则需要使用 preload。但是，用户如若设置了 autoplay 属性，则会忽略该属性。preload 属性的值包括 auto、mtea、none 属性，其中 auto 属性表示载入视频，meta 属性表示载入元数据，而 none 属性表示不载入视频。

预播放视频的代码如下所示：

```
<!DOCTYPE HTML>
<html>
<body>
<video controls preload="auto">
  <source src="ss.mp4">
</video>
</body>
</html>
```

使用浏览器预览，其效果如下图所示。

6.4　音频与视频相关的属性、方法和事件

通过上面章节的介绍，用户目前已经了解了添加音频和视频的方法，以及音频和视频中 audio 和

video 标签的属性。在本小节中，将详细介绍除前面章节中未涉及到的音频与视频的一些属性、方法

和事件。

6.4.1　音频与视频相关的属性

audio 和 video 标签相关属性基本相同，主要包括下列几种属性。

1．autobuffer 属性

该属性为可读写属性，其作用是使 audio 或 video 元素实现自动缓冲。该属性的默认值为 false，如若为 true，则显示自动缓冲，但不播放。另外，如若用户使用了 autoplay 属性，则该属性会被忽略。该属性的代码示例如下所示：

```
<audio controls autobuffer="true">
<source src="1.ogg" type="audio/ogg">
<source src="01.mp3" type="audio/
mpeg">
</audio>
```

2．buffered 属性

该属性为只读属性，可以使用<video>标签或 audo 标签的 Buffered 属性来返回一个对象，该对象实现 TimeRanages 接口，以确认浏览器是否已缓冲媒体数据。

3．currentSrc 属性

默认属性为只读，主要用于读取播放中的音频或视频文件的 URL 地址。

4．currentTime 属性

该属性为可读写属性，无默认值，用于获取或设置当前播放位置（时间），单位为秒。

5．defaultPlaybackRate 属性

该属性为可读写属性，无默认值，用于获取或设置用户没有使用快进或快退控件音频或视频的当前播放速率。

6．duration 属性

该属性为只读属性，无默认值，用于获取当前媒体的持续时间，单位为秒。

7．ended 属性

该属性为只读属性，无默认值，用于返回一个表示媒体播放是否结束的布尔值。

8．error 属性

在播放音频和视频文件时，如果出现错误，error 属性将返回一个 MediaError 对象，该对象错误状态介绍如下。

- ❑ **MEDIA_ERR_ABORTED**　音频或视频文件在下载过程由于用户的操作原因而中止，数字值为 1。
- ❑ **MEDIA_ERR_NETWORK**　音频或视频文件可用，在下载时出现网络错误，造成音频或视频文件在下载过程中被中止，数字值为 2。
- ❑ **MEDIA_ERR_DECODE**　音频或视频文件可用，在解码时发生错误，数字值为 3。
- ❑ **MEDIA_ERR_SRC_NOT_SUPPORTED**　音频或视频文件不可用，格式不被支持，数字值为 4。

```
<!DOCTYPE HTML>
<html>
<head>
<meta charset="utf-8">
<title>error 属性应用</title>
<script>
function err()
{
    var audio = document.getElem-
    entById("Audio1");
    audio.addEventListener
    ("error",function(){
    switch (audio.error.code)
      {
      case MediaError.MEDIA_
      ERROR_ABORTED:
      aa.innerHTML="音频的下载过
      程被中止。";
      break;
      case MediaError.MEDIA_
      ERROR_NETWORK:
      aa.innerHTML="网络发生故障,
      音频的下载过程被中止";
      break;
      case MediaError.MEDIA_
      ERROR_DECODE:
```

```
        aa.innerHTML="解码失败";
    break;
        case MediaError.MEDIA_
        ERROR_SRC_NOT_SUPPORTED:
        aa.innerHTML="不支持播放
        的视频格式";
        break;
        default:
                aa.innerHTML="发
            生未知错误";
        }
                },false);
    aa.innerHTML="error 属性未发现
    错误";
    }
</script>
</head>
<body onload="err()">
<h5 id="aa"></h5>
 <audio id="Audio1" src="sky.ogg"
 controls></audio>
</body>
</html>
```

上述代码中，页面加载时，会触发 err()事件。err()事件读取 ogg 视频文件，使用 error 属性返回错误信息。如果没有出现错误，则显示"error 属性未发现错误"；否则，显示相应的错误信息，如下图。

9．initialTime 属性

该属性为只读属性，无默认值，用于获取媒体最早可用于回放的位置（时间），单位为秒。

10．muted 属性

该属性为只读属性，无默认值，为布尔值，用于设置当前媒体播放时是否为静音模式，true 表示为开启静音，false 表示关闭静音。

11．networkState 属性

默认属性为只读属性，当音频或视频文件在加载时，可以使用 video 标签或 audio 标签的 networkState 属性读取当前的网络状态，介绍如下。

- ❑ **NETWORK_EMPTY** 网络处于初始状态，数字值为 0。
- ❑ **NETWORK_IDLE** 网络尚未建立连接，但浏览器已选择好编码格式，数字值为 1。
- ❑ **NETWORK_LOADING** 音频或视频文件加载中，数字值为 2。
- ❑ **NETWORK_NO_SOURCE** 没有支持的编码格式，不执行加载，数字值为 3。

12．paused 属性

该属性主要用来返回一个布尔值，表示是否处于暂停播放中，true 表示音频或视频文件暂停播放，false 表示音频或视频文件正在播放。

```
<!DOCTYPE HTML>
<html>
<head>
<meta charset="utf-8">
<title>paused 属性应用</title>
<script>
    function toggleSound() {
        var Audio1 = document.get
        ElementById("Audio1");
        var btn = document.get
        ElementById("btn");
        if (Audio1.paused) {
          Audio1.play();
          btn.innerHTML = "暂停";
        }
        else {
          Audio1.pause();
          btn.innerHTML ="播放";
        }
    }
</script>
</head>
<body>
<h5>paused 属性应用</h5>
 <audio id="Audio1" src="sky.ogg"
 controls></audio>
```

```
<br/> <br/>
 <button id="btn" onclick=
"toggleSound()"> 播放</button>
</body>
</html>
```

通过浏览器,用户可以单击按钮来控制音频文件当前是播放状态,还是暂停状态。

13. playbackRate 属性

该属性为可读写属性,无默认值,用于读取或设置当前媒体资源的播放速率。

14. played 属性

该属性为只读属性,无默认值,用于返回表明媒体资源在浏览器中已播放时间范围的 TimeRanges 对象。TimeRanges 对象的 length 属性表示媒体已播放的时间段,该对象保存 end 和 start 方法,end 方法用于返回已播放时间段的结束时间,而 start 方法则用于返回已播放时间段的开始时间。

15. preload 属性

Preload 属性默认为可读写属性,主要用于指定在浏览器中播放音频和视频文件时,是否对数据进行预加载。

Preload 属性包括 none、metadata 与 auto 值,默认值为 auto,none 表示不进行预加载,Metadata 表示只预加载媒体的元数据(媒体字节数、第一帧、插入列表、持续时间等),Auto 表示加载全部视频或音频。

使用方法如下:

```
< audio src="sky.ogg" preload= "auto">
</ audio >
```

16. readyState 属性

可以使用 video 标签或 audio 标签的 readyState 属性,返回媒体当前播放位置的就绪状态,共有 5 个可能值。

❑ **HAVE_NOTHING**（数字值为 0） 没有获取到媒体的任何信息,当前播放位置没有可播放数据。

❑ **HAVE_METADATA**（数字值为 1） 已经获取到了足够的媒体数据,但是当前播放位置没有有效的媒体数据（也就是说,获取到的媒体数据无效,不能播放）。

❑ **HAVE_CURRENT_DATA**（数字值为 2） 当前播放位置已经有数据可以播放,但没有获取到可以让播放器前进的数据。当媒体为视频时,意思是当前帧的数据已获得,但还没有获取到下一帧的数据,或者当前帧的数据已经播放到最后一帧。

❑ **HAVE_FUTURE_DATA**（数字值为 3） 当前播放位置已经有数据可以播放,而且也获取到可以让播放器前进的数据。当媒体为视频时,意思是当前帧的数据已获得,而且也获取到下一帧的数据,当前帧是播放到最后一帧时,readyState 属性不可能为 HAVE_FUTURE_DATA。

❑ **HAVE_ENOUGH_DATA**（数字值为 4） 当前播放位置已经有数据可以播放,同时也获取到可以让播放器前进的数据,而且浏览器确认媒体数据以某一种速度进行加载,可以保证有足够的后续数据进行播放。

17. seekable 属性

该属性为只读属性,无默认值,用于返回可以对当前媒体资源进行请求的 TimeRanges 对象。

18. seeking 属性

该属性为只读属性,无默认值,用于返回一个布尔值,表示浏览器是否正在请求媒体数据,true 表示浏览器正在请求数据,而 false 则表示浏览器停止请求数据。

19. volume 属性

该属性为只读属性,无默认值,用于获取或设置媒体资源的播放音量,其范围值介于 0.0~1.0 之间,其中 0.0 表示静音,1.0 表示最大音量。

6.4.2 音频与视频相关的方法

Void 标签与<audio>标签都具有以下 4 种方法。

1．Play 方法

使用 play 方法用来播放音频或视频文件。在调用该方法后，paused 属性的值变为 false。

2．Pause 方法

使用 pause 方法来暂停播放音频或视频文件，在调用该方法后，paused 属性的值变为 true。

3．Load 方法

使用 Load 方法重新载入音频或视频文件进行播放。这时，标签的 error 值设为 null，playbackRat 属性值变为 defaultPlaybackRate 属性值。

4．CanPlayType 方法

使用 canPlayType 方法来测试浏览器是否支持要播放音频或视频的文件类型，语法如下：

```
Var support = videoElement.canPlayType
(type);
```

videoElement 表示<video>标签或<audio>标签。方法中使用参数 type 来指定播放文件的 MIME 类型。该方法可以返回 3 个值。

- ❑ **Probably** 表示浏览器确定支持此种媒体类型。
- ❑ **空字符串** 表示浏览器不支持此种音频或视频类型。
- ❑ **Maybe** 表示浏览器可能支持此种媒体类型。

该属性的示例代码如下所示。

```
<!DOCTYPE HTML>
<html>
<head>
<meta charset="utf-8">
<title>视频播放</title>
<script>
var video;
function play()
{
video = document.getElementById
("video");
    video.play();
}
function pause()
{
video = document.getElementById
("video");
    video.pause();
}
</script>
</head>
<body>
    <video id="video" autobuffer=
  "true">
    <source src="4.ogv" type='video/ogg;
    codecs="theora, vorbis"'>
  </video>
 <p>
<input name="play" type="button"
onClick="play()" value="播放">
<input name="pause" type="button"
onClick="pause()" value="暂停">
</p>
</body>
</html>
```

在上述代码中，向网页中插入一段 ogv 视频，通过单击"播放"或"暂停"按钮，实现视频的播放或暂停功能。

6.4.3 音频与视频相关的事件

在页面中，对视频或音频文件进行加载或播放时，会触发一系列事件。用户可以使用 JavaScript

脚本捕捉该事件并进行处理。事件的捕捉和处理主要使用 video 标签和 audio 标签的 addEventListener 方法对触发事件进行监听，语法如下。

```
videoElement.addEventListener(type,
listener,useCapture);
```

上述代码中，videoElement 表示 video 标签和 audio 标签，type 表示事件名称，listener 表示绑定的函数，useCapture 表示事件的响应顺序，是一个布尔值。

在使用 vide 标签与 audio 标签播放视频或音频文件时，触发的一系列事件介绍如下。

名　　称	描　　述
pause	播放暂停，当执行了 pause 方法时触发
loadedmetadata	浏览器获取完毕媒体的时间长和字节数
loadeddata	浏览器已加载完毕当前播放位置的媒体数据，准备播放
waiting	播放过程由于得不到下一帧而暂停播放，但很快就能够得到下一帧
abort	浏览器在下载完全部媒体数据之前中止获取媒体数据，但是并不是由错误引起的
loadstart	浏览器开始在网上寻找媒体数据
seeked	seeking 属性变为 false，浏览器停止请求数据
timeupdate	当前播放位置被改变，可能是播放过程中的自然改变，也可能是被人为地改变，或由于播放不能连续而发生的跳变
error	获取媒体数据过程中出错
emptied	video 标签和 audio 标签所在网络突然变为未初始化状态
playing	正在播放
canplay	浏览器能够播放媒体，但估计以当前播放速率不能直接将媒体播放完毕，播放期间需要缓冲
durationchange	播放时长被改变
volumechange	volume 属性（音量）被改变或 muted 属性（静音状态）被改变

续表

名　　称	描　　述
canplaythrough	浏览器能够播放媒体，而且以当前播放速率能够直接将媒体播放完毕，不再需要进行缓冲
seeking	seeking 属性变为 true，浏览器正在请求数据
progress	浏览器正在获取媒体数据
suspend	浏览器暂停获取媒体数据，但是下载过程并没有正常结束
ended	播放结束后停止播放
ratechange	defaultplaybackRate 属性（默认播放速率）或 playbackRate 属性（当前播放速率）被改变
loadstart	浏览器开始在网上寻找媒体数据
stalled	浏览器尝试获取媒体数据失败
play	即将开始播放，当执行了 play 方法时触发，或数据下载后标签被设为 autoplay（自动播放）属性

通过上面的表格，用户已了解音频和视频相关事件的作用，下列代码中展示了音频和视频相关事件的使用方法。

```
<!DOCTYPE HTML>
<html>
<head>
<meta charset="utf-8">
<title>捕捉事件</title>
<script>
var video;
function play() {
    video = document.getElement
    ById("video");
    video.addEventListener
    ("pause", function(){
    catchs = document.getElement
    ById("catchs");
    catchs.innerHTML="捕捉到 pause
    事件";
    }, false);
    video.addEventListener("play",
    function(){
    catchs = document.getElement-
    ById("catchs");
    catchs.innerHTML="捕捉到 play
    事件";
```

```
    }, false);
    if(video.paused) {
          video.play();
    }
    else {
        video.pause();
    }
}
</script>
</head>
<body>
  <video id="video" autobuffer=
  "true">
  <source src="4.ogv" type=
  'video/ogg; codecs="theora,
  vorbis"'>
  </video>
  <input name="play" type="button"
  onClick="play()" value="播放">
  <span id="catchs"></span>
</body>
</html>
```

在上述代码中，为页面添加视频播放和暂停的事件捕捉功能。当用户单击"播放"按钮播放视频时，会自动捕捉事件，如下图。

6.5 练习：制作音乐播放网页

在很多休闲和娱乐的网站中都添加有 Flash 音乐，可以实现播放、暂停、快进和后退等功能，使网站给访问者一种轻松舒适的感觉，如下图。在本练习中，将通过制作一个个人空间网页，来详细介绍制作音乐播放网页的操作方法。

练习要点

- 插入 Div 标签
- 插入图像
- 插入表格
- 设置表格属性
- 关联 CSS 文件
- 绘制图像热点
- 使用媒体插件

操作步骤 ▶▶▶▶

STEP|01 创建及布局页面，在页面中设计音频播放区域、导航条和空间 logo，并设置背景等内容，如下图。

STEP|02 在页面中，添加一个表格，实现页面的布局功能。其中使用 background 属性设置表格的背景。

```
<table width="1003" height="581"
border="0"
align="center" cellpadding="0"
cellspacing ="0">
 <tr>
  <td height="121" colspan="3"
  background=
   "images/1.jpg"> </td>
 </tr>
 <tr>
  <td width="230"><img src="images/
  2.jpg"
  width="230" height="414"
  border="0" usemap="#Map" /></td>
  <td background="images/3.jpg"
  width ="607"
  height="414" >
   </td>
  <td width="166" background=
  "images/
   4.jpg"></td>
 </tr>
 <tr>
  <td height="46" colspan="3"
  background=
   "images/5.jpg"></td>
```

```
 </tr>
</table>
```

STEP|03 添加 Div 层，命名为 apDiv2，并在该层中插入一段 ogg 音频，使用 controls 属性添加浏览器自带播放控制条。

```
<div id="apDiv2">
    <audio src="sky.ogg" border="0"
controls ></audio>
    </div>
```

STEP|04 为 apDiv2 添加 CSS 样式，包括 DIV 层的背景颜色、边框颜色和宽度等内容。

```
#apDiv2{
    position:absolute;
    left:660px;
    top:69px;
    width:301px;
    height:25px;
    z-index:1;
    border:#B0B82C 1px solid;
    background-color: #FFFFCC;
}
```

STEP|05 添加名称为 apDiv1 的 DIV 层，并在该层中添加个人信息等内容。

```
<div id="apDiv1">
<h2>关 于 我</h2>
<p>昵    称： 一步一步走 </p>
<p>性    别： 男 </p>
<p>交友目的： 结交朋友</p>
<p>婚姻状况： 已婚 </p>
<p>生    日： 1987-04-28 金牛座 兔</p>
<p>故    乡： 河南省 安阳市 </p>
<p>现居住地： 河南省 安阳市 龙安区 </p>
<p>自我介绍： 菩提本无树,明镜亦非台,本来
无一物,何处惹
尘埃。</p>
<p>近期心愿： 希望他过得比我好! 呵呵 </p>
<p>加入的圈子： 文学爱好  共进俱乐部 星空
娱乐圈 中原神
州旅游 艺客中国 阳春三月下江南都市蓝调
</p>
```

```
<p> 性格特点：内向，谨慎，浪漫，淳朴，
乐天达观，憨
厚大气，富有正义，热心助人</p>
<p>兴趣爱好：时尚，旅游，电影，音乐，
美食，艺术，游戏，
购物，上网，健身，读书杂志，健康
</p>
<p>喜欢的运动：篮球，足球，自行车，棋牌
</p>
</div>
```

STEP|06 为页面添加 CSS 样式，包括 apDiv1、p、body、th 和 td 等标签的样式。

```
body, td, th {
    font-size: 12px;
    color:#B77C0F;
}
#apDiv1{
```

```
    position:absolute;
    visibility:visible;
    left: 250px;
    top: 150px;
    width: 559px;
    height: 394px;
}
body {
    margin:0;
    width:1003px;
    margin-top: 10px;
    margin-left: 0px;
    margin-bottom: 5px;
}
p{
    text-indent:16px;  padding:5px;
    margin:0px;
}
```

6.6 练习：制作在线视频网页

在线视频是互联网中不可或缺的元素，在很多视频、教程、休闲和娱乐的网站中都包含有 Flash 视频。本练习中，将通过制作一个爱狗网页面，如下图，来详细介绍在线视频网页的制作方法。

练习要点

- 插入表格
- 设置表格属性
- 插入 FLV
- 设置页面属性
- 管理 CSS 样式表

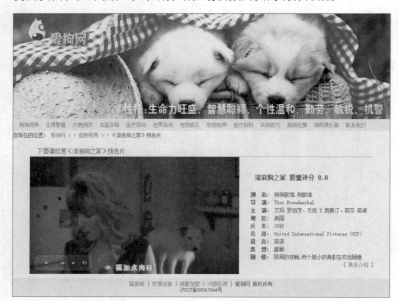

操作步骤 ▶▶▶▶

STEP|01 创建及布局页面，在页面中设计页面背景颜色、网页 Logo、页头和页尾等内容。

STEP|02 为网页添加导航条。使用 ul 标签和 li 标签制作导航条，导航条中的超链接为空。

```
<ul>
    <li><a href="#">狗狗饲养</a></li>
    <li><a href="#">生育繁殖</a></li>
    <li><a href="#">犬病预防</a></li>
    <li><a href="#">名医诊断</a></li>
    <li><a href="#">医疗百科</a></li>
    <li><a href="#">世界名狗</a></li>
    <li><a href="#">宠物娱乐</a></li>
    <li><a href="#">宠物视频</a></li>
    <li><a href="#">医疗百科</a></li>
    <li><a href="#">买狗技巧</a></li>
    <li><a href="#">狗狗比赛</a></li>
    <li><a  href="#"> 狗民俱乐部 </a>
    </li>
    <li><a href="#">联系我们</a></li>
</ul>
```

STEP|03 为 ul 和 li 标签添加 CSS 样式。其中 ul 标签与表格边距为 2px，填充为 2px。

```
ul {
    margin: 2px;
    padding: 2px;}
ul li {
    line-height: 20px;
    display: inline;
    padding-left: 10px;
```

```
    list-style: none;}
```

STEP|04 为页面添加"你现在的位置"。一般情况下，用于指定网页在网站中的具体位置。

```
您现在的位置：<a href="#">爱狗网</a>
&gt;
&gt; <a href="#">宠物视频</a> &gt;&gt;
《流浪狗》
之预告片
```

STEP|05 为超链接添加样式，包括链接未访问、链接已访问、鼠标经过和鼠标指向时，文字颜色和修饰等内容。

```
a:link {
    color: #990;
    text-decoration: none;}
a:visited {
    text-decoration: none;
    color: #990;}
a:hover {
    text-decoration: underline;
    color: #f90;}
a:active {
    text-decoration: none;
    color: #0c3;}
```

STEP|06 在网页中添加一段 ogv 视频。设置视频宽度为 501px，高度为 270px。

```
<video id="video" autobuffer="true"
width="501"
    height="270" controls>
        <source src="4.ogv" type=
        'video/
        ogg;codecs="theora,
        vorbis"'>
</video>
```

STEP|07 添加 ogv 视频简介，包括视频名称、导演、主演和公司等内容。

```
<p align="center" style="font-size:
14px;
padding:20px;margin-top:5px; line-
height:20px;
```

```
font-weight:bold">流浪狗</p>
        <p><strong>别　名</strong>:
        狗狗旅馆,
        狗旅馆</p>
        <p><strong>导　演</strong>:
        Thor
        Freudenthal </p>
        <p><strong>主　演</strong>:
        Zahed、
        Gol-Ghotai、Agheleh Rezaie
        </p>
        <p><strong>地　区</strong>:
        伊朗 </p>
        <p><strong>片　长</strong>:
        6s </p>
        <p><strong>公　司</strong>:
        Makhmalbaf Productions </p>
        <p><strong>语　言</strong>:
        英语 </p>
        <p><strong>类　型</strong>:
        生活、搞笑
        </p>
        <p><strong>剧　情</strong>:
        一对生活在
```

```
阿富汗首都卡布尔的儿童兄妹救
下了一只据说是
由外国人带来的小狗。</p>
<p style="text-align:right">
[ <a
href="#">具体介绍</a> ]</p>
```

STEP|08 添加页面样式，包括主体、单元格和 p 等样式内容。

```css
body, td, th {
    font-size: 12px;
    color: #666;}
body {
    background-color: #f6ebcb;
    margin-left: 52px;
    margin-top: 0px;
    margin-right: 51px;
    margin-bottom: 0px;}
p {
    line-height: 18px;
    text-indent: 16px;
    margin: 0px;
    padding-left: 10px;}
```

6.7 新手训练营

练习 1：设置背景音乐
🔘downloads\6\新手训练营\背景音乐

提示：本练习中，首先插入一个 2 行 1 列的表格，设置表格的属性。然后，在第 1 行中插入一个图像，并设置图片的大小。最后，在第 2 行中插入一个 mp3 格式的音频文件，并设置其参数。具体代码如下所示。

```html
<!doctype html>
<html>
<head>
<meta charset="utf-8">
<title>无标题文档</title>
</head>

<body>
```

```html
<table width="821" border="0" align=
"center" cellpadding="0" cellspacing=
"0">
  <tbody>
   <tr>
    <td><img src="1.jpg" width="919"
    eight="521" alt=""/></td>
   </tr>
   <tr>
    <td align="center"><embed src=
    "childhood memory - 钢琴曲.mp3"
    width="32" height="32" hidden=
    "true" autostart="true" loop=
    "true" mastersound="MASTERSOUND">
    </embed></td>
```

```
      </tr>
    </tbody>
  </table>
  </body>
  </html>
```

最终效果如下图所示。

练习 2：在网页插入视频

downloads\6\新手训练营\插入视频

提示：本练习中，在<body>标签内插入一个视频文件，并设置其属性，其具体代码如下所示。

```
<!doctype html>
<html>
<head>
<meta charset="utf-8">
<title>无标题文档</title>
</head>
<body>
<video  width="488"  height="272"
controls >
  <source src=" 死神 Bleach275.mp4"
  type="video/mp4">
</video>
</body>
</html>
```

练习 3：制作累进式下载视频

downloads\6\新手训练营\累进式下载视频

提示：本练习中，将运用 Dreamweaver 软件制作一个累进式下载视频。首先，执行【插入】|【媒体】|【Flash Video】命令，在弹出的【插入 FLV】对话框中，单击【浏览】按钮。在【插入 FLV】对话框中设置各项选项。然后，单击【确定】按钮，保存网页文档，按下 F12 键预览视频效果。

练习 4：插入音频文件

downloads\6\新手训练营\插入音频

提示：本练习中，在<body>标签内输入插入音频文件的代码即可，具体代码如下所示。

```
<!doctype html>
<html>
<head>
<meta charset="utf-8">
<title>无标题文档</title>
</head>
<body>
<audio controls loop >
  <source src=" 背景音乐.mp3" type=
  "audio/mp3">
</audio>
</body>
</html>
```

第7章

使用 HTML 图形

Canvas 是 HTML5 新增的专门用来绘制图形的元素，它是一块无色透明的区域，可以对 2D 图形或位图进行动态、脚本的渲染。借助 HTML5 Canvas 技术，用户可以在 Web 中绘制各种图形，它相当于画板的 html 节点，开发者通过 JavaScript 脚本可以轻松实现任意绘图。在本章中，将详细介绍使用 HTML5 绘制图形的基础知识和操作技巧。

7.1　认识 HTML5 Canvas 元素

HTML5 Canvas 元素可以在网页中创建一块矩形区域，这块矩形区域可以称为画布，在该画布中可以绘制各种图形。

7.1.1　Canvas 元素概述

关于 HTML5 Canvas API 的相关内容非常多。本节先来了解 Canvas 的发展历史。由于篇幅限制，只能做简单的介绍。

其实，Canvas 概念最初是由苹果公司提出的，用于在 Mac OS X WebKit 中创意控制板部件。在 Canvas 出现之前，开发人员若要在浏览器中使用绘图 API，只能使用 Adobe 的 Flash 和 SVG（Scalable Vector Graphics，可伸缩矢量图形）插件，或者只有 IE 才支持的 VML（Vector Markup Language，矢量标记语言），以及其他一些复杂的 JavaScript 技巧。

Canvas 本质上是一个位图画布，在它上面绘制的图形是不可以缩放的，不能像 SVG 图像那样可以被放大缩小。此外，使用 Canvas 绘制出来的对象不属于页面 DOM 结构或者任何命名空间，相比 SVG 图像，却可以在不同的分辨率下流畅地缩放，并且支持点击检测（能检测到鼠标点击了图像上的哪个点）。这点对于 Canvas 来说，是一个缺陷。

尽管 Canvas 有明显不足，但 HTML Canvas API 有两方面优势可以弥补：首先，不需要将所绘制图像中的每个图元当作对象存储，因此执行性能非常好；其次，在其他编程语言现有的优秀二维绘图 API 的基础上实现 Canvas API 相对来说比较简单。

> **提示**
>
> 尽管 Canvas 元素功能非常强大，用处也很多，但在某些情况下，如果其他元素已经够用，就不应该再使用 Canvas 元素。例如，使用 Canvas 元素在 HTML 页面中动态绘制所有不同的标题，就不如直接使用标题样式标签（h1、h2 等），它们所实现的效果是一样的。

7.1.2　浏览器的支持与替代内容

HTML5 Canvas 能够提供这样的功能，对浏览器端来说，此功能非常有用。

除了 Internet Explorer 之外，大部分的浏览器都支持 HTML 2D Canvas，包括 Opera、Firefox、Konqueror 和 Safari。而且某些版本的 Opera 还支持 3D Canvas，Firefox 也可以通过插件形式支持 3D Canvas。

浏 览 器	支 持 情 况
Chrome	从 1.0 版本开始支持
Firefox	从 1.5 版本开始支持
Internet Explorer	从 9.0 版本开始支持
Opera	从 9.0 版本开始支持
Safari	从 1.3 版本开始支持

由于各家浏览器对 Canvas 的支持程度有差异，所以最好在使用 API 之前，先测试一下 HTML5 Canvas 是否被支持。

访问页面的时候，如果浏览器不支持 Canvas 元素，或者不支持 HTML5 Canvas API 中的某些特性，那么开发人员最好提供一份替代代码。例如，开发人员可以通过一张替代图片或者一些说明性文字告诉用户，使用新浏览器可以获得更佳的浏览效果。例如，在 IE 浏览器中浏览 Canvas，如下图。其示例代码，如下所示。

```
<Canvas height="300" width="300">
当前浏览器不支持Canvas，更换一个能支持
Canvas 的浏览器。</Canvas>
```

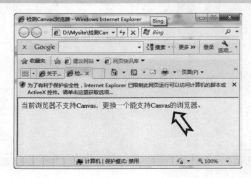

除了上面代码的文本外，同样还可以使用图片，不论是文本还是图片，都会在浏览器不支持 Canvas 元素的情况下显示出来。

7.1.3　在页面中放置 Canvas 元素

创建 Canvas 的方法很简单，只需要在 HTML 页面中添加<Canvas>元素即可。例如，下面的代码示例。

```
<Canvas id="mycanvas" height=
"300" width="150"></Canvas>
```

上面的代码会在页面上显示出一个 300px×150 px 的"隐藏"区域。同时，在此代码中，增加了一个值为"mycanvas"的 ID 特性，这么做的好处在于以后开发过程中可以通过 ID 来快速找到该 Canvas 元素。

> **注意**
>
> 在 HTML 5 中，Canvas 元素本身不会创建图形，它需要通过 JavaScript 脚本代码来绘制图形。为了能在 JavaScript 中引用元素，最好给元素设置 ID；也需要给 Canvas 设定高度和宽度。

默认情况下，通过上面代码在页面中显示出一个"隐藏"区域。假如要为其增加一个边框，可以使用标准的 CSS 边框属性来设置。例如下面的示例代码。

```
<Canvas id="mycanvas" style=
"border:1px solid" height="300"
width="150"></Canvas>
```

在 Opera 浏览器中显示代码内容。

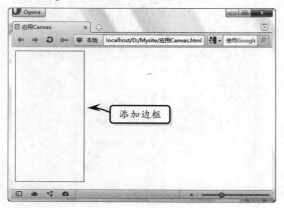

创建好画布后，让我们来准备画笔。要在画布中绘制图形需要使用 JavaScript。下面的脚本在 Canvas 中绘制一个矩形。

```
<script>
function drawLine(){
var c=document.getElementById
 ("mycanvas");//取得 Canvas 元素
var cxt=c.getContext("2d");
        //获取 2d 渲染上下文
cxt.moveTo(30,40);
        //用绝对坐标创建一条路径
cxt.lineTo(160,160);
cxt.strokeStyle = "#0000ff"
        //设置线条的颜色属性
cxt.stroke();
        //将这条线条绘制在 Canvas 上
}
window.addEventListener("load",
drawLine, true);
</script>
```

上面的 JavaScript 代码中，展示出了使用 HTML5 Canvas API 的重要流程。首先通过引用特定的 Canvas id 值来获取对 Canvas 对象的访问权；然后定义了一个 c 变量，调用 Canvas 对象的 getContext 方法，并传入希望使用的 Canvas 类型。代码清单中通过传入"2d"来获取一个二维上下文，这也是目前唯一可用的上下文。接下来，基于这个上下文执行绘制直线操作。

在该段代码中，调用了 3 个方法：moveTo、lineTo 和 strokeStyle，传入了该直线的起点和终点坐标，以及直线的颜色样式。其中，方法 moveTo 和 lineTo 实际上并不绘制线，而是在结束 Canvas 操作的时候，通过调用 c.stroke()方法完成直线的绘制。在浏览器中预览该代码的显示结果如下图。

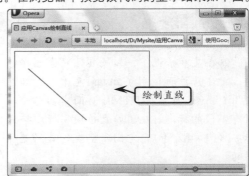

总之，Canvas 中所有操作都是通过上下文对象来完成的。在以后的 Canvas 编程中也是一样，因为所有涉及视觉输出效果的功能都只能通过上下文对象而不是画布对象来使用。这种设计使得 Canvas 拥有了良好的可扩展性，基于从其中抽象出的上下文类型，Canvas 将来可以支持多种绘制模型。

使用 HTML5 Canvas 的时候，moveTo、lineTo 等这些函数都不会直接修改 Canvas 的展示结果。Canvas 中很多用于设置样式和外观的函数也同样不会直接修改显示结果。只有当对路径应用绘制（Stroke）或者填充（Fill）方法时，结果才会显示出来。否则，只有在显示图像、显示文本或者绘制、填充和清除矩形框的时候，Canvas 才会马上更新。

7.2　绘制基本形状

绘制基本形状，是结合 Canvas 画布和 JavaScript，来绘制矩形、圆形、直线、三角形等一些简单的形状。

7.2.1　绘制矩形

在 HTML5 中使用画布 Canvas 结合 JavaScript 绘制矩形时，包含多个方法，每个方法的功能如下表所示。

方　　法	功　　能
fillRect	绘制一个没有边框的矩形，该矩形只有填充色。该方法包含 4 个参数，第 1 和第 2 个参数表示左上角的坐标位置，第 3 个参数表示长度，第 4 个参数表示高度
strokeRect	绘制一个带边框的矩形，该方法包含 4 个参数，第 1 和第 2 个参数表示左上角的坐标位置，第 3 个参数表示长度，第 4 个参数表示高度
clearRect	清除矩形区域，该方法包含 4 个参数，第 1 和第 2 个参数表示左上角的坐标位置，第 3 个参数表示长度，第 4 个参数表示高度

绘制矩形的代码如下所示：

```
<!DOCTYPE html>
<html>
<head>
<meta charset="utf-8">
<title>无标题文档</title>
</head>
```

```
<body>
<Canvas id="Can" width="150" height="150" style="border:1px solid blue">
</Canvas>
<script type="text/javascript">
var        c=document.getElementById("myCanvas");
var context=c.getContext("2d");
context.fillStyle="rgb(128,100,162)";
context.fillRect(25,25,100,100);</script>
</body>
</html>
```

上面的代码中，先定义了一个画布对象，然后定义了画布边框的显示样式。代码中的 fillStyle 属性用于设定填充的颜色、透明度等，如果设置为"rgb（128，100，162）"，则表示一个不透明颜色；如果设置为"rgba（128，100，162，0.5"，则表示为一个透明度 50% 的颜色。

使用浏览器预览，其效果如下图所示。

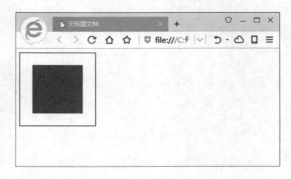

7.2.2 绘制圆形

在 HTML5 中使用画布 Canvas 结合 JavaScript 绘制圆形时，包含多个方法，每个方法的功能如下表所示。

方　　法	功　　能
beginPath()	表示绘制路径
arc(x,y,rad1us, startAngle, endAngle, anticlockwise)	参数 x 和 Y 定义的是圆的原点，radius 定义圆的半径，startAngle 和 endAngle 定义弧度，anticlockwise 定义圆的方向，值是 true 或 false
closePath()	表示绘制结束
fill()	表示填充
Stroke()	表示设置边框

在 Canvas 中，可以通过 beginpath()方法绘制路径，绘制完成后调用 fill()和 stroke()设置填充和边框，最后通过 closepath()方法结束绘制。

绘制圆形的代码如下所示：

```
<!DOCTYPE html>
<html>
<head>
<meta charset="utf-8">
<title>无标题文档</title>
</head>
<body>
<Canvas id="Can" width="150" height=
"150" style="border:1px solid blue">
</Canvas>
<script type="text/javascript">
var c=document.getElementById ("Can");
var context=c.getContext("2d");
context.fillStyle="#000000";
context.beginPath();
context.arc(75,75,70,0,Math.PI*2,
true);
context.closePath();
context.fill();
</script>
</body>
</html>
```

使用浏览器预览，其效果如下图所示。

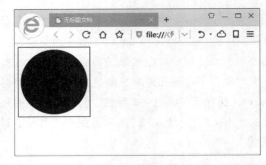

另外，使用 arc 方法还可以绘制弧形。使用 arc 方法绘制弧形的代码如下所示：

```
<!DOCTYPE html>
<html>
<head>
<meta charset="utf-8">
<title>无标题文档</title>
</head>
<body>
<Canvas id="Can" style="border:1px
solid;" width="150" height="150">
</Canvas>
<script type="text/javascript">
var c=document.getElementById("Can");
var context=c.getContext("2d");
for(var i=0;i<40;i++){
context.strokeStyle="#000000";
context.beginPath();
context.arc(5,200,i*10,0,Math.PI*3/
2,true);
context.stroke();
}
</script>
</body>
</html>
```

使用浏览器预览，其效果如下图所示。在上述代码中，使用了 stroke 方法，该方法用于显示输出线条。

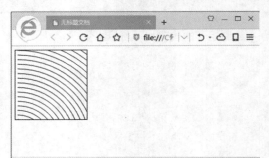

对于上述实例，如果在"context.stroke();"语句前添加"context.closePath();"语句，则会在弧线上补上一条线条，使路径闭合起来。其最终效果如下图所示。

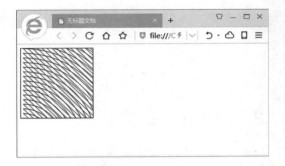

7.2.3 绘制直线

在 HTML5 中，绘制直线的常用方法是 moveTo和 lineTo，这两种方法的属性和功能如下表所示。

方法或属性	功　　能
moveTo(x，y)	建立新的路径，并规定线条的起始点（x，y）
lineTo(x,y)	从 moveTo 方法规定的起始点绘制一条到目标坐标（x，y）的直线
strokeStyIe	设置线条的颜色
lineWidth	设置线条的粗细

绘制直线的代码如下所示：

```
<!DOCTYPE html>
<html>
<head>
<meta charset="utf-8">
<title>无标题文档</title>
</head>
<body>
<Canvas id="Can" width="200" height=
"200" style="border:1px solid blue">
</Canvas>
<script type="text/javascript">
var c=document.getElementById("Can");
var context=c.getContext("2d");
context.beginPath();
context.strokeStyle="rgb(0,0,0)";
```

```
context.moveTo(10,10);
context.lineTo(150,50);
context.lineTo(200,150);
context.lineTo(18,20);
context.lineWidth=3;
context.stroke();
context.closePath();
</script></body>
</html>
```

上面的代码中，使用 moveTo 方法定义起始点的坐标位置为（10，10），并以此坐标位置为起点，绘制了两条不同的直线。然后，使用 lineWidth 和 strokestyle 属性设置了直线的宽度和颜色，并用 lineTo 属性设置了直线的结束位置。

使用浏览器预览，其效果如下图所示。

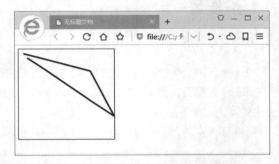

7.2.4 绘制三角形

在绘制直线时，只要调整好开始和结束位置，便可以绘制一个三角形图形。绘制三角形图形的代码如下所示：

```
<!DOCTYPE html>
<html>
<head>
<meta charset="utf-8">
<title>无标题文档</title>
</head>
<body>
<Canvas id="Can" style="border:1px
solid;" width="200" height="200">
</Canvas>
<script type="text/javascript">
var c=document.getElementById("Can");
var context=c.getContext("2d");
```

```
context.fillStyle="rgb(0,0,0)";
context.beginPath();
context.moveTo(150,150);
context.lineTo(150,25);
context.lineTo(25,150);
context.fill();
</script>
</body>
</html>
```

使用浏览器预览，其效果如下图所示。

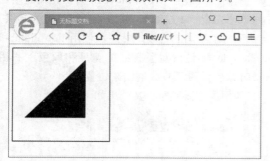

上述代码中绘制的为实心三角形，如若绘制空心三角形，则需要使用 strokeStyle 属性和 stroke 方法，具体代码如下所示：

```
<!DOCTYPE html>
<html>
<head>
<meta charset="utf-8">
<title>无标题文档</title>
</head>
<body>
<Canvas id="Can" style="border:1px
solid;" width="200" height="200">
</Canvas>
<script type="text/javascript">
var c=document.getElementById("Can");
var context=c.getContext("2d");
context.strokeStyle="rgb(0,0,0)";
context.beginPath();
context.moveTo(150,150);
context.lineTo(150,25);
context.lineTo(25,150);
context.closePath();
context.stroke();
</script>
</body>
</html>
```

使用浏览器预览，其效果如下图所示。

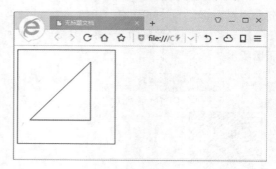

7.2.5　绘制曲线

在 HTML5 中，可以绘制两种曲线，一种是普通的曲线，另外一种则是贝塞尔曲线。

1．绘制普通曲线

在实际的设计工作中，绘制线段中不可能都是直线，而且更多地会遇到绘制曲线。HTML5 Canvas API 中，就提供了绘制二次曲线的函数方法。此项功能的具体使用过程同上面的基本绘图不同之处在于，它需要调用 quadraticCurveTo() 方法，quadraticCurveTo() 方法为当前路径添加一条贝塞尔曲线。这条曲线从当前点开始，到（x，y）结束。它的语法结构如下所示。

```
quadraticCurveTo(cpX, cpY, x, y)
```

从语法结构来看，该方法的参数带有两组（x，y）参数。第二组是指曲线的终点，第一组代表控制点，控制点（cpX，cpY）说明了这两个点之间的曲线的形状，它位于曲线的旁边（并不是曲线上），其作用相当于对曲线产生一个拉力。通过调整控制点的位置，就可以改变曲线的曲率，如下图。

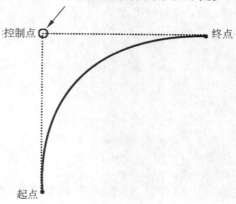

接下来，通过绘制一条二次曲线，来讲解该方法的具体应用。

```
var Canvas=document.getElement-
ById("mycanvas");
var cxt=Canvas.getContext("2d");
cxt.save();
cxt.translate(10,200);
cxt.beginPath();
cxt.moveTo(0,0);
cxt.quadraticCurveTo(80,150,250,
-80);
cxt.quadraticCurveTo(350,-200,42
0,-80);
cxt.strokeStyle='#4B0082';
cxt.lineWidth='4';
cxt.stroke();
cxt.restore();
```

在浏览器中查看其显示效果如下图所示。

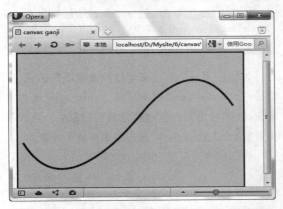

> **提示**
>
> HTML 5 Canvas API 的其他曲线功能还涉及
> bezierCurveTo、arcTo 和 arc 方法，这些属性
> 方法通过多种控制点（例如半径、角度）让
> 曲线更具有可塑性。

2．绘制贝塞尔曲线

在 HTML5 中，可以使用 bezierCurveTo()方法绘制三次贝塞尔曲线，bezierCurveTo 方法的具体格式如下所示：

```
bezierCurveTo(cpX1,cpY1,cpX2,cpY2,
x,y)
```

在上述代码中，cpX1、cpY1 参数表示曲线开始的控制点坐标，而 cpX2 和 cpY2 参数表示结束的控制点坐标，x 和 y 则表示结束点的坐标。

绘制贝塞尔曲线的代码如下所示：

```
<!DOCTYPE html>
<html>
<head>
<meta charset="utf-8">
<title>无标题文档</title>
</head>
<body onload="draw('can');">
<Canvas id="can" width="300" height=
"300" />
<script>
function draw(id)
{
    var Canvas=document.get
    ElementById (id);
    if(Canvas==null)
    return false;
    var context=Canvas.getContext
    ('2d');
    context.fillStyle="#ffffff";
    context.fillRect(0,0,300,300);
    var n=0;
    var dx=100;
    var dy=120;
    var s=100;
    context.beginPath();
    context.globalCompositeOperation
    ='and';
    context.fillStyle='rgb(0,191,
    255)';
    context.strokeStyle='rgb(178,
    34,34)';
    var x=Math.sin(0);
    var y=Math.cos(0);
    var dig=Math.PI/10*11;
    for(var i=3;i<20;i++)
    {
        var x=Math.sin(i*dig);
        var y=Math.cos(i*dig);
```

```
            context.bezierCurveTo
            (dx+x*s,dy+y*s-50,dx+x*s+50,
            dy+y*s,dx +x*s,dy+y*s));
        }
    context.closePath();
    context.fill();
    context.stroke();
}
</script>
</body>
</html>
```

使用浏览器预览，其效果如下图所示。上面的 draw 函数代码中，首先使用 fillRect（0，0，300，

300）语句绘制了一个矩形，其大小与画布相同，填充颜色为白色。然后定义了几个变量，用于设定曲线的坐标位置，在 for 循环中使用 bezierCurveTo 绘制贝塞尔曲线。

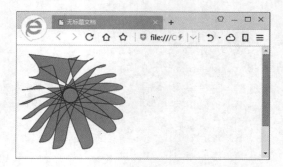

7.3　绘制渐变图形

在 HTML5 Canvas API 中，除了可以绘制图形、填充颜色之外，同样可以像 Photoshop 软件中的渐变工具一样，绘制渐变对象；而 Canvas 的绘图支持线性渐变和径向渐变两种类型的渐变。

7.3.1　绘制线性渐变

在 HTML5 中，可以使用 createLinearGradient() 方法来绘制线性渐变。

该方法创建线性颜色渐变，它在指定的起始点和结束点之间线性地内插颜色值。该方法的语法结构如下。

```
createLinearGradient(xStart,yStart,
xEnd, yEnd)
```

其中，前两个参数用于设置渐变的起始点的坐标，后两个参数用于设置渐变的结束点的坐标。

另外，绘制线性渐变时，一般会使用到下表中的两种方法。

方　　法	功　　能
addColorStop	包括颜色和偏移量两个参数，颜色参数指在偏移位置描边或填充时所使用的颜色；偏移量指沿着渐变线渐变的距离，其值介于 0.0～1.0 之间

续表

方　　法	功　　能
createLinearGradient (x0,y0,x1,y1)	表示从（x0,y0）至（x1,y1）绘制渐变

若要使用一个渐变来勾勒线条或填充区域，只需要把 Canvas 渐变对象赋给 strokeStyle 属性或 fillStyle 属性即可。创建颜色渐变对象后，可以使用对象的 addColorStop 方法添加颜色中间值。

绘制线性渐变的代码，如下所示：

```
<!DOCTYPE html>
<html>
<head>
<meta charset="utf-8">
<title>无标题文档</title>
</head>
<body>
<Canvas id="can" width="300" height=
"300" style="border:1px solid black"/>
<script type="text/javascript">
var c=document.getElementById("can");
var context =c.getContext("2d");
var gradient= context.createLinear-
Gradient (0,100,300,can.height);
gradient.addColorStop(0,'#00ffff');
```

```
gradient.addColorStop(1,'#f70909');
cxt.fillStyle=gradient;
cxt.fillRect(0,0,300,300);
</script>
</body>
</html>
```

上面的代码使用 2D 环境对象产生了一个线性渐变对象，渐变的起始点是（0，0），渐变的结束点是(0,100,300,can.height)，并使用 addColorStop 函数设置渐变颜色。

使用浏览器预览，其效果如下图所示。

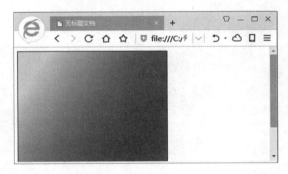

7.3.2 绘制径向渐变

径向渐变的颜色会介于两个指定圆的圆周之间放射性地插值颜色，可以使用createRadialGradient 方法绘制径向渐变，其语法结构为：

```
createLinearGradient(xStart,yStart,
radiusStart, xEnd,yEnd,radiusEnd)
```

该方法各参数的具体含义如下所示。

方 法	功 能
xStart,yStart	开始圆的圆心的坐标
radiusStart	开始圆的直径
xEnd, yEnd	结束圆的圆心的坐标
radiusEnd	结束圆的直径

绘制径向渐变的代码如下所示：

```
<!DOCTYPE html>
<html>
<head>
<meta charset="utf-8">
<title>无标题文档</title>
</head>
<body>
<Canvas id="can" width="300" height=
"300" style="border:2px solid black"/>
<script type="text/javascript">
var c=document.getElementById("can");
var context=c.getContext("2d");
var gradient=context.createRadial-
Gradient(can.width/2,can.height/
2,0,can.width/2,can.height/2,150);
gradient.addColorStop(0,'#f70909');
gradient.addColorStop(1,'#7FFFD4');
context.fillStyle=gradient;
context.fillRect(0,0,400,400);
</script></body>
</html>
```

使用浏览器预览，其效果如下图所示。

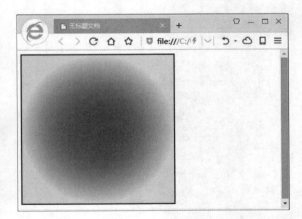

7.4 绘制变形图形

画布 Canvas 不但可以绘制基本和渐变图形，而且还可以使用变换方法来绘制变形图形，例如绘制平移效果图形、缩放效果图形和旋转效果图形等。

7.4.1　绘制平移效果图形

如若对图形实现平移，则需要使用 translate(x,y) 方法，该方法可以将绘制图形的空间坐标进行转换，例如绘制图形的起始坐标点为（0，0），通过调用该方法，可以将空间坐标转换为（100，100）。这样绘制的图形就进行了相应的平移。

绘制平移效果图形的代码，如下所示：

```
<!DOCTYPE html>
<html>
<head>
<meta charset="utf-8">
<title>无标题文档</title>
</head>
<body onload="draw('can');">
<Canvas id="can" width="400" height=
"300"/>
<script>
function draw(id)
{
    var can=document.getElementById
    (id);
    if(Canvas==null)
    return false;
    var context=can.getContext('2d');
    context.fillStyle="#eeeeff";
    context.fillRect(0,0,300,300);
    context.translate(20,50);
    context.fillStyle='rgba(255,
    0,0,0.25)';
    for(var i=0;i<50;i++){
        context.beginPath();
        context.translate(25,25);
        context.arc(25,25,70,0,
        Math.PI*2,true);
            context.closePath();
            context.fill();
    }
}
</script>
</body>
```

```
</html>
```

在 draw 函数中，使用 fillRect 方法绘制了一个矩形，然后使用 translate 方法平移到一个新位置，并从新位置开始，使用 for 循环，连续移动多次坐标原点，多次绘制矩形。

使用浏览器预览，其效果如下图所示。

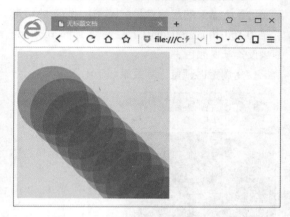

7.4.2　绘制缩放效果图形

如若对图形实现缩放，则需要使用 scale(x,y) 方法，该方法可以对绘制的图形沿着 x、y 坐标进行缩放。不过，这里的缩放单位是浮点数，而不是整数。例如，需要将绘制的图形在 X 轴上缩小 50%，那么 x 的参数值输入 0.5，y 轴上保持不变，输入 1 即可。

绘制缩放效果图形的代码，如下所示：

```
<!DOCTYPE html>
<html>
<head>
<meta charset="utf-8">
<title>无标题文档</title>
</head>
<body onload="draw('can');">
<Canvas id="can" width="300" height=
"200"/>
<script>
function draw(id)
{
    var  Canvas=document.getElement-
```

```
        ById(id);
    if(Canvas==null)
    return false;
    var context=Canvas.getContext
    ('2d');
    context.fillStyle="#feeeff";
    context.fillRect(0,0,300,200);
    context.translate(0,100);
    context.fillStyle='rgba(25,0,
    0,0.5)';
    for(var i=0;i<30;i++){
        context.scale(100,0.5);
        context.fillRect(0,0,100,
        100);
    }
}
</script>
</body>
</html>
```

使用浏览器预览, 其效果如下图所示。

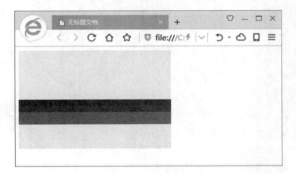

7.4.3 绘制旋转效果图形

在 HTML5 中,还可以使用 rotate()方法来旋转图形,该方法可以对绘制的图形进行旋转。同 scale()方法的单位一样,这里输入的不是角度的整数值,而是浮点数。

绘制旋转效果图形的代码, 如下所示:

```
<!DOCTYPE html>
<html>
<head>
<meta charset="utf-8">
<title>无标题文档</title>
</head>
```

```
<body onload="draw('can');">
<Canvas id="can" width="300" height=
"200"/>
<script>
function draw(id)
{
    var Canvas=document.getElement ById
    (id);
    if(Canvas==null)
    return false;
    var context=Canvas.getContext
    ('2d');
    context.fillStyle="#feeeff";
    context.fillRect(0,0,300,200);
    context.translate(150,100);
    context.fillStyle='rgba(25,
    0,0,0.25)';
    for(var i=0;i<50;i++){

context.rotate(Math.PI/10);

context.fillRect(0,0,100,50);
    }
}
</script>
</body>
</html>
```

使用浏览器预览, 其效果如下图所示。

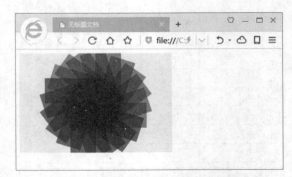

> **注意**
>
> 上述操作中并没有旋转<canvas>元素, 其旋转的角度是使用弧度来指定的。

7.5 编辑图形

在 HTML5 中，还可以像在 Word 中那样编辑图形，例如组合图形、裁切图形、设置线条类型等操作，从而增加图形的美观性，使其符合网页的整体布局。

7.5.1 组合图形

当用户需要在 HTML5 中绘制多个图形时，可以使用 globalCompositeOperation 属性组合图形，其语法格式如下所示：

```
globalCompositeOperation=type
```

上述代码中的 type 属性具有 12 个属性值，具体说明如下表所示。

属 性 值	说 明
source-over (default)	为默认值，表示新图形覆盖原有图形
destination-over	表示原有图形覆盖在新图形之上
source-in	表示新图形出现在原有图形的重叠部分，其他区域为透明状态
destination-in	表示保留原有图形与新图形的重叠部分，其他区域为透明状态
source-out	表示绘制原有图形和新图形的不重叠部分
destination-out	表示保留原有图形和新图形的不重叠部分
source-atop	表示绘制新图形与原有图形重叠的部分，并覆盖在原有图形之上
destination-atop	表示保留新图形与原有图形的重叠部分，并且原有图形覆盖新图形
lighter	表示加色处理两图形中的重叠部分
darker	表示减色处理两图形中的重叠部分
xor	表示重叠的部分变为透明状
copy	表示只处理新图形，清除掉其他图形

组合图形的代码，如下所示：

```html
<!DOCTYPE html>
<html>
<head>
<meta charset="utf-8">
<title>无标题文档</title>
</head>
<body onload="draw('can');">
<Canvas id="can" width="300" height="300"/>
<script>
function draw(id)
{
 var Canvas=document.getElementById(id);
  if(Canvas==null)
 return false;
 var context=can.getContext('2d');
 var oprtns=new Array(
    "source-atop",
    "source-in",
    "source-out",
    "source-over",
    "destination-atop",
    "destination-in",
    "destination-out",
    "destination-over",
    "lighter",
    "copy",
    "xor"
  );
  var i=10;
  context.fillStyle="purple";
  context.fillRect(10,20,100,100);
  context.globalCompositeOperation=oprtns[i];
  context.beginPath();
  context.fillStyle="green";
  context.arc(100,100,50,0,Math.PI*2,false);
  context.fill();
}
</script>
</body>
</html>
```

在上面的代码中，先创建了一个用于存储 type 属性值的 oprtns 数组，然后绘制矩形，并使用 content 对象设置图形的组合方式，最后使用 arc 绘制圆。

使用浏览器预览，其效果如下图所示。

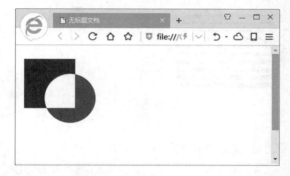

7.5.2 裁切路径

在 HTML5 中，可以使用 clip 方法裁切路径，以形成一个蒙版，而没有被蒙版的区域则会被隐藏。

裁切路径的示例代码如下所示：

```
<!DOCTYPE html>
<html>
<head>
<meta charset="utf-8">
<title>无标题文档</title>
</head>
<body>
<Canvas id="Can" style="border:1px
solid;" width="300" height="300">
</Canvas>
<script type="text/javascript">
function draw(){
    var context = document.get
    ElementById('Can').getContext
    ("2d");
    context.fillStyle="black";
    context.fillRect(0,0,300,300);
    context.fill();
    context.beginPath();
    context.arc(100,150,130,0,
    Math.PI*2,true);
```

```
    context.clip();
    context.translate(100,20);
    for (var i=0;i<60;i++){
        context.save();
        context.transform(0.8,0,0,0.8,
        40,40);
        context.rotate(Math.PI/20);
        context.beginPath();
        context.fillStyle="red";
        context.globalAlpha="0.4";
        context.arc(0,40,60,0,Math.PI
        *2,true);
        context.closePath();
        context.fill();
    }
}
window.onload=function(){
    draw();
}
</script>
</body>
</html>
```

使用浏览器预览，其效果如下图所示。在上述代码中，首先绘制一个圆，然后对其进行裁剪，并为裁剪外的区域添加蒙版，对其进行隐藏。

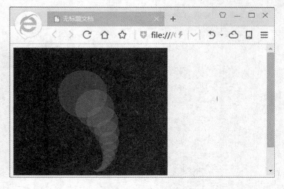

7.5.3 设置描边样式

像其他的绘图软件一样，Canvas 中的图形也可以调整描边样式。描边样式包括线宽度、线颜色、线末端形状，以及线的连接方式。它们的属性方法如下表。

属性方法	说明
lineWidth	该方法用于设置描边的粗细程度
lineCap	设置线条的末端如何绘制。选项值是 "butt"、"round" 和 "square"。默认值是"butt"
lineJoin	设置两条线条如何连接。选项值是"round"、"bevel"和"miter"。默认值是"miter"
strokeStyle	设置用于画笔（绘制）路径的颜色、模式和渐变

1. 设置线条的粗细（linWidth）

在 HTML5 中，可以使用 linWidth 属性设置"线宽"，也就是线条的粗细。其中，linWidth 属性值的默认值为 1.0，该属性的属性值必须为正数。

下列示例代码中，显示了不同宽度的 10 条直线。

```html
<!DOCTYPE html>
<html>
<head>
<meta charset="utf-8">
<title>无标题文档</title>
</head>
<body>
<Canvas id="Can" width="300" height=
"200"></Canvas>
<script language="javascript">
function draw() {
  var context = document.getElement-
  ById('Can').getContext('2d');
  for (var i = 0; i < 10; i++){
    context.strokeStyle="blue";
    context.lineWidth = 2+i;
    context.beginPath();
    context.moveTo(5,5+i*16);
    context.lineTo(200,5+i*16);
    context.stroke();
  }
}
window.onload=function(){
    draw();
}
</script>
```

```html
</body>
</html>
```

使用浏览器预览，其效果如下图所示。

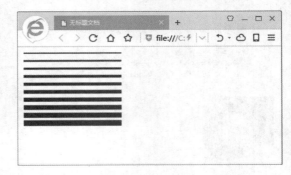

2. 设置端点样式（lineCap）

在 HTML5 中，可以用 lineCap 属性设置线段端点的样式，包括 butt、round 和 square，默认值为 butt。

下列示例代码中，显示了 3 种端点样式。

```html
<!DOCTYPE html>
<html>
<head>
<meta charset="utf-8">
<title>无标题文档</title>
<script language="javascript">
function draw() {
    var context = document.getElement-
    ById('Can').getContext('2d');
    var lineCap = ['butt','round',
    'square'];
    context.strokeStyle = 'blue';
    for (var i=0;i<lineCap.length;
    i++){
        context.lineWidth = 20;
        context.lineCap = lineCap[i];
        context.beginPath();
        context.moveTo(10,30+i*50);
        context.lineTo(150,30+i*50);
        context.stroke();
    }
}
window.onload=function(){
    draw();
}
```

```
</script>
</head>
<body>
<Canvas id="Can" width="300" height=
"300"></Canvas>
</body>
</html>
```

使用浏览器预览，其效果如下图所示。

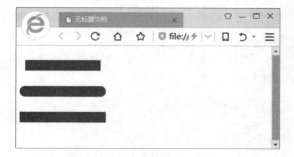

3．设置连接处样式（lineJoin）

在 HTML5 中，可以 lineJoin 属性设置线段连接处的样式，包括 round、bevel 和 miter 样式，其默认值为 miter。

下列示例代码中，显示了连接处的 3 种不同样式。

```
<!DOCTYPE html>
<html>
<head>
<meta charset="utf-8">
<title>无标题文档</title>
<script language="javascript">
function draw() {
    var context = document.getElement-
    ById('Can').getContext('2d');
    var lineJoin = ['miter','round',
    'bevel'];
    context.strokeStyle = 'blue';
    for (var i=0;i<lineJoin.length;
    i++){
        context.lineWidth =20;
        context.lineJoin = lineJoin[i];
        context.beginPath();
        context.moveTo(10+i*150,30);
        context.lineTo(100+i*150,30);
```

```
        context.lineTo(100+i*150,100);
        context.stroke();
    }
}
window.onload=function(){
    draw();
}
</script>
</head>
<body>
<Canvas id="Can" width="600" height=
"300"></Canvas>
</body>
</html>
```

使用浏览器预览，其效果如下图所示。

7.5.4 设置图形的透明度

绘制图形后，可以使用 globalAlpha 属性来设置图形的透明度。除此之外，还可以通过设置色彩透明度的 rgba 参数，来为图形设置不同效果的透明度，其语法格式如下所示：

```
rgba(R,G,B,A)
```

上述语法中的 R，G，B 表示红色、绿色和蓝色，其颜色值是介于 0~255 之间的整数；而 A 表示 alpha（不透明），其值介于 0.0~1.0 的一个浮点数值，0.0 为完全透明，1.0 为完全不透明。

rgba 属性的示例代码如下所示：

```
<!DOCTYPE html>
<html>
<head>
<meta charset="utf-8">
<title>无标题文档</title>
```

```
</head>
<body>
<Canvas id="Can" style="border:1px
solid;" width="200" height="200">
</Canvas>
<script type="text/javascript">
var c=document.getElementById("Can");
var context=c.getContext("2d");
context.fillStyle="rgba(255,0,0,0.5)";
context.beginPath();
context.moveTo(150,150);
context.lineTo(150,25);
context.lineTo(25,150);
context.fill();
</script>
</body>
</html>
```

使用浏览器预览，其效果如下图所示。

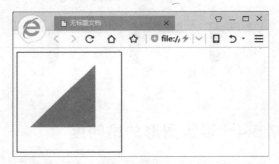

7.5.5　设置阴影

Canvas API 包含了可以自动为所绘制的任何图形添加下拉阴影的属性。在绘制阴影的时候，可以通过全局 context 的属性来控制阴影。阴影的颜色可用 shadowColor 属性来指定，并且可以通过 shadowOffsetX 和 shadowOffsetY 属性来改变。另外，应用到阴影边缘的羽化量也可以使用 shadowBlur 属性来设置。这些属性的详细功能介绍如下。

属　　性	值	说　　明
shadowColor	CSS 颜色值	可以使用透明度 alpha
shadowOffsetX	px 值	值为正数，向右移动阴影；值为负数，向左移动阴影

续表

属　　性	值	说　　明
shadowOffsetY	px 值	值为正数，向下移动阴影；值为负数，向上移动阴影
shadowBlur	高斯模糊值	值越大，阴影边缘越模糊

ShadowColor 或者其他任何属性的值被赋予非默认值，路径、文本或者图片上的阴影就会被触发。

下面，通过一个文本示例，来展示阴影效果的创建方法。

```
<!DOCTYPE html>
<html>
<head>
<meta charset="utf-8">
<title>无标题文档</title>
</head>
<body>
<Canvas id="Can" style="border:1px
solid;" width="300" height="200">
</Canvas>
<script language="javascript">
  var context = document.getElement-
  ById('Can').getContext('2d');
  context.shadowColor='rgba(20,20,
  20,0.2)';
  context.shadowOffsetX='5';
  context.shadowOffsetY='3';
  context.shadowBlur='3';
  context.font = "italic 45px 黑体";
  context.fillStyle = "Red";
  context.fillText("春眠不觉晓",30,
  60,300);
  context.font = "italic 45px 黑体";
  context.fillStyle = "Blue";
  context.fillText("处处闻啼鸟",30,
  100);
</script>
</body>
</html>
```

使用浏览器预览，其效果如下图所示。

技巧

为任何一个对象添加阴影效果，阴影属性的设置都必须位于绘制对象之前，如果放在绘制对象之后，将不会看到阴影效果。

7.5.6　保存图形状态

一般在绘制图形的时候，要绘制多个图形元素，那么变换操作可能只是对其中某一个元素进行操作。为了不影响后续的绘制过程。在变换操作之前，应该先调用 save() 方法把当前状态保存起来，变换操作完毕后，再通过调用 retore() 方法，来重置之前的绘图状态。这样后续的 Canvas 操作就不会被刚才的变换操作影响了。

下面我们通过上面的示例，绘制出一个三角形轮廓为例，来展示保存图形状态的功能。

```
var Canvas = document.getEleme-
ntById('mycanvas');
var context = Canvas.getContext
('2d');
context.save();                    ← 保存状态
//context.rotate(0.2);
context.scale(1,0.5);
context.translate(120,120);
//设置边框和填充的样式属性
context.fillStyle  = "#EE1289";
context.strokeStyle = '#8B0A50';
context.lineWidth  = 4;
context.beginPath();
//从左上角开始绘制
context.moveTo(30, 30);
//give the (x,y) coordinates
```

```
context.lineTo(250, 30);
context.lineTo(30, 250);
context.lineTo(30, 30);
//开始填充图形和绘制边框
.context.fill();
context.stroke();
context.closePath();
context.restore();                 ← 恢复状态
//重新绘制一个三角形
context.moveTo(10, 10);
context.lineTo(300, 10);
context.lineTo(10, 300);
context.lineTo(10, 10);
context.stroke();
```

在该段代码中，添加了 context.save() 方法保存了当前状态，后面又调用 context.retore() 方法，恢复了原始状态。因此，当再次绘制三角形轮廓的时候，没有受到变换操作的影响，在浏览器中查看绘制效果如下图。

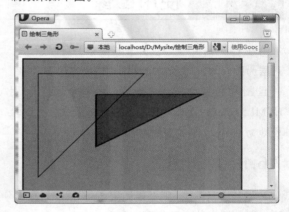

下面这段代码，是没有调用 context.save() 和 context.retore() 方法的示例，我们可以在浏览器中，再看看它的效果，如下图。

```
var Canvas = document.getEleme-
ntById('mycanvas');
var context = Canvas.getContext
('2d');
//context.rotate(0.2);
context.scale(1,0.5);
context.translate(120,120);
//设置边框和填充的样式属性
```

```
context.fillStyle    = "#EE1289";
context.strokeStyle = '#8B0A50';
context.lineWidth    = 4;
context.beginPath();
//从左上角开始绘制
context.moveTo(30, 30);
// give the (x,y) coordinates
context.lineTo(250, 30);
context.lineTo(30, 250);
context.lineTo(30, 30);
//开始填充图形和绘制边框
context.fill();
context.stroke();
context.closePath();
//重新绘制一个三角形
context.moveTo(10, 10);
context.lineTo(300, 10);
```

```
context.lineTo(10, 300);
context.lineTo(10, 10);
context.stroke();
```

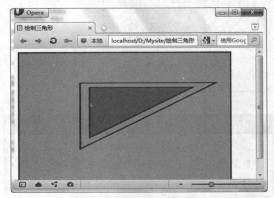

从最终的显示效果上可以发现，在没有保存图形状态的情况下，再次绘制的三角形轮廓同之前的三角形一样，进行了相同的变换操作。

7.6   使用图像

在 Canvas 中显示图片非常简单。可以通过修正层为图片添加印章、拉伸图片或者修改图片等，并且图片通常会成为 Canvas 上的焦点。使用 HTML5 Canvas API 内置的几个简单命令，可以轻松地为 Canvas 添加图片内容。

7.6.1　绘制图像

如若绘制图像，则需要调用 drawImage()方法，该方法包括 3 种设置参数的方式。

□ **3个参数**　最基本的 drawImage 使用方法。一个参数指定图像的位置，另两个参数设置图像在 Canvas 中的位置。

□ **5个参数**　中级的 drawImage 使用方法，包括上面所述 3 个参数，加两个参数指明插入图像宽度和高度（如果想改变图像大小）。

□ **9个参数**　最复杂 drawImage 使用方法，包含上述 5 个参数外，另外 4 个参数设置源图像中的位置和高度宽度。这些参数允许在显示图像前动态裁剪源图像。

绘制图像的示例代码如下所示：

```
<!DOCTYPE html>
<html>
<head>
<meta charset="utf-8">
<title>无标题文档</title>
</head>
<body>
<Canvas id="can" width="300" height=
"200" style="border:1px solid blue">
</Canvas>
<script type="text/javascript">
window.onload=function(){
    var context=document.getElementById
    ("can").getContext("2d");
    var img=new Image();
    img.src="01.jpg";
    img.onload=function(){
        context.drawImage(img,0,0);
    }
}
</script>
```

```
</body>
</html>
```

使用浏览器预览，其效果如下图所示。

7.6.2　平铺图像

当被加载的图像作为背景图像使用时，通常会将图像平铺于画布 Canvas 中。在 HTML5 中，平铺图像需要调用 createPattern 函数，该函数的语法格式如下所示：

```
createPattern(image,type)
```

其中 image 属性表示图像，而 type 属性则表示平铺的类型，其具体含义如下表所示。

参　数　值	说　　明
no-repeat	表示不平铺
repeat-x	表示横向平铺
repeat-y	表示纵向平铺
repeat	表示重复平铺

图像平铺的示例代码，如下所示：

```
<!DOCTYPE html>
<html>
<head>
```

```
<meta charset="utf-8">
<title>无标题文档</title>
</head>
<body onload="draw('can');">
<Canvas id="can" width="400" height=
"300"></Canvas>
<script>
function draw(id){
    var Canvas=document.getElementById
    (id);
    if(Canvas==null){
        return false;
    }
    var  context=Canvas.getContext
    ('2d');
    context.fillStyle="#eeeeff";
    context.fillRect(0,0,400,300);
    image=new Image();
    image.src="01.jpg";
    image.onload=function(){
        var ptrn=context.createPattern
        (image,'repeat');
        context.fillStyle=ptrn;
        context.fillRect(0,0,400,
        300);
    }
}
</script>
</body>
</html>
```

在上面的代码中，先用 fillRect 创建了一个宽度为 400、高度为 300，左上角坐标位置为（0，0）的矩形；然后创建了 Image 对象，并使用 createPattern 绘制重复平铺的图像。最后绘制矩形，此矩形的大小完全覆盖原来的图形。

使用浏览器预览，其效果如下图所示。

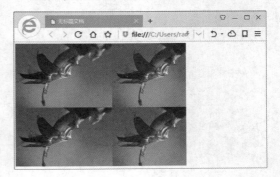

7.6.3 裁剪图像

使用 HTML5 中的 clip 方法，可以裁剪图像，其剪辑区域是一个左上角在（0，0），宽和高分别等于 Canvas 元素的宽和高的矩形。

裁剪图像的代码如下所示：

```html
<!DOCTYPE html>
<html>
<head>
<meta charset="utf-8">
<title>无标题文档</title>
</head>
<body onload="draw('can');">
<Canvas id="can" width="300" height="300"></Canvas>
<script>
function draw(id){
    var Canvas=document.getElement-
    ById(id);
    if(Canvas==null){
        return false;
    }
    var context=Canvas.getContext('2d');
    var gr=context.createLinearGradient(0,300,300,0);
    gr.addColorStop(0,'rgb(255,255,0)');
    gr.addColorStop(1,'rgb(0,255,255)');
    context.fillStyle=gr;
    context.fillRect(0,0,300,300);
    image=new Image();
    image.onload=function(){
        drawImg(context,image);
    };
    image.src="01.jpg";
}
function drawImg(context,image){
    create8StarClip(context);
    context.drawImage(image,-30,-30,300,300);
}
function create8StarClip(context){
    var n=0;
    var dx=200;
    var dy=0;
    var s=200;
    context.beginPath();
    context.translate(0,80);
    var x=Math.sin(0);
    var y=Math.cos(0);
    var dig=Math.PI/5*4;
    for(var i=0;i<8;i++){
        var x=Math.sin(i*dig);
        var y=Math.cos(i*dig);
        context.lineTo(dx+x*s,dy+y*s);
    }
    context.clip();
}
</script>
</body>
</html>
```

在上面的代码中，create8Sta1Clip 函数创建了一个多边图形；drawlmg 函数则绘制了裁剪区域；而 draw 函数用于获取画布对象，定义线性渐变。

使用浏览器预览，其效果如下图所示。

7.6.4 px 化处理图像

Canvas API 最有用的特性之一是允许开发人员直接访问 Canvas 底层 px 数据。这种数据访问是双向的：一方面，可以以数值数组形式获取 px 数据；另一方面，可以修改数组的值，以将其应用于

Canvas。

实际上，放弃本章之前讨论的渲染调用，也可以通过直接调用 px 数据的相关方法来控制 Canvas。这要归功于 context API 内置的 3 个函数。

第一个是 context.getImageData（sx，sy，sw，sh）。该函数返回当前 Canvas 状态，并以数值数组的方式显示。具体来说，返回的对象包括 3 个属性。

- **width** 每行有多少个 px。
- **height** 每列有多少个 px。
- **data** 一维数组，存有从 Canvas 获取的每个 px 的 RGBA 值。该数组为每个 px 保存了 4 个值——红、绿、蓝和 alpha 透明度。每个值都在 0～255。因此，Canvas 上的每个 px 在这个数组中就变成了 4 个整数值。数组的填充顺序是从左到右，从上到下（也就是先第一行再第二行，以此类推）。

getImageData 函数有 4 个参数，该函数只返回这 4 个参数所限定的区域内的数据。只有被 x、y、width 和 height 4 个参数框定的矩形区域内的 Canvas 上的 px 才会被取到，因此要想获取所有的 px 数据，就需要这样传入参数：getImageData(0, 0, Canvas.width, Canvas.height)，参见下图。

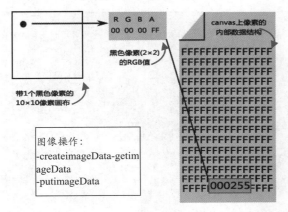

因为每个 px 由 4 个图像数据表示，所以要计算指定的 px 点对应的值是什么就有点困难。可以通过下面公式来计算。

在给定了 width 和 height 的 Canvas 上，在坐标（x，y）上的 px 的构成如下。

- 红色部分 $((width * y) + x) * 4$
- 绿色部分 $((width * y) + x) * 4 + 1$
- 蓝色部分 $((width * y) + x) * 4 + 2$
- 透明度部分 $((width * y) + x) * 4 + 3$

一旦可以通过 px 数据的方式访问对象，就可以通过数学方式轻松修改数组中的 px 值，因为这些值都是从 0 到 255 的简单数字。修改了任何 px 的红、绿、蓝和 alpha 值之后，可以通过第二个函数来更新 Canvas 上的显示，那就是 context.putImageData(imagedata, dx, dy)。

putImageData 允许开发人员传入一组图像数据，其格式与最初从 Canvas 上获取来的是一样的。这个函数使用起来非常方便，因为可以直接用从 Canvas 上获取数据加以修改然后返回。一旦这个函数被调用，所有新传入的图像数据值就会立即在 Canvas 上更新显示出来。dx 和 dy 参数可以用来指定偏移量，如果使用，则该函数就会跳到指定的 Canvas 位置去更新显示传进来的 px 数据。

最后，如果想预先生成一组空的 Canvas 数据，则可调用 context.createImageData(sw, sh)，这个函数可以创建一组图像数据并绑定在 Canvas 对象上。这组数据可以像先前那样处理，只是在获取 Canves 数据时，这组图像数据不一定会反映 Canvas 的当前状态。

px 化处理图像的代码如下所示：

```html
<!DOCTYPE html>
<html>
<head>
<meta charset="utf-8">
<title>无标题文档</title>
<script type="text/javascript" src=
"script.js"></script>
</head>
<body onload="draw('Canvas');">
<Canvas id="can" width="400" height=
"300"></Canvas>
<script>
function draw(id){
    var Canvas=document.getElement-
    ById(id);
    if(Canvas==null){
```

```
        return false;
    }
    var context=Canvas.getContext
('2d');
    image=new Image();
    image.src="01.jpg";
    image.onload=function(){

context.drawImage(image,0,0);
        var imagedata=context.get
        ImageData(0,0,image.width,
        image.height);
        for(var i=0,n=imagedata.
        data.length;i<n;i+=4){
            imagedata.data[i+0]=
            255-imagedata.data
            [i+0];
            imagedata.data[i+1]=
            255-imagedata.data[i+2];
            imagedata.data[i+2]=
            255-imagedata.data[i+1];

        }
```

```
        context.putImageData
        (imagedata,0,0);
    };
}
</script>
</body>
</html>
```

在上面的代码中，首先使用 getImageData 方法获取一个 ImageData 对象，并包含相关的 px 数组。然后，在 for 循环中，对 px 值重新赋值，最后使用 putImageData 将处理过的图像在画布上绘制出来。

使用浏览器预览，其效果如下图所示。

7.7 绘制文字

在 HTML5 中，不仅可以绘制基本形状、渐变图形和变形图形，还可以绘制文字，并可通过为文本添加轮廓和颜色等方法来美化文字。

7.7.1 绘制填充文字

在 HTML5 中，可以使用 fillText 方法绘制文字，该方法的语法格式如下所示：

```
context.fillText(text,x,y,[maxWidth]);
```

上述代码中的 text 表示所需绘制的文本，x、y 表示文字的横坐标与纵坐标，maxWidth 为可选参数，用于设置文字的最大宽度。

绘制填充文字的代码，如下所示：

```
<!DOCTYPE html>
<html>
```

```
<head>
<meta charset="utf-8">
<title>无标题文档</title>
</head>
<body>
<Canvas id="Can" style="border:1px
solid;" width="300" height="200">
</Canvas>
<script language="javascript">
    var context = document.get
    ElementById('Can').getContext('2d');
    context.font = "italic 45px 黑体";
    context.fillStyle = "Red";
    context.fillText("春眠不觉晓",30,
    60,300);
    context.font = "bold 35px 楷体";
    context.fillStyle = "Blue";
```

```
    context.fillText("春眠不觉晓",30,
    100);
    context.font = "25px 隶书";
    context.fillStyle = "Green";
    context.fillText("春眠不觉晓",30,
    130);
</script>
</body>
</html>
```

使用浏览器预览，其效果如下图所示。

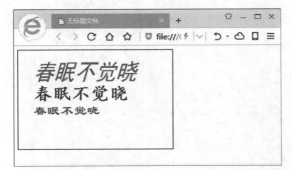

在上述代码中，使用了 fillText 方法中的部分属性，以增加文本的美观性。在 HTML5 中，用于设置文字样式的属性包括 font、textAlign 和 textBaseline。

1．font

该属性用于设置文本的样式，同 CSS font-family 属性一样，其默认的字体样式为 10px sans-serif。指定字体样式的语法格式如下所示。

```
context.font="20pt Times new roman";
```

2．textAlign

textAlign 用于设置文字的水平对齐方式，包括有 left、right、center、start 和 end 5 种对齐方式，默认值为 start。

- ❑ **left**　左对齐。
- ❑ **righ**　右对齐。
- ❑ **center**　居中对齐。
- ❑ **start**　当文字从左到右排列时左对齐，当文字从右到左排列时则右对齐。
- ❑ **end**　当文字从右到左排列时左对齐，当文字从左到右排列时则右对齐。

3．textBaseline

textBaseline 用于设置文字竖直对齐方式，包括 top、hanging、middle、alphabetic、ideographic 和 bottom 6 种属性值，默认值为 alphabetic。

- ❑ **top**　文本基线是 em 方框的顶端。
- ❑ **hanging**　文本基线是悬挂基线。
- ❑ **middle**　文本基线是 em 方框的正中。
- ❑ **alphabetic**　默认。文本基线是普通的字母基线。
- ❑ **ideographic**　文本基线是表意基线，也就是说如果表意字符的主体突出到字母基线的下方，则表意字基线与表意字符的底部对齐。
- ❑ **bottom**　文本基线是 em 方框的底端。

7.7.2　绘制轮廓文字

用户可以使用 strokeText 方法，来绘制轮廓文字，其代码格式如下所示：

```
context.strokeText(text,x,y,
[maxWidth]);
```

绘制轮廓文字的示例代码，如下所示：

```
<!DOCTYPE html>
<html>
<head>
<meta charset="utf-8">
<title>无标题文档</title>
</head>
<body>
<Canvas id="Can" style="border:1px
solid;" width="300" height="200">
</Canvas>
<script language="javascript">
    var context = document.get-
    ElementById('Can').getContext
    ('2d');
    context.font = "italic 45px 黑体";
    context.strokeStyle = "Red";
    context.strokeText("春眠不觉晓",
    30, 60,300);
    context.font = "bold 35px 宋体";
```

```
    context.strokeStyle = "Blue";
    context.strokeText("春眠不觉晓",
    30, 100);
    context.font = "25px 隶书";
    context.strokeStyle = "Green";
    context.strokeText("春眠不觉晓",
    30, 130);
</script>
</body>
</html>
```

使用浏览器预览，其效果如下图所示。

7.7.3 设置文字宽度

如若设置所绘文字的宽度，则需要使用
measureText 方法，该方法会返回一个 TextMetrics
对象，该对象中的 width 属性可以指定文字的宽度，
其语法格式如下所示：

```
metrics=context.measureText(text);
```

其中参数 text 为所要绘制的文字，设置文字宽
度的完整代码，如下所示：

```
<!DOCTYPE html>
<html>
<head>
<meta charset="utf-8">
<title>无标题文档</title>
```

```
</head>
<body>
<Canvas id="Can" style="border:1px
solid;" width="300" height="200">
 </Canvas>
<script language="javascript">
    var context = document.get-
    ElementById('Can').getContext
    ('2d');
    context.font = "bold 25px 楷体";
    context.fillStyle="Blue";
    var txt1 = "春眠不觉晓，处处闻啼鸟。";
    context.fillText(txt1,0,50);
    var txt2 = "以上字符串的宽度为: ";
    var mtxt1 = context.measureText
    (txt1);
    var mtxt2 = context.measureText
    (txt2);
    context.font = "bold 15px 宋体";
    context.fillStyle="Red";
    context.fillText(txt2,0,100);
    context.fillText(mtxt1.width,
    mtxt2.width,100);
</script>
</body>
</html>
```

使用浏览器预览，其效果如下图所示。

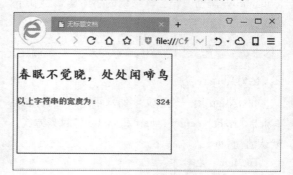

7.8 练习：制作风景推荐线路

在人们的生活中，列表的应用非常多。例如，用户在网页中浏览新闻时，大部分新闻都是以列表的
形式显示的。用户只需要选择新闻列表中的某一项，就可以查看该列表项中的新闻内容。本练习主要用

来制作一个旅游网站的风景推荐线路页面（如下图），然后间接地学习列表在网页中的应用。

练习要点

● 插入 ul 列表
● 插入 li 列表项
● 插入 Div 层
● 设置列表样式

操作步骤

STEP|01 创建及布局页面，在页面中设计导航条、线路总汇和推荐路线背景，并添加页脚内容，如下图。

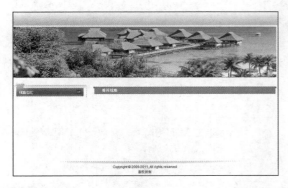

STEP|02 以列表的形式向导航栏中插入标题。ul 表示列表，li 表示列表中列表项。其中，在 li 列表项中，又可以添加子列表。

```
<UL id=nav_R0cSfH class=navigation>
    <LI>网站首页</LI>
    <LI>公司介绍</LI>
    <LI>
    <SPAN>新闻中心
    <UL>
    <LI>公司新闻</LI>
    <LI>媒体报道</LI>
    <LI>行业动态</LI>
    </UL>
```

```
    </SPAN>
    </LI>
    <LI>推荐线路</LI>
    <LI>最热线路</LI>
    <LI>线路总汇</LI>
    <LI>在线留言</LI>
    <LI>联系我们</LI>
</UL>
```

STEP|03 为导航栏中的列表添加样式，navigation 表示列表的样式，navigation LI 表示列表项样式。

```
.navigation {
    PADDING-LEFT: 6px
}
.navigation LI {
    Z-INDEX: 100; POSITION: relative;
    TEXT-ALIGN: center; PADDING-LEFT:
    1px; WIDTH: 100px;
    PADDING-RIGHT: 4px; BACKGROUND:
    url(../
    images/digit_12.jpg) no-repeat
    right 50%;
    FLOAT: left
}
```

STEP|04 为导航栏列表中的子列表添加样式。navigation UL 表示子列表样式，navigation UL LI 表示子列表中的列表项样式。

```css
.navigation UL {
    DISPLAY: none
}
.navigation UL LI {
    BACKGROUND-IMAGE: none; PADDING-
    BOTTOM: 0px;
    LINE-HEIGHT: 25px; BACKGROUND-
    COLOR: #02bfdf; MARGIN: 0px;
    PADDING-LEFT: 0px; PADDING-
    RIGHT: 0px; HEIGHT: 27px;
    PADDING-TOP: 0px
}
```

STEP|05 为线路总汇添加列表，列表被放入到 DIV 层中，DIV 层的样式为 pro_type。

```html
<DIV id=pro_type>
  <UL>
    <LI>推荐线路 </LI>
    <LI>最热线路</LI>
    <LI>国内线路</LI>
    <LI>国外线路 </LI>
    <LI>四川线路 </LI>
    <LI>自行游</LI>
  </UL>
</DIV>
```

STEP|06 为线路总汇列表添加样式，prod_type UL 表示列表，prod_type UL LI 表示列表项。

```css
.prod_type UL {
    MARGIN: 0px auto; WIDTH: 90%;
    FLOAT: none
}
.prod_type UL LI {
```

```css
    BORDER-BOTTOM: #cdcdcd 1px
    dashed; PADDING-
    BOTTOM: 4px; PADDING-LEFT: 18px;
    PADDING-
    RIGHT: 0px; MARGIN-BOTTOM: 5px;
    PADDING-TOP:
    0px
}
```

STEP|07 向推荐路线中添加图片、图片标题和类别等内容。在推荐路线区域中，主要是通过 DIV 实现的。

```html
<DIV class=prod_list_list>
  <DIV class=prod_list_pic><IMG border=
0 name=
  picautozoom src="images/tUmVK4Ho.
jpg"></DIV>
  <DIV class=prod_list_name>新西兰南
北岛</DIV>
  <DIV class=prod_list_type>分类：推
荐线路</DIV>
</DIV>
```

STEP|08 为推荐路线添加样式，样式名为 prod_list_list。

```css
.prod_list_list {
    TEXT-ALIGN: center; PADDING-
    BOTTOM: 5px;
    LINE-HEIGHT: 1.5em; MARGIN: 0px
    13px; PADDING-
    LEFT: 0px; WIDTH: 133px; PADDING-
    RIGHT: 0px; FLOAT: left; OVERFLOW:
    hidden; PADDING-TOP: 5px;
    _display: inline
}
```

7.9 练习：制作校园简介

校园简介页面用于展示校园风采，以实用性和简洁性为主要涉及目标。在本练习中，将通过 HTML5 中一些新增加的标签，来制作一个校园简介页面，如下图。

练习要点

- 插入 ul 列表
- 插入 Flash
- 设置超链接样式
- 设置标题样式
- HTML5 排版

操作步骤

STEP|01 创建及布局页面,在页面中设计导航条、用户登录、在线客服和学校简介背景,并添加页脚内容,如下图。

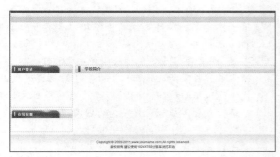

STEP|02 以列表的形式向导航栏中插入标题。ul 表示列表,li 表示列表中的列表项。由于标题中的内容过多,部分已省略,详细代码请查看源文件。

```
<ul id=nav_mU6hSq class=navigation>
<li><A href="">网站首页</a> </li>
<li><A href="">学校简介</a> </li>
<li><span><a href="">新闻中心</a>
<ul>
 <li><a href="">学校新闻</a> </li>
 <li><a href="">校办信息</a></li>
 <li><a href="">学校团委</a> </li>
 <li><a href="">通知公告</a></li>
</ul></apan></li>
<li><apan><a href="">学科资源</a>
```

```
<ul>
 <li><apan><a href="">小学</a>
 </span></li>
 <li><span><a href="">初中
 </a></span></li>
 <li><span><a href="">高中</a>
 </span></li>
</ul></span></li>
<li><a href="">师资力量</a> </li>
<li><a href="">招生简章</a> </li>
<li><a href="">资料下载</a> </li>
<li><a href="">在线留言</a> </li>
<li><a href="">联系我们</a> </li>
</ul>
```

STEP|03 为导航栏中的标题添加样式,navigation 表示列表的样式,navigation LI 表示列表项样式。

```
.navigation {
PADDING-LEFT: 15px}
.navigation LI {
Z-INDEX: 5;  POSITION: relative;
TEXT-ALIGN: center;  WIDTH: 92px;
FLOAT: left; FONT-SIZE:14px}
```

STEP|04 为页面添加一段 Flash,OBJECT 标签表示 Flash 代码的开始,value 表示 Flash 的地址信息。

```
<object
codeBase="http://download.macromed
```

```
ia.com/pub/
shockwave/cabs/flash/swflash.cab#v
ersion=9,0, 28,0"
classid=clsid:D27CDB6E-AE6D-11cf-9
6B8-4445535 40000 width=980 height=
272><PARAM    NAME="movie"    VALUE=
"images/banner.swf"><PARAM NAME=
"quality" VALUE="high"><PARAM NAME=
"wmode"    VALUE="transparent">
<embed src="images/banner.swf" width=
"980" height="272" quality="high"
pluginspage="http://www.adobe.com/
shockwave/d
ownload/download.cgi?P1_Prod_Versi
on=Shockwav eFlash"          type=
"application/x-shockwave-flash"
wmode="transparent"></embed>
</object>
```

STEP|05 为网页添加用户登录模块，包括用户
名、密码、安全问题和登录等内容。

```
<div class=login_con>
用户名:<input id=login_user type=
text name=login_user>
密 码 :<INPUT   id=login_pwd   type=
password name=login_pwd>
<div class=login_left>安全问题:</div
<img id=login_captchaUDNpLR class=
img_vmiddle border=0 src="images/
captcha.jpg">
<input id=rand_rs size=2 type=text
name=rand_rs>
<div class=login_all><a href="">
注册用户! </a><input id=s1 value=登录
type=submit name=s1>
<input    id=_f    value=index.php
type=hidden name=_f></div><span style=
"dusokay: none" id=loginform_stat
class=status></span>
</div>
```

STEP|06 为网页添加在线客服模块，该模块被放

置于 DIV 层中，由 ul 列表组成，包括两个列表项。

```
<div class=qq_list_con>
<ul>
  <li><a href="" target=blank><img
  border=0
  align=absMiddle  src="images/pa.
  gif">在线客服
  (765432)</a></li>
  <li><a href="" target=blank><img
  border=0 align=absMiddle src=
  "images/ pa.gif">在线客服
  (123456)</a></li>
</ul>\
</div>
```

STEP|07 为网页添加校园简介，内容被放置在名
称为 sta_content 的 DIV 层中，由 HTML5 标签进
行排版。

```
<div id=sta_content>
<P style="TEXT-INDENT: 2em">xxxx 市
第一中学是一所既有优良办学传统又有开拓创
新活力的学校。学校坚持"理性、开放、服务、
卓越"的办学理念，坚持校园精细化管理，积极
探索教育教学新路子，经过80多年的教育实践，
逐步形成了"勤奋、进取、求实、创新"的良好
校风，教育事业长足发展，为国家培养了3万
余名合格毕业生，为社会主义现代化建设输送
了大批优秀人才</P>
<div/>
```

STEP|08 为 sta_content 层添加样式，底部边框颜
色为#D6D6D6，宽度为 1px。

```
#sta_content {
    BORDER-BOTTOM: #d6d6d6 1px solid;
    BORDER-
    LEFT: #d6d6d6 1px solid;
    OVERFLOW-X: hidden;
    OVERFLOW-Y: hidden; ZOOM: 1;
    OVERFLOW: auto;
    BORDER-TOP: medium none;
    BORDER-RIGHT:
    #d6d6d6 1px solid
}
```

7.10 新手训练营

练习 1：绘制商标

downloads\7\新手训练营\绘制商标

提示：本练习中，将运用 Canvas 画布来绘制一个自定义商标。实现自定义商标的代码，如下所示：

```
<!DOCTYPE html>
<html>
<head>
<title>绘制商标</title>
</head>
<body>
<Canvas id="shb" width="400px"
height="200px" style="border:1px solid
#000;"></Canvas>
<script>
function drawAdidas(){
var Canvas=document.getElementById
('shb');
var context=Canvas.getContext('2d');
    context.arc(120,100,30,0,
    Math.PI*4,true);
    context.fill();
    context.beginPath();
context.save();
context.beginPath();
context.moveTo(50,0);
context.quadraticCurveTo(200,300,
300,100);
context.lineTo(400,25);
context.lineTo(100,100);
context.quadraticCurveTo(-35,124,
53,0);
context.fillStyle="#da251c";
context.fill();
context.lineWidth=5;
context.lineJoin='round';
context.strokeStyle="#d40000";
context.stroke();
context.restore();
```

```
}
window.addEventListener("load",dra
wAdidas,true);
</script>
</body>
</html>
```

使用浏览器查看最终效果，如下图。

练习 2：绘制笑脸

downloads\7\新手训练营\绘制笑脸

提示：本练习中，将运用 Canvas 画布来绘制一个笑脸。实现笑脸的代码如下所示：

```
<!doctype html>
<html>
<head>
<meta charset="utf-8">
<title>无标题文档</title>
<Canvas id="C" width="200" height=
"150" style="border:1px solid blue">
</Canvas>
<script>
var c=document.getElementById("C");
var cxt=c.getContext("2d");
cxt.beginPath();
cxt.arc(100,50,30,0,Math.PI*2,true);
cxt.fill();
cxt.beginPath();
cxt.strokeStyle='#FFF';
```

```
cxt.lineWidth=3;
cxt.arc(100,50,20,0,Math.PI,false);
cxt.stroke();
cxt.beginPath();
cxt.fillStyle="#FFF";
cxt.arc(90,45,3,0,Math.PI*2,true);
cxt.fill();
cxt.moveTo(113,45);
cxt.arc(110,45,3,0,Math.PI*2,true);
cxt.fill();
cxt.stroke();
</script>
</head>
<body>
</body>
</html>
```

使用浏览器查看最终效果，如下图。

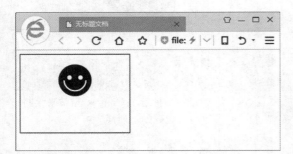

练习3：绘制红色矩形

downloads\7\新手训练营\红色矩形

提示：本练习中，将运用 Canvas 画布来绘制一个红色矩形。实现红色矩形的代码如下所示：

```
<!DOCTYPE HTML>
<html>
<body>
<Canvas id="C">
</Canvas>
<script>
var
Canvas=document.getElementById('C');
var ctx=Canvas.getContext('2d');
ctx.fillStyle='#FF0000';
ctx.fillRect(0,0,80,100);
</script>
</body>
</html>
```

使用浏览器查看最终效果，如下图。

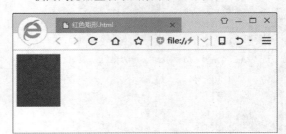

第 **8** 章

创建表单

　　在设计网站时，免不了使用表单来设计一些交互内容，如制作登录功能等。在网页中，表单的主要目的是将客户端（用户）的一些信息传递到服务，并进行处理或存储等。用户可通过表单功能，来制作一些用户注册、登录、反馈等内容，并且还可以制作一些调查表、在线订单等交互内容。在本章中，将详细介绍在网页中应用表单元素的操作方法和基础知识，从而协助用户制作各类具有交互功能的网页。

8.1 添加表单

表单是实现网页互动的元素，通过与客户端或服务器端脚本程序的结合使用，可以实现互动性。表单有两个重要组成部分：一是描述表单的 HTML 源代码；二是用于处理表单域中输入的客户端脚本，如 ASP。

8.1.1 表单概述

表单是一种特殊的网页容器标签。用户可以插入各种普通的网页标签，也可以插入各种表单交互组件，从而获取用户输入的文本，或者选择某些特殊项目等信息。

表单支持客户端/服务器关系中的客户端。用户在 Web 浏览器（客户端）的表单中输入信息后，单击【提交】按钮，这些信息将被发送到服务器。然后，服务器中的服务器端脚本或应用程序会对这些信息进行处理。

服务器向用户（或客户端）返回所请求的信息或基于该表单内容执行某些操作，以此进行响应，如下图。

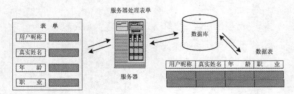

表单可以与多种类型的编程语言进行结合，同时也可以与前台的脚本语言合作，通过脚本语言快速控制表单内容。

在互联网中，很多网站都通过表单技术进行人机交互，包括各种注册网页、登录网页、搜索网页等，如上图。

8.1.2 插入表单

通过表单可以实现网页互动，当然在制作网页时用户需要先添加一个表单域，将表单元素放置到该域，用于告诉浏览器这一块为表单内容等。网页中的所有表单元素必须存在于表单域中，否则将无法实现其作用。

1. 插入表单标签

表单标签为<form></form>，表单的基本语法格式如下所示：

```
<form action="url" method="get|post"
enctype="mime" target="cdata"></form>
```

通过上述语法，可以发现语法中包含了 3 种属性，其具体属性的含义如下表所示。

属 性 名	含 义
action=url	指定一个用来处理提交表单的格式。它可以是一个 URL 地址(提交给程式)或一个电子邮件地址
method=get 或 post	指明提交表单的 HTTP 方法。POST 方法在表单的主干包含名称/值对，并且无需包含于 action 特性的 URL 中；GET 方法把名称/值对加在 action 的 URL 后面，并且把新的 URL 送至服务器。这是往前兼容的默认值。这个值由于国际化的原因不赞成使用
enctype=cdata	指定提交的结果文档显示的位置。该属性值有：_blank 指在一个新的、无名浏览器窗口调入指定的文档；_self 指在指向这个目标的元素的相同的框架中调入文档；_parent 指把文档调入当前框的直接的父 frameset 框中，这个值在当前框没有父框时等价于_self；_top 指把文档调入原来的最顶部的浏览器窗口中(因此取消所有其他框架)，这个值等价于当前框没有父框时的_self

2．插入表单域

表单域包含了文本框、多行文本框、密码框、隐藏域、复选框、单选框和下拉选择框等，用于采集用户的输入或选择的数据。

表单域	作　　用
文本框	是一种让浏览用户自己输入内容的表单对象，通常被用来填写单个字或者简短的回答，如姓名、地址等
多行文本框	是一种让浏览用户自己输入内容的表单对象，只不过能让浏览用户填写较长的内容
密码框	一种特殊的文本域，用于输入密码。当浏览用户输入文字时，文字会被星号或其他符号代替，而输入的文字会被隐藏
隐藏域	用来收集或发送信息的不可见元素，对于网页的浏览用户来说，隐藏域是看不见的。当表单被提交时，隐藏域就会将信息用你设置时定义的名称和值发送到服务器上
复选框	允许在待选项中选中一项以上的选项。每个复选框都是一个独立的元素，都必须有一个唯一的名称
单选框	一种不允许用户进行多项选择的表单对象。在同一字段集中，用户可以插入多个单选按钮，但只能对一个单选按钮进行选择操作
下拉选择框	为单选框和复选框进行编组，以防止不同选项的单选框或复选框混乱
文件上传框	文件上传框看上去和其他文本域差不多，只是它还包含了一个浏览按钮。浏览用户可以通过输入需要上传的文件的路径，或者单击浏览按钮选择需要上传的文件
列表/菜单	一种显示已有数据的表单对象，其可以根据用户选择的列表项目返回项目的值

3．表单按钮

在网页中，用户可以自己定义按钮中的文本信息。而按钮的作用通常包含提交按钮、复位按钮和一般按钮 3 种。

属性名	含　　义
提交按钮	提交按钮用来将输入的信息提交到服务器
复位按钮	复位按钮用来重置表单
一般按钮	一般按钮用来控制其他定义了处理脚本的处理工作

表单是一个能够包含表单元素的区域。通过添加不同的表单元素，将显示不同的效果。

```
<!DOCTYPE html>
<html>
<head>
<meta charset="utf-8">
<title>无标题文档</title>
</head>
<body>
<form>
    用户登录
    <br>
    名称
    <input type="text" name="user">
    <br>
    密码
    <input type=
"password" name="password"><br>
    <input type="submit"value=
    "登录">
</form>
</body>
</html>
```

使用浏览器预览，其效果如下图所示。

8.2 添加文本和网页元素

文本元素主要用来获取文本信息的表单元素，而网页元素则是用来显示登录密码、搜索对象、电子邮件等网页常用对象。

8.2.1 添加文本元素

在网页的表单中，最常见的即为文本元素，通过文本元素可以直接获取用户输入的各种文本信息。一般情况下，文本元素可以分为单行文本和文本区域等。

1. 添加单行文本域

在 HTML5 中，可通过该添加"文本框"表单域的方法来添加单行文本域。在网页中，用户可以在所添加的"文本框"中输入相应的内容，例如输入姓名、年龄、地址等文本，其语法格式如下所示：

```
<input type="text"name="..."
size="..."maxlength="..."Value=
"...">
```

上述代码的 type 属性中的"text"属性值，用于定义属性的类型，也就是文本框类型；而 name 属性用于定义文本框的名称；size 属性用于定义文本框的宽度；maxiength 属性用于定义输入的字符数；而 value 属性则用于定义文本框的初始值。

添加单行文本域的示例代码如下所示。

```
<!DOCTYPE html>
<html>
<head>
<meta charset="utf-8">
<title>无标题文档</title>
</head>
<body>
<form>
  <p>姓名:
  <input type="text" name="yourname"
  size="15"maxlength="15">
  </p>
```

```
<p>年龄:
<input type="text" name="youradr"
size="15" maxlength="15">
</p>
</form>
</body>
</html></html>
```

使用浏览器预览，其效果如下图所示。

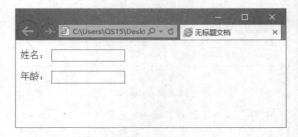

2. 添加文本区域

文本区域是文本域的一种变形，不仅可以显示位于多行的文本，而且还可以通过滚动条组件，实现拖动查看输入内容的功能，从而协助用户获取网页中较多的文本信息。文本区域的语法格式如下所示：

```
<textarea   name="..."   cols="..."
rows="..." wrap="..."></textarea>
```

上述代码中的 cols 属性用于定义文本区域的宽度，rows 属性用于定义文本区域的高度，wrap 属性用于定义当内容大于文本域时所显示的方式。

添加单行文本区域的示例代码如下所示。

```
<!DOCTYPE html>
<html>
<head>
<meta charset="utf-8">
<title>无标题文本</title>
</head>
<body>
<form>
```

```
请填写您对这次调查的意见<br>
<textarea name="yourworks" cols=
"50" rows="5"></textarea>
<br>
<input type="submit"value="提交">
</form>
</body>
</html>
```

使用浏览器预览，其效果如下图所示。

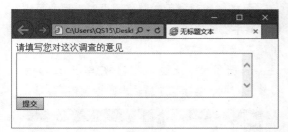

8.2.2 添加网页元素

在网页中，表单中除了文本元素和文本区域之外，还包含非常多的网页元素，如密码框、列表框、URL 等。

1. 添加表单密码

在创建登录页面时，需要创建一个密码文本域，以方便用户通过网站验证获取所使用的网页权限。

密码类型的文本域与其他文本域在形式上是一样的，用户在向文本域内输入内容时，密码类型的文本域则不显示输入的实例内容，只显示输入的位数。

表单密码元素的语法格式如下所示：

```
<input type="password" name="..."
size="..." maxlength="...">
```

上述代码的 type 属性中的"password"属性值用于定义属性的类型，也就是定义表单密码；而 size 属性用于定义密码框的宽度，maxiength 属性用于定义字符数。

添加表单密码的示例代码如下所示。

```
<!DOCTYPE html>
<html>
```

```
<head>
<meta charset="utf-8">
<title>输入用户名和密码</title>
</head>
<body>
<form>
    账号：
    <input type="text" name="user">
    <br>
    密码：
    <input type="password"name="userpw">
</form>
</body>
</html>
```

使用浏览器预览，其效果如下图所示。

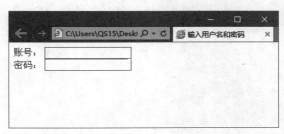

2. 添加 url 元素

URL 对象用于包含 URL 地址的输入域。当用户提交表单时，系统会自动验证 URL 域的值是否为正确的格式。

url 元素的语法格式如下所示：

```
<input type="url" name="ul"/>
```

添加 url 元素的示例代码如下所示。

```
<form>
    原文阅读：
    <br>
    <input type="url" name="user"/>
<br>
    <input type="submit" value="提交">
</form>
```

使用浏览器预览，其效果如下图所示。URL 类型只验证协议，不验证有效性。当用户直接输入内容时，它会自动添加"http://"头协议。

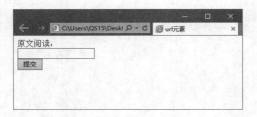

3. 添加 Tel 元素

Tel 元素明面上是要求输入一个电话号码，但实际上它与文本域没有太大区别，并不存在特殊的验证。Tel 元素的代码格式如下所示。

```
<input type="tel" name="tel"/>
```

添加 Tel 元素的示例代码如下所示。

```
<form>
  <br>
    请输入您的电子邮箱地址：
  <br>
  <input type="email" name="user"/>
  <br>
    请输入您的联系电话：
  <br>
  <input type="tel" vname="tel"/>
</form>
```

使用浏览器预览，其效果如下图所示。

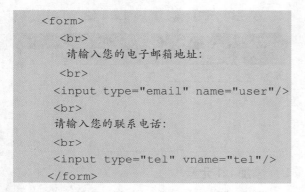

4. 添加搜索元素

搜索元素是专门为搜索引擎输入关键字而定义的文本框，它与 Tel 对象一样，没有特殊的验证规则。搜索对象的语法格式如下所示：

```
<input type="search" name="search"
d="search">
```

添加搜索元素的示例代码如下所示。

```
<form>
  <br>
```

```
    请输入您的电子邮箱地址：
  <br>
  <input type="email" name="user"/>
  <br>
    请输入搜索内容：
  <br>
  <input type="search" name="search"
  id="search">
</form>
```

添加搜索对象后，浏览网页时，用户可以在浏览器中看到"请输入搜索内容"框。在该文本框中输入搜索内容后，在文本框的后面将显示一个"关闭"符号 ✖。此时，如果用户单击该"关闭"符号，则可以清除框中所输入的搜索内容。

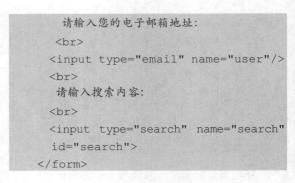

5. 添加数字元素

在 HTML5 之前，如果用户想输入数字的话，只能通过文本域来实现。并且，还需要用户通过代码进行验证内容，并转换格式等。但有了 number 类型时，用户可以非常方便地添加包含数值的输入域。用户还能够设定对所接受的数字的限定，例如限定允许范围内的最小值、最大值等。

数字元素的语法格式如下所示：

```
<input  type="number"name="sz"max=  ""
min="" step=""/>
```

通过上述代码可以发现，数字元素包含多个属性，每个属性的具体含义如下表所示。

属性	值	含　义
max	number	规定允许的最大值
min	number	规定允许的最小值
step	number	规定合法的数字间隔（如果 step="3"，则合法的数是-3,0,3,6 等）
value	number	规定默认值

数字元素的示例代码如下所示。

```
<form>
  <br>
  浏览次数:
  <br>
  <input type="number" name="user"
  max="10" min="0" step="1"/>次。
</form>
```

使用浏览器预览,其效果如下图所示。

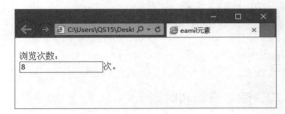

6. 添加范围元素

范围元素是一种某一范围内的数据选择器,它可以将输入框显示为滑动条,以供用户对数据进行选择。范围对象和数字对象类似,也具有最小值和最大值选择范围的限定。

范围元素的语法格式如下所示:

```
<input   type="range"   name="..."
min="..." max="..."/>
```

范围元素的示例代码如下所示:

```
<form>
  <br>
  浏览次数:
  <br>
  <input type="range" name="user"
  max="10" min="0" step="1"/>次。
</form>
```

使用浏览器预览,其效果如下图所示。

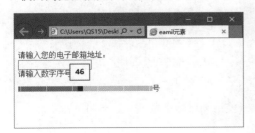

提示
> 默认情况下,滑块位于中间位置,右侧为最大值,左侧为最小值。另外,不同浏览器所显示的滑条类型也不尽相同。

7. 添加颜色元素

颜色对象可以在网页中为用户提供一个颜色选择器,以方便用户根据所需选择不同的颜色。

颜色元素的语法格式如下所示:

```
<input type="color" name="..."/>
```

范围元素的示例代码如下所示:

```
<form>
  <br>
   请输入您的电子邮箱地址:
  <br>
  <input type="email" name="user"/>
  <br>
   请选择您喜欢的颜色:
  <br>
  <input  name="ys" type="color" />
</form>
```

添加颜色元素之后,通过浏览器可以看到,在 Color 对象后面显示一个颜色图块。此时,单击该图块,即可弹出【颜色】对话框,如下图所示。

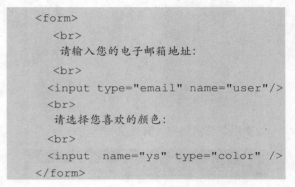

8．添加电子邮件元素

在注册页面中或者登录页面中，如果需要用户输入 Email 地址时，需要添加很多验证代码。而在 HTML5 里面，Email 将成为一个标签，可以直接使用。

电子邮件元素的代码格式，如下所示：

```
<input type="email" name="el"/>
```

下列代码中，展示了电子邮件元素的使用方法。

```
<form>
    <br>
       请输入您的电子邮箱地址：
    <br>
  <input type="email" name="user "/>
    <br>
  <input type="submit" value="提交">
   </form>
```

使用浏览器预览，其效果如下图所示。

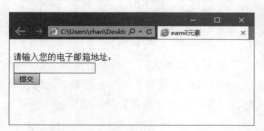

9．添加文件元素

文件元素是由文本框和"浏览"按钮组成的，主要用来输入本地文件路径，并通过表单对该文件进行上传。

文件元素的语法格式如下所示：

```
<input type=" file" name="..."/>
```

文件元素的示例代码如下所示：

```
<form>
    <br>
       请输入您的电子邮箱地址：
    <br>
  <input type="email" name="user"/>
```

```
    <br>
      请单击【浏览】按钮：
    <br>
    <input type="file" name="wj"/>
</form>
```

使用浏览器预览，其效果如下图所示。

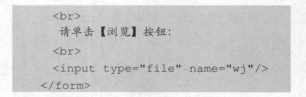
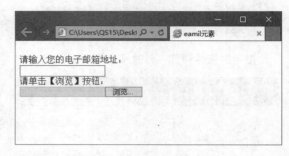

10．添加日期和时间

在 HTML5 中，新增加了对日期和时间进行操作的表单对象。用户可以分别单独地添加月、周、日、时间等对象内容，其具体属性的含义如下表所示。

属性	含义
date	设置日、月、年
month	设置月、年
week	设置周和年
time	设置时间
datetime	设置时间、日、月、年
datetime-local	设置时间、日、月、年（本地时间）

上表中各属性的代码语法格式类似，下面以 pmtj 属性为例，展示其语法格式：

```
<input type="month" name="us"/>
```

month 元素的示例代码如下所示。

```
<form>
    <br>
      请选择查询日期：
    <br>
  <input type="month" name="us"/>
</form>
```

使用浏览器预览，其效果如下图所示。

另外，用户还可以使用 time 数据和 week 属性，来显示时间和周元素，代码如下所示：

```html
<br>
<input type="time" name="user_time"/>
<br>
    请选择购买周：
<br>
<input type="week" name="user_week"/>
</form>
```

使用浏览器预览，其效果如下图所示。

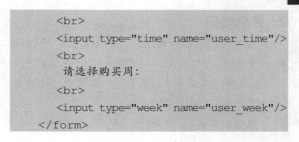

8.3　添加选择和按钮元素

多数用户都知道，在网页中除了一些输入文本、日期或时间外，还包含很多选择项和按钮，如单选按钮、多选项、提交按钮等。下面，将详细介绍在网页中添加选择与按钮元素的操作方法。

8.3.1　添加选择元素

选择元素主要用于选择网页内容，包括选择对象、单选按钮、单选按钮组、复选框、复选框组等选择元素。

1．选择对象

选择对象主要以下拉列表的方法来显示多种选项，它以滚动条的方式，在有限的空间中尽量提供更多选项，非常节省版面。

选择对象的语法格式，如下所示：

```html
<select name="select" id="select">
</ select>
```

选择对象的示例代码如下所示：

```html
<form>
    请选择您的部门：
    <br>
```

```html
<select name="select" id="select">
    <option>人事部</option>
    <option>财务部</option>
    <option>设计部</option>
    <option>销售部</option>
    <option>排版部</option>
</select>
</form>
```

使用浏览器预览，其效果如下图所示。

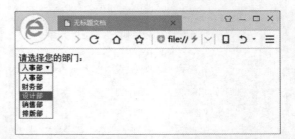

> **注意**
>
> 列表可以设置默认显示的内容，而无需用户单击弹出。如果列表的项目数量超出列表的高度，则可以通过滚动条进行调节。

2．单选按钮

单选按钮也是一种选择性表单对象，它以组的方式出现，只允许用户同时选中其中一个单选按钮。当用户选中某一个单选按钮，其他单选按钮将自动转换为未选中的状态。

单选按钮的语法格式如下所示：

```
<input  type="radio"  name="..."
value="...">
```

单选按钮元素的示例代码如下所示：

```
<form>
    请选择您的部门：
    <p>
      <label>
        <input  type="radio"  name=
"dx" value="单选" id="dx_0">
        人事部</label>
      <br>
      <label>
        <input type="radio" name=
"dx" value="单选" id="dx_1">
        财务部</label>
      <br>
      <label>
        <input type="radio" name=
"dx" value="单选" id="dx_2">
        设计部</label>
      <br>
      <label>
        <input type="radio" name=
"dx" value="单选" id="dx_3">
        编辑部</label>
      <br>
      <label>
        <input  type="radio"  name=
"dx" value="单选" id="dx_4">
        广告部</label>
    </p>
</form>
```

使用浏览器预览，其效果如下图所示。

3．添加复选框

复选框是一种允许用户同时选择多项内容的选择性表单对象，它在浏览器中以矩形框进行表示。插入复选框时，用户可以先插入一个域集，再将复选框或者复选框组插入到域集中，以表示为这些复选框添加标题信息。

复选框元素的语法格式如下所示。

```
<input  type="checkbox"  name="..."
value="...">
```

上述代码中的 value 属性，用来定义复选框的值。添加复选框的示例代码如下所示。

```
<form>
    请选择您所需要的行业：
    <br>
    <input  type="checkbox"  name="user"
value="user" checked>汽车维修<br>
    <input type="checkbox" name="user1"
value="user1">平面设计<br>
    <input type="checkbox" name="user2"
value="user2">动画制作<br>
    <input type="checkbox" name="user3"
value="user3">传媒/新闻<br>
    <input type="checkbox" name="user4"
value="user4">银行/金融<br>
</form>
```

使用浏览器预览，其效果如下图所示。

4．添加列表框

列表框类似于选择对象，可以包含多个选项，其语法代码如下所示：

```
<Select name="..."size="..."multiple>
<option Value="..." selected>
...
</option>
</select>
```

上述代码中的 size 属性用于定义列表框的行数，multiple 属性用于定义多选，value 属性用于定义列表项的值，而 selected 属性用于定义默认选项。

添加列包括的示例代码如下所示。

```
<form>
    请选择您所需要的行业：
    <br>
    <select  name="fruit"  size="3"
    multiple>
      <option value="user1">汽车维修
      <br></option>
      <option value=" user 2">平面设
      计<br></option>
      <option value=" user 3">动画制
      作<br></option>
      <option value=" user 4">传媒/
      新闻<br></option>
      <option value=" user 5">银行/
      金融<br></option>
    </select>
</form>
```

使用浏览器预览，其效果如下图所示。

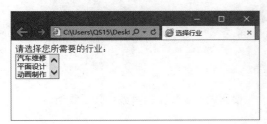

8.3.2　添加按钮元素

在表单中录入内容后，用户需要单击表单中的按钮，才可以将表单中所填写的信息发送到服务器。而在网页中，按钮包含普通按钮、"提交"按钮、"重置"按钮和"图像"按钮。

1．添加普通按钮

在纯文本类型的表单按钮中，可以分为 button 和 submit 两种类型，而普通的按钮则为 button 类型，其语法格式如下所示：

```
<input   type="button"   name="..."
value="..." onClick="...">
```

上述代码中的 value 属性用于定义按钮的显示文字，而 onClick 属性用于定义其单击行为。

添加普通按钮的示例代码如下所示。

```
<form>
    请选择您的部门：
    <p>
      <label>
        <input type="radio" name=
        "dx" value="单选" id="dx_0">
        人事部</label>
        <br>
      <label>
        <input   type="radio"   name=
        "dx" value="单选" id="dx_1">
        财务部</label>
        <br>
      <label>
        <input type="radio" name=
        "dx" value="单选" id="dx_2">
        设计部</label>
        <br>
      <label>
        <input type="radio" name=
        "dx" value="单选" id="dx_3">
        编辑部</label>
        <br>
      <label>
        <input   type="radio"   name=
        "dx" value="单选" id="dx_4">
        广告部</label>
```

```
    </p>
    <p>
      <input   type="button"   name=
    "button"id="button"value="确定">
      <br>
    </p>
</form>
```

使用浏览器预览，其效果如下图所示。

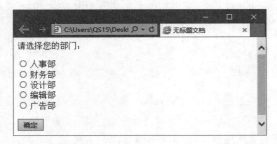

2．添加提交按钮

Submit 类型的按钮可以提交表单，所以称为"提交"按钮。而 Button 类型的按钮需要绑定事件才可以用于提交数据，其语法代码如下所示。

```
<input   type="Submit"   name="..."
value="...">
```

添加提交按钮的示例代码如下所示。

```
<form action="http://www.yrhan.com/
ushe.asp" method="get">
    姓名:
    <input type="text" name="user">
    <br>
    单位:
    <input type="text" name="user1">
    <br>
    学历:
    <input type="text" name="user2">
    <br>
    年龄:
    <input type="text" name="user3">
    <br>
    联系方式:
    <input type="text" name="user4">
```

```
    <br>
    <input type="submit" value="提交">
</form>
```

使用浏览器预览，其效果如下图所示。

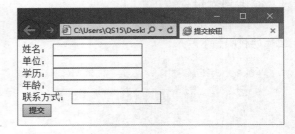

3．添加重置按钮

重置按钮主要用于恢复表单中的信息，其语法格式如下。

```
<input    type="reset"    name="..."
value="...">
```

添加提交按钮的示例代码如下所示。

```
<form>
    姓名:
    <input type="text" name="user">
    <br>
    单位:
    <input type="text" name="user1">
    <br>
    学历:
    <input type="text" name="user2">
    <br>
    年龄:
    <input type="text" name="user3">
    <br>
    联系方式:
    <input type="text" name="user4">
    <br>
    <input type="submit" value="登录">
    <input type="reset" value="重置">
    </form>
```

使用浏览器预览，其效果如下图所示。

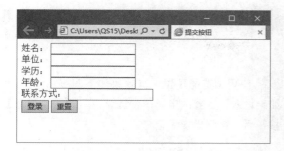

4．添加图像按钮

图像按钮主要用于提交表单，如果使用图像来执行任务而不是提交数据，则需要将某种行为附加到表单对象。图片按钮的语法格式如下所示：

```
<input    type="image"    name="..."
src="...">
```

添加图像按钮的示例代码如下所示。

```
<form>
    请选择您的部门：
    <p>
        <label>
            <input type="radio" name=
            "dx" value="单选" id="dx_0">
            人事部</label>
        <br>
        <label>
            <input type="radio" name=
            "dx" value="单选" id="dx_1">
            财务部</label>
        <br>
        <label>
            <input type="radio" name=
            "dx" value="单选" id="dx_2">
            设计部</label>
        <br>
        <label>
            <input type="radio" name=
            "dx" value="单选" id="dx_3">
            编辑部</label>
        <br>
        <label>
            <input type="radio" name=
            "dx" value="单选" id="dx_4">
            广告部</label>
    </p>
    <p>
        <input name="imageField" type=
        "image" id="imageField" src="
        微信图片/1.jpg"width="50"
        height= "40">
    </p>
</form>
```

使用浏览器预览，其效果如下图所示。

8.4 添加表单高级元素

在 HTML5 中，除了兼容以前<form> </form>标签中的属性以外，还新增了一些高级属性，主要包括 input 和 form 元素中的属性。

8.4.1 新增 input 元素属性

新增 input 元素属性，主要用于指定输入类型的行为和限制，包括 required、autocomplete、autofocus 等属性。

1．required 属性

新增的 required 属性用于定义提交的输入域不能为空，它适用于：text、search、url、email、password、date、pickers、number、checkbox 和 radio 等属性。

required 属性的示例代码如下所示。

```
<form>
    用户登录:
    <br>
    名称:
    <input type="text" name="user"
    required="required">
    <br>
    密码:
    <input type="password" name=
    "password" required="required">
    <br>
    <input type="submit"value="登录">
</form>
```

使用浏览器预览，其效果如下图所示。如若不输入任何信息而单击【登录】按钮，网页则会弹出提示信息。

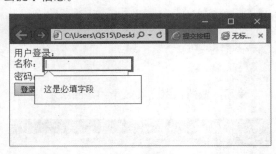

2. autocomplete 属性

autocomplete 属性规定表单是否应该启用自动完成功能。当用户在某些文本框输入过一些内容时，如果再次输入内容，文本框会出现一个下拉框显示出以前输入过的内容，其语法格式如下所示：

```
<form autocomplete="on|off">
```

该属性默认值为 on，即规定启用自动完成功能。而当值为 off 时，则禁用自动完成功能。

```
<form action="/formexample.asp" method=
"get" autocomplete="on">
姓名:<input type="text" name="name1"
/><br/>
职业: <input type="text" name="c1"
/><br/>
电子邮件地址: <input type="email"
```

```
name="em " autocomplete="off"/><br/>
    <input type="submit"value="提交信息"/>
</form>
```

使用浏览器预览，其效果如下图所示。用户如果输入不完整的电子邮件地址，单击【提交信息】按钮后，会弹出提示信息。

autocomplete 属性设置为"on"时，可以综合应用脚本、autocomplete 属性、标签及 list 属性实现自动显示功能。

```
<body>
选择您最喜欢的专业<br>
<form autocompelete="on">
<input type="text" id="ci" list=
"ciList"/>
<datalist id="ciList" style=
"display:none;">
    <option value="建筑">建筑</option>
    <option value="经济管理">经济管理
    </option>
    <option value="土木水利">土木水利
    </option>
    <option value="机械工程">机械工程
    </option>
    <option value="航天航空">航天航空
    </option>
    <option value="信息科学技术">信息科
    学技术</option>
</datalist>
</form>
</body>
```

使用浏览器预览，其效果如下图所示。在本例中，当用户将焦点定位到文本框中时，会自动出现一个城市列表供用户选择。

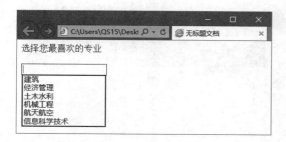

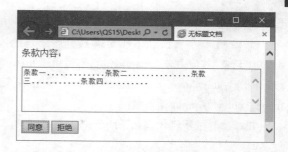

3．autofocus 属性

　　HTML5 中新增的 autofocus 属性，可以在页面加载时，使某表单控件自动获得焦点，包括文本框、复选框、单选按钮和普通按钮等所有<input>标签的类型。autofocus 属性的语法格式如下所示：

```
<input    type="text"    name=""
autofocus="autofocus">
```

autofocus 属性的示例代码如下所示。

```
<form>
  <p>条款内容: </p>
  <p>
  <label for="textareal"></label>
    <textarea name="tex1" id="tex1"
    cols="40" rows="6">条款
    一.............
    条款二.............
    条款三...........
    条款四.........</textarea>
    <br/>
  </p>
  <input type="submit" value="同
  意" autofocus>
  <input type="submit" value="拒
  绝">
  </p>
</form>
```

　　使用浏览器预览，其效果如下图所示。在页面中会发现，"同意"按钮自动获得焦点；如果将"拒绝"按钮的 autofocus 属性设置为 on，则页面载入后的焦点会显示在"拒绝"按钮上。

4．formoverride 属性

　　formoverride 属性为表单重写属性，用于重写 form 元素的某些属性设定，这些表单属性包括以下 5 种。

- ❏ formaction　重写表单的 action 属性。
- ❏ formenctype　重写表单的 enctype 属性。
- ❏ formmethod　重写表单的 method 属性。
- ❏ formnovalidate　重写表单的 novalidate 属性。
- ❏ formtarget　重写表单的 target 属性。

formoverride 属性的示例代码如下所示。

```
<form action="1.asp" id="tes">
  请输入联系方式：
    <input type="text" name="use"/>
    <br/>
    <input type="submit" value="提交
    到站长页面" formaction="z.asp"/>
    <input type="submit" value="提交
    到论坛页面" formaction="l.asp"/>
    <input type="submit" value="提交
    到商品页面" formaction="s.asp"/>
</form>
```

　　使用浏览器预览，其效果如下图所示。

> **提示**
>
> 表单重写属性只适用于 submit 和 image 输入类型。

5．list 属性

新增的 list 属性可以指定输入框所绑定的 datalist 元素，其值是某个 datalist 的 id，适用于 text、search、url、telephone、email、date pickers、number、range、 color 等 input 输入类型。

lists 属性的示例代码如下所示。

```
<form action="testform.asp" method=
"get">
 请输入网址:
    <input   type="url"   list="ur  "
    name="blink">
<datalist id="ur">
    <option label="百度" value=
    "http://www.baidu.com"/>
    <option label="当当" value=
    "http://www.dangdang.com"/>
    <option label="京东" value=
    "http://www.jd.com"/>
</datalist>
<input type="submit" value="提交"/>
</form>
```

使用浏览器预览，其效果如下图所示。在页面中单击输入框后，会显示已定义的网址列表。

6．multiple 属性

新增的 multiple 属性可以实现一次性选择多个文件，其示例代码如下所示。

```
<form action="tst.asp" method="get">
 请选择要上传的文件: <br>
<input     type="file"     name="wen"
multiple="multiple"/>
<input type="submit" value="提交"/>
</form>
```

使用浏览器预览，其效果如下图所示。在页面中，单击【浏览】按钮，则会允许在打开的对话框中选择多个文件。

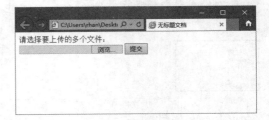

7．pattern 属性

pattern 属性可以验证 input 类输入框中的内容是否匹配正则表达式，适用于 text、search、url、telephone 等<input>标签类型。

下列代码指定了文本框中必须输入 11 位数字的电话号码。

```
<form action="tst.asp" method="get">
 请输入电话号码: <br>
<input      type="text"      name="bm"
pattern="[0-15]{11}" title=" 请 输 入
11 位数字的电话号码"/>
<input type="submit" value="提交"/>
</form>
```

使用浏览器预览，其效果如下图所示。

8．placeholder 属性

placeholder 属性可以在 input 类型的输入框中显示提示内容，而当输入框获得焦点时则会消失。

placeholder 属性示例应用代码，如下所示。

```
<form action="tst.asp" method="get">
 请输入电话号码: <br>
<input      type="text"      name="bm"
pattern="[0-15]{11}" placeholder="
请输入 11 位数字的电话号码"/>
<input type="submit" value="提交"/>
```

```
</form>
```

使用浏览器预览，其效果如下图所示。

8.4.2　新增 form 元素及其属性

HTML5 中新增了 Form 元素及其属性，新增的元素包括 keygen 和 output 等元素，而新增的属性包括 novalidate 等属性。

1. keygen 元素

keygen 元素的作用是提供一种验证用户的可靠方法。keygen 元素是密钥对生成器（Key-pair Generator）。当提交表单时，会生成两个键，一个是私钥，一个公钥。

私钥（Private Key）存储于客户端，公钥（Public Key）则被发送到服务器。公钥可用于之后验证用户的客户端证书（Client Certificate）。

keygen 元素示例应用代码如下所示。

```
<form action="tst.asp" method="get">
请输用文件名：
<input type="text" name="wj"/><br>
请选择加密强度：
<keygen name="sec"/><br>
<input type="submit" value="提交"/>
</form>
</body>
</html>
```

使用浏览器预览，其效果如下图所示。

2. output 属性

<input>标签与<output>标签是相对应的，通过标签内容，不难理解 output 元素用于不同类型的输出，比如计算或脚本输出，其语法如下。

```
<output    id="result"   onforminput=
"resCalc()"></output>
```

下面通过一个示例，来显示两个数字框中两个数字之和。然后，通过<output>标签显示出结果。

```
<!DOCTYPE HTML>
<html>
<head>
<meta charset="utf-8">
<title>output 元素</title>
<script type="text/javascript">
function write_sum()
{
x=document.forms["sumform"]["aa"
].value
y=document.forms["sumform"]["bb"
].value
document.forms["sumform"]["sum"]
.value=parseFloat(x)+parseFloat(y)
}
</script>
</head>
<body>
<form action="#" method="get"
name="sumform">
  <input type="number" name="aa">
  +
  <input type="number" name="bb">
  <input type="submit" onClick=
"write_sum()" value="计算">
  <p>计算结果：
    <output name="sum"></output>
  </p>
</form>
</body>
</html>
```

使用浏览器预览，其效果如下图所示。用户可以看到当分别输入两个数字后，单击【计算】按钮即可运算出结果。

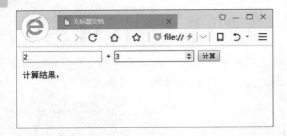

3．novalidate 属性

该属性规定在提交表单时不应该验证<form>标签中的域对象。

下面使用 novalidate 属性取消整个表单的验证，代码如下所示。

```
<form action="demo_form.asp"method
="get" novalidate>
 E-mail:
 <input type="email" name=
 "email"/>
 <input type="submit" />
</form>
```

8.5　练习：制作用户登录页面

一般用户在打开一个网站时，需要对网站进行某项操作，都需要用户登录自己的信息，如下图。通过对用户名和密码的验证后，方可对该账户所具有的权限进行网站内容的操作。本练习主要通过制作一个登录页面间接地学习表单在网页中的应用。在登录页面中，包含"用户名"文本框和密码框，以及登录按钮等。

练习要点
- 插入表单
- 添加文本框
- 添加密码域
- 添加表单样式

操作步骤 ▶▶▶▶

STEP|01 创建一个 login.html 文件，并在该代码中修改网页名称为"用户登录"。

```
<!DOCTYPE HTML>
<html>
<head>
<meta charset="utf-8">
<title>用户登录</title>
</head>
```

```
<body>
</body>
</html>
```

STEP|02 在<body> </body>标签之间，添加网页的内容，如插入<div>标签、表单和表单属性。

```
<div id="bg">
 <form id="login" action="" name=
 "forms">
```

```
    </form>
  </div>
```

STEP|03 在表单中，再添加<div>标签，并在该标签中插入"用户名"和"密码"文本框。

```
<body>
<div id="bg">
  <form id="login" action="" name=
  "forms">
  <h3>用户登录</h3>
    <div id="inputs">
      <input id="username"type="text"
      placeholder=
      "Username" autofocus required>
      <input  id="password"  type=
      "password"
      placeholder="Password"required>
    </div>
  </form>
</div>
</body>
```

STEP|04 在表单中，即<div id="inputs"> </div>标签后面，再添加一个<div>标签，并插入两个按钮。

```
<div id="actions">
  <input type="submit" id="submit"
  value="登录">
  <input type="button" id="submit"
  onClick=""
  value="我要注册">
</div>
```

STEP|05 网页的内容添加完成后，即可在该文档中插入 CSS 代码，来美化页面。例如，在<head></head>标签之间插入 CSS 代码。

```
<head>
<meta charset="utf-8">
<title>用户登录</title>
<style type="text/css">
......
</style>
</head>
```

STEP|06 在<style> </style>标签之间，用户可以添加 CSS 样式内容，如定义整个网页的<body>标签内容。

```
body {
    /*设置所有外边距*/
    margin: 0;
    /*设置背景颜色*/
    background-color:#999;
    /*设置字体及字体大小*/
    font:"宋体" 12px;
}
```

STEP|07 再添加一个背景颜色样式，其主要用来定义背景图片以及边框效果。

```
#bg {
    margin-top:25px;
    background-image:url(bg.jpg);
    height:590px;
    width:100%;
    border-bottom-style:solid;
    border-bottom-color:#FFFFFF;
    border-bottom-width:5px;
    border-top-style:solid;
    border-top-color:#FFFFFF;
    border-top-width:5px;
}
```

STEP|08 在背景图片上面，修饰登录框的样式，如设置登录框的高、宽，在页面的位置、圆角大小、边框线样式和背景效果。

```
#login {
    height: 240px;
    width: 350px;
    margin: 100px 0px 0px 30px;
    border-radius: 15px;
    border:#FFF solid 3px;
    background: rgba(255, 255, 255,
    0.4);
}
```

STEP|09 设置登录框中标题的样式。例如，设置"用户登录"文本的样式为居中显示，并且设置字体颜色。

```
h3 {
    text-align:center;
    color:#8f5a0a;
```

}

STEP|10 设置登录框中<input>元素的样式效果，如"用户名"文本框和"密码"文本框的大小、位置、边框样式等。

```
#inputs input {
    background: rgba(255, 255, 255,
    0.4)
url(login-sprite.png) no-repeat;
    padding: 10px 10px 10px 30px;
    margin: 15px 0px 15px 15px;
    width: 253px; /* 283 + 2 + 45 =
    370 */
    border: 2px solid #CCC;
    border-radius: 5px;
    font-family:"华文楷体";
    font-size:12px;
}
```

STEP|11 focus 方法是对指定元素设置键盘焦点。即在用户单击文本框时，会改变样式效果。

```
#inputs input:focus {
    background-color: #fff;
    border-color:#F90;
    outline: none;
    -o-box-shadow: 0 0 0 2px #e8c291
    inset;
}
```

STEP|12 分别设置"用户名"和"密码"文本框的背景图像的起始位置。

```
#username {
    background-position: 5px
    -8px !important;
}
#password {
    background-position: 5px
    -60px !important;
}
```

STEP|13 最后用户可以设置按钮的样式效果，如位置、大小、背景和边框样式等。

```
#submit {
    margin:0px 0px 0px 20px;
    background-color: #ffb94b;
    background-image: -o-linear-
    gradient(top,
    #fddb6f, #ffb94b);
    border-radius: 3px;
    text-shadow: 0 3px 0 rgba(255,
    255,255,0.5);
    border-width: 1px;
    border-style: solid;
    border-color: #d69e31 #e3a037
    #d5982d
    #e3a037;
    float: left;
    height: 35px;
    padding: 0;
    width: 120px;
    cursor: pointer;
    font: bold 15px Arial,
    Helvetica;
    color: #8f5a0a;
}
```

8.6 练习：制作用户注册页面

通过表单，用户可以制作一些调查、注册、登录等网页，方便用户收集浏览者的信息。而在制作注册页面时，用户可以以分步骤、多栏目，或者简单注册信息等方式进行设计。本练习就以一个简单注册信息页面，如下图所示，来简单介绍一下表单内容。

练习要点

- 布局页面
- 添加注册项
- 添加按钮
- 设置按钮样式
- 设置边框圆角
- 添加密码域
- 添加文本框

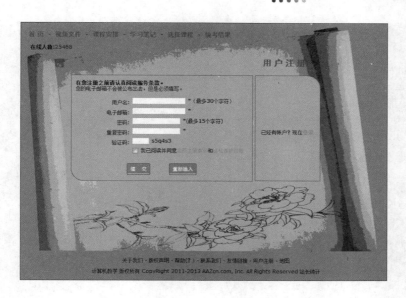

操作步骤 》》》》

STEP|01 创建及布局页面，在页面中设计导航条和页脚内容，并插入一张图片，如下图。

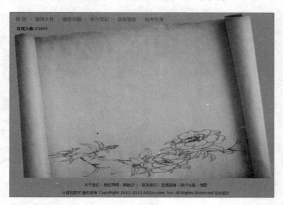

STEP|02 在图片之上，插入表单，并设计注册项内容。例如，先插入一个<div>标签，并在该标签中输入"用户注册"文本。

```
<div class="online">
    <p><strong>在线人数：</strong>
    25468</p>
</div>
<div class="register_text">用户
注册</div>
```

STEP|03 在< style >标签中，添加文本的样式，如设置颜色、位置、大小等。

```
.register_text {
    width:100xp;
    margin:20px 0px 0px 550px;
    font-family:"黑体";
    font-size:20px;
    letter-spacing:5px;
    font-weight:bold;
    color:#8e5f35;
}
```

STEP|04 再插入一个<div>标签，用来控制注册项内容。然后，在该标签中插入表单。

```
<div class="formwrapper">
    <form action="#" method="post"
    name="apForm" id="apForm" >
    </form>
</div>
```

STEP|05 由于注册内容分为两栏，所以需要再插入一个<div>标签，并在该标签中插入多个<div>标签和<input>标签，来添加注册项。

```
<div class="register_left">
    <p><strong>在您注册之前请认真阅读服
    务条款。</strong> <br/>您的电子邮
    箱不会被公布出去，但是必须填写。
    </p> <br/>
    <div>
```

```html
<label for="Name">用户名:</label>
<input   type="text"   name=
"Name"   id=
"Name" value="" size="20"
maxlendth=
"30" autofocus required> *（最
多 30 个字符）
<br/>
</div>
<div>
  <label for="Email">电子邮
箱:</label>
  <input   type="email"   name=
"Email" id=
"Email" value="" size="20"
 maxlength=
"150" required> *<br/>
</div>
<div>
  <label for="password">密码:
</label>
  <input type="password"   name=
"password"
 id="password"   size="18"
 maxlength=
"15" required>*(最多 15 个字
符)<br/>
 </div>
<div>
  <label for="confirm"> 重复密
码:</label>
  <input type="password" name=
"confirm"
 id="confirm"   size="18"
 maxlength="15"
 required>*<br/>
</div>
<div>
  <label for="yanz">验证码:
</label>
  <input   type="text"   name=
 "yanz"   id=
"yanz"  size="6" maxlength=
"6" required>
 s5q4s3<br/>
</div>
```

STEP|06 此时可以先定义 CSS 样式，来设置注册

项的格式，如文本框之间的距离、居中方式等。

```css
.formwrapper {
    margin:20px 0px 0px 85px;
    width:620px;
    height:325px;
    text-align:left;
    float:left;
}
.register_left {
    margin-left:20px;
    padding:10px;
    border:1px solid #8a531f;
    width:400px;
    float:left;
    background-image:-o-linear-
    gradient(top,
    #d8b37e, #e1c69b);
    border-radius:0px 0px 0px 30px;
}
.register_left label {
    float:left;
    width:120px;
    text-align:right;
    padding:4px;
    margin:1px;
}
.register_left div {
    clear:left;
    margin-bottom:2px;
}
```

STEP|07 在注册项内容中，再添加"会员注册协议"等内容。例如，用户可以在协议之间启用复选框。

```html
<div>
  <label for="Agree"></label>
  <input   type="checkbox"   name=
  "Agree" id=
  "Agree" value="1" required>
        我已阅读并同意<a href="#"
        title="会员注
        册协议">会员注册协议</a>和
        <a href="#"
        title="您是否同意服务条款">
        隐私保护政策</a>
```

```
</div>
```

STEP|08 在协议项下面，再添加表单的"提交"和"重新输入"按钮。然后，通过插入空格符，调整字符及按钮之间的距离。

```html
<div class="enter">
    <input name="create" type=
    "submit" class=
    "button" value="提  
    交" />  
         
      
    <input name="Submit" type=
    "reset" class=
    "button" value="重新输入" />
</div>
```

STEP|09 在< style >标签中为按钮添加样式，其中包含按钮的位置、边框样式、添加线性渐变、字符大小等。然后，再设置按钮在<div>标签中居中显示。

```css
.button {
    margin-top:20px;
    padding:7px;
    border-radius:3px;
    font-size:12px;
    border:1px #8a531f solid;
    background-image: -o-linear-
    gradient(top, #c88a4e, #e6b586);
    font-family:"黑体";
    color:#FFF;
}
.enter {
    text-align:center;
}
```

STEP|10 左侧设计完成后，则在<div class="register_left">标签后面再添加右栏内容。

```html
<div class="register_right">
    <div>已经有账户？现在<a href="#"
    title="我已经    注册账户">
    <strong>登录
    </strong></a></div>
</div>
```

STEP|11 再在<style >标签中为右侧添加样式，如圆角、边框线、垂直居中显示等。

```css
.register_right {
    text-align:center;
    float:left;
    margin-left:5px;
    width:150px;
    height:252px;
    line-height:268px;
    border:1px solid #8a531f;
    border-radius:0px 30px 0px 0px;
    background-image: -o-linear-
    gradient(top,
    #d8b37e, #e1c69b);
}
```

STEP|12 现在用户可以设置文本框的样式效果，如设置<input>标签样式。其中包含设置focus方法。

```css
input {
    padding:1px;
    margin:2px;
    font-size:11px;
}
input:focus {
    border:#F60 2px solid;
    background: rgba(250, 180, 180,
    0.7) no-repeat;
}
```

8.7 新手训练营

练习 1：添加域集

⊙downloads\8\新手训练营\域集

提示：本练习中，首先插入表单中的域集表单，并设置其属性。然后，域集表单中插入相应的其他表单对象。该练习的具体代码如下所示。

```
<!doctype html>
<html>
<head>
<meta charset="utf-8">
<title>无标题文档</title>
</head>
<body>
<fieldset>
  <legend><strong style="color: #
  1FB1EF">用户注册</strong></legend>
  <p>
    <label for="textfield">昵 
       称:</label>
    <input type="text" name=
    "textfield" id="textfield">
  </p>
  <p>
    <label for="password">密 
       码:</label>
    <input type="password" name=
    "password" id="password">
  </p>
  <p>
    <label></label>
    <label for="password2">密码确
    认:</label>
    <input type="password" name=
    "password2" id="password2">
  </p>
  <p>
    <label for="email">电子邮箱:
    </label>
    <input type="email" name="email"
    id="email">
  </p>
</fieldset>
</body>
```

使用浏览器预览，最终效果如下图所示。

练习 2：制作留言板

downloads\8\新手训练营\留言板

提示：本练习中，首先输入 CSS 样式。然后，插入相应的表单元素并设置其属性。最后，在中间右侧区域内插入一个Div标签，定义该标签的CSS规则，同时在该标签内插入文本区域和按钮表元素，并分别设置其属性。最终效果如下图所示。

练习 3：制作在线调查表

downloads\8\新手训练营\在线调查表

提示：本练习中，首先输入 CSS 样式。然后，插入嵌套 Div 层，在最上面的 Div 标签内输入标题文本，并设置文本的字体格式。同时，在第 2 个 Div 标签内插入一个项目列表，输入列表文本并设置文本的链接地址。在第 3 个 Div 标签内输入问题文本，并设置文本的字体格式。同时，在每个问题文本下面插入相对应的表单元素，并设置每个表单元素的属性。最后，在第 4 个 Div 标签内输入版尾文本。最终效果图如下图所示。

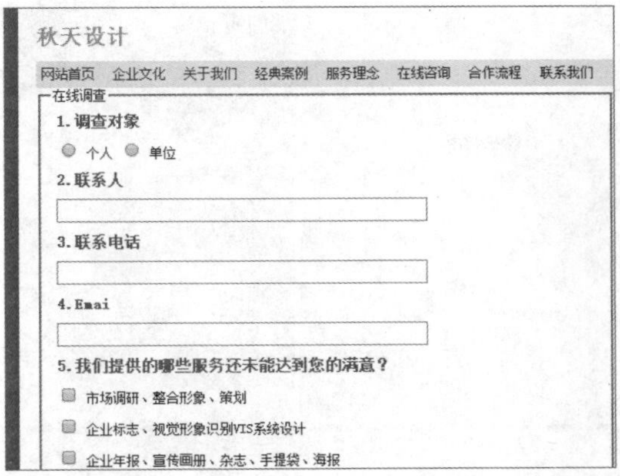

练习 4：添加日期和时间元素

downloads\8\新手训练营\日期和时间元素

提示：本练习中，首先输入设置背景颜色的 CSS 代码。然后，在文档中插入一个域集元素，同时在表单元素中插入一个日期和时间元素，并修改表单元素内的文本。最后，在其下方一次插入文本、密码、电子邮件、"提交"按钮和"重置"按钮。具体代码如下所示。

```html
<!doctype html>
<html>
<head>
<meta charset="utf-8">
<title>无标题文档</title>
<style>
body {
background-color: #ADE761;
}
</style>
</head>
<body>
<form   id="form1"   name="form1"
method="post">
  <fieldset>
    <strong>
    <legend style="color: #0B0B0B">
    登录状态界面</legend></strong>
    <p><strong>     </strong>
    </p>
    <p>
      <label for="date">上次登录时
```

```html
间:</label>
    <input type="date" name="date"
    id="date">
    <input type="time" name="time"
    id="time">
  </p>
  <p>
    <label for="textfield">登录名
    称:</label>
    <input type="text" name=
    "textfield" id="textfield">
  </p>
  <p>
    <label for="password">登录密
    码:</label>
    <input type="password" name=
    "password" id="password">
  </p>
  <p>
    <label for="email">电子邮
    箱:</label>
    <input type="email" name=
    "email" id="email">
  </p>
  <p>  
    <input type="submit" name="submit"
    id="submit" value="提交">
     
    
    <input type="reset" name="reset"
    id="reset" value="重置">
  </p>
  </fieldset>
</form>
</body>
</html>
```

最终效果图，如下图所示。

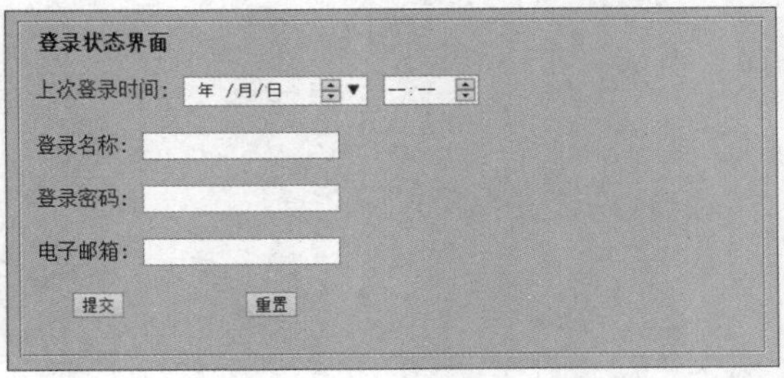

第**9**章

Web 应用技术

  Web 应用技术是 HTML5 针对 Web 的一系列的应用，包括本地存储和离线应用、WebSocket 通信和 Web Workers 多线程，以及获取地理位置等内容。其中，Web Socket 和 Web Workers 功能为 HTML5 新增功能，用于增强客户端脚本，而获取地理位置的 Geolocation API 功能则可以获取用户的当前位置。在本章中，将通过详细介绍 Web 各方面的应用技术，来协助用户制作出功能更加齐全的网页。

9.1 本地存储

HTML5 本地存储和离线存储不是一回事，离线存储（Offline Storage）实际上实现文件的离线存储，而本地存储（Local Storage）跟会话存储（Session Storage）一样同属于 Web 的数据存储（Web Storage）。这些存储方式都是用户客户端实现的，所以会有人把它们称为"本地存储"。

9.1.1 Web Storage 概述

在 IE 6 及以上版本中，还可以使用 User Data Behavior（用户数据行为），在 Firefox 下可以使用 Global Storage 等，但是这几种方式都存在兼容性方面的局限性，所以真正使用起来并不理想。

针对以上情况，HTML5 中给出了更加理想的解决方案 Web Database（Web 的数据存储），可以像客户端程序使用 SQL 一样。

如果用户需要存储的只是简单地用 key/value（名/值）对即可解决的数据，则可以使用 Web Storage。

Web Storage（数据存储）实际上由 Session Storage（会话存储）与 Local Storage（本地存储）两部分组成。

1．会话存储

它用于本地存储一个会话（Session）中的数据，这些数据只有在同一个会话中的页面才能访问，并且当会话结束后数据也随之销毁。

因此，会话存储不是一种持久化的本地存储，仅仅是会话级别的存储。

2．本地存储

用于持久化的本地存储，除非主动删除数据，否则数据是永远不会过期的。

> **提示**
>
> 不过 Web Database 标准当前正陷于僵局之中，而且目前已经实现的浏览器很有限。

在 HTML5 本地存储之前，如果用户想在客户端保存持久化数据，有如下几个选择。

❑ **HTTP Cookie**

HTTP Cookie 的缺点很明显，最多只能存储 4KB 的数据，每个 HTTP 请求都会被传送回服务器，明文传输（除非使用 SSL）。

❑ **IE userData**

userData 是微软在 20 世纪 90 年代推出的本地存储方案，借助 DHTML 的 Behaviour 属性来存储本地数据，允许每个页面最多存储 64KB 的数据，每个站点最多 640KB 的数据。

❑ **Flash Cookie**

Flash Cookie 的名字有些误导，或许名字应该叫做"Flash 本地存储"，Flash Cookie 默认允许每个站点存储不超过 100KB 的数据。如果超出了，Flash 会自动向用户请求更大的存储空间，借助 Flash 的 External Interface 接口，可以很轻松地通过 JavaScript 操作 Flash 的本地存储。

❑ **Google Gears**

Gears 是 Google 在 2007 年发布的一个开源浏览器插件，旨在改进各大浏览器的兼容性，Gears 内置了一个基于 SQLite 的嵌入式 SQL 数据库，并提供了统一 API 对数据库进行访问，在取得用户授权之后，每个站点可以在 SQL 数据库中存储不限大小的数据，Gears 的问题就是 Google 自己都已经不用它了。

9.1.2 Web Storage 的优势

Cookie 指某些网站为了辨别用户身份、进行 Session 跟踪，而储存在本地客户端上的数据（通常经过加密）。

Web Storage（数据存储）与 Cookie 相比，Web Storage 存在较多的优势，概括为以下几点。

1．存储空间更大

IE8 下每个独立的存储空间为 10MB，其他浏览器之间略有不同，但都比 Cookie 要大很多。

2．存储内容不会发送到服务器

当设置了 Cookie 后，Cookie 的内容会随着请求一并发送给服务器，这对于本地存储的数据是一种带宽浪费。而 Web Storage 中的数据则仅仅是存在本地，不会与服务器发生任何交互。

3．存储内容不会发送到服务器

Web Storage 提供了一套更为丰富的接口，使得数据操作更为简便。

4．独立的存储空间

每个域（包括子域）有独立的存储空间，各个存储空间是完全独立的，所以不会造成数据混乱，参见下图。

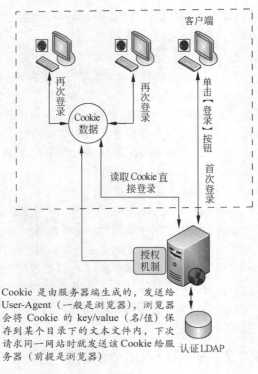

Cookie 是由服务器端生成的，发送给 User-Agent（一般是浏览器），浏览器会将 Cookie 的 key/value（名/值）保存到某个目录下的文本文件内，下次请求同一网站时就发送该 Cookie 给服务器（前提是浏览器）

9.1.3 判断浏览器

虽然，Web Storage 较 Cookie 占用多数优势，但是 Cookie 也是不可以或缺的。因为 Cookie 的作用是与服务器进行交互，作为 HTTP 规范的一部分而存在，而 Web Storage 仅仅是为了在本地"存储"数据而产生的。

除此之外，Web Storage 拥有 setItem、getItem、

removeItem、clear 等方法，不像 Cookie 需要前端开发人员自己封装 setCookie、getCookie。

在使用 Web Storage 之前，用户可以根据代码来判断浏览器是否支持 localStorage。

```html
<!DOCTYPE HTML>
<html>
<head>
<meta charset="utf-8">
<title>判断是否支持localStorage
</title>
<script language="javascript">
function localstorage(){
    if(window.localStorage){
        alert("浏览支持
        localStorage");
    }else{
        alert("浏览暂不支持
        localStorage");
    }
}
</script>
</head>
<body onLoad="localstorage()">
</body>
</html>
```

执行上述代码，将在浏览器中直接弹出提示信息框，并显示是否执行该浏览，如下图所示。

判断浏览器是否支持 localStorage

9.1.4 Web Storage 方法

localStorage 和 sessionStorage 都具有相同的操作方法，如 setItem、getItem 和 removeItem 等。

1．setItem 存储 value

该方式将 value 存储到 key 字段，其语法格式为：

```
.setItem( key, value)
```

该属性的示例代码如下所示。

```
Window.sessionStorage.setItem("u
ser", "张军");
Window.localStorage.setItem
("site", "www.lanfeng.com");
```

该属性赋值的示例代码如下所示。

```
<!DOCTYPE HTML>
<html>
<head>
<meta charset="utf-8">
<title>setItem 存储 value</title>
<script language="javascript">
function ergodic(){
var ls=window.localStorage;
ls.setItem("site",
"www.lanfeng.com");
ls.setItem("user", "张军");
ls.setItem("sex", "男");
alert("添加成功");
alert( ls.getItem("user"));
}
</script>
</head>
<body onLoad="ergodic()">
</body>
</html>
```

执行上述代码，用户可以了解到在浏览器中添加 key 值的方法。

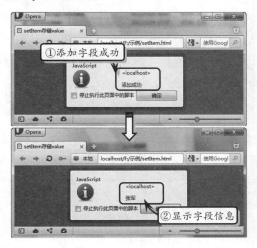

2．getItem 获取 value

该方法用于取出指定 key 本地存储的值，其语法格式为：

```
.getItem(key)
```

例如，用户在 JavaScript 代码中，可以通过下列命令进行操作。

```
var value = Window.sessionStorage.
getItem("user");
var site = Window.localStorage.
getItem("site");
```

3．removeItem 删除 key

该方法用于删除指定 key 的本地存储值，其语法格式为：

```
.removeItem(key)
```

该属性的示例代码如下所示。

```
Window.sessionStorage.removeItem
("user");
Window.localStorage.removeItem("
site");
```

4．clear 清除所有的 key/value

该方法主要用来清除所有的 key/value（名/值）内容，其语法格式为：

```
.clear()
```

该属性清除所有名和值内容的示例代码，如下所示。

```
Window.sessionStorage.clear();
Window.localStorage.clear();
```

5．key()方法和 length 属性

HTML5 还提供了一个 key()方法，可以在不知道有哪些键值的时候使用。而 storage.length 可以获取 storage 中 key 和 value 的数量。

```
<!DOCTYPE HTML>
<html>
<head>
<meta charset="utf-8">
<title>遍历 localStorage 中内容
```

```
</title>
<script language="javascript">
function ergodic(){
    var storage = window.
    localStorage;
    for (var i=0, len = storage.
    length; i < len; i++){
    var key = storage.key(i);
    var value = storage.
    getItem(key);
    var kk =key + "=" + value+"
    "+kk;
}
document.getElementById("key").
innerHTML =kk;
}
</script>
</head>
<body onLoad="ergodic()">
<div id="key"></div>
</body>
</html>
```

通过执行上述代码，可以在网页中显示出 localStorage 中所包含的内容。

提示

"document.getElementById("key")语句是根据指定 ID 属性值为 key 的标记对象。假如对应的为一组对象，则返回该组对象中的第一个。如果无符合条件的对象，则返回 null。innerHTML 方法就可以向这个key位置写入内容。

6．点和中括号操作

Web Storage 不但可以用自身的 setItem、getItem 等方便存取，也可以像普通对象一样，通过用点（"."）操作符和中括号（"[ ]"）的方式进行数据存储。

```
<!DOCTYPE HTML>
<html>
<head>
<meta charset="utf-8">
<title>点和中括号操作符</title>
<script language="javascript">
function ergodic(){
var storage = window.localStorage;
storage.key1 = "hello";
storage["key2"] = "world";
document.getElementById("key").
innerHTML =storage.key1;
document.getElementById("key2").
innerHTML =storage["key2"];
}
</script>
</head>
<body onLoad="ergodic()">
<div id="key"></div>
<div id="key2"></div>
</body>
</html>
```

通过执行上述代码，可以看到在网页中将显示 hello 和 world 内容。整个过程，是先通过操作符添加到 key 名中，再通过操作符显示到标记中。

9.2 离线 Web 应用程序

在 HTML5 中，加入了新的多样的内容描述标签，其中离线存储和工作线程就是亮点之一。

9.2.1　离线 Web 应用程序概述

在开发支持离线的 Web 应用程序时，开发者通常需要使用以下 3 个方面的功能。

1．离线资源缓存

需要一种方式来指明应用程序离线工作时所需的资源文件。这样，浏览器才能在在线状态时把这些文件缓存到本地。

此后，当用户离线访问应用程序时，这些资源文件会自动加载，从而让用户正常使用。HTML5中，通过 cache manifest 文件指明需要缓存的资源，并支持自动和手动两种缓存更新方式。

2．在线状态检测

开发者需要知道浏览器是否在线，这样才能够针对在线或离线的状态做出对应的处理。在 HTML5 中，提供了两种检测当前网络是否在线的方式。

3．本地数据存储

离线时，需要能够把数据存储到本地，以便在线时同步到服务器上。为了满足不同的存储需求，HTML5 提供了 DOM Storage 和 Web SQL Database 两种存储机制。前者提供了易用的 key/value 对存储方式，而后者提供了基本的关系数据库存储功能。

9.2.2　Cache Manifest 文件

只要浏览器发现了 Cache Manifest 文件，并且得到用户创建离线缓存的许可，浏览器则直接缓存下来其网页资源。如此一来，用户只需要单击主页，就可以最终让整个应用程序被缓存下来，并且一旦应用程序的资源被缓存，对于缓存后的操作就像在本地操作一样。

1．在服务器上添加 MIME TYPE 支持

比如，在 Apache 中的.htaccess 文件中，用户可以添加如下语句。

```
AddType text/cache-manifest
Manifest
```

2．创建 NAME.manifest

其中第一行的 CACHE MANIFEST 标识是一

定要有的，而 CACHE / NETWORK / FACKBACK 都是可选的。

如果没有写标识，则默认缓存，CACHE 就不用说了，缓存；NETWORK 指不想缓存的页面，比如登录页等；FALLBACK 是指当没有响应时的替代方案，比如想请求某个页面，但这个页面的服务器瘫痪了。那么，用户可以显示另外一个指定的页面，文件结构如下。

```
CACHE MANIFEST
# VERSION 0.3
# 直接缓存的文件
CACHE:
abc.html
images/sofish.png
js/main.js
css/layout.css
# 需要实时在线的文件
NETWORK:
/wp-admin/
# 替代方案
FALLBACK:
/ajax/ ajax.html
```

至于如何更新这个配置文件，只要改变文件的内容即可，上面的 # VERSION 0.3 其实只是一行注释，改变文件就可以重新缓存。在想更新的时候通过修改版本号来重新缓存，是一种比较推荐的方法，甚至可以是最佳实践。

下面说明书写 cache manifest 文件需要遵循的格式。

❑ 首行必须是 CACHE MANIFEST。

❑ 每一行列出一个需要缓存的资源文件名。

❑ 可根据需要列出在线访问的白名单。白名单中的所有资源不会被缓存，在使用时将直接在线访问。声明白名单使用 NETWO-RK：标识符。

❑ 如果在白名单后还要补充需要缓存的资源，可以使用 CACHE：标识符。

❑ 如果要声明某 URI 不能访问时的替补 URI，可以使用 FALLBACK：标识符。其

后的每一行包含两个 URI，当第一个 URI 不可访问时，浏览器将尝试使用第二个 URI。

❑ 注释要另起一行，以#号开头。

3. 给<html>标签加 manifest 属性

在 HTML 文件的<html>标签中，可以指定 manifest 文件。

```
<html manifest="./NAME.manifest">
```

9.2.3 在线状态检测

如果 Web 应用程序仅仅是一些静态页面的组合，那么通过 cache manifest 缓存资源文件以后，就可以支持离线访问了。但是随着互联网的发展，用户提交的数据渐渐成为互联网的主流。那么在开发支持离线的 Web 应用时，就不能仅仅满足于静态页面的展现，还必需考虑如何让用户在离线状态下也可以操作数据。

离线状态时，把数据存储在本地；在线以后，再把数据同步到服务器上。为了做到这一点，开发者首先必须知道浏览器是否在线。HTML5 提供了两种检测是否在线的方式。

1. navigator.onLine

navigator.onLine 属性表示当前是否在线。如果为 true 时，表示在线；如果为 false 时，表示离线。当网络状态发生变化时，navigator.onLine 的值也随之变化。

```
<script language="javascript">
alert(navigator.onLine ? "非脱机工
作" : "脱机工作，离线浏览");
</script>
```

通过上述代码，可以在浏览器中判断，当前网页是否为在线状态。

浏览器处于非脱机状态

2. online/offline 事件

当开发离线应用时，通过 navigator.onLine 获取网络状态通常是不够的。开发人员还需要在网络状态发生变化时立刻得到通知，所以 HTML5 还提供了 online/offline 事件。即在线/离线状态切换，online/offline 事件将触发在 body 元素上，并且沿着 document.body、document 和 Window 的顺序冒泡。

9.2.4 applicationCache 对象

applicationCache 对象提供一些方法和事件管理离线存储的交互过程。

```
applicationCache.onchecking =
function(){
//检查 manifest 文件是否存在
}
applicationCache.ondownloading =
function(){
//检查到有 manifest 或者 manifest 文件
//已更新就执行下载操作
//缓存的文件在请求时，服务器已经返回过了
}
applicationCache.onnoupdate =
function(){
//返回 304 表示没有更新，通知浏览器直接
  使用本地文件
}
applicationCache.onprogress =
function(){
//下载的时候周期性地触发，可以通过它
//获取已经下载的文件个数
}
applicationCache.oncached =
function(){
//下载结束后触发，表示缓存成功
}
application.onupdateready =
function(){
//第二次载入，如果 manifest 被更新
//在下载结束时触发
//不触发 onchched
alert("本地缓存正在更新中。。。");
```

```
if(confirm("是否重新载入已更新文件
")){
    applicationCache.swapCache();
    location.reload();
  }
}
applicationCache.onobsolete =
```

```
function(){
//未找到文件，返回404或者401时触发
}
applicationCache.onerror =
function(){
//其他和离线存储有关的错误
}
```

9.3　通信应用

WebSocket API 是下一代客户端服务器的异步通信方法。该通信取代了单个的 TCP 套接字，使用 ws 或 wss 协议，可用于任意的客户端和服务器程序。WebSocket 目前由 W3C 进行标准化。

9.3.1　WebSocket 通信概述

WebSocket API 最伟大之处在于服务器和客户端可以在给定的时间范围内的任意时刻相互推送信息。

WebSocket 协议本质上是一个基于 TCP 的协议。为了建立一个 WebSocket 链接，客户端浏览器首先要向服务器发起一个 HTTP 请求，这个请求和通常的 HTTP 请求不同，包含了一些附加头信息，其中附加头信息"Upgrade: WebSocket"表明这是一个申请协议升级的 HTTP 请求。

服务器端解析这些附加的头信息然后产生应答信息返回给客户端，客户端和服务器端的 WebSocket 连接就建立起来了，双方就可以通过这个连接通道自由地传递信息，并且这个连接会持续存在，直到客户端或者服务器端的某一方主动地关闭连接。

"Upgrade:WebSocket"表示这是一个特殊的 HTTP 请求，请求的目的就是要将客户端和服务器端的通信协议从 HTTP 协议升级到 WebSocket 协议。

在实际的开发过程中，为了使用 WebSocket 接口构建 Web 应用，首先需要构建一个实现了 WebSocke 规范的服务器，服务器端的实现不受平台和开发语言的限制，只需要遵从 WebSocket 规范即可，目前已经出现了一些比较成熟的 WebSocket 服务器端实现，如下所示。

- ❑ Kaazing WebSocket Gateway　一个 Java 实现的 WebSocket Server。
- ❑ mod_pywebsocket　一个 Python 实现的 WebSocket Server。
- ❑ Netty　一个 Java 实现的网络框架，其中包括了对 WebSocket 的支持。
- ❑ node.js　一个 Server 端的 JavaScript 框架提供了对 WebSocket 的支持。

如果以上的 WebSocket 服务端实现还不能满足用户的业务需求的话，开发人员完全可以根据 WebSocket 规范自己实现一个服务器。

WebSocket 规范主要介绍了 WebSocket 的握手协议。握手协议通常是在构建 WebSocket 服务器端的实现和提供浏览器的 WebSocket 支持时需要考虑的问题，而针对 Web 开发人员的WebSocket JavaScript 客户端接口是非常简单的，以下是 WebSocket JavaScript 接口的定义。

```
[Constructor(in DOMString url, in
optional DOMString protocol)]
interface WebSocket {
readonly attribute DOMString URL;
//就绪状态
const unsigned short CONNECTING = 0;
const unsigned short OPEN = 1;
const unsigned short CLOSED = 2;
readonly attribute unsigned short
readyState;
readonly attribute unsigned long
```

```
bufferedAmount;
//交互
attribute Function onopen;
attribute Function onmessage;
attribute Function onclose;
boolean send(in DOMString data);
void close();
};
WebSocket implements EventTarget;
var wsServer = 'ws://localhost:
8888/Demo';
var websocket = new WebSocket
(wsServer);
websocket.onopen = function (evt)
{ onOpen(evt) };
websocket.onclose = function (evt)
{ onClose(evt) };
websocket.onmessage = function
(evt) { onMessage(evt) };
websocket.onerror = function (evt)
{ onError(evt) };
function onOpen(evt) {
console.log("Connected to WebSoc-
ket server.");
}
function onClose(evt) {
console.log("Disconnected");
```

其中，URL 属性代表 WebSocket 服务器的网络地址，协议通常是 ws。send 方法就是发送数据到服务器端，close 方法就是关闭连接。除了这些方法，还有一些很重要的事件：onopen、onmessage、onerror 以及 onclose。

因为，每个服务器端语言有自己的 API。下面的代码片段是打开一个连接，为连接创建事件监听器，断开连接，发送消息返回到服务器，关闭连接。

```
//创建一个 Socket 实例
var wsServer = 'ws://localhost:
8888/Demo';
//打开 Socket
var websocket = new WebSocket
(wsServer){
//发送一个初始化消息
socket.send('I am the client and
```

```
I\'m listening!');
//监听消息
socket.onmessage = function
(event){
console.log('Client received a
message',event);
};
//监听 Socket 的关闭
socket.onclose = function(event){
console.log('Client notified
socket has closed',event);
};
// 关闭 Socket
//socket.close()
};
```

上述代码初始化片段中，参数为 URL，ws 表示 WebSocket 协议。onopen、onclose 和 onmessage 方法把事件连接到 Socket 实例上。每个方法都提供了一个事件，以表示 Socket 的状态。

onmessage 事件提供了一个 data 属性，它可以包含消息的 Body 部分。消息的 Body 部分必须是一个字符串，可以进行序列化/反序列化操作，以便传递更多的数据。

9.3.2 跨文档消息传输

在 HTML5 中新增了 postMessage 方法，postMessage 可以实现跨文档消息传输。可以通过绑定 Window 的 message 事件来监听发送跨文档消息传输内容。

该方法将一个消息放入（寄送）到与指定窗口创建的线程相联系的消息队列里，不等待线程处理消息就返回，是异步消息模式。消息队列里的消息通过调用 GetMessage 和 PeekMessage 取得。其语法格式，如下所示：

```
BOOL PostMessage (HWND hWnd, UINT
Msg, WPARAM wParam, LPARAM lParam);
```

上述语法中，参数含义如下所述。
- **hWnd** 其窗口程序接收消息的窗口的句柄。可取有特定含义的 HWND_BROADC-AST 和 NULL 两个值。其中，HWND_

BROADCAST 值指消息被寄送到系统的所有顶层窗口，包括无效或不可见的非自身拥有的窗口、被覆盖的窗口和弹出式窗口。消息不被寄送到子窗口。而 NULL 值表示此函数的操作和调用参数 dwThread 设置为与当前线程的标识符 PostThread-Message 函数一样。

❑ **Msg**　指定被发送的消息。

❑ **wParam**　指定附加的消息特定的信息。

❑ **IParam**　指定附加的消息特定的信息。

❑ 返回值　如果函数调用成功，返回非零值；如果函数调用失败，返回值是零。若想获得更多的错误信息，调用 GetLastError 函数。

如果发送一个低于 WM_USER 范围的消息给异步消息函数（PostMessage.SendNotifyMessage，SendMesssgeCallback），消息参数不能包含指针。否则，操作将会失败。函数将在接收线程处理消息之前返回，发送者将在内存被使用之前释放。

9.3.3　使用 WebSocket

通过上述 API 内容，已经了解 WebSocket 的应用方式。下面来介绍其具体的应用。

1．检测浏览器

在使用 HTML5 WebSockets API 之前，首先需要确认浏览器的支持情况。如果浏览器不支持，可以提供一些替代信息，提示用户升级浏览器。

```
<!DOCTYPE HTML>
<html>
<head>
<meta charset="utf-8">
<title>检测浏览器</title>
<script language="javascript">
function loadDemo(){
    if (window.WebSocket){
        document.getElementById
        ("support").innerHTML =
        "您的浏览器支持 HTML5 的
        WebSocket 功能。";
    } else {
        document.getElementById
        ("support").innerHTML =
```

```
        "您的浏览器不支持 HTML5 的
        WebSocket 功能。";
    }
}
</script>
</head>
<body onLoad="loadDemo()">
<div id="support"></div>
</body>
</html>
```

上面的示例代码使用 loadDemo 函数检测浏览器的支持性，该函数会在页面加载时被调用。若存在 WebSocket 对象，调用 window.WebSocket 就会将其返回，否则将触发异常失败处理。

然后，根据检测结果更新页面显示。由于页面代码中预定义了 support 元素，将适当的信息显示在此元素中，就可以从页面上反映出浏览器的支持情况。

检测浏览器是否支持 HTML5 WebSocket 的另一种方法是使用浏览器控制台（如 Chrome 开发工具）。

下图是在 Google Chrome 中检测自身是否支持 WebSocket（若不支持，window.WebSocket 命令将返回 undefined）。

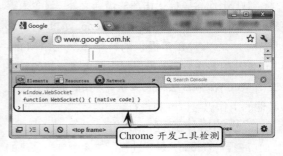

2．连接服务器

WebSocket 对象的创建及其与 WebSocket 服务器的连接。WebSocket 接口的使用非常简单，要连接通信端点，只需要创建一个新的 WebSocket 实例，并提供希望连接的对端 URL。ws://和 wss:// 前缀分别表示 WebSocket 连接和安全的 WebSocket 连接。

```
url = "ws://localhost:8080/echo";
w = new WebSocket(url);
```

3．添加事件监听器

WebSocket 编程遵循异步编程模型；打开 socket 后，只需要等待事件发生，而不需要主动向服务器轮询，所以需要在 WebSocket 对象中添加回调函数来监听事件。

WebSocket 对象有 3 个事件，如 open、close 和 message。当连接建立时触发 open 事件，当收到消息时触发 message 事件，当 WebSocket 连接关闭时触发 close 事件。

同大多数 JavaScript API 一样，事件处理时会调用相应的（onopen，onmessage 和 onclose）回调函数。

```
w.onopen = function() {
    log("open");
    w.send("谢谢接受 websocket 请求");
}
w.onmessage = function(e) {
    log(e.data);
}
 w.onclose = function(e){
    log("关闭");
}
```

4．发送消息

当 socket 处于打开状态（即调用 onopen 监听程序之后，调用 onclose 监听程序之前），可以采用 send 方法来发送消息。

消息发送完成之后，可以调用 close 方法来中止连接，当然也可以不这么做，让其保持打开状态。

```
document.getElementById("sendBu-
tton").onclick = function() {
    w.send(document.getElement-
    ById("inputMessage").value);
}
```

9.4 线程应用

Web Workers 是一个新的 JavaScript 编程模型，可以提高 Web 应用程序的交互性，主要通过多线程方法运行 JavaScript，而且可以在后台运行脚本而不依赖任何用户界面脚本。

控制流。也被称为轻量进程（Lightweight Processes）。是一种计算机科学术语，指运行中的程序的调度单位。Web Workers 简单的操作流程图如下。

9.4.1 Web Workers 概述

HTML5 除了标记语意的增强之外，最令人震撼的莫过于它所附属的 JavaScript APIs。Web Workers 是 HTML5 提供的一个多线程（Multi-Thread）的解决方案，可以把需要大量运算的程序交由 Web Workers 去做背景执行，如此的好处就是其他的工作仍可以顺利进行。

1．线程的操作流程

线程（Thread）是“进程”中某个单一顺序的

提示

进程是操作系统结构的基础，是一个正在执行的程序，可以分配给处理器并由处理器执行的一个实体。

2. 线程的工作原理

在当前 JavaScript 的主线程中，使用 Workers 类来独辟一个新的线程，来处理外联的一个 JavaScript 文件，起到互不阻塞执行的作用。

另外，它提供主线程和工作线程（新线程）之间数据交换的 postMessage 和 onmessage 接口。

当主线程从工作线程取回消息 当主线程发送消息到工作线程
通过onMessage方法 通过postMessage方法

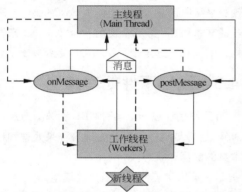

当工作线程从主线程取回 当工作线程发送消息到主线程
消息通过onMessage方法 通过postMessage方法

上面流程图的数据交换方式是这样的：当主线程通过实例化 Worker 类来开辟一个新的进程，这个进程就会执行实例化 Worker 时指定的 JS 文件，如果需要交换数据，则主线程通过 Worker 对象的 postMessage 方法来发送数据给新进程的 JS 文件。

新进程的 JS 通过 onmessage 函数来接收主线程发送来的数据，经过处理之后，又使用 postMessage 方法发送回去。

最后，主线程通过 Worker 类的 onmessage 方法来接收新线程的 js 发送经过处理后的数据。这样就结束了两个线程之间的数据交互。

```
//worker.js
onmessage = function (evt){
    var d = evt.data; //通过evt.data
    获得发送来的数据
```

```
    postMessage(d+"多线程时代");
    //再发送回去，礼尚往来
}
//main thread
var w = new Worker("worker.js");
w.postMessage("javascript");
w.onmessage = function(evt){
alert(evt.data);
    //获取新线程的js发送来的数据
}
```

9.4.2　工作线程与多线程

在 HTML5 中，工作线程的出现使得在 Web 页面中进行多线程编程成为可能。HTML5 中的 Web Workers 可以分为两种不同的线程类型，一个是专用线程 Dedicated Worker，一个是共享线程 Shared Worker。两种类型的线程各有不同的用途。

1. 专用线程

专用线程（dedicated worker）的创建方式：在创建专用线程的时候，需要给 Worker 的方法提供一个指向 JavaScript 文件资源的 URL，这也是创建专用线程时 Worker 方法所需要的唯一参数。

当这个方法被调用之后，一个工作线程的实例便会被创建出来。

```
var     worker     =     new     Worker
  ('dedicated.js');
```

专用线程在运行的过程中会在后台使用 PortMessage 对象，而 PortMessage 对象支持 HTML5 中多线程提供的所有功能，例如：可以发送和接收结构化数据（JSON 等），传输二进制数据，并且支持在不同端口中传输数据等。

为了在页面主程序接收从专用线程传递过来的消息，需要使用工作线程的 onmessage 事件处理器，定义 onmessage 的实例。

```
worker.onmessage = function (event)
  { ... };
```

提示

开发人员也可以选择使用 addEventListener 方法，最终的实现方式作用和 onmessage 相同。

如果要想一个专用线程发送数据，那么需要使用线程中的 postMessage 方法。专用线程不仅仅支持传输二进制数据，也支持结构化的 JavaScript 数据格式。

```
worker.postMessage({
    operation: 'list_all_users',
    input: buffer,
    threshold: 0.8,
}, [buffer]);
```

2．共享线程（Shared Workers）

一是通过指向 JavaScript 脚本资源的 URL 来创建，二是通过显式的名称来创建。

当由显式的名称来创建时，在创建这个共享线程的第一个页面中使用 URL 会被用来作为这个共享线程的 JavaScript 脚本资源 URL。

通过这样一种方式，它允许同域中的多个应用程序使用同一个提供公共服务的共享线程，从而不需要所有的应用程序都去与这个提供公共服务的 URL 保持联系。

创建共享线程可以使用 SharedWorker()方法来实现，这个方法使用 URL 作为第一个参数，即是指向 JavaScript 资源文件的 URL。同时，如果开发人员提供了第二个构造参数，那么这个参数将被用于作为这个共享线程的名称。

创建共享线程的代码示例如下。

```
var worker = new SharedWorker
('sharedworker.js', '
mysharedworker ' );
```

共享线程的通信也是跟专用线程一样，是通过使用隐式的 PortMessage 对象实例来完成的。当使用 SharedWorker()方法的时候，这个对象将通过一种引用的方式被返回回来。

用户可以通过这个引用的 port 端口属性来与它进行通信。发送消息与接收消息的代码示例如下。

```
//从端口接收数据，包括文本数据以及结构
化数据
```

```
worker.port.onmessage = function
(event) { define your logic
here... };
//向端口发送普通文本数据
worker.port.postMessage('put your
message here … ');
//向端口发送结构化数据
worker.port.postMessage({ userna
me: 'usertext'; live_city: ['data-
one', 'data-two', 'data-three','
data-four']});
```

上述示例代码中，第一个使用 onmessage 事件处理器来接收消息，第二个使用 postMessage 来发送普通文本数据，第三个使用 postMessage 来发送结构化的数据，这里使用了 JSON 数据格式。

9.4.3　线程事件处理模型

当工作线程被一个具有 URL 参数的方法创建的时候，它需要有一系列的处理流程来处理和记录它本身的数据和状态。

下面给出了工作线程的处理模型。

❑ 创建一个独立的并行处理环境，并且在这个环境里面异步地运行下面的步骤。

❑ 如果它的全局作用域是 Shared Worker-GlobalScope 对象，那么把最合适的应用程序缓存和它联系在一起。

❑ 尝试从它提供的 URL 里面使用 synchronous 标志和 force same-origin 标志来获取脚本资源。

❑ 新脚本创建的时候会按照这样的流程，如先创建这个脚本的执行环境；再使用脚本的执行环境解析脚本资源；其次，设置脚本的全局变量为工作线程全局变量；最后，设置脚本编码为 UTF-8 编码的顺序进行。

❑ 启动线程监视器，关闭孤儿线程。

❑ 对于挂起线程，启动线程监视器监视挂起线程的状态，即时在并行环境中更改它们的状态。

- 跳入脚本初始点，并且启动运行。
- 如果其全局变量为 DedicatedWorker-GlobalScope 对象，在线程的隐式端口中启用端口消息队列。
- 对于事件循环，一直等待到事件循环列表中出现新的任务。
- 运行事件循环列表中最先进入的任务，但是用户代理可以选择运行任何一个任务。
- 如果事件循环列表拥有存储 mutex 互斥信号量，那么释放它。
- 当运行完一个任务后，从事件循环列表中删除它。
- 如果事件循环列表中还有任务，那么继续前面的步骤执行这些任务。
- 如果活动超时后，清空工作线程的全局作用域列表。
- 释放工作线程的端口列表中的所有端口。

9.4.4　浏览器与线程

Web Workers 提供了一种标准的方式，让浏览器能够在后台运行 JavaScript。

如果浏览器支持 Web Worker API 的话，在全局 Window 对象上会有一个 Worker 的属性，反之这个属性值则会是 undefined。

```
<!DOCTYPE HTML>
<html>
<head>
<meta charset="utf-8">
<title>测试 Workers</title>
<script language="javascript">
```

```
function supports_web_workers(){
    var result=window.Worker;
    if(result=="undefined"){
    document.getElementById
    ("worker").innerHTML="您的浏览
    器不支持 Worker 属性，显示结果:
    "+result;
    }else{
    document.getElementById
    ("worker").innerHTML="您的浏览
    器支持 Worker 属性，显示结果:
    "+result;
    }
}
</script>
</head>
<body
onLoad="supports_web_workers()">
<div id="worker"></div>
</body>
</html>
```

通过执行上述代码，可以在浏览器中显示 Window 对象中是否包含该属性。

9.5　获取地理位置信息

在 HTML5 中，如果浏览器支持且设备具有定位功能，可以使用 Geolocation API 来获取用户的当前位置信息。

9.5.1　使用方法

获取地理位置信息中经常使用的方法包括

getCurrentPosition 方法、WatchPosition 方法和 clearWatch 方法。

1．getCurrentPosition 方法

如果要获取当前的地理位置信息，可以使用 getCurrentPosition 方法，该方法的定义如下。

```
Void getCurrentPosition(onSuccess,
OnError,Options );
```

其中，onSuccess 表示获取当前地理位置信息成功时执行的回调函数，OnError 表示获取当前地理位置信息失败时执行的回调函数，Options 表示一些可选属性的列表。

❑ **onSuccess 参数**

onSuccess 参数是必需的，表示处理函数调用时，地理位置成功获得，使用方法如下。

```
navigator.geolocation.getCurrent
Position( function (position))
{
//
}
```

onSuccess 参数所指定的功能需要一个 position 位置参数，它代表一个 position 对象，会在后面的小节中进行介绍。

❑ **OnError 参数**

OnError 参数是可选的，表示处理函数调用时，地理位置未获得。OnError 参数所指定的功能需要一个 Error 对象参数，该对象具有两个属性，介绍如下。

❑ **Code 属性**　该属性有 3 个值，其中用户拒绝的位置服务属性值为 1，获取不到位置信息属性值为 2，获取信息超时错误属性值为 3。

❑ **Message 属性**　该属性为一个字符串，用于保存错误信息，它在开发和调试时很有用。具体使用方法如下。

```
function errorCallback(error) {
    var message = "";
    switch (error.code) {
        case error.PERMISSION_
        DENIED:
            message = "本网站不许可使用地
            理定位API" ;
            break;
        case error.POSITION_
        UNAVAILABLE:
            message = "当前位置不能确
            定。";
            break;
        case error.PERMISSION_
        DENIED_TIMEOUT:
            message = "当前位置无法确
            定" + "在指定的超时期限
            内.";
            break;
    }
if (message == "")
{
    var strErrorCode = error.
    code.toString();
    message = "地理位置不能被更新,
    确定由于" + "一个未知的错误 (代
    码: " + strErrorCode + ").";
}
alert(message);
}
```

❑ **Options 选项**

Options 参数是可选的，它是一些可选属性列表，介绍如下。

❑ **enableHighAccuracy**　一个布尔值，表示是否要求高精度的地理位置信息。多数情况下把该属性值设为默认，由设备自身来调整。

❑ **Timeout**　一个整型值，以毫秒为单位，表示对地理位置信息的获取的超时限制。如果在该时间内未获取到地理信息，则返回错误信息。

❑ **maximumAge**　设置对获取地理位置信息进行缓存的有效时间，单位为毫秒。

2．WatchPosition 方法

使用 WatchPosition 方法可以定期地获取用户当前的地理位置信息。该方法定义如下。

```
Int WatchPosition (onSuccess,
```

```
onError,options);
```

该方法返回一个标识符，方法与 JavaScript 脚本中的 setInterval 方法相同。返回值也可以被 clearWatch 方法使用，停止对当前地理位置信息的监视。具体的使用方法如下。

```
Function getWatchID{
watchID = geoloc.watchPosition
(successCallback, errorCallback);
}
```

3．clearWatch 方法

使用 clearWatch 方法可以停止获取当前用户的地理位置信息，该方法定义如下。

```
Void clearWatch( watchId );
```

watchId 参数是调用 WatchPosition 方法监视地理位置信息时的返回参数。具体的使用方法如下。

```
function clearWatch(watchID)
 {
    window.navigator.geolocation.
    clearWatch(watchID);
 }
```

9.5.2　position 对象

如果使用 getCurrentPosition 方法获取地理位置信息成功，可以在获取成功后的回调函数中通过访问 position 对象的属性来得到这些地理位置信息。position 对象具有的属性如下。

- ❏ **latitude**　当前地理位置的纬度。
- ❏ **longitude**　当前地理位置的经度。
- ❏ **aetitude**　当前地理位置的海拔高度(不能获取时为 null)。
- ❏ **accuracy**　获取到的纬度或经度的精度(以米为单位)。
- ❏ **altitudeaccurancy**　获取到的海拔高度的精度（以米为单位）。
- ❏ **handing**　设备的前进方向。用面朝正北方向的顺时针旋转角度来表示（不能获取时

为 null)。
- ❏ **speed**　设备的前进速度（以米/秒为单位，不能获取时为 null)。
- ❏ **timestamp**　获取地理位置信息时的时间。

```html
<!DOCTYPE html>
<html>
<head>
<meta charset="utf-8">
<title>获取经度纬度</title>
<script type="text/javascript">
function setText(val, e) {
    document.getElementById(e).
    value = val;
}
function insertText(val, e) {
    document.getElementById(e).
    value += val;
}
var nav = null;
function requestPosition() {
  if (nav == null) {
    nav = window.navigator;
  }
  if (nav != null) {
    var geoloc = nav.geolocation;
    if (geoloc != null) {
      geoloc.getCurrentPosit-
      ion(successCallback,
      errorCallback);
    }
    else {
      alert("不支持地理定位");
    }
  }
  else {
    alert("导航没有找到");}
}
function successCallback
(position)
{
  setText(position.coords.
```

```
        latitude, "latitude");
    setText(position.coords.
    longitude, "longitude");
}
function errorCallback(error)
{
    var message = "";
    switch (error.code) {
        case error.PERMISSION_
            DENIED:
            message = "本网站不许可使
            用地理定位 API" ;
            break;
        case error.POSITION_
        UNAVAILABLE:
            message = "当前位置不能确
                定。";
            break;
        case error.PERMISSION_
        DENIED_TIMEOUT:
            message = "当前位置无法确
                定" + "在指定的超时期
                限内.";
            break;
    }
    if (message == "")
    {
        var strErrorCode = error.
        code.toString();
        message = "地理位置不能被更新,
        确定由于" +"一个未知的错误（代
        码:" + strErrorCode +
                ").";
    }
    alert(message);
}
```

```
</script>
</head>
<body>
<label for="latitude">纬度:
</label><input id="latitude" />
<br /><br />
<label for="longitude">经度:
</label><input id="longitude" />
<br /><br />
<input type="button" onclick=
"requestPosition()" value="获取经
度纬度" />
</body></html>
```

在上述代码中，由两个文本框和一个按钮组成。通过单击【获取经度纬度】按钮，调用 getCurrentPosition 方法，获取用户地理位置的纬度和经度信息，并在文本框中显示。

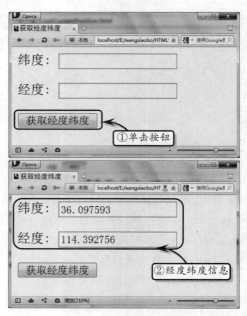

9.6 练习：制作简单留言簿

在 HTML5 之前，要制作一个留言簿需要将表单数据提交到数据库，再从数据库中读取出来。而在 HTML5 中，用户可以直接通过本地存储的优势创建简单的留言簿。

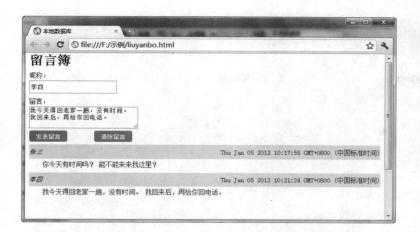

● 插入表单
● 制作表单内容
● 添加样式
● 创建本地数据库
● 存储数据
● 读取数据
● 显示数据

操作步骤 >>>>

STEP|01 创建 index.html 文件，并在\<body\>标签中插入\<h1\>和\<form\>标签，以及标签内容。

```
<h1>留言簿</h1>
<form action="#" method="get" accept-
charset=
"utf-8">
  <p class="form_item">
    <label for="">昵称: </label>
    <input type="text"name="" value=
    "" id=
    "name" required/>
  </p>
  <p class="form_item">
    <label for="">留言: </label>
    <textarea  rows="3"  cols="30"
    name="" value=
    "" id="msg" required></textarea>
  </p>
  <p class="form_item">
    <input  type="submit"  id="save"
    value="发表留
    言"/>
    <input type="button" id="clear"
    value="清除
    留言"/>
  </p>
</form>
```

STEP|02 在\<style\>标签中，添加对\<form\>表单的

样式设置，如文本、定位、label 标签样式、input 样式等。

```
.form_item {
min-height: 30px;
margin-top: 5px;
text-indent:0;
}
.form_item label {
display: block;
line-height: 24px;
}
.form_item input[type="text"] {
width: 180px;
height:24px;
line-height: 24px;
}
.form_item textarea {
vertical-align: top;
}
.form_item   input[type="submit"],
input[type=
"button"] {
width: 80px;
height:24px;
line-height: 24px;
border:1px solid #ff6600;
border-radius:4px;
background:#ff6600;
outline:none;
color:#fff;
cursor: pointer;
```

```css
}
.form_item input[type="submit"] {
margin-right: 50px;
}
.form_item    input[type="submit"]:
hover {
position: relative;
top:1px;
}
```

STEP|03 在<form>标签下面，添加对本地存储的 JavaScript 代码。并将表单提交的内容添加到本地存储数据库中，然后，再读取数据，并显示到网页中。

```html
<script type="text/javascript" charset=
"utf-8">
    (function(){
        var datalist = getE
        ('datalist');
        if(!datalist){
            datalist = document.
            createElement
            ('dl');
            datalist.className =
            'datalist';
            datalist.id = 'datalist';
            document.body.appendChild
            (datalist);
        }
        var result = getE('result');
        var db = openDatabase
        ('myData','1.0',
        'test database',1024*1024);
        showAllData()
        db.transaction(function(tx){
            tx.executeSql('CREATE
            TABLE IF NOT
            EXISTS MsgData(name TEXT,
            msg TEXT,
            time INTEGER)',[]);
        })
        getE('clear').onclick =
        function(){
```

```javascript
db.transaction(function(tx){
            tx.executeSql('DROP
            TABLE
            MsgData',[]);
        })
        showAllData()
    }
    getE('save').onclick =
    function(){
        saveData();
        return false;
    }
    function getE(ele){
        return document.
        getElementById(ele);
    }
    function removeAllData(){
        for (var i = datalist.
        children.
        length-1; i >= 0; i--){
            datalist.removeChild
            (datalist.
            children[i]);
        }
    }
    function showData(row){
        var dt = document.create-
        Element('dt');
        dt.innerHTML = '<time>' +
        row.time +
        '</time>' + '<address>' +
        row.name +
        '</address>';
        var dd = document.
        createElem-
         ent('dd');
        dd.innerHTML = row.msg;
        datalist.appendChild(dt);
        datalist.appendChild(dd);
    }
    function showAllData(){
        db.transaction(function
        (tx){
            tx.executeSql('CREATE
            TABLE IF NOT
```

```
EXISTS MsgData(name
TEXT,msg TEXT,
time INTEGER)',[]);
tx.executeSql('SELECT
* FROM
MsgData',[],function
(tx,result){
    removeAllData();
    for(var i=0; i <
    result.rows.
    length; i++){
        showData
        (result.rows.
        item(i));
    }
});
})
}
function addData(name,msg,
time){
    db.transaction(function
    (tx){
        tx.executeSql('INSERT
        INTO MsgData
        VALUES(?,?,?)',[name,
        msg,time],
        function(tx,result){

        },function(tx,error){
            result.innerHTML=
            error.
            source + ':' +
            error.message;
        })
    })
}
function saveData(){
```

```
var name =getE('name').
value;
var msg = getE('msg').
value;
var time = new Date();
timetime = time.toLocale
DateString()
+ ':' + time.toLocale
TimeString();
addData(name,msg,time);
showAllData();
}
})();
</script>
```

STEP|04 由于在 JavaScript 代码中，通过代码添加了 id 为 datalist 的<dl>标签。所以，在<style>标签中，可以为其标签添加样式效果。

```
.datalist {
min-height:300px;
border-top: 1px solid #e4e4e4;
}
.datalist dt {
height: 30px;
line-height: 30px;
background:#e8e8e8;
}
.datalist dd {
min-height:30px;
line-height: 24px;
text-indent:2em;
}
.datalist time {
float: right;
}
```

9.7　练习：制作个人博客

在本练习中，结合 position 对象、Geolocation API 功能及 Google 地图，制作个人博客页面，帮助用户更好地了解 Geolocation API 功能和 position 对象的含义及应用。

练习要点

- 使用 Google 地图
- 使用 Div 层
- 使用 ul 列表
- position 对象
- Geolocation
- 使用 Frame 标签

操作步骤 ▶▶▶▶

STEP|01 使用 DIV 层为页面添加页头标题，内容使用 h1 和 h2 标签进行修饰。

```html
<div id="top">
        <div id="icons">
        <a href="" title="Home
page"><img src=
"images/home.gif" alt=
"Home" /></a>
        <a href="" title="Contact
us"><img src=
"images/contact.gif" alt=
"Contact" /></a>
        <a href="" title="Sitemap">
<img src="ima-
ges/sitemap.gif"alt=
"Sitemap"/></a>
        </div>
                <h1>乡间路</h1>
```

```html
        <h2>你梦想开始的地方</h2>
    </div>
```

STEP|02 为页面添加导航条，由导航标题和导航内容组成。

```html
<div id="menu">
    <ul>
        <li><a class="current"href=
"" title=
"home">首页</a></li>
        <li><a href="#" title=
"Articles">关于我
        们</a></li>
        <li><a href="#" title=
"Gallery">最新新闻
        </a></li>
        <li><a href="#" title=
"Affiliates">画廊
        </a></li>
        <li><a href="#" title=
```

```
"Articles">最新作
品</a></li>
<li><a href="#" title=
"Abous us">在线留
言</a></li>
<li><a href="#" title=
"Contact">联系我们
</a></li>
</ul>
</div>
```

STEP|03 为页面添加类别模块，使用 ul 列表添加类别内容。

```
<img src="images/pic.jpg" alt="" />
<h3>类别</h3>
<ul>
<li><a href="#" title=
"Articles">模板 (15)
</a></li>
<li><a href="#" title=
"Gallery">互联网 (10)
</a></li>
<li><a href="#" title=
"Affiliates">教程
(23)</a></li>
<li><a href="#" title=
"Articles">图片
(11)</a></li>
<li><a href="#" title="Abous
us">网页素材
(16)</a></li>
<li><a href="#" title=
"Contact">FLASH 动画
(5)</a></li>
</ul>
```

STEP|04 为类别添加 CSS 样式，包括 h3 标签和 ul 列表标签样式。

```
h3 {
padding : 4px 0;
margin : 0;
}
ul {
margin : 0;
```

```
padding : 0;
list-style : none;
}
```

STEP|05 为页面添加目录内容模块，使用 h3 标签修饰标题，p 标签修饰内容。

```
<h3>目录</h3>
<p><a href="" title=" CSS Gallery">
OnError</a>
参数是可选的。表示处理函数调用时，地理位置
未获得。
OnError 参数所指定的功能需要一个 Error
对象参数，该对象具有两个属性，Code 属性该
属性有三个值。</p>
```

STEP|06 为页面添加 left_side 层，该层中的内容可以供用户下载。

```
<div id="left_side">
<div class="intro">
<div class="pad">OnError 参数是
可选的。表示处理函数调用时，地理位置
未获得。OnError 参数所指定的功能需要
一个 Error 对象参数，该对象具有两个属
性，Code 属性有 3 个值，其中用户拒绝
的位置服务属性值为 1。
<br /><a href="" title="">下载
</a>  |
 <a href="" title="">更
多...</a>
</div>
</div>
```

STEP|07 为页面添加 getCurrentPosition 方法简介，可以查看用户评论信息。

```
<h3>getCurrentPosition 方法</h3>
<h2>使用该方法，可以获取用户的地理位置信
息。</h2>
<p>OnError 参数是可选的。表示处理函数调
用时，地理位置未获得。OnError 参数所指定
的功能需要一个 Error 对象参数，该对象具有
两个属性，Code 属性有 3 个值，其中用户拒绝
的位置服务属性值为 1。
</p><blockquote>
<p>表示处理函数调用时，地理位置未获得。
```

```
OnError 参数所指定的功能需要一个 Error
对象参数。表示处理函数调用时,地理位置未获
得。OnError 参数所指定的功能需要一个
Error 对象参数。 </p></blockquote>
<div class="date">
<a href="#" title="#">评论 (5)</a>
2011 年 12 月
25 日</div>
```

STEP|08 为页面添加 Google 地图,可以获取用户当前的地理位置信息。

```
<h3>实例应用</h3>
<h2>获取用户地理位置的经度或纬度信
息</h2>
<div id="articleContent">
    <iframe frameborder="0"
        height="600px"
```

```
scrolling="no"    src="http:
//ce.sysu.
edu.cn/hope/uploadfiles/
demo/geoloc-
ation.html" width="550px">
</iframe>
```

STEP|09 为页面添加 body 主体 CSS 样式。

```
body {
padding : 0;
margin : 0;
font : 0.74em Arial, sans-serif;
line-height : 1.5em;
background : #fff url(images/bg.jpg)
repeat-x
top;
color : #454545;}
```

9.8 新手训练营

练习 1:创建离线浏览
downloads\9\新手训练营\离线浏览

提示:本练习中,将通过 Application Cache 机制把 Web 服务需要的一些文件缓存在本地,使用户在离线的状态下也可以使用 Web 服务。首先,添加网页内容。然后,创建 MyHomeStuff.js 文件和 MyHomeStuff.manifest 文件。最后,在 IIS 7 服务器中,添加扩展名为“manifest”的文件类型。最终效果如下图所示。

练习 2:制作信息发送页
downloads\9\新手训练营\信息发送页

提示:本练习中,将通过 postMessage 方法向框架中传送消息。首先,创建 postMessage.html 文件,并在该文档中添加输入信息的文本框,以及嵌入框架等。然后,在同目录中,再创建 postMessage_iframe.html 文件,并接收主页面中传送的消息。最后,在该框架页面中显示出来。

练习 3：创建多线程运算

　downloads\9\新手训练营\多线程运算

　　提示：在本练习中，通过一个弹出对话框与简单计算，实现两者同时运行。首先，创建 jsq.html 文档，并将该网页命名为"多线程运行"。在 jsq.html 文档后面添加 JavaScript 代码，并且添加 window.onload = function()函数。然后，创建 add.js 文件，并在该文档中添加对 worker1 线程所传送的值，并返回其内容。最后，创建 sub.js 文件，并在该文档中对 JavaScript 代码进行计算，然后返回结果。最终效果如下图所示。

练习 4：创建单个线程计算

　downloads\9\新手训练营\单个线程计算

　　提示：在本练习中，将通过 Web Worker 线程实现计算。首先，创建 workers.html 文档，并在其中添加<div>标签，用来显示要计算的内容。然后，在</html>后面，添加 JavaScript 代码，用来判断浏览器，以及通过线程传递信息。最后，创建 x.js 文件，并在该文件中，创建 var fibonacci2 = function(n)函数，并计算结果。然后，通过 onmessage = function(event)函数返回值。最终效果如下图所示。

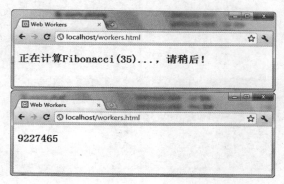

第 10 章

揭秘 CSS3

在 Web 标准化规范中，只允许用户通过 CSS 样式表定义各种文本对象的样式属性；因此，了解并掌握 CSS 样式表的基本语法和修饰文本样式的各种属性设置，不仅可以统一地控制 HTML 中各标签的显示属性，还可以更有效地控制网页外观，增加网页的美观性。在本章中，将详细介绍 CSS 样式的基本语法、新增特性，以及使用 CSS 选择器等内容的基础知识和实用技巧。

10

10.1　CSS3 简介

CSS 样式是网页设计的一种重要工具，CSS 样式是 Web 标准化体系中最重要的组成部分之一。因此，只有了解了 CSS 样式表，才能制作出符合 Web 标准化的网页。

10.1.1　了解 CSS 样式

CSS 即层叠样式表（Cascading Stylesheet）。在网页制作时采用 CSS 技术，可以有效地对页面的布局、字体、颜色、背景和其他效果实现更加精确的控制。

1. 关于层叠样式表

层叠样式表（CSS）是一组格式设置规则、用于控制网页内容的外观。

通过使用 CSS 样式设置页面的格式，可将页面的内容与表示形式分离开。页面内容（即 HTML 代码）存放在 HTML 文件中，而用于定义代码表示形式的 CSS 规则存放在另一个文件（外部样式表）或 HTML 文档的另一部分（通常为文件头部分）中。

将内容与表示形式分离可使得从一个位置集中维护站点的外观变得更加容易，因为进行更改时无需对每个页面上的每个属性都进行更新。

将内容与表示形式分离还可以得到更加简练的 HTML 代码，这样将缩短浏览器加载时间，并为存在访问障碍的人员简化导航过程。

使用 CSS 可以非常灵活并更好地控制页面的确切外观。使用 CSS 可以控制许多文本属性，包括特定字体和字大小；粗体、斜体、下画线和文本阴影；文本颜色和背景颜色；链接颜色和链接下画线等。通过使用 CSS 控制字体，还可以确保在多个浏览器中以更一致的方式处理页面布局和外观。

除设置文本格式外，还可以使用 CSS 控制网页面中块级别元素的格式和定位。块级元素是一段独立的内容，在 HTML 中通常由一个新行分隔，并在视觉上设置为块的格式。例如，<h1>标签、<p>标签和<div>标签都在网页面上产生块级元素。

2. 关于 CSS 规则

CSS 格式设置规则由两部分组成：选择器和声明。其中，选择器主要用于标识已设置格式元素的术语（如 p、h1、类名称或 ID 等名称）。

而声明又称为"声明块"，用于定义样式属性。例如，在下面的 CSS 代码中，h1 是选择器，介于"大括号"（{}）之间的所有内容都是声明块。

```
h1{ font-size:16 pixels;font-family:
Helvetica;font-weight:bold;}
```

在声明块中，又包含属性（如 font-family）和值（如 Helvetica）两部分。

在前面的 CSS 规则中，已经为<h1>标签创建了特定样式：所有链接到此样式的<h1>标签的文本的【字号】为 16px；【字体】为 Helvetica；【字形】为"粗体"。

样式（由一个规则或一组规则决定）存放在与要设置格式的实际文本分离的位置。因此，可以将<h1>标签的某个规则一次应用于许多标签。通过这种方式，CSS 可提供非常便利的更新功能。若在一个位置更新 CSS 规则，使用已定义样式的所有元素的格式设置将自动更新为新样式。

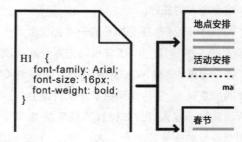

用户可以在 Dreamweaver 中定义以下样式类型。

- ❑ **类样式**　可以让样式属性应用于页面上的任何元素。
- ❑ **HTML 标签样式**　重新定义特定标签的

格式。如创建或更改<h1>标签的 CSS 样式时，则应用于所有<h1>标签。

- ❑ **高级样式** 重新定义特定元素组合的格式，或其他CSS允许的选择器表单的格式。高级样式还可以重定义包含特定id属性的标签的格式。

10.1.2　CSS 的发展史

从 20 世纪 90 年代初 HTML 被发明开始，样式表就以各种形式出现了，不同的浏览器结合它们各自的样式语言来调节网页的显示方式。刚开始，样式表是给读者用的，最初的 HTML 版本只含有很少的显示属性，由读者决定网页应该怎样被显示。

但随着 HTML 的成长，为了满足设计师的要求，HTML 获得了很多显示功能。随着这些功能的增加，外来定义样式的语言越来越没有意义了。

1994 年哈坤·利提出了 CSS 的最初建议。伯特·波斯（Bert Bos）当时正在设计一个叫做 Argo 的浏览器，他们决定一起合作设计 CSS。

当时已经有过一些样式表语言的建议了，但 CSS 是第一个含有"层叠"的语义。在 CSS 中，一个文件的样式可以从其他的样式表中继承下来。读者在有些地方可以使用自己更喜欢的样式，在其他地方则继承，或"层叠"作者的样式。这种层叠的方式使作者和读者都可以灵活地加入自己的设计，混合个人的爱好。

哈坤于 1994 年在芝加哥的一次会议上第一次展示了 CSS 的建议，1995 年他与波斯一起再次展示了这个建议。当时 W3C 刚刚创建，W3C 对 CSS 的发展很感兴趣，它为此组织了一次讨论会。哈坤、波斯和其他一些人（比如微软的托马斯·雷尔登）是这个项目的主要技术负责人。1996 年底，CSS 已经完成。1996 年 12 月 CSS 的第一版发布。

1997 年初，W3C 组织了专门管理 CSS 的工作组，其负责人是克里斯·里雷。这个工作组开始讨论第一版中没有涉及到的问题，其结果是 1998 年 5 月出版的第二版要求。到 2007 年为止，第三版

还未完备。不同版本的发布年表如下。

CSS 版本号	发行时间
CSS 1	1994 年，哈坤·利和伯特·波斯合作设计 CSS。他们在 1994 年首次在芝加哥的一次会议上第一次展示了 CSS 的建议
CSS 2	CSS2 于 1998 年 5 月出版
CSS3	CSS3 分成了不同类型，称为"modules"。而每一个"modules"都在 CSS2 中额外增加了功能，并向后兼容。CSS3 早于 1999 年已开始制定。直到 2011 年 6 月 7 日，CSS3 ColorModule 终于发布为 W3C Recommendation
CSS 4	W3C 于 2011 年 9 月 29 日开始设计 CSS4。直到现在还没有被任何一个网页浏览器支持。CSS4 增加了一些更方便的方法以选择不同的元素

尽管 CSS1 规格 1996 年就完成了，但一直到 3 年后还没有一个浏览器能够彻底实现这些规格。2000 年 3 月出版的，微软在麦金塔电脑上运行的 Internet Explorer 5.0 是第一个彻底贯彻 CSS 1 的浏览器。此后许多其他浏览器也贯彻了 CSS 1 和 CSS 2 的一部分。但到 2004 年为止还没有一个浏览器彻底贯彻了 CSS 2。尤其 aural 和 paged 等特性是被支持得最差的。

即使彻底贯彻了 CSS 1 的浏览器也遇到了许多困难。许多 CSS 的贯彻互相矛盾、有错或有其他稀奇古怪的地方。为了使他们的页面在所有的浏览器和所有系统上的显示相同，作者往往要使用特别的技巧或解决特殊的困难。一个最著名的错误涉及到显示方形的宽度，在 Internet Explorer 浏览器中方形的宽度的显示有错误，其结果是方形的宽度在许多浏览器中被正确地显示，但在 Internet Explorer 上方形的宽度太窄。虽然这个错误有解决的办法，但它限制了其他一些功能（最新版 8.0 已改善方形宽度显示问题）。

10.1.3　CSS 的缺点和使用陷阱

通过前面知识的了解，CSS 实现了对页面的布局、字体、颜色、背景和其他效果的精确控制。

但是，这里也不得不提醒一下 CSS 的缺点以及使用过程中的常见陷阱。

1. 显著的 CSS 缺点

CSS 比较明显的缺点主要包括如下几个方面。

- **浏览器支持的不一致性** 浏览器的漏洞或缺乏支持 CSS 功能，导致不同的浏览器显示出不同的 CSS 版面编排。例如在微软 Internet Explorer 6.0 的旧版本，接受许多独有的 CSS 2.0 属性，并曲解了很多其他重要的属性，例如 width、height 和 float。许多 CSS 编写人员，为了尽可能在常用的各个浏览器中达到一致的版面编排，要写很多针对各个浏览器的不同的 CSS 代码。当版面编排很复杂时，要在各个浏览器里看起来完全相同有时候是不可能的。

- **CSS 没有父层选择器** CSS 选择器无法提供元素的父层或继承性，以符合某种程度上的标准。先进的选择器（例如 XPath）有助于复杂的样式设计。然而，浏览器的性能和增加出现的问题关系着父层选择器，却是 CSS 工作组拒绝建议的主要原因，而 CSS 4 则正在计划拥有类似功能。

- **垂直控制的局限** 元素的水平放置普遍易于控制，垂直控制则非凭直觉性的、较迂回的，甚至是不可能的。例如：垂直地围绕一个元素、页脚的放置不能高于可见视窗的底部范围，需要复杂而非凭直觉性的样式规则，或是简单但不被广泛支持的规则。

- **没有算术功能** 目前的 CSS 没有办法明确简单地进行计算，例如"margin-left: 10% - 3em + 4px;"。这在很多情况下都是非常有用的，例如：总字段中计算字段的尺寸限制。无论如何，CSS WG 发表了 CSS 局限性的草案。IE 5.0～IE 7.0 提供 expression() 函数（即所谓的 CSS 表达式）来执行计算功能。为了向 CSS 标准看齐，并且 expression()函数性能差，从 IE 8.0 开始停止支持此函数。

- **缺乏正交性** 同样的效果可以用不同的属性来完成，这经常会造成困扰。例如 position、display 与 float 定义了不同的配置方式，而且不能有效地交替使用。一个 display: table-cell 元素不能指定 float 或是 position: relative，因为指定 float:left 的元素不应该受到 display 效果的影响。再者，没有考虑到新创建属性所造成的影响，例如在表格中应该使用 border-spacing 而不是 margin-*来指定表格元素。因为依照 CSS 准则，表格内部元素是没有边界（Margin）的。

2. 常见的 CSS 使用陷阱

有时网页的作者会乱用 CSS。有些习惯于只使用 HTML 的作者可能会忽视 CSS 提供的可能性。比如有些习惯于使用 HTML 显示指令的作者，可能会在所有的 HTML 文件内加入 CSS 样式。这比将 HTML 显示和结构指令混在一起是一个进步，但它还是有许多同样的缺点，而且维护时的工作量与混合使用差不多。CSS 与其他编程语言有着一些共同的陷阱。尤其在命名 CSS 的 id 和 class 时，CSS 作者常为选择一个比较有说明性的名称而使用显示特征作为它们的名称。比如一个作者可能使用 bigred 来命名一个用大红字体突出显示的字节。在当时，对作者来说这个名称可能是很直觉的，但假如后来的作者决定突出显示字节应该使用绿色而不是红色的话，此命名就有毛病了。在上面这个例子中，一个更合适的名称应该是 emphasized，它描写的是这个 class 的用意，而不是它是如何被显示的。另一个毛病是未记录的、未定义的和往往会被遗忘的名称。一个网页作者可能会选择上百个名称。名称如 footer、footnote 或者 explanation、note、info、more 可能是指同一回事。这样许多重复的名称就出现了。有时一个复杂网站的设计者可能会依赖在 HTML 文件内与 HTML 指令结合的 CSS 指令来解决这个问题，但这样一来，他又把内容与显示黏在一起了，而且这样一来这个文件就只适合于某一媒体了。外部样式表的一个大优点就是它是跨媒体的，因为不同的样式可以特别适用于不同的输出媒体。HTML 本身的复杂性是另一个困难。虽然大部分使用 CSS 的文件比传统使用表格的文件要整洁，但过分使用 class 和过于细腻的结构层次，同样使 HTML 变得繁庸。此外有的作者过分使用 DIV 指令。

另一个陷阱是为了克服常见的浏览器错误而引入特别的 CSS 指令，这些指令当然是为了克服

已知的错误而引入的，但它们使一个 CSS 文件的维护性能降低，有时这样的 CSS 文件的维护量甚至比过去的 HTML 文件的维护量还大。有时一个作者可能会过度地使用 CSS 来决定他的文件应该怎样被显示，如：一个作者会决定隐藏超链接底下的横线，这很容易做到，但对读者来说这可能很不方便。

10.2 应用 CSS3

CSS3 可以很好地控制页面显示，以达到分离网页内容和样式代码的目的。而 CSS3 文件是纯文本格式的文件，用户可以使用多种途径来编辑 CSS3 代码。在本小节中，将重点介绍 CSS3 的编写规范、基础语法，以及编写方法等内容。

10.2.1 CSS3 的基础语法

CSS 作为一种网页语言，同样有其独特的语法格式。

1. 基本组成

一条完整的 CSS 样式语句包括以下几个部分。

```
selector{
  property:value
}
```

在上面的代码中，各关键词的含义如下所示。

- ❑ selector（选择器）　其作用是为网页中的标签提供一个标识，以供其调用。
- ❑ property（属性）　其作用是定义网页标签样式的具体类型。
- ❑ value（属性值）　属性值是属性所接受的具体参数。

在任意一条CSS代码中，通常都需要包括选择器、属性以及属性值这 3 个关键词（内联式 CSS 除外）。

2. 书写要求

虽然杂乱的代码同样可被浏览器判读，但是

书写简洁、规范的 CSS 代码，可以给修改和编辑网页带来很大的便利。

在书写 CSS 代码时，需要注意以下几点。

❑ 单位的使用

在 CSS 中，如果属性值是一个数字，那么用户必须为这个数字安排一个具体的单位。除非该数字是由百分比组成的比例，或者数字为 0。

例如，分别定义两个层，其中第 1 个层为父容器，以数字属性值为宽度，而第 2 个层为子容器，以百分比为宽度。

```
#parentContainer{
  width:1003px
}
#childrenContainer{
  width:50%
}
```

❑ 引号的使用

多数 CSS 的属性值都是数字值或预先定义好的关键字。然而，有一些属性值则是含有特殊意义的字符串。这时，引用这样的属性值就需要为其添加引号。

典型的字符串属性值就是各种字体的名称。

```
span{
  font-family:"微软雅黑"
}
```

❑ 多重属性

如果在这条 CSS 代码中，有多个属性并存，

则每个属性之间需要以分号 ";" 隔开。

```
.content{
  color:#999999;
  font-family:"新宋体";
  font-size:14px;
}
```

提示

有时，为了防止因添加或减少 CSS 属性，而造成不必要的错误，很多人都会在每一个 CSS 属性值后面加分号 ";"，这是一个良好的习惯。

❑ **大小写敏感和空格**

CSS 与 VBScript 不同，对大小写十分敏感。mainText 和 MainText 在 CSS 中是两个完全不同的选择器。

除了一些字符串式的属性值（例如，英文字体"MS Serf"等）以外，CSS 中的属性和属性值必须小写。

为了便于判读和纠错，建议在编写 CSS 代码时，在每个属性值之前添加一个空格。这样，如某条 CSS 属性有多个属性值，则阅读代码的用户可方便地将其区分开。

3．注释

与多数编程语言类似，用户也可以为 CSS 代码进行注释，但与同样用于网页的 XHTML 语言注释方式有所区别。

在 CSS 中，注释以斜杠 "/" 和星号 "*" 开头，以星号 "*" 和斜杠 "/" 结尾。

```
.text{
  font-family:"微软雅黑";
  font-size:12px;
  /*color:#ffcc00;*/
}
```

CSS 的注释不仅可用于单行，也可用于多行。

4．文档的声明

在外部 CSS 文件中，通常需要在文件的头部创建 CSS 的文档声明，以定义 CSS 文档的一些基本属性。常用的文档声明包括 6 种。

声明类型	作　　用
@import	导入外部 CSS 文件
@charset	定义当前 CSS 文件的字符集
@font-face	定义嵌入 XHTML 文档的字体
@fontdef	定义嵌入的字体定义文件
@page	定义页面的版式
@media	定义设备类型

在多数 CSS 文档中，都会使用 "@charset" 声明文档所使用的字符集。除 "@charset" 声明以外，其他的声明多数可使用 CSS 样式来替代。

10.2.2　CSS 的应用分类

被广泛应用于各种网页中的 CSS 代码主要可以分为 3 种，即外部 CSS、内部 CSS 和内联 CSS。外部 CSS，顾名思义就是存放于网页外部的 CSS。

1．链接外部 CSS

在设计网页时，用户可以将这些 CSS 代码存放在外部以 CSS 为扩展名的文本文件中，然后通过 XHTML 语言特殊标签将其加载到网页中。

为网页应用外部 CSS 文件，需要使用 XHTML 语言中的 link 标签。link 标签的作用是定义文档与外部资源的关系，将外部的资源链接到文档中以应用，其使用方法如下。

```
<head>
  <link charset="CharSetCode" href=
  "URLAddress" hreflang=
  "LanguageCode" media="Media
  Type" rel="Relation" rev=
  "Relation" type="MIMEType" >
  </link>
</head>
```

在上面的代码中，展示了 link 标签的用法，以及其所支持的各种属性。根据 W3C 指定的 Web 标准化规范，link 标签只允许出现在网页的 head 标签之间，并且不限制出现的次数。使用 link 标签时，必须保证其为闭合状态。也就是一个 "<link>" 标记必须对应一个 "</link>"。在两个标记之间不允许出现任何字符。

2．创建内部 CSS

除了存放于网页文档外部的 CSS 文件外，XHTML 文档还允许用户使用 XHTML 标签，为网页嵌入内部的 CSS 文件。

为网页应用内部 CSS 样式，需要使用 style 标签，其作用就是通过内嵌文本的方式为网页插入样式代码，其使用方法如下。

```
<head>
  <style type="MIMEType" media=
  "MediaType">
  <!--
  /*Cascading Style Sheets Code*/
  -->
  </style>
</head>
```

在上面的代码中，展示了 style 标签的各种属性以及常用属性值的类型。style 标签与 link 标签类似，都必须写到<head>标记与</head>标记之间，也必须闭合。区别在于，link 标签通过属性链接外部 CSS 文件，而 style 标签则是通过内建的嵌入文本为网页应用 CSS 文件。

style 标签的可选属性只包括两种，即 type 属性和 media 属性。其属性值和用法与 link 标签的同名属性类似。在使用 style 嵌入 CSS 代码时，通常会在 CSS 代码外部添加 XHTML 语言的注释，以防止某些浏览器在不支持 CSS 时将代码显示出来。

例如，嵌入一段内部 CSS 代码，通过该段 CSS 代码定义网页的宽度为 1003px，高度为 620px，如下所示。

```
<head>
<style    type="text/css"    media=
"screen">
<!--
body {
  width : 1003px ;
  height : 620px ;
}
```

```
-->
  </style>
</head>
```

3．内联 CSS

作为外部 CSS 和内部 CSS 的一种有效补充，内联 CSS 在网页中也是比较常见的。内联 CSS 与内部 CSS 类似，都是出现在文档内部的 CSS 代码。与内部 CSS 的区别在于，内联 CSS 并不是几种写入到 head 标签内嵌的 style 标签中，而是分散地出现在任意类型的网页标签中，定义这些标签的属性。

内联 CSS 所能够应用的范围比外部 CSS 和内部 CSS 小，只能适用于其所存在的标签中，通过这些标签的 style 属性得到应用。定义某一个标签的内联 CSS 样式，其使用方法如下。

```
<TagName style="CascadingStyle
Sheets"></TagName>
```

在上面的代码中，各关键词的含义如下所示。

❑ **TagName** 被定义的标签名称。

❑ **style** 定义内联 CSS 样式所使用的属性。

❑ **CascadingStyleSheets** CSS 样式的代码。

在 XHTML 语言中，绝大多数标签都支持通过 style 属性定义 CSS 样式。例如，定义一个层的背景颜色为黑色，其代码如下。

```
<div   id="blackContainer"   style=
"background-color:#000;"></div>
```

10.2.3　CSS3 的新特性

CSS3 作为 CSS 技术的升级版本，新增了更多的功能。

1．CSS3 圆角表格

使用 CSS 2 时，页面中圆角的实现是个很头疼的问题，虽然有很多种实现方法，但是比较麻烦。而现在使用 CSS3 新增的 border-radius 来实现圆角非常方便，只需设置 border-radius 的属性值即可。

```
-moz-border-radius: 10px;
```

```
-webkit-border-radius:10px;
```

2．文字特效

之前对网页上的文字加特效只能用 filter 这个属性，这次 CSS3 专门制定了一个加文字特效的属性，包括阴影、文字溢出、文本换行等效果。

```
text-shadow:2px 5px 2px #7F7F7F;
```

3．链接下画线

CSS3 丰富了链接下画线的样式，以往的下画线都是直线，现在有波浪线、点线、虚线等，更可对下画线的颜色和位置进行任意改变。对应属性有 text-underline-style 、 text-underline-color 、 text-underline-mode、text-underline-position。还有对应顶线和中横线的样式，效果与下画线类似。

4．边框（Borders）

CSS3 新的 border 特性支持 border-image，这样就能为每一个独立的角和边框定义图片。另外，CSS3 还可以为边框设置渐变颜色的效果。

5．背景（Backgrounds）

在 CSS3 中，除了原有的背景属性外，又增加了 3 种新属性，分别是 background-origin、background-clip 和 background-size 。其中，background-origin 属性是用来决定背景图片定位在哪个区域中进行显示的；background-clip 属性是用来决定在背景区域中背景图片剪裁的位置的；background-size 属性是用来控制背景图片的大小的。

CSS3 还增强了背景的多重图像功能，即 multiple backgrounds：（多重背景图像），可以把不同背景图像只放到一个块元素里。

6．颜色（Color）

CSS 2 可以通过十六进制和 RGB 两种方式定义颜色，而 CSS3 还可以支持 HSL（色相、饱和度、亮度）的颜色定义方式。这样一来会包括更多的颜色。

另外，浏览器一直无法实现单纯的颜色透明，每次使用 alpha 后，就会把透明的属性继承到子节点上。换句话说，很难实现背景颜色透明而文字不透明的效果。直到 RGBA 颜色的出现这一切才成为了现实。实现这样的效果非常简单，设置颜色的时候使用标准的 RGBA() 单位即可，例如 RGBA（255,0,0,0.4）这样就出现了一个红色，同时拥有 Alpha 透明为 0.4 的颜色。经过测试 Firefox 3.0、Safari 3.2、Opera 10 都支持 RGBA 单位。

7．用户界面（User-interface）

在 CSS3 中，可以允许用户调整 DIV 的大小，有 horizontal（水平）、vertical（垂直）或者 both（同时调整）。如果再加上 max-width 或 min-width 的话，还可以防止破坏布局。

8．选择器（Selectors）

CSS3 增加了更多的 CSS 选择器，可以实现更简单但是更强大的功能，比如 :nth-child() 等。Attribute selectors：在属性中可以加入通配符，包括^、$、*，[att^=val]：表示开始字符是 val 的 att 属性；CSS3 选择器[att$=val]：表示结束字符是 val 的 att 属性；[att*=val]：表示包含至少一个 val 的 att 属性。

CSS3 将完全向后兼容，所以没有必要修改现在的设计来让它们继续运作。网络浏览器还将继续支持 CSS 2。CSS3 主要的影响是可以使用新的可用选择器和属性，这些会允许实现新的设计效果（譬如动态和渐变），而且可以很简单地设计出现在的设计效果（比如使用分栏）。

CSS3 也支持动画（Animation）及立体（Preserved-3d）。但是目前就只有内有 Webkit 的浏览器支持，如 Safari 及 Google Chrome。

10.2.4　CSS 里的单位

为了使网页的页面布局合理，需要精确地安排各页面元素的位置，同时还要使页面的颜色搭配协调，字体的大小、格式规范，这些都需要在 CSS 中设置基础样式的属性，而这些属性的基础却是单位，各个属性值单位统一了，才能够精确地布置各页面元素。

1．颜色

颜色用于设定字体以及背景的颜色显示，CSS 中预设了 16 种颜色，以及 16 种颜色的衍生色，这 16 种颜色是 CSS 规范推荐的，而且一些主流的浏览器都能够识别，如下表所示。

颜　　色	名　　称	颜　　色	名　　称
aqua	水绿	navy	深蓝
blue	蓝	purple	紫色
gray	灰	silver	银色
lime	浅绿	maroon	褐色
black	黑色	olive	橄榄色
fuchsia	紫红	red	红色
green	绿色	teal	深青色
white	白色	yellow	黄色

这些颜色最初来源于基本的 Windows VGA 颜色。在 CSS 定义字体颜色时，可以直接使用颜色名称。

```
p{color:red}
```

直接使用颜色名称，简单明了，而且不容易忘记。除此之外，还可以使用 CSS 预定义的颜色。多数浏览器大约能够识别 140 多种颜色名，包括这 16 种颜色。

在设计页面时，为了使页面色彩更加丰富，还可以使用十六进制和 RGB 颜色。

十六进制颜色是最常用的定义方式。它的基本格式为#RRGGBB。其中，R 表示红色，G 表示绿色，B 表示蓝色。而 RR、GG、BB 最大值为 FF，表示十进制中的 255，最小值为 00，表示十进制中的 0。例如，#FF0000 表示红色，#00FF00 表示绿色，#0000FF 表示蓝色，#000000 表示黑色，#FFFFFF 表示白色。其他颜色是通过红、绿、蓝这 3 种基本色的结合而形成的。例如，#FFFF00 表示黄色，#FF00FF 表示紫红色。

要使用 RGB 颜色，就需要输入十进制的颜色值 RGB（R，G，B），其中 R、G、B 分别表示红、绿、蓝的十进制值，通过这 3 个值的变化结合，形成不同的颜色。例如，RGB（255，0，0）表示红色，RGB（0，255，0）表示绿色。

2．长度单位

为保证页面元素能够在浏览器中按照合理的布局完全显示，需要设置各个元素的间距，以及元素本身的边框尺寸等，这些属性值都离不开长度单位的使用。

在 CSS 中，长度单位可以分为两类：绝对单位和相对单位。

❑ 绝对单位

绝对单位用于设置绝对位置，CSS 主要包括下表所示 5 种绝对单位。

单　　位	含　　义
in（英寸）	英寸对于我国而言，使用较少，它是国外常用的度量单位。1in=2.54cm，1cm=0.394in
cm（厘米）	厘米是常用的长度单位，它用来设置较大的页面元素框
mm（毫米）	此单位用来精确设置页面元素距离或者大小。10mm=1cm
pt（磅）	磅一般用来设置文字大小，它是标准的印刷量度单位，广泛应用于打印机、文字程序等。72pt=1in=2.54cm
pc（pica）	pica 是另外一种印刷量度。1pica=12pt，该单位不经常使用

❑ 相对单位

相对单位是指在量度时需要参照其他页面元素的单位值。使用相对单位所量度的实际距离可能会随着这些单位值的改变而改变。CSS 提供了 3 种相对单位：em、ex 和 px。

在 CSS 中，em 用于给定字体的 font-size 值，例如，一个元素字体大小为 12pt，那么 1em 就是 12pt，如果该元素字体大小改为 15pt，则 1em 就是 15pt。em 值总是随着字体大小的变化而变化的。

相对单位 ex 是指所使用的字体中小写字母 x 的高度，例如字体 Time New Roman 中小写字母 x，Arial 中小写字母 x。在实际应用中，ex 的值等于 em 除以 2 的值。该单位的值计算比较麻烦，所以不经常用。

px 其实就是 px 值的单位，在 CSS 中，90px=1in。但是如果操作系统以及浏览器的支持不同，px 值的显示也不确定，所以用户可以适当地使用 px 值。

10.2.5　CSS 编写规则

掌握 CSS 的编写规则，可以减少 CSS 文件的大小，并使其更方便阅读。这其中的规则包括 CSS 的缩写规则和样式规则。

1．编写规则

在编写 CSS 的时候，使用正确的缩写规则，可以提高编码效率，简化代码的结构，更方便审核、查阅。

❑ 颜色缩写　十六进制的色彩值，如果每两位的值相同，可以进行缩写，例如：#000000 可以缩写为#000，#336699 可以缩写为#369。

❑ 盒尺寸缩写　定义盒模型的尺寸时，可以将多个尺寸值一次写完，例如 padding: Value1 Value2 Value3 Value4；这 4 个值依次表示上、右、下、左尺寸。

❑ 边框缩写　边框的属性如下。

```
border-width: 1px;
border-style: solid;
border-color: #000;
```

可以缩写为一句：

```
border: 1px solid #000;
```

❑ 背景缩写　设置背景的属性如下。

```
background-color: #F00;
background-image:  url(background.
gif);
```

```
background-repeat: no-repeat;
background-attachment: fixed;
background-position: 0 0;
```

可以缩写为一句。

```
background:  #F00  url(background.
gif) no-repeat fixed 0 0;
```

2. 样式规则

样式控制 CSS 的语法很简单，它使用一组英语词来表示不同的样式和特征。一个样式表由一组规则组成。每个规则由一个"选择器"（Selector）和一个定义部分组成。每个定义部分包含一组由半角分号（;）分离的定义。这组定义放在一对大括号（{ }）之间。每个定义由一个特性、一个半角冒号（:）和一个值组成。

- ❏ 选择器（Selector）通常为文档中的元素（Element），如 HTML 中的<body>、<p>、<strong>等标签，多个选择器可以用半角逗号（,）隔开。
- ❏ 属性（Property）CSS1、CSS2、CSS3 规定了许多属性，目的在于控制选择器的样式。
- ❏ 值（Value）指属性接受的设置值，可由

各种关键字（Keyword）组成，多个关键字时大都以空格隔开。如以下代码所示。

```
p{
    font-size: 110%;
    font-family: garamond, sans-
    serif;
}
h2{
    color: red;
    background: white;
}
.highlight{
    color: red;
    background: yellow;
    font-weight: bold;
}
```

在这个例子中有 3 个选择器：p、h2 和.highlight。其中，color: red 是一个定义，color 是属性，red 是 color 的值。

> **提示**
>
> 要针对没有标签定义范围进行样式设置时，可利用<div>与<span>标签。

10.3 使用 CSS3 选择器

选择器主要是用来确定 HTML 的树型结构中的 DOM 元素节点，而 CSS3 选择器允许在标签中指定特定的 HTML 元素，而不必使用多余的 class、ID 或 JavaScript。在 CSS 语法规则中，主要包括标签选择器、类选择器、ID 选择器、伪类选择器等选择器。

10.3.1 认识 CSS3 选择器

CSS3 的选择器是很重要的内容。CSS 选择器除了 ID、class，还有后代选择器、属性选择器等，准确而简洁地运用 CSS 选择器会达到非常好的效果。我们不必通篇给每一个元素定义类（class）或 ID，通过合适的组织，可以用最简单的方法实现同

样的效果。使用它可以大幅度提高开发人员书写或修改样式表时的工作效率。

1. CSS 2.0 选择器的不足

在大型网站中，样式表中的代码可能会达到几千行。当整个网站或整个 Web 应用程序全部书写好之后，需要针对样式表进行修改的时候，在那么多的 CSS 代码中，并没有说明什么样式服务于什么元素，只是使用 class 属性，然后在页面中指定元素的 class 属性。使用元素的 class 属性有两个缺点：第一，class 属性本身没有语义，它纯粹是用来为 CSS 样式服务的，属于多余属性；第二，使用 class 属性，并没有把样式与元素绑定起来，针对同一个 class 属性，文本框也可以使用，下拉

框也可以使用，甚至按钮也可以使用，这样是非常混乱的，修改样式很不方便。

2．CSS3 选择器的优势

在 CSS3 中提倡使用选择器将样式与元素直接捆绑起来，这样的话，在样式表中什么样式与什么元素相匹配一目了然，修改起来也方便。不仅如此，通过选择器，还可以实现各种复杂指定，同时也能大量减少样式表的代码书写量，最终书写出来的样式表也会变得简洁明了。

CSS3 选择器最大的变换在于，使用选择器进行样式指定时，采用了类似 E[foo$="val"]这种正则表达式的形式。在样式中，声明该样式应用于什么元素，该元素的某个属性的属性值必须是什么。例如，可以指定将页面中 ID 为"div_notext"的 div 元素的背景色设定为黄色，代码如下所示。

```
div[id="div_notext"]{background:ye
llow;}
```

这样，符合这个条件的 div 元素的背景色会被设为黄色，不符合这个条件的 div 元素，则不使用这个样式。

另外，还可以指定样式使用"^"通配符（开头字母匹配）、"?"通配符（结尾字符匹配）与"*"通配符（包含字符匹配）。例如，指定 id 末尾字母为"d"的 div 元素的背景色为蓝色，代码如下。

```
div[id$="t"]{background:blue;}
```

通过通配符的使用，进一步提高了样式表的书写效率。

10.3.2 非伪类型选择器

在网页制作中，用户可以通过 CSS 选择器，来实现 CSS 对 HTML 页面中的元素实现一对一、一对多或者多对一的控制。

CSS 选择器的名称只允许包含字母、数字以及下画线，系统不允许将数字放在选择器名称的第 1 位，也不允许选择器使用与 HTML 标签重复的名称，以免出现混乱。

非伪类型的选择器包括标签选择器、类选择器、ID 选择器和属性选择器等选择器。

1．标签选择器

CSS 提供了标签选择器，并允许用户直接定义多数 XHMTL 标签样式。

例如，定义网页中所有无序列表的符号为空，可直接使用项目列表的标签选择器。

```
ol{
list-style:none;
}
```

当用户使用标签选择器定义某个标签样式后，其整个网页中的所有该标签都会自动应用这一样式。CSS 在原则上不允许对同一标签的同一个属性进行重复定义，但在实际操作中将会以最后一次定义的属性值为准。

2．类选择器

CSS 样式中的类选择器可以把不同类型的网页标签归为一类，并为其定义相同的样式，以简化 CSS 代码。

在使用类选择器时，需要在类选择器名称的前面添加类符号"圆点"(.)。

而在调用类的样式时，则需要为 HTML 标签添加 class 属性，并将类选择器的名称作为 class 属性的值。

> **注意**
>
> 在通过 class 属性调用类选择器时，不需要在属性值中添加类符号"."，直接输入类选择器的名称即可。

例如，网页文档中有 3 个不同的标签，一个是层 (div)，一个是段落 (p)，一个是无序列表 (ul)。如果使用标签选择器为这 3 个标签定义样式，使其中的文本变为红色，则需要编写 3 条 CSS 代码。

```
div{/*定义网页文档中所有层的样式*/
color:#ff0000;
}
p{/*定义网页文档中所有段落的样式*/
color:#ff0000;
}
```

```
ul{/*定义网页文档中所有层的样式*/
color:#ff0000;
}
```

但是，使用类选择器，则可以将上述 3 条 CSS 代码合并为 1 条。

```
.redText{
color:#ff0000;
}
```

然后，即可为 div、p 和 ul 等标签添加 class 属性，应用类选择器的样式。

```
<div class="redText">红色文本</div>
<p class="redText">红色文本</p>
<ul class="redText">
<li>红色文本</li>
</ul>
```

上述代码放到浏览器中预览，其效果如下所示。

一个类选择器可以对应于文档中的多种标签或多个标签，充分体现了 CSS 代码的可重复性。

类选择器与标签选择器都具有各自的用途，但相对于标签选择器来讲，类选择器可以指定某一个范围内的应用样式，具有更大的灵活性。除此之外，对于类选择器来讲，其标签选择器则具有操作简单和定义方便的优点，使用标签选择器在不需要为标签添加任何属性的前提下即可应用样式。

3．ID 选择器

ID 选择器是一种只针对某一个标签的、唯一性的选择器，它不像标签和类选择器那样，可以设定多个标签的 CSS 样式。

在 HTML 文档中，用户可以为任意一个标签设定 ID 属性，并通过该 ID 定义 CSS 样式。但是，HTML 文档并不允许 2 个标签使用同一个 ID。

在创建 ID 选择器时，需要在选择器名称前面添加"井号"（#）。但是，在为 HTML 标签调用 ID 选择器时，则需要使用其 ID 属性。

例如，通过 ID 选择器，分别定义某个无序列表中 3 个列表项的样式。

```
#listLeft{
float:left;
}
#listMiddle{
float:inherit;
}
#listRight{
float:right;
}
```

然后，便可使用标签的 ID 属性，应用 3 个列表项的样式。

```
<ul>
<li id="listLeft">左侧列表</li>
<li id="listMiddle">中部列表</li>
<li id="listRight">右侧列表</li>
</ul>
```

> **技巧**
>
> 在编写 HTML 文档的 CSS 样式时，通常在布局标签所使用的样式（这些样式通常不会重复）中使用 ID 选择器，而在内容标签所使用的样式（这些样式经常会多次重复）中使用类选择器。

4．属性选择器

属性选择器可以根据元素的属性及属性值来选择元素。它的用法是元素后面增加一个中括号，中括号内列出各种属性，或者属性表达式，例如 h1[title]、h1[title="blog"]等。

在 CSS3.0 中，增加了 3 个属性选择器，使得属性选择器有了通配符的概念。

❑ **[att*=val]属性选择器** 该选择器的含义是，如果元素用 att 表示属性，它的属性值中包含 val 指定的字符，则该元素使用这个样式，如下面代码所示。

```
[id*="sh"]{
 font-family: "MS Serif", "New
 York", serif;
 color:#76EE00;
 text-align:right;
 position: static;
 background-color:#009ACD;
 background-attachment: inherit;
 border:8px  solid #4A708B;
 padding:5px 15px;
 height:inherit;
 width:605px;
}
```

在 HTML5 的元素 ID 属性中，包含"sh"字符的可以采用此样式。

- ❑ **[att^=val]属性选择器**　该选择器的含义是，如果元素用 att 表示属性，它的属性值以 val 指定的字符开头，则该元素使用这个样式。针对上面所述的示例，属性选择器可以修改为"[id^=shm]"。所有符合条件的元素可以使用这样的样式。
- ❑ **[att$=val]属性选择器**　该选择器含义是，如果元素用 att 表示属性，它的属性值以 val 指定的字符结尾，则该元素使用这个样式。针对上面所述的示例，属性选择器可以修改为"[id$=shm]"。所有符合条件的元素可以使用这样的样式。

属性选择器也称为限定性选择器，它根据指定属性作为限定条件来定义元素样式。除了上面提到的 3 种通配符选择器之外，还包括存在属性匹配、精确属性匹配、空白分隔匹配和连字符匹配 4 种类型的选择器。这里篇幅有限，就不再一一赘述了。

10.3.3　伪类选择器

在 CSS 中，类选择器与伪类选择器的区别是：类选择器可以随便起名，例如，可以将类选择器命名为 div.right、div.left，同时，也可以命名为

div.class1、div.class2，然后在页面中使用"class="class1""和"class="class2""。但是伪类选择器是使用在 a（锚）元素上的几种选择器，它们的使用方法如下所示。

```
a:link{color:#FF0000;text-decora
tion:none}
a:visited{color:#00FF00;text-dec
oration:none}
a:hover{color:#FF00FF;text-décor
ation:underline}
a:active{color:#0000FF;text-deco
ration:underline}
```

在支持 CSS 的浏览器中，链接的不同状态都可以以不同的方式显示，这些状态包括活动状态、已被访问状态、未被访问状态和鼠标悬停状态。

> **注意**
>
> 在 CSS 定义中，a:hover 必须置于 a:link 和 a:visited 之后才是有效的。a:active 必须置于 a:hover 之后才是有效的。

所谓的伪元素选择器，是指并不是针对真正的元素使用的选择器，而是针对 CSS 中已经定义好的伪元素使用的选择器，它们的语法结构如下所示。

```
选择器：伪元素 {属性: 值}
```

伪元素还可以和类配合使用，语法结构代码如下所示。

```
a.red : visited {color: #FF0000}
<a class="red" href="home.php">返
回主页</a>
```

假如上面例子中的链接被访问过，那么它将显示为红色。

在 CSS 中，主要包括如下 4 个伪元素选择器。

- ❑ **first-line 伪元素选择器**　该选择器用于为某个元素的第一行文字使用样式。
- ❑ **first-letter 伪元素选择器**　该选择器用于为某个元素中的文字首字母或者第一个

（中文或日文）字使用样式。

❑ **before 伪元素选择器** 该选择器用于在某个元素之前插入一些内容。

❑ **after 伪元素选择器** 该选择器用于在某个元素之后插入一些内容，代码如下所示。

```
h1:after, h1:before
{
    background-color: #777;
    content: "";
    height: 1px;
    position: absolute;
    top: 15px;
    width: 120px;
}
h1:after
{
    background-image: -webkit-
    gradient(linear, left top,
    right top, from(#777), to(#fff));
    background-image: -webkit-
    linear-gradient(left, #777,
    #fff);
    background-image: -moz-linear-
    gradient(left, #777, #fff);
    background-image: -ms-linear-
    gradient(left, #777, #fff);
    background-image: -o-linear-
    gradient(left, #777, #fff);
    background-image: linear-
    gradient(left, #777, #fff);
    right: 0;
}
h1:before
{
    background-image: -webkit-
    gradient(linear, right top,
    left top, from(#777), to(#fff));
    background-image: -webkit-
    linear-gradient(right, #777,
    #fff);
    background-image: -moz-linear-
    gradient(right, #777, #fff);
    background-image: -ms-linear-
    gradient(right, #777, #fff);
```

```
    background-image: -o-linear-
    gradient(right, #777, #fff);
    background-image: linear-
    gradient(right, #777, #fff);
    left: 0;
}
```

运行该示例代码，在浏览器中查看其显示效果如下图所示。

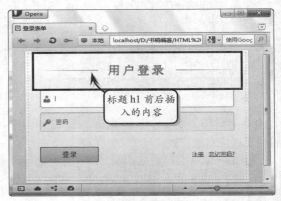

10.3.4 结构性伪类选择器

结构性伪类选择器的共同特征是允许开发者根据文档结构来指定元素的样式。

1. 最基本的选择器

结构性伪类选择器中最基本的选择器包括 root、not、empty 和 target 等。

❑ **root 选择器**

root 选择器将样式捆绑到页面的根元素中。所谓根元素是指位于文档结构中最顶层的元素。在 HTML 页面中，就是指包含整个页面的<html>部分，代码如下。

```
<!DOCTYPE HTML>
<html>
<head>
<meta charset="utf-8">
<title>应用 root 选择器</title>
</head>

<body>
    <h2>谷歌发布扩展，把 Flash 自动转为
    HTML5</h2>
```

```
<p>以苹果为首的移动设备如何坚决抵制，
漏洞之王和浏览器崩溃之王 Flash 依然
广被人使用。
但诸多致命性的缺陷已经让包括 Adobe 在内
的世人意识到，HTML5 是时候登场了。在
2011 年的 6 月份的时候，谷歌就发布了
Google Swiffy 专用软件，直接把 .swf 文
件转换为 HTML5 代码，现在更直接地来了，
谷歌发布了 Google Swiffy 的 Flash 扩
展，让您在 Adobe Flash CS4 之后的 Flash
制作软件的菜单里面轻轻点击一下，直接实现
到 HTML5 的转换。</p>
</body>
</html>
```

针对这个页面，可以使用 root 选择器来指定整个网页的背景色为黄色，将网页中的 body 元素背景色设为红色。

```
<style type="text/css">
:root{background-color:yellow;}
body{background-color:red;}
</style>
```

运行该代码，在浏览器中查看其显示效果。

从这个图可以知道，使用 root 选择器的样式应用到了整个页面。另外，在使用样式指定 root 元素与 body 元素的背景时，根据不同的指定条件，背景色的显示范围会有所变化。

❑　**not 选择器**

如果想对某个结构元素使用样式，但是又想排除该结构元素下面的子结构元素，让它不使用该样式时，就可以使用 not 选择器了。这里还是通过下面的示例来设置样式。

```
Body *: not(h2) {
 background-color:red;
}
</style>
```

用 not 选择器设置样式，运行代码。在浏览器中查看其效果如下图所示。

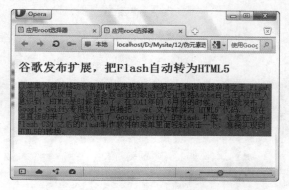

❑　**empty 选择器**

该选择器用来指定当前元素内容为空白时使用的样式。例如在 HTML 页面中插入一个表格，可以通过 empty 选择器来指定当表格中某个单元格内容为空白时，该单元格背景为黄色。

```
<style type="text/css">
:empty{background:yellow;}
</style>
```

❑　**target 选择器**

该选择器用来对页面中某个 target 元素（该元素的 ID 被当作页面中的超链接来使用）指定样式，该样式只有在用户单击了页面中的超链接，并且跳转到 target 元素后起作用。下面是一个应用 target 选择器的示例。该示例是在一个表格中，左侧单元格是一组带有超链接的项目列表，右侧单元格包括几个 div 元素。单击左侧每个列表项，都会跳转到右侧相对应的小节标题。这里所使用的 target 选择器样式代码如下。

```
:target {
    background:yellow;
```

主体页面的代码示例如下所示。

```
<body>
```

```html
<h1>Html 5</h1>
<table border="0" cellpadding="0"
cellspacing="5">
 <tr>
   <td width="150" align="left">
   <ul>
       <li><a href="#section1">
       Html 5 概述</a></li>
       <li><a href="#section2">
       Html 5 新特性</a></li>
       <li><a href="#section3">
       Html 5 浏览器兼容性</a></li>
       <li><a href="#section4">
       CSS3 新特性</a></li>
       <li><a href="#section5">
       CSS3 浏览器兼容性</a></li>
   </ul></td>
   <td width="450" align="left">
   <div id="section1">
       <h3>Html 5 概述</h3>
       <p>......内容省略</p>
   </div>
   <div id="section2">
       <h3>Html 5 新特性</h3>
       <p>......内容省略</p>
   </div>
   <div id="section3">
       <h3>Html 5 浏览器兼容性</h3>
       <p>......内容省略</p>
   </div>
   <div id="section4">
       <h3>CSS3 新特性</h3>
       <p>......内容省略</p>
   </div>
   <div id="section5">
       <h3>CSS3 浏览器兼容性</h3>
       <p>......内容省略</p>
   </div></td>
 </tr>
</table>
</body>
```

运行该代码示例，在浏览器中将会看到其效果。

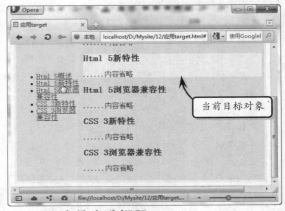

2．子元素伪类选择器

子元素伪类选择器是指能特殊针对一个父元素中的第一个子元素、最后一个子元素、指定序号的子元素，甚至第偶数个、第奇数个子元素进行样式设置。此类的选择器包括 first-child、last-child、nth-child 以及 nth-last-child 选择器。

❏ 指定第一个子元素和最后一个子元素样式

该选择器可以对某一个父元素下的第一个子元素或最后一个子元素指定样式。比如上面的示例中，可以使用该选择器，给项目列表中的第一个子元素和最后一个子元素指定不同的背景色。样式代码如下。

```html
<style>
li:first-child{background-color:
#FFB90F;}
    li:last-child{background-
    color:#CAFF70;}
</style>
```

运行代码，在浏览器中查看其效果。

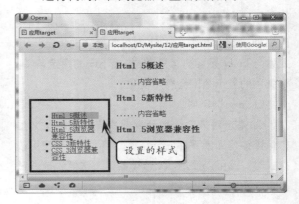

如果页面中具有多个 ul 列表,则该 first-child 选择器与 last-child 选择器对所有 ul 列表都适用。

❑　对指定序号的子元素使用样式

如果使用 nth-child 选择器与 nth-last-child 选择器,不仅可以指定某个父元素中第一个子元素,以及最后一个子元素的样式,还可以针对父元素中某个指定序号的子元素来指定样式。此两个选择器是 first-child 和 last-child 的扩展选择器。

使用的时候,在"nth-child"或者"nth-last-child"后面的括号中填上序号即可,例如,"nth-child(2)"表示第二个子元素。

❑　对所有第奇数个子元素或者第偶数个子元素使用样式。

除了对指定序号的子元素使用样式外,nth-child 选择器与 nth-last-child 选择器还可以用来对某个父元素中所有第奇数个子元素或者第偶数个子元素使用样式。它们的语法结构如下所示。

```
//所有正数下第奇数个子元素
nth-child(odd){
//指定样式
}
//所有正数下第偶数个子元素
nth-child(even){
//指定样式
}
//所有正数下倒数第奇数个子元素
nth-last-child(odd){
//指定样式
}
//所有正数下倒数第偶数个子元素
nth-last-child(even){
//指定样式
}
```

❑　对同类型的第奇数个子元素或者第偶数个子元素使用样式

使用 nth-of-type 和 nth-last-of-child 两个选择器时,CSS3.0 在计算子元素是第奇数个子元素还是第偶数个子元素时,只针对同类型的子元素进行计算。

10.3.5　UI 元素状态伪类选择器

所谓的 UI 元素状态伪类选择器,是指只有当元素处于某种状态下时才使用样式。默认状态下不起作用。

在 CSS3 中,共有 11 种 UI 元素状态伪类选择器,分别是 E:hover、E:active、E:focus、E:enable、E:disabled、E:read-only、E:read-write、E:checked、E:default、E:indeterminate、E::selection。这 11 种选择器被浏览器支持的情况,如下表所示。

选　择　器	Firefox	Safari	Opera	IE 8	Chrome
E:hover	√	√	√	√	√
E:active	√	√	√	×	√
E:focus	√	√	√	√	√
E:enable	√	√	√	×	√
E:disabled	√	√	√	×	×
E:read-only	√	×	√	×	√
E:read-write	√	×	√	×	×
E:default	√	√	√	×	√
E:indeterminate	√	√	×	×	×
E::selection	×	×	√	×	×

1. E:hover、E:active、E:focus 选择器

这 3 个选择器都是用于设置鼠标动作的显示状态样式的。其中,E:hover 选择器用于指定当鼠标指针移动到元素上面时元素所使用的样式;E:action 选择器用于指定元素被激活(鼠标在元素上按下还没有松开)时所使用的样式;E:focus 选择器用于指定元素获得光标焦点时所使用的样式,主要是在文本框空间获得焦点,并进行文字输入时使用的样式。下面是一个登录页面的部分样式代码。

```
<!DOCTYPE html>
<html>
<head>
<title>登录表单</title>
<style>
```

```
#submit:active
{
    outline: none;

    -moz-box-shadow: 0 1px 4px
    rgba(0, 0, 0, 0.5) inset;
    -webkit-box-shadow: 0 1px 4px
    rgba(0, 0, 0, 0.5) inset;
    box-shadow: 0 1px 4px rgba(0,
    0, 0, 0.5) inset;
}
#submit::-moz-focus-inner
{
    border: none;
}
</style>
</head>


<body>
<form id="login">
    <h1>用户登录</h1>
    <fieldset id="inputs">
        <input id="username" type=
        "text" placeholder="名称"
        autofocus required>
        <input id="password" type=
        "password" placeholder="密
        码" required>
    </fieldset>
    <fieldset id="actions">
        <input type="submit" id=
        "submit" value="登录">
        <a href="">忘记密码?</a><a
        href="">注册</a>
    </fieldset>
    <a href="http://www.tup.
    tsinghua.edu.cn/" id="back">返
    回首页</a>
</form>
</body>
</html>
```

运行该代码，在浏览器中查看其效果。

在页面上移动鼠标，就可以发现页面元素显示出不同效果。

2．E:enable、E:disabled 选择器

当一个表单中的元素经常在可用状态与不可用状态之间进行切换的时候，通常将 E:enable 和 E:disabled 两个选择器结合使用，使用 E:enable 选择器来设置该元素处于可用状态的样式，使用 E:disabled 选择器来设置该元素处于不可用状态时的样式。

3．E:read-only、E:read-write 选择器

这两个选择器用来设置元素的读写状态样式。E:read-only 选择器用来设置元素处于只读状态时的样式，E:read-write 选择器用来设置元素处于非只读状态时的样式。

4．E:checked、E:default、E:indeterminate

这些选择器用于设置表单中的单选按钮或者复选框等选项的状态样式。其中，E: cheched 选择器用来指定表单中的 radio 单选按钮或者 checkbox 复选框处于选取状态时的样式。在 Firefox 浏览器中，需要把它写成 "-moz-checked" 的形式。示例代码如下所示。

```
<!DOCTYPE HTML>
<html>
<head>
<meta charset="utf-8">
<title>用户评价</title>
<style type="text/css">
……….
:checked{
```

```
        outline:2px solid #EE0000;
        }
:-moz-checked{
        outline:2px solid #EE0000;
        }
</style>
</head>
<body>
<div id="table">
  <h1>用户评价</h1>
  <div id="evel">
    <form>
    服务态度:
    <input type="checkbox">
    非常好
    </input>
    <input type="checkbox">
    良好
    </input>
    <input type="checkbox">
    一般
    </input>
    <input type="checkbox">
    差
    </input>
    </form>
 </div>
</body>
</html>
```

在浏览器中查看其效果。

E:default 选择器用来指定页面打开时默认处于选取状态的单选按钮或者复选框样式。同样通过上面的示例,使用 E:default 选择器来设置样式,

将复选框轮廓样式设置为黄色。

```
:default{
        outline:2px solid #FFFF00;
        }
:-moz-default{
        outline:2px solid #FFFF00;
```

在浏览器中查看其效果。

E:indeterminate 选择器用来指定当页面打开时,如果一组单选按钮中任何一个选项都没有被设定为选取状态时,整组单选按钮的样式,如果用户选取了其中任何一个单选按钮,则该样式将被停止使用。目前,只有 Opera 浏览器支持该选择器。

```
<stype>
:indeterminate{
outline:2px solid #00FFFF;
}
:-moz-indeterminate{.
outline:2px solid #00FFFF;
}
</style>

    <form>
    服务态度:
    <input type="radio" name=
    "radio" value="Nicely done">
    非常好
    </input>
```

```
<input type="radio" name=
"radio" value="good">
良好
</input>
<input type="radio" name=
"radio" value="General">
一般
</input>
<input type="radio" name=
"radio" value="difference">
差
</input>
</form>
```

在浏览器中查看其效果。

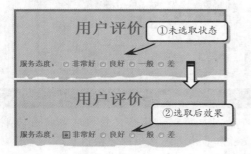

5．E：selection

该选择器用来设置元素被选中状态的样式。使用该选择器给上面表单设置选中状态的样式。

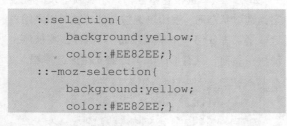

```
::selection{
    background:yellow;
    color:#EE82EE;}
::-moz-selection{
    background:yellow;
    color:#EE82EE;}
```

在浏览器中查看其效果。

10.3.6　其他关系选择器

除了上面提到的几种常用选择器之外，CSS3还包含其他几种关系类型的选择器，这里做一下简单介绍。

1．后代选择器（E F）

后代选择器也称作包含选择器，所起作用就是可以选择某元素的后代元素，比如说:E F，前面E 为祖先元素，F 为后代元素，所表达的意思就是选择了 E 元素的所有后代 F 元素，请注意它们之间需要一个空格隔开。这里 F 不管是 E 元素的子元素或者是孙元素还是更深层次的关系，都将被选中，换句话说，不论 F 在 E 中有多少层关系，都将被选中。

2．子元素选择器（E>F）

子元素选择器只能选择某元素的子元素，其中 E 为父元素，而 F 为子元素，其中 E>F 所表示的是选择了 E 元素下的所有子元素 F。这和后代选择器（E F）不一样，在后代选择器中 F 是 E 的后代元素，而子元素选择器 E>F，其中 F 仅仅是 E 的子元素而以。

3．相邻兄弟元素选择器（E＋F）

相邻兄弟元素选择器可以选择紧接在另一元素后的元素，而且它们具有一个相同的父元素，换句话说，E、F 两元素具有一个相同的父元素，而且 F 元素在 E 元素后面，而且相邻，这样就可以使用相邻兄弟元素选择器来选择 F 元素。

4．群组选择器（selector1，selector2,…，selectorN）

群组选择器是将具有相同样式的元素分组在一起，每个选择器之间使用逗号"，"隔开，如上面所示 selector1,selector2,…,selectorN。这个逗号告诉浏览器，规则中包含多个不同的选择器，如果不用这个逗号，那么所表达的意思就完全不同了，省去逗号就成了前面所说的后代选择器，这一点在使用中千万要小心。

5．通用兄弟元素选择器（E～F）

通用兄弟元素选择器是 CSS3 新增加的一种选择器，这种选择器将选择某元素后面的所有兄弟元素，它们也和相邻兄弟元素类似，需要在同一个父元素之中，换句话说，E 和 F 元素是属于同一父元素之内，并且 F 元素在 E 元素之后，那么 E~F 选择器将选择所有 E 元素后面的 F 元素。

10.4　练习：制作多彩时尚页

网页中的文本样式不可能是一成不变的，那样会使网页显得枯燥无味。此时，用户可以根据标题类型或网页颜色来设置文本，以增加网页的美观性和可读性。在本练习中，将运用 CSS 样式，制作一份多彩时尚页。

练习要点
- 关联 CSS 文件
- 嵌套 Div 层
- 添加链接
- 插入图像
- 设置文本样式
- 插入表格
- 设置表格格式

操作步骤 ▶▶▶▶

STEP|01 关联 CSS 文件。首先，设置网页标题，并关联 CSS 样式。

```
<!DOCTYPE html>
<html>
<head>
<meta charset="utf-8">
<title>多彩时尚网</title>
<link href="index.css" rel="stylesheet"
type="text/css">
</head>
<body>
</body>
</html>
```

STEP|02 制作版头内容。在<body></body>标签内插入名为"header"的 Div 层，然后在该层内分别插入名为"logo"和"daohang"的层。

```
<body>
<div id="header">
<div id="logo"></div>
<div id="daohang"></div>
</div>
</body>
```

STEP|03 然后，在"logo"层中插入版头图片并设置其属性，在"daohang"层中输入版头文字。

```
<div id="header">
<div  id="logo"><img   src="images/
logo.png" width="288" height="76"
```

```
alt=""/></div>
<div id="daohang">收藏本页 | 设为首页
| 联系我们 </div>
</div>
```

STEP|04 制作导航栏。在"header"Div 层下方插入一个名为"nav"的 Div 层，在其中插入名为"navLeft"的 Div 层，并设置层内容。

```
<div id="nav">
  <div id="navLeft">
    <ul>
      <li><a  href="javascript:void
      (null);" title="首页">首页
      </a></li>
      <li><a href="javascript:void
      (null);" title="时尚">时尚
      </a></li>
      <li><a href="javascript:void
      (null);" title="潮流">潮流
      </a></li>
      <li><a href="javascript:void
      (null);" title="玩意">玩意
      </a></li>
      <li><a href="javascript:void
      (null);" title="奢侈">奢侈
      </a></li>
      <li><a href="javascript:void
      (null);" title="街拍">街拍
       </a></li>
      <li><a href="javascript:void
      (null);" title="图库">图库
      </a></li>
    </ul>
  </div>
</div>
```

STEP|05 然后，在"nav"层中插入一个名为"navRight"的 Div 层，在该层内插入一个 3 行 2 列的表格，设置单元格属性，并分别设置单元格内容。

```
<div id="navRight">
    <table  width="391"  border="0"
    cellspacing="0"cellpadding="0">
      <tr>
        <td width="391" height="34">
          <ul>
```

```
      <li><a href="javascript:
      void(null);" title="时尚"
      >时尚</a></li>
      <li><a href="javascript:
      void(null);" title="潮流"
      >潮流</a></li>
      <li><a href="javascript:
      void(null);" title="玩意"
      >玩意</a></li>
      <li><a href="javascript:
      void(null);" title="奢侈"
      >奢侈</a></li>
      <li><a href="javascript:
      void(null);" title="街拍"
      >街拍</a></li>
      </ul></td>
    </tr>
    <tr>
      <td height="25" align=
      "center" valign="bottom">
      <input name="textfield"type=
      "text" id="textfield" size=
      "30">
          <img src=
        "images/ma_14.jpg"width=
        "46" height="21" align=
        "bottom" alt=""/></td>
    </tr>
    <tr>
      <td height="19"> </td>
    </tr>
  </table>
</div>
```

STEP|06 制作导航图片。在"nav"Div 层下方插入一个名为"banner"的 Div 层，用于显示导航图片。

```
<div id="banner"></div>
```

STEP|07 制作时尚列表内容。在"banner"Div 层方法插入一个名为"content"的 Div 层。然后，在该层中嵌套一个名为"leftmain"的 Div 层，同时再嵌套一个"title"Div 层，并输入标题文本。

```
<div id="content">
  <div id="leftmain">
```

```
    <div id="title">时尚网 > 时尚列表
    </div>
  </div>
</div>
```

STEP|08 在 "title" 层下方插入一个 Div 层，并将该层的 Class 设置为 "rows"。同时，在该层中分别嵌入 "pic" 和 "detail" Div 层，并输入相应的内容。使用同样的方法，制作其他时尚列表内容层。

```
<div class="rows">
    <div class="pic"><img src=
    "images/pic1.jpg" width="120"
    height="120"></div>
    <div class="detail">
      <h2><a href="javascript:void
      (null);">披豹纹外衣镶嵌宝石"野
      性"劳力士</a></h2>
      <span class="font2">关键
      字:</span><span class=
      "font3"> 劳力士 经典 金表 宝石
      </span><br>
      <span class="font4">劳力士为自
      己的经典款式披上豹纹外衣，打造出了
      这只 OYSTER PERPETUAL
      COSMOGRAP...</span> </div>
    </div>
```

STEP|09 制作间隔栏和热点推荐。紧接着，插入一个名为 "centermain" 和 rightmain" 的 Div 层，输入文本，并设置文本样式和插入图像。

```
    <div id="centermain"> 潮流

    时尚

    玩
    意

    奢
    侈

    街
    拍

    <span class="centerP">W
    W
```

```
W
.
More
Color
.
com </span></div>
<div id="rightmain">
<table  width="240"  border="0"
cellspacing="0"cellpadding="2">
  <tr>
    <td height="42"  colspan="2"
    class="tdbg">热点推荐</td>
  </tr>
  <tr>
    <td width="123"><img src=
    "images/095619509.jpg"
  width="120"height="120"></td>
    <td width="127"><img src=
    "images/114936706.jpg"width=
    "120" height="120"></td>
  </tr>
  <tr>
    <td align="center">菲拉格慕海
  洋</td>
    <td align="center">高跟鞋起革
  命</td>
  </tr>
  <tr>
    <td><img src="images/105458784.
  jpg" width="120" height=
  "120"></td>
    <td><img src="images/120345321.
  jpg" width="120" height=
  "120"></td>
  </tr>
  <tr>
    <td align="center">2010 最值得
  推荐 </td>
    <td align="center"> 09 秋冬提
  包 </td>
  </tr>
  <tr>
    <td><img src="images/122309558.
  jpg" width="120" height=
  "120"></td>
    <td><img src="images/124904925.
  jpg"width="120"height=
  "120"></td>
  </tr>
  <tr>
```

```
<td align="center">村上隆入选
</td>
<td align="center">惊讶！未来
之车 </td>
</tr>
</table>
</div>
```

STEP|10 制作版尾内容。在"content" Div 层下方，插入一个"footer"版尾层，在该层内插入一个 3 行 1 列的表格，设置单元格的属性并为其添加内容。

```
<div id="footer">
<table  width="965"  border="0"
align="center"  cellpadding="0"
cellspacing="0">
  <tr>
    <td><img  src="images/ma_166.
jpg" width="965" height=
```

```
"9"></td>
</tr>
<tr>
  <td height="56" align="center"
bgcolor="#47484a"><span
class="font1">返回首页 | 关于我
们 | 广告服务 | 联系我们 | 隐私条
款 | 合作伙伴 | 问题反馈 <br>
CopyRight © 2008-2009 粤 ICP
备 0905646X 号 www.MoreColore.
com All Right Reserved</span>.
</td>
</tr>
<tr>
  <td>
  <img src="images/ma_169.jpg"
width="965" height="9">
  </td>
</tr>
</table>
</div>
```

10.5 练习：制作图片新闻页

在图片新闻网页中，通常提供了新闻事件的各种照片、分析图像等内容，以作为吸引读者阅读新闻内容的媒介。在本练习中，将通过制作图片新闻页，来详细介绍 CSS 样式表的使用方法。

练习要点
- 关联 CSS 文件
- 嵌套 Div 层
- 添加链接
- 插入图像
- 设置文本样式

操作步骤 ▶▶▶▶

STEP|01 关联 CSS 文件。首先，设置网页标题，并关联 CSS 样式。

```
<!doctype html>
<html>
<head>
<meta charset="utf-8">
<title>图片新闻页</title>
<link    href="index.css"    rel=
"stylesheet" type="text/css">
</head>
<body>
</body>
</html>
```

STEP|02 制作导航栏部分。在<body></body>标签中插入一个名为"header"的 Div 层，并在该层内容插入 Logo 图片。

```
<div id="header"><img src="images/
new_01.png"  width="1003"  height=
"60"></div>
```

STEP|03 然后，插入一个名为"nav"的 Div 层，在该层中分别嵌套 "newTitle"和"navText"Div 层，并输入相应内容。

```
<div id="nav">
  <div id="newTitle">图片新闻</div>
  <div id="navText">
   <ul>
    <li><a  href="javascript:void
    (null);" title="最新图片">最新图
    片</a></li>
    <li><a href="javascript:void
    (null);" title="热门图片">热门图
    片</a></li>
    <li><a  href="javascript:void
    (null);" title="新闻图片">新闻图
    片</a></li>
    <li><a  href="javascript:void
    (null);" title="艺术图片">艺术图
    片</a></li>
    <li><a  href="javascript:void
```

```
    (null);" title="历史图片">历史图
    片</a></li>
    <li><a  href="javascript:void
    (null);" title="资料图片">资料图
    片</a></li>
   </ul>
  </div>
</div>
```

STEP|04 制作主体结构。在网页中的空白区域，插入一个名为"newsbody"的 Div 层，在其中嵌套"newsAnmail"和"newsMonth"Div 层，并输入相应内容。

```
<div id="newsbody">
<div id="newsAnmail"></div>
 <div id="newsMonth"></div>
</div>
```

STEP|05 在"newsAnmail"Div 层中，插入一个名为"bigpic"的 Div 层，插入图片，输入文本，并设置文本的字体格式。

```
<div id="bigpic"><img src="images/
222.jpg" width="500" height="380">
<span>顽强海鸥头部遭弓弩射穿仍能飞行
</span>
 </div>
```

STEP|06 然后，在其下方插入一个名为"smallpic"的 Div 层，在其层内再插入名为"pic"和"picTest"的层。用同样的方法，插入其他图片层。

```
<div class="smallpic">
    <div class="pic"><img src="images/
    386494_small.jpg" width="120"
    height="79"></div>
    <div class="picTest">北极熊在春
    日<br>
      阳光下玩耍</div>
  </div>
```

STEP|07 制作每月精选内容。在"newsMonth"Div 层中插入名为"monthText"的 Div 层，并输入标题文本。

```
<div id="monthText">每月精选</div>
```

STEP|08 在其下方插入名为 "mPic" 的 Div 层，在该层中嵌套名为 "smPic" 和 "mpicText" 的 Div 层，并输入相应的内容。用同样的方法，制作其他图片层。

```
<div class="mPic">
    <div class="smPic"><img src="images/
    33254728.jpg"width="130"height=
    "88"></div>
    <div class="mpicText">震撼图:
```

```
我们的蓝色星球</div>
    </div>
```

STEP|09 制作版尾内容。在网页的空白区域，插入一个名为 "footer" 的 Div 层，在其中输入版尾文本即可。

```
<div id="footer">关于我们 | 网站地图 |
广告合作 | 版权声明 | 联系我们 | 友情链
接<br>
Copyright All right service</div>
```

10.6 新手训练营

练习 1：制作联系我们页面

downloads\10\新手训练营\联系我们页面

提示：本练习中，将使用 Geolocation 功能及 Google 地图，制作一个 "联系我们" 的页面，帮助用户更好地了解 Geolocation 功能的含义和应用。首先，关联外部 CSS 文件，创建页面的页头，使用 ul 列表为页头添加导航条。然后，为页面添加图片和分类模块。最后，为页面添加 Google 地图，用户可以使用地图查看当前的企业位置和联系方式。最终效果如下图所示。

练习 2：制作班级管理制度页

downloads\10\新手训练营\班级管理制度页

提示：本练习中，将运用 CSS 样式和文本编辑功能，来制作一份班级管理制度网页。首先，设置网页标题，并输入设置背景颜色的 CSS 样式，其代码如下所示。

```
<!doctype html>
<html>
<head>
<meta charset="utf-8">
<title>班级管理制度</title>
<style type="text/css">
body {
background-color: #D9F3EC;
}
</style>
</head>
```

然后，在<body>标签内插入 Div 层，输入内容文本，并设置各文本的属性和样式。其最终效果如下图所示。

班级管理制度

（一）班干部职责

班长，负责班级全面工作。每月召开一次班委会，制订工作计划草案。做好班委会会议记录。

副班长，协助班长做好工作，做好课堂考勤工作和学校以及学院活动的考勤。

学习委员，负责沟通师生之间的信息交流，向有关部门反映学生对教学的意见，组织班级学生开展各类学习活动和基本技能训练。

生活委员，负责学生的后勤工作，协助班主任处理班级生活事务，发生情况主动与相关老师联系。

劳动委员，负责班级责任区集体劳动的安排及监察并及时反馈信息。

体育委员，负责开展经常性的体育活动及组织参加各种体育比赛。组建并管理编辑体育队伍。

练习 3：制作滚动文本

downloads\10\新手训练营\滚动文本

提示：本练习中，将运用 CSS 样式、文本编辑功能和超链接功能，来制作一份滚动文本网页。首先，设置网页标题，并输入设置背景颜色的 CSS 样式，其代码如下所示。

```
<head>
<meta charset="utf-8">
<title>滚动文本</title>
<style type="text/css">
#box {
background-image: url(%E8%83%8C%E
6%99%AF.jpg);
background-repeat: no-repeat;
height: 110px;
width: 290px;
margin-top: 20px;
.margin-right: auto;
margin-bottom: 0px;
margin-left: auto;
padding-top: 40px;
padding-right: 15px;
padding-bottom: 17px;
padding-left: 15px;
font-size: 12px;
}
</style>
</head>
```

然后，在<body>标签内插入 Div 层，输入内容文本，并设置各文本的属性和样式。其最终效果如下图所示。

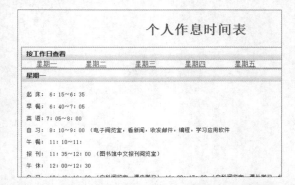

练习 4：制作页内导航网页

downloads\10\新手训练营\页内导航

提示：本练习中，将运用外部 CSS 文件，以及表格和超链接等功能，来制作一份页内导航网页。首先，设置网页标题，并关联外部 CSS 文件，其代码如下所示。

```
<!doctype html>
<html>
<head>
<meta charset="utf-8">
<title>页内导航网页</title>
<link    href="pagenav.css"    rel=
"stylesheet" type="text/css">
</head>
```

然后，在<body>标签内插入 8 个表格，输入内容文本，并设置各文本的属性、样式和锚记链接。其最终效果如下图所示。

个人作息时间表				
按工作日查看				
星期一	星期二	星期三	星期四	星期五
星期一				
起 床： 6：15～6：35				
早 餐： 6：40～7：05				
英 语：7：05～8：00				
自 习： 8：10～9：00（电子阅览室，看新闻，收发邮件，编程，学习应用软件）				
午 餐： 11：10～11：				
报 刊： 11：35～12：00（图书馆中文报刊阅览室）				
午 休： 12：00～12：30				

练习 5：制作导航条版块

downloads\10\新手训练营\导航条版块

提示：本练习中，将运用外部 CSS 文件，以及 Div 层、超链接和插入视频等功能，来制作一份导航条版块页。首先，设置网页标题，关联外部 CSS 文件和 JavaScript 文件，其代码如下所示。

```
<head>
<meta charset="utf-8">
<title>蒲公英十字绣</title>
<link    href="autumn.css"    rel=
"stylesheet" type="text/css">
<script    src="Scripts/swfobject_
```

```
modified.js"type="text/javascript"
> </script>
</head>
```

　　然后，在<body>标签内插入 Div 层，插入视频文件，输入内容文本，并设置各文本的属性和样式。最终效果如下图所示。

第 **11** 章

美化字体与段落

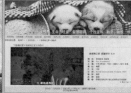

在网页设计中，文本是不可缺少的元素之一。更多情况下，网页内容中文本可能占用一半以上的面积。在处理网页文本方面，不仅可以设置其样式、管理文本段落、创建文本列表，还可以为网页添加各种特殊文本及符号等内容。除此之外，用户还可以通过 CSS 样式来修饰文本，例如修饰文本颜色、设置文本阴影、设置文本溢出效果、设置字符间距等修饰方法，从而达到美化网页的目的。在本章中，将详细介绍运用 CSS3 美化网页文本和段落的基础内容和操作方法。

11.1 设置字体格式

在使用 HTML 编制网页时，可以使用 CSS3 中的字体属性，来设置字符的字体、字号、颜色、粗体等字符格式，以增加文档的整洁性与美观性。

11.1.1 使用选择器插入字体

在美化字体之前，先来了解一下如何使用选择器来插入字体。在 CSS3 中，可以使用 before 选择器在标签前面插入内容，使用 after 选择器在标签后面插入内容，然后使用选择器中的 content 属性设置要插入的内容。

```html
<!DOCTYPE HTML>
<html>
<head>
<meta charset="utf-8">
<title>使用选择器插入内容</title>
<style type="text/css">
p:before{
    content: '你好，';
    color: white;
    background-color: orange;
    font-family: '黑体'
}
p:after{
    content: '，见到你很高兴！';
    color: white;
    background-color: orange;
    font-family: 黑体;
}
</style>
</head>
<body>
<p>小红</p>
</body>
</html>
```

在上述代码中，使用 before 标签在 p 标签前插入内容，使用 after 标签在 p 标签后插入内容，使用 content 属性设置插入内容。

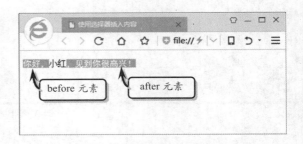

从上述代码可以看出，在页面中为 P 标签使用 after 和 before 选择器，所以该页面上如果有多个 p 标签，则所有 p 标签前面或后面会被插入内容。

如果要解决这个问题，可以在 content 属性中追加一个 none 属性值。

```html
<!DOCTYPE HTML>
<html>
<head>
<meta charset="utf-8">
<title>none 属性值使用</title>
<style type="text/css">
p:before{
    content: '你好，';
    color: white;
    background-color: orange;
    font-family: '黑体'
}
p:after{
    content: '，见到你很高兴！';
    color: white;
    background-color: orange;
    font-family: 黑体;
}
p.zhang:after{
    content: none;
}
p.zhang:before{
    content: none;
}
</style>
</head>
```

```
<body>
<p>小红</p>
<p class="zhang">张林</p>
<p>王强</p>
</body>
</html>
```

上述代码中，为 p 标签添加一个类，为这个类起个名字，将该类样式的 content 属性值设定为"none"。这时，该标签将不再插入内容。

在 CSS3 中，除了 none 属性值外，还为 content 属性添加一个 normal 属性值，其作用与使用 none 属性值的方法相同。

11.1.2　设置字体和字号

字体和字号是文本最基本的属性，字体一般是指文本的字体类型，包括黑体、宋体、楷体等；而字号用于决定网页文字的大小。

1．设置字体

在 CSS3 中，可以通过 font-family 属性来设置文本的字体类型，其语法格式如下所示：

```
{font-family:黑体}
```

在上述语法格式中，在需要设置多种字体类型以确保被所有浏览器识别时，则需要按照先后顺序罗列多个字体类型，每个字体类型之间使用逗号进行分隔。例如，下列代码：

```
{font-family:黑体,楷体,宋体}
```

提示

如果字体名称中包含空格符号，则需要使用引号将其括起来。

除了上述语法格式之外，CSS3 还允许用户使用下列语法格式来定义字体类型：

```
{font-family:cursive|fantasy|monospace|serif|sans-serif}
```

上述代码格式中使用了字体序列名称，即 fantasy 序列，使用该序列时系统会提供默认的字体序列。

下面，使用第一种方法来设置文本的字体类型，其代码如下所示。

```
<!DOCTYPE HTML>
<html>
<head>
<meta charset="utf-8">
<title>无标题文档</title>
<style>
p{font-family:华文琥珀}
</style>
</head>
<body>
<p>春眠不觉晓</p>
</body>
</html>
```

使用浏览器预览，其效果如下图所示。

2．设置字号

在 CSS3 中，可以通过 font-size 属性来设置文本的字体大小，其语法如下所示。

```
{font-size:数字}
```

上述语法格式中直接使用了字号，例如可以使用 18px 来定义字体的大小，其中 18px 表示 px。

除了上述语法格式之外，CSS3 还允许用户通过 medium 之类的参数来定义字号，其语法格式如下所示。

```
{font-size:inherit|xx-small|x-small|small|medium|large|x-large|xx-large|larger|smaller|lenght}
```

上述代码中各参数的具体含义，如下表所示。

参　　数	含　　义
xx-small	表示最小字号
x-small	表示较小字号
small	表示小字号
medium	表示默认值
large	表示大字号
x-large	表示较大字号
xx-large	表示最大字号
learger	表示根据父对象字体的大小相对增大字号
smaller	表示根据父对象字体的大小相对减小字号
length	表示根据父对象字体的大小以百分数、浮点数和单位标识生成的长度值，该值不可为负数

通过上表已了解字号的参数定义含义，其字号参数的使用代码如下所示。

```html
<!DOCTYPE HTML>
<html>
<head>
<meta charset="utf-8">
<title>无标题文档</title>
<style>
p{font-family:黑体}
</style>
</head>
<body>
<p style="font-size:18px">春眠不觉晓</p>
<p style="font-size:small">春眠不觉晓
</p>
<p style="font-size:xx-large">春眠不
觉晓</p>
</body>
</html>
```

使用浏览器预览，其效果如下图所示。

如若使用百分比来设置字体大小时，需要注意字体大小的百分比的参考对象是根据上一级标签中文字的大小进行设置的，例如下列代码：

```html
<p style="font-size:36px">春眠不觉晓
</p>
<p style="font-size:50%">春眠不觉晓
</p>
```

上述代码中，第 2 行文字的大小是参考第 1 行文字大小的 50%进行显示。除了使用百分比来设置文字大小之外，还可以使用 inherit 值来"继承"上一对象文字的大小，具体代码如下所示。

```html
<p style="font-size:36px">春眠不觉晓
</p>
<p style="font-size:inherit">春眠不
觉晓</p>
```

在上述代码中，第 2 行文字的大小继承了第 1 行文字的大小。

11.1.3　设置字体样式

字体样式即字体的显示样式，包括粗体、斜体、大小写转换等。

1．设置斜体/倾斜样式

在 CSS3 中，可以通过 font-style 属性来设置文本的字体样式，其语法格式如下所示：

```
{font-style:normal|italic|oblique|inherit}
```

通过上述代码，可以发现斜体/倾斜样式中包含了 4 个属性值，每种属性的具体含义如下表所示。

属性值	含　义
normal	表示默认值，为标准字体样式
italic	表示斜体字体样式
oblique	表示倾斜字体样式
inherit	表示从父对象中继承字体样式

通过上表已了解各属性值的具体含义，其字体样式属性值的示例代码如下所示。

```
<!DOCTYPE HTML>
<html>
<head>
<meta charset="utf-8">
<title>无标题文档</title>
<style>
p{font-size:20px}
</style>
</head>
<body>
 <p style="font-style:italic">春眠不
 觉晓</p>
 <p style="font-style:normal">春眠不
 觉晓</p>
 <p style="font-style:oblique">春眠
 不觉晓</p>
 </body>
</html>
```

使用浏览器预览，其效果如下图所示。

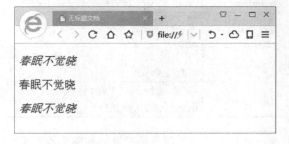

2. 设置加粗样式

在 CSS3 中，可以通过 font-weight 属性来设置文本的加粗样式，其语法格式如下所示：

```
{font-weight:100~900}
```

上述语法格式中的 100~900 数值表示文字加粗的具体属性值，数值越大，加粗样式也就越明显。

除了上述表示方法之外，CSS3 还允许用户使用下列语法格式中的属性值来定义字体类型：

```
{font-weight:bold|bolder|lighter|n
ormal}
```

上述代码中，包含了 bold、bolder、lighter 和 normal 属性值，每个属性值的具体含义如下表所示。

属性值	含　义
bold	表示粗体字体样式
bolder	表示更粗的字体样式
lighter	表示更细的字体样式
normal	默认值，表示正常的字体样式

通过上表已了解各属性值的具体含义，其加粗样式属性值的示例代码如下所示：

```
<!DOCTYPE HTML>
<html>
<head>
<meta charset="utf-8">
<title>无标题文档</title>
<style>
p{font-size:20px}
</style>
</head>
<body>
 <p style="font-weight:bold">春眠不
 觉晓</p>
 <p style="font-weight:bolder">春眠
 不觉晓</p>
 <p style="font-weight:normal">春眠
 不觉晓</p>
 <p style="font-weight:300">春眠不觉
 晓</p>
 <p style="font-weight:900">春眠不觉
 晓</p>
 </body>
</html>
```

使用浏览器预览，其效果如下图所示。

3．小写字母转大写字母

在 CSS3 中，可以通过 font-variant 属性来设置文本为大写字母，也就是将所有小写字母转换为大写字母，其语法如下所示：

```
{font-variant:normal|small-caps|inherit}
```

通过上述代码，可以发现 font-variant 具有 normal、small-caps 和 inherit 属性值，每种属性值的具体含义如下表所示。

属性值	含　义
small-caps	表示小型的大写字母字体样式
inherit	表示从父对象中继承字体样式
normal	默认值，表示正常的字体样式

通过上表已了解各属性值的具体含义，其大写字母样式属性值的使用代码如下所示：

```
<!DOCTYPE HTML>
<html>
<head>
<meta charset="utf-8">
<title>无标题文档</title>
<style>
p{font-size:20px}
</style>
</head>
<body>
 <p   style="font-variant:normal">
 Happy New Year</p>
 <p   style="font-variant:small-caps">
 happy new year</p>
  </body>
</html>
```

使用浏览器预览，其效果如下图所示。

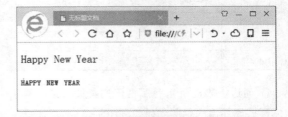

11.1.4　设置字体颜色

在 CSS3 中，可以通过 color 属性来设置文本的字体颜色，其最常用的语法如下所示：

```
{color:red}
```

上述代码中，使用了颜色名称作为颜色值，除了颜色名称之外，还可以使用十六进制值的颜色、RGB 颜色、HSL 颜色等颜色值，具体说明如下表所示。

属性值	含　义
color_name	表示颜色值为颜色名称，例如 red
hex_number	表示颜色值为十六进制，例如#ffffff
rgb_number	表示颜色值为 RGB 代码，例如 rgb(255,100,125)
inherit	表示从父对象中继承颜色
hsl_number	表示颜色值为 HSL 代码，例如 hsl(0.50%,75%)
hsla_number	表示颜色值为 HSLA 代码，例如 hsla(100,50%,50%,1)
rgba_number	表示颜色值为 RGBA 代码，例如 rgba(100,20,55,0.5)

通过上表已了解各属性值的具体含义，其字体颜色属性值的使用代码如下所示：

```
<!DOCTYPE HTML>
<html>
<head>
<meta charset="utf-8">
<title>无标题文档</title>
```

```
<style>
p{font-size:20px}
h1{color:red}
p.ex{color:#28004D}
p.eq{color:rgba(13,97,209,1.00)}
p.er{color:hsla(41,90%,51%,1.00)}
p.eb{color:hsl(0,38%,55%)}
</style>
</head>
<body>
<h1>春晓</h1>
<p class="ex">春眠不觉晓</p>
<p class="eq">处处闻啼鸟</p>
<p class="er">夜来风雨声</p>
<p class="eb">花落知多少</p>
 </body>
</html>
```

使用浏览器预览，其效果如下图所示。

11.1.5　设置复合属性

在 HTML5 中，用户经常会碰到同时设置多个字体属性的情况，也就是复合属性，例如需要设置字体的大小、字体的字型、字体加粗等。此时，可以使用 CSS3 样式中提供的 font 属性来设置复合属性。

font 属性可以一次性地使用多个属性值，其语法格式如下所示：

```
{font:    font-style    font-variant
font-weight font-size font-family}
```

通过上述代码，font-size 和 font-family 属性必须按照固定的顺序出现，其他属性的位置可以自由调换。另外，各属性值之间需要使用空格进行分隔；如若为单个属性定义多个属性值，则需要使用逗号对其进行分隔。

例如，下列代码中的示例：

```
<!DOCTYPE HTML>
<html>
<head>
<meta charset="utf-8">
<title>无标题文档</title>
<style>
p{font:italic normal 900 20px 黑体}
</style>
</head>
<body>
<h1>春晓</h1>
<p>春眠不觉晓，处处闻啼鸟。</p>
<p>夜来风雨声，花落知多少。</p>
</body>
</html>
```

使用浏览器预览，其效果如下图所示。

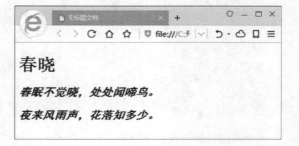

11.2　设置段落格式

文本格式只能提高文本的美观性，为了使整篇文档疏密有致，还需要设置文档的段落格式。段落格式是指文本和字符之间的间距、文本的修饰属性、嵌套列表，以及段落的对齐方式等内容。

11.2.1 设置段落的基本样式

段落的基本样式包括段间距、行间距、缩进效果、对齐方式，以及转换大小写等内容。

1．设置间隔

间隔是指单词之间或字符之间的距离，它们会直接影响到网页布局的空间设计，好的间隔不仅可以节省空间，还可以提高阅读效果。

在 CSS3 中，可以使用 word-spacing 属性设置间隔，语法代码如下所示：

```
word-spacing:normal|length
```

通过上述代码可以发现该属性包含 normal 和 length 属性值，normal 属性值为默认值，表示标准间隔；而 length 属性值用于定义单词之间的固定间隔，其值可为负值。

设置单词间隔的示例代码如下所示：

```
<!DOCTYPE HTML>
<html>
<head>
<meta charset="utf-8">
<title>无标题文档</title>
</head>

<body>
<p style="word-spacing:normal">春眠
不觉晓，处处闻啼鸟。</p>
<p style="word-spacing:15px">夜来风
雨声，花落知多少。</p>
<p  style="word-spacing:normal">Happy
New Year</p>
<p style="word-spacing:30px">Happy
New Year</p>
</body>
</html>
```

使用浏览器预览，其效果如下图所示。

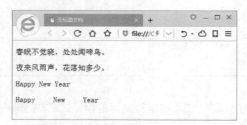

通过上图可以发现 word-spacing 属性只适用于设置单词之间的间隔，并不适用于设置字符之间的间隔。此时，需要使用 letter-spacing 属性来设置字符之间的间隔，其语法格式如下所示：

```
letter-spacing:normal|length
```

该属性也包含 normal 和 length 属性值，normal属性值为默认值，表示标准间隔；而 length 属性值用于定义字符之间的固定间隔，其值可为负值。

设置字符间隔的示例代码，如下所示：

```
<!DOCTYPE HTML>
<html>
<head>
<meta charset="utf-8">
<title>无标题文档</title>
</head>
<body>
<p style="letter-spacing:-5PX">春眠
不觉晓，处处闻啼鸟。</p>
<p style="letter-spacing:15px">夜来
风雨声，花落知多少。</p>
<p style="letter-spacing:normal"> Happy
New Year</p>
<p style="letter-spacing:10px">Happy
New Year</p>
</body>
</html>
```

使用浏览器预览，其效果如下图所示。

2．设置缩进效果

缩进效果是对普通段落进行首行缩进设置，一般缩进前两个字符，表示段落的开始。

在 CSS3 中，可以使用 text-indent 属性来设置段落的缩进效果，该属性的语法如下所示：

```
text-indent:length
```

通过上述代码，可以发现 text-indent 属性只包含了一个 length 属性值，该属性值表示由百分比、浮点数和单位标识符组合而成的长度值，可以为负值。

设置段落缩进的 2 种表示方法如下列代码所示：

```
<!DOCTYPE HTML>
<html>
<head>
<meta charset="utf-8">
<title>无标题文档</title>
</head>
<body>
<p>春眠不觉晓，处处闻啼鸟。</p>
<p style="text-indent:10mm">春眠不觉晓，处处闻啼鸟。</p>
<p>夜来风雨声，花落知多少。</p>
<p style="text-indent:10%">夜来风雨声，花落知多少。</p>
</body>
</html>
```

使用浏览器预览，其效果如下图所示。

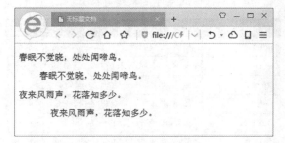

3．设置行间距

行间距是指文本行与行之间的高度，在 CSS3 中可以使用 line-height 属性来设置文本的行间距，该属性的语法格式如下所示：

```
line-height:normal|lenght
```

通过上述代码可以发现，line-height 属性包含 normal 和 length 两个属性值。其中，normal 属性

值表示默认行高，而 length 属性值表示由百分比、浮点数和单位标识符组合而成的长度值，可为负值。

设置行间距的代码示例，如下所示：

```
<!DOCTYPE HTML>
<html>
<head>
<meta charset="utf-8">
<title>无标题文档</title>
<style type="text/css">
.a {
height: 200px;
width: 300px;
}
</style>
</head>
<body>
<div class="a" style="text-indent:
10mm">
<p style="line-height:35px">绿 茶
(Green Tea)，是中国的主要茶类之一，是指
采取茶树的新叶或芽，未经发酵，经杀青、整形、
烘干等工艺而制作的饮品。其制成品的色泽和冲
泡后的茶汤较多地保存了鲜茶叶的绿色格调。
</p>
</div>
</body>
</html>
```

使用浏览器预览，其效果如下图所示。

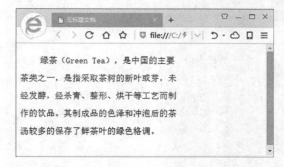

4．设置对齐方式

段落的对齐方式包括垂直对齐和水平对齐，垂直对齐是指该元素相对于所在行的基线上下居中对齐，该值可为负数，用户可通过 CSS3 中的

vertical-align 属性来设置段落的垂直对齐方式，其语法格式如下所示：

```
{vertical-align:属性值}
```

vertical-align 属性包括 sub、baseline、super、top 等 8 个属性值，每种属性值的具体含义如下表所述。

属性值	含　义
baseline	为默认值，表示元素位于父元素的基线上
sub	以基线为标准，垂直对齐下标
super	以基线为标准，垂直对齐上标
top	以最高元素为基线，设置顶端对齐
text-top	以父元素为基线，设置顶端对齐
middle	以父元素为基线，设置居中对齐
bottom	以最低元素为基线，设置顶端对齐
text-bottom	以父元素为基线，设置底端对齐
length	表示按堆叠顺序排列元素
%	表示使用百分比来排列元素，可为负值

通过上表已了解各属性值的具体含义，其垂直对齐方式属性值的示例代码如下所示：

```html
<!doctype html>
<html>
<head>
<meta charset="utf-8">
<title>无标题文档</title>
</head>
<body>
<p>
    冬奥会<b style=" font-size:10pt;
    vertical-align:super">2018</b>!
    中国队<b style="font-size: 10pt;
    vertical-align: sub">[注]</b>!
    加油! <b style="font-size: 10pt;
    style="vertical-align:baseline">
</p>
 <p>
    冬奥会<b style=" font-size:10pt;
    vertical-align:-100%">2018</b>!
    中国队<b style="font-size: 10pt;
```

```html
    vertical-align: 100%">[注]</b>!
    加油! <b style="font-size: 10pt;
    style="vertical-align:top">
</p>
</body>
</html>
```

使用浏览器预览，其效果如下图所示。

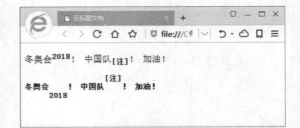

> **提示**
>
> 在使用百分比设置对齐方式时，正值表示文字提升，负值表示文字下降。

水平对齐包括居中对齐、左对齐、右对齐、分散对齐等对齐方式，可使用 text-align 属性来设置水平对齐，其语法格式如下所示：

```
{text-align:sTextAlign}
```

text-align 属性包括 center、start、end 等属性值，每种属性值的具体含义如下表所示。

属性值	含　义
start	表示文本以开始边缘为基线进行对齐
end	表示文本以结束边缘为基线进行对齐
left	表示文本以左边缘为基线进行对齐
right	表示文本以右边缘为基线进行对齐
center	表示文本居中对齐
justify	表示文本分散对齐，即两端对齐
match-parent	表示继承父元素的对齐方式
string	表示根据某个指定的字符对齐，可与其他关键字同时使用
inherit	表示继承父元素的对齐方式

通过上表已了解各属性值的具体含义，其水平对齐方式属性值的示例代码如下所示：

```html
<!doctype html>
```

```
<html>
<head>
<meta charset="utf-8">
<title>无标题文档</title>
<style type="text/css">
.a {
height: 300px;
width: 300px;
}
</style>
</head>
<body>
<div class="a">
  <h1 style="text-align:center">山中
送别</h1>
  <h3 style="text-align:left">作者:
</h3>
  <h3 style="text-align:right">王维
</h3>
  <p style="text-align:center">山中
相送罢, </p>
  <p style="text-align:center">日暮
掩柴扉。</p>
  <p style="text-align:strat">春草明
年绿, </p>
  <p style="text-align:end">王孙归不
归? </p>
</div>
</body>
</html>
```

使用浏览器预览,其效果如下图所示。

5.　转换大小写

　　在 CSS3 中,可以运用 text-transform 属性来转换大小写文字,该属性的语法格式如下所示:

```
{text-transform:none|capitalize|up
percase|lowercase}
```

　　通过上述代码,可以发现该属性具有 4 个属性值,其每个属性值的具体含义如下表所述。

属性值	含　义
none	为默认值, 无转换
capitalize	转换单词的首字母为大写字母
uppercase	转换为大写字母
lowercase	转换为小写字母

　　通过上表已了解各属性值的具体含义,其转换大小写属性值的示例代码如下所示:

```
<!doctype html>
<html>
<head>
<meta charset="utf-8">
<title>无标题文档</title>
<style type="text/css">
.a {
height: 300px;
width: 300px;
}
p {font-size:15pt;}
p {font-weight:bold}
</style>
</head>
<body>
<div class="a">
  <p   style="text-transform:none">
  when i was young</p>
  <p style="text-transform:capitalize">
  waiting for my favorite songs</p>
  <p   style="text-transform:lowercase">
  WHEN THEY PLAYED I'D SING ALONG</p>
  <p   style="text-transform:uppercase">
  Those were such happy times</p>
</div>
</body>
</html>
```

使用浏览器预览,其效果如下图所示。

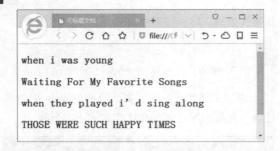

```
<p style="text-decoration:overline">
夜来风雨声，花落知多少。</p>
<p style="text-decoration:line-through">
春眠不觉晓，处处闻啼鸟。</p>
<p style="text-decoration:blink">夜
来风雨声，花落知多少。</p>
</body>
</html>
```

使用浏览器预览，其效果如下图所示。

11.2.2 设置段落的高级样式

在 HTML5 中，运用 CSS3 中的样式不仅可以设置段落的对齐方式、缩进和间距等基本样式，还可以设置段落的修饰效果、处理文本空白，以及反排文本等高级段落样式。

1．设置修饰效果

在 CSS3 中，可以运用 text-decoration 属性来设置文本的下画线、删除线、闪烁等修饰效果。

text-decoration 属性的语法格式如下所示：

```
{text-decoration:none|underline|bl
ink|overline|lin-through}
```

通过上述代码，可以发现 text-decoration 属性包括下表中的 4 种属性值。

属性值	含　义
none	为默认值，无任何修饰效果
underline	表示下画线
overline	表示上画线
blink	表示闪烁
line-through	表示删除线

通过上表已了解各属性值的具体含义，其字体修饰属性值的示例代码如下所示：

```
<!DOCTYPE HTML>
<html>
<head>
<meta charset="utf-8">
<title>无标题文档</title>
</head>
<body>
<p style="text-decoration:underline">
春眠不觉晓，处处闻啼鸟。</p>
```

> **提示**
>
> text-decoration 中的闪烁效果只有 Mozilla 和 Netscape 等浏览器支持。

2．处理文本空白

文本空白是在输入文本时所输入的空格符号，即空格字符。在 CSS3 中，可以使用 white-space 属性来处理文本空白，该属性的语法格式如下所示：

```
{white-space:normal|pre|nowrap|pre
-wrap|pre-line}
```

通过上述代码，可以发现该属性具有 5 个属性值，其每个属性值的具体含义如下表所述。

属性值	含义
normal	为默认值，表示忽略文本空白
pre	表示保留文本空白
nowrap	表示文本不换行，遇到 标签换行
pre-wrap	表示保留空白序列，可换行
pre-line	表示合并空白序列，并保留换行符

通过上表已了解各属性值的具体含义，其文本空白属性值的示例代码如下所示：

```
<!doctype html>
<html>
<head>
<meta charset="utf-8">
<title>无标题文档</title>
<style type="text/css">
.a {
height: 300px;
width: 400px;
}
</style>
</head>
<body>
<div class="a">
 <p style="white-space:pre-wrap;text-
indent:10mm">
        绿茶 (Green Tea), 是中国的主要茶
    类之一, 是指采取茶树的新叶或芽, 未经
    发酵, 经杀青、整形、烘干等工艺而制作
    的饮品。</p>
    <p style="white-space:pre-line;text-
indent:10mm">
        绿茶是未经发酵制成的茶, 保留
    了鲜叶的天然物质, 含有的茶多
    酚、儿茶素、叶绿素、咖啡碱、
    氨基酸、维生素等营养成分也较
    多。</p>
</div>
</body>
</html>
```

使用浏览器预览, 其效果如下图所示。

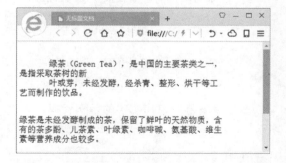

3. 文本反排

在 CSS3 中, 可以运用 unicode-bidi 和 direction 属性对文本进行反排。其中, unicode-bidi 属性的

语法格式如下所示:

```
{unicode-bidi:normal|bidi-override
|embed}
```

通过上述代码, 可以发现 unicode-bidi 属性包含了 3 个属性值, 每个属性值的具体含义如下表所述。

属性值	含 义
normal	为默认值, 不打开嵌入级别
embed	表示打开以 direction 属性值指定的嵌入级别
bidi-override	与 embed 值相同, 但元素内的重新排序按照 direction 属性顺序进行

而 direction 属性用于设定文本流的方向, 其语法格式如下所示:

```
{direction:ltr|rtl|inherit}
```

通过上述代码, 发现该属性具有 3 个属性值, 其中 ltr 属性值表示文本从左到右进行显示; rtl 属性值表示文本从右到左进行显示; inherit 属性值表示不可继承文本流。

通过上述介绍已了解各属性及属性值的具体含义, 其文本反排属性值的示例代码如下所示:

```
<!doctype html>
<html>
<head>
<meta charset="utf-8">
<title>无标题文档</title>
<style type="text/css">
.a {
height: 300px;
width: 400px;
}
</style>
</head>

<body>
<div class="a">
<p  sstyle="direction:ltr;unicode-
bidi:bidi-override;text-align:left">
春眠不觉晓, 处处闻啼鸟</p>
```

```
<p style="direction:rtl;unicode-bidi:
bidi-override; text-align:left">
春眠不觉晓，处处闻啼鸟</p>
</div>
</body>
</html>
```

使用浏览器预览，其效果如下图所示。

11.2.3 设置列表样式

在 CSS3 中，可以使用 content 属性为多个项目添加符号。

1．在多个标题前加上连续编号

如果要针对多个标题添加连接编号，可以使用 content 属性中的 counter 属性，使用语法如下。

```
<元素>:before
{
    Content:counter(计数器);
}
```

除了使用 counter 属性以外，还需要在样式中追加对元素的 counter-increment 属性的指定，使用语法如下。

```
<元素>
{
counter-increment:before 或 after
指定的计数器名
}
```

在多个标题前加上连续编号的示例代码，如下所示。

```
<!DOCTYPE HTML>
<html>
<head>
<meta charset="utf-8">
<title>counter 属性使用</title>
```

```
<style type="text/css">
p:after{
    content:counter(count);
}
p{
    counter-increment:count;
}
</style>
</head>
<body>
<p>项目</p>
<p>项目</p>
<p>项目</p>
<p>项目</p>
<p>项目</p>
</body>
</html>
```

上述代码中，使用 counter 属性和 counter-increment 属性为 p 标签添加了一组连续编号。

2．在项目编号中追加文字

在项目中插入编号时，可以在项目编号中插入文字，增加对项目的修饰效果，使用语法如下。

```
<元素>:before
{
    Content:'第'counter(计数器)'章';
}
```

在项目编号中追加文字的示例代码，如下所示。

```
<!DOCTYPE HTML>
<html>
<head>
<meta charset="utf-8">
<title>在项目编号中插入内容</title>
```

```
<style type="text/css">
h3:before{
    content:'第'counter(count)'章';
}
h3{
    counter-increment:count;
}
</style>
</head>
<body>
<h3>HTML5 简介</h3>
<h3>HTML5 结构</h3>
<h3>多媒体播放</h3>
<h3>本地存储</h3>
<h3>表单与文件</h3>
<h3>新增元素</h3>
</body>
</html>
```

在上述代码中，h3 标签包含图书的章节名称，使用 counter 属性为章节添加了章节编号。

3．指定编号的样式

为项目追加编号完成后，还可以指定编号的样式。例如，设置编号的字体、字体大小和字体颜色等内容。

指定编号的样式的示例代码，如下所示。

```
<!DOCTYPE HTML>
<html>
<head>
<meta charset="utf-8">
<title>在项目编号中插入内容</title>
<style type="text/css">
```

```
h3:before{
    content:' 第 'counter(count)' 章
';

    color:red;
    font-family:黑体;
    font-size:24px;
}
h3
{
    counter-increment:count;
}
</style>
</head>
<body>
<h3>HTML5 简介</h3>
<h3>HTML5 结构</h3>
<h3>多媒体播放</h3>
<h3>本地存储</h3>
<h3>表单与文件</h3>
<h3>新增元素</h3>
</body>
</html>
```

在上述代码中，设置项目编号的字体为黑体，字体大小为 24px，字体颜色为红色。

4．指定编号的种类

使用 before 选择器或 after 选择器的 content 属性，不但可以在编号中追回文字和设置样式，还可以为编号设置编号类型。

指定编号类型可以使用 list-style-type 属性，常用的编号种类介绍如下。

名　称	解　释
disc	列表项项目符号使用 disc（通常为实心圆）
circle	列表项项目符号使用 circle（通常为空心圆）
square	列表项项目符号使用 square（实心或空心方块）
decimal	1，2，3，4，5…
upper-alpha	A，B，C，D，E…
lower-alpha	a，b，c，d，e…
upper-roman	I，II，III，IV，V…
lower-roman	i，ii，iii，iv，v…
none	不使用项目符号

指定编号的种类示例代码，如下所示。

```
<!DOCTYPE HTML>
<html>
<head>
<meta charset="utf-8">
<title>指定编号种类</title>
<style type="text/css">
h3:before{
    content:counter(count,upper-
    roman)'.';
     color:orange;
     font-family:黑体;
     font-size:24px;
}
h3{
    counter-increment:count;
}
</style>
</head>
<body>
<h3>将 alt 属性的值作为图像的标题来显示
</h3>
文字内容
<h3>使用 content 属性来插入项目编号
</h3>
文字内容
<h3>在多个标题前加上连续编号</h3>文字
内容
</body>
</html>
```

在上述代码中，使用 counter 属性将编号类型设置为 upper-roman。

5．编号嵌套

在使用 content 属性指定编号时，可以在大编号中插入中编号，中编号中插入小编号。

```
<!DOCTYPE HTML>
<html>
<head>
<meta charset="utf-8">
<title>编号嵌套</title>
<style type="text/css">
h1:before{
    content:counter(count,upper-
    roman)'.';
     color:red;
     font-family:黑体;
}
h1{
    counter-increment:count;
}
h2:before{
    content:counter(count1)'.';
     color:red;
     font-family:黑体;
}
h2{
    counter-increment:count1;
     margin-left:50px;
}
</style>
</head>
<body>
```

```
<h1>创建网站及站点信息</h1>
<h2>网站建设理论</h2>
<h2>安装 IIS 服务器</h2>
<h2>站点管理</h2>
<h1>网站栏目及版块设计</h1>
<h2>网页文本概述</h2>
<h2>设计产品信息版块</h2>
<h2>多彩文字设计</h2>
</body>
</html>
```

上述代码中，为页面添加了 h1 标签和 h2 标签，然后使用 before 选择器为 h1 和 h2 标签编号，并设置了编号的颜色和类型。

6. 中编号中嵌入大编号

在使用 content 属性指定编号时，可以在小编号中嵌入中编号，中编号中嵌入大编号，只需相应地在 before 选择器所指定的小编号中包括大编号与中编号，在 before 选择器所指定的中编号中包括大编号即可。

```
<!DOCTYPE HTML>
<html>
<head>
<meta charset="utf-8">
<title>编号嵌套</title>
<style type="text/css">
h1:before{
    content:counter(count,upper-
    roman)'.';
    color:red;
    font-family:黑体;
}
h1{
```

```
    counter-increment:count;
    counter-reset:count1;
}
h2:before{
    content:counter(count)'.
    'counter(count1)'.';
    color:red;
    font-family:黑体;
}
h2{
    counter-increment:count1;
    counter-reset:count2;
    margin-left:50px;
}
h3:before{

content:counter(count)'.
'counter(count1)'.'counter
    (count2)'.';
    color:red;
    font-family:黑体;
}
h3{
    counter-increment:count2;
    margin-left:100px;
}
</style>
</head>
<body>
<h1>创建网站及站点信息</h1>
<h2>网站建设理论</h2>
<h3>站点开发的流程</h3>
<h3>网页制作过程</h3>
<h2>安装 IIS 服务器</h2>
<h3>Internet 信息服务</h3>
<h3>虚拟目录</h3>
<h1>网站栏目及版块设计</h1>
<h2>网页文本概述</h2>
<h3>文字的格式化</h3>
<h3>网页文字运用</h3>
<h2>设计产品信息版块</h2>
<h3>项目符号与编号</h3>
<h3>设计过程</h3>
</body>
</html>
```

在页面中，包括两个大标题，每个大标题有两个中标题，每个中标题有两个小标题。

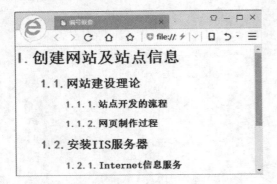

7．在字符串两边添加嵌套文字符号

如果要在字符串两边添加诸如括号、单引号和双引号之类的文字符号，可以使用 content 属性的 open-quote 属性值、close-quote 属性值和 quotes 属性进行设置。

其中，open-quote 属性值用于添加开始的文字符号，close-quote 属性值用于添加结尾的文字符号，quotes 属性用于指定使用什么文字符号。

```
<!DOCTYPE HTML>
<html>
<head>
<meta charset="utf-8">
<title>编号嵌套</title>
<style type="text/css">
h1:before{
```

```
    content:open-quote;
    color:red;
    font-family:黑体;
}
h1:after{
    content:close-quote;
    color:red;
    font-family:黑体;
}
h1{
    quotes:"《" "》";
}
</style>
</head>
<body>
<h1>ASP 基础教程与实验指导</h1>
<h1>计算机组装</h1>
<h1>HTML5 从新手到高手</h1>
</body>
</html>
```

在上述代码中，使用 before 选择器和 after 选择器在 h1 标签两侧添加《和》符号。

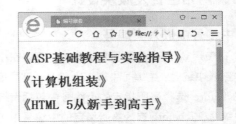

11.3 设置高级样式

虽然在 HTML5 中运用 CSS3 样式可以设置文本或段落样式，但对一些特殊的文字要求，例如设置文本的阴影效果、自动换行等，则需要使用 CSS3 中的特殊标记进行设置。在本小节中，将详细介绍 CSS3 中一些高级样式的设置方法和技巧。

11.3.1 设置阴影效果

在 CSS3 中，可以运用 text-shadow 属性给文字添加阴影效果，从而增添文字的质感。该属性的

语法格式如下所示：

```
text-shadow : none|<length>none|
[<opacity>,]*<opacity>
```

或者

```
text-shadow : none | <color> [,
<color> ]*
```

上述语法中各属性值的具体含义如下所述。

- ❑ **color**　指定颜色。
- ❑ **length**　由浮点数字和单位标识符组成的长度值，可为负值。指定阴影的水平延伸距离。
- ❑ **opacity**　由浮点数字和单位标识符组成的长度值，不可为负值。指定模糊效果的作用距离。如果仅仅需要模糊效果，将前两个 length 全部设定为 0。

1．阴影位移

通过上述 text-shadow 属性，可以为文字添加阴影。但最重要的是阴影部分不能与文本内容相重叠，否则将无法显示出阴影效果。

此时，用户需要设置阴影的位移距离，即阴影与文本内容之间的距离。其语法格式，如下所示：

```
text-shadow: Apx Bpx #color;
```

在上述代码中，属性值 A 值是指文本 X 轴上的位移；而 B 值指文本 Y 轴上的位移，color 指阴影的颜色值。

> **提示**
>
> px 表示 pixelpx，是屏幕上显示数据的最基本的点。

例如，给<h1>标签添加文字阴影，语句如下。

```
h1    {text-shadow:    0.1em    0.1em
#333;}
```

上述代码中，前面的 0.1em 表示 X 轴的位移，而后面的 0.1em 表示 Y 轴值的位移，其颜色为 #333。

下面通过示例，来了解一下阴影效果。

```
<!DOCTYPE HTML>
<html>
<head>
<meta charset="utf-8">
<title>text-shadow 设置阴影</title>
<style type="text/css">
body {
    margin:20px 0px 0px 20px;
}
```

```
h1 {
    text-shadow: 5px 5px #FF6600;
    font-family:"黑体";
    font-size:16px;
}
h2 {
    margin-top:35px;
    font-family:"华文楷体";
    font-weight:bold;
    font-size:18px;
    text-shadow:5em 5em #FFCC66;
}
</style>
</head>
<body>
<h1>给文本添加阴影效果</h1>
<h2>已经添加阴影效果</h2>
</body>
</html>
```

使用浏览器预览，其效果如下图所示。用户可能看到网页中已经显示的文本阴影效果。而针对不同的单位，其阴影显示的位置也不同。

2．阴影的模糊半径

如果只是添加文本的阴影效果，并不能体现文本的质感。而添加阴影的模糊效果，则文本显示的效果就会不同。其语法格式如下所示：

```
text-shadow: Apx Bpx Cpx #color;
```

上述代码中，A 和 B 分别为表示 X 和 Y 轴，而 C 值代表着文本阴影模糊的程度。

下面通过示例，来了解一下阴影模糊效果。

```
<!DOCTYPE HTML>
<html>
```

```html
<head>
<meta charset="utf-8">
<title>添加阴影的模糊效果</title>
<style type="text/css">
body {
    margin:60px 0px 0px 50px;
}
h1 {
    text-shadow: 5px 5px 10px
    #FF6633;
    font-family:"黑体";
    font-size:30px;
}
</style>
</head>
<body>
<h1>如何添加阴影的模糊效果</h1>
</body>
</html>
```

使用浏览器预览，其效果如下图所示。

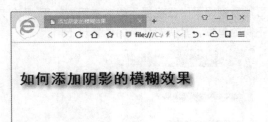

3. 指定多个阴影

在添加阴影及阴影的模糊后，用户还可以为文本内容添加多个阴影，也就是两个以上的阴影。语法格式如下所示：

```
text-shadow: Apx Bpx Cpx #color,Dpx
Epx Fpx #color
```

在添加两个以上的阴影时，两个阴影之间用逗号（,）隔开。下面通过示例，来了解一下指定多个阴影的效果。

```html
<!DOCTYPE HTML>
<html>
<head>
<meta charset="utf-8">
<title>添加多阴影</title>
```

```css
<style type="text/css">
h1 {
    margin:50px 0px 0px 50px;
    color:#CC0000;
    font-family:"宋体";
    font-size:50px;
    font-weight:900;
    text-shadow: 2px 2px #FFCC33,
    5px 5px 5px #666666, -1px -1px
    #FF9999;
}
</style>
</head>
<body>
<h1>添加两个以上阴影</h1>
</body>
</html>
```

使用浏览器预览，其效果如下图所示。在浏览器中可以看到为文本添加了 3 个阴影效果。

> **提示**
>
> 当 X 和 Y 坐标值为负数时，将在文字左上部分显示阴影效果。

11.3.2 省略标记

text-overflow 属性设置或检索是否使用一个省略标记（...）标示对象内文本的溢出。

要实现溢出时产生省略号的效果还须定义：强制文本在一行内显示（white-space:nowrap）及溢出内容为隐藏（overflow:hidden），只有这样才能实现溢出文本显示省略号的效果。

1. white-space

white-space 属性在计算机术语中的意思是泛

空格符。white-space 属性设置如何处理元素内的空白。语法格式如下所示：

```
white-space: nowrap
```

上述属性的属性值的具体含义如下所述。

- ❑ **Normal**　默认值。默认处理方式。文本自动处理换行。假如抵达容器边界，内容会转到下一行。
- ❑ **pre**　用等宽字体显示预先格式化的文本。不合并字间的空白距离和进行两端对齐。换行和其他空白字符都将受到保护。
- ❑ **Nowrap**　强制在同一行内显示所有文本，直到文本结束或者遭遇
标签。

2．overflow:hidden

overflow 为 CSS 中设置当对象的内容超过其指定高度及宽度时，如何管理内容的属性。语法格式如下所示：

```
overflow : visible | auto | hidden
scroll
```

该属性的属性值的具体含义，如下所述。

- ❑ **visible**　默认值。不剪切内容也不添加滚动条。假如显示声明此默认值，对象将以包含对象的 window 或 frame 的尺寸裁切。并且 clip 属性设置将失效。
- ❑ **auto**　在必需时对象内容才会被裁切或显示滚动条。
- ❑ **Hidden**　不显示超过对象尺寸的内容。
- ❑ **Scroll**　总是显示滚动条。

3．text-overflow

text-overflow 属性仅是注解当文本溢出时是否显示省略标记。并不具备其他的样式属性定义。语法格式如下所示：

```
text-overflow:clip|ellipsis
```

该属性的属性值的具体含义如下所述。

- ❑ **Clip**　不显示省略标记（...），而是简单的裁切。
- ❑ **Ellipsis**　当对象内文本溢出时显示省略

标记（...）

下面通过示例，来了解一下省略标记的效果。

```html
<!DOCTYPE HTML>
<html>
<head>
<meta charset="utf-8">
<title>文本溢出</title>
<style type="text/css">
.test_demo_clip {
    font-size:24px;
    text-overflow:clip;
    overflow:hidden;
    white-space:nowrap;
    width:200px;
    background:#CCC;
}
.test_demo_ellipsis {
    font-size:24px;
    text-overflow:ellipsis;
    overflow:hidden;
    white-space:nowrap;
    width:200px;
    background:#ccc;
}
</style>
</head>
<body>
<h2>text-overflow 属性为 clip 值时
</h2>
<div class="test_demo_clip"> 不显
示省略标记，而是简单的裁切条 </div>
<h2>text-overflow 属性为 ellipsis 值
时</h2>
<div class="test_demo_ellipsis">
当对象内文本溢出时显示省略标记 </div>
</body>
</html>
```

使用浏览器预览，其效果如下图所示。在浏览器中可以看到当属性为 clip 值时，则文本内容不使用省略符；而当为 ellipsis 值时，则显示为省略符。

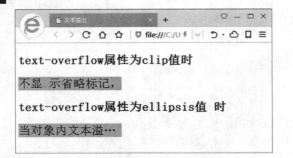

使用浏览器预览，其效果如下图所示。

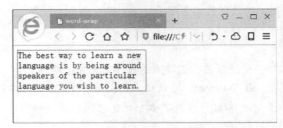

11.3.3 设置自动换行

当需要设置文本的自动换行功能时，也就是说当当前行超过指定容器的边界时是否断开转行时，则需要运用 CSS3 中的 word-wrap 属性进行设置或检索。该属性的语法格式如下所示：

```
word-wrap : normal|break-word
```

该属性的属性值的具体含义如下所述。

❑ **Normal** 控制连续文本换行。

❑ **break-word** 内容将在边界内换行。如果需要，词内换行（Word-break）也会发生。

下面通过示例，来了解一下自动换行的效果。

```
<!DOCTYPE HTML>
<html>
<head>
<meta charset="utf-8">
<title>word-wrap</title>
<style type="text/css">
.break_word {
width:280px;
word-wrap:break-word;
border:1px solid #999999;
}
</style>
</head>
<body>
<div class="break_word">The best way
to learn a new language is by being
around speakers of the particular
language you wish to learn.</div>
</body>
</html>
```

11.3.4 调用服务端字体

在浏览网页时，可能由于客户端计算机没有安装一些特殊字体，则网页将无法显示实际效果。

因此，用户可以使用@font-face 调用服务器端字体，其语法格式如下所示：

```
@font-face {
    font-family: <YourWebFont
    Name>;
    src: <source> [<format>][,
    <source>[<format>]]*;
    [font-weight: <weight>];
    [font-style: <style>];
}
```

上述语法中，各参数的含义如下。

❑ **YourWebFontName** 指自定义的字体名称，最好是使用下载的默认字体，它将被引用到 Web 元素中的 font-family。

❑ **Source** 指自定义的字体的存放路径，可以是相对路径，也可以是绝对路径。

❑ **Format** 指自定义的字体的格式，主要用来帮助浏览器识别，其值主要有以下几种类型：truetype、opentype、truetype-aat、embedded-opentype、avg 等。

❑ **weight 和 style** 这两个值，weight 定义字体是否为粗体，style 主要定义字体样式，如斜体。

调用服务端字体的示例代码如下所示。

```
<!DOCTYPE HTML>
<html>
<head>
```

```
<meta charset="utf-8">
<title>调用服务字体</title>
<style type="text/css">
@font-face {
    font-family:"迷你简剪纸";
    src:url('迷你简剪纸.ttf')
    format('opentype');
}
h1 {
    font-family:"迷你简剪纸";
    font-size:36px;
}
</style>
```

```
</head>
<body>
<h1>使用服务器字体</h1>
</body>
</html>
```

使用浏览器预览，其效果如下图所示。

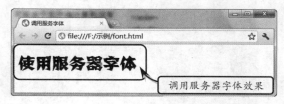

11.4 练习：制作企业新闻列表

通过本章的学习，用户了解了 HTML5 中，怎么使用 after 和 before 选择器在页面中插入图片、编号和字符等内容。在本练习中，将使用 after 和 before 选择器配合其他标签，制作一个企业新闻列表页面，帮助用户更好地了解 after 和 before 选择器的含义和应用。

> **练习要点**
> - 使用 before 选择器
> - 使用 content 元素
> - 设置超链接样式
> - 添加 Div 层
> - 添加列表

操作步骤 》》》

STEP|01 创建及布局页面，在页面中设计导航条、新闻分类、服务课程和所有文章背景，并添加页脚内容。

STEP|02 为新闻分类添加列表，列表被放入到 DIV 层中，DIV 层的样式为 pro_type。

```
<div class=prod_type>
<div id=pro_type_mDfhlT>
  <ul>
    <li><a  href="">学校新闻</a>
    <li><a  href="">行业动态</a>
    <li><a  href="">媒体报道</a>
    <div class=blankbar1></div></li>
  </ul>
</div>
</div>
```

STEP|03 为 prod_type 层添加样式，PADDING-LEFT 属性表示与页面左边的距离。

```
.prod_type {
    PADDING-LEFT: 0px; PADDING-TOP:
    4px; _padding-left: 0px
}
```

STEP|04 为 UL 列表添加样式，prod_type UL 表示 prod_type 层的 UL 列表样式，prod_type UL LI 表示 prod_type 层 UL 列表项的样式，prod_type UL LI A 表示 prod_type 层 UL 列表项的超链接样式。

```
.prod_type UL {
MARGIN: 0px auto; WIDTH: 90%; FLOAT:
none
}
.prod_type UL LI {
    BORDER-BOTTOM: #ccc 1px dashed;
    PADDING-BOTTOM: 4px; PADDING-
    LEFT: 18px; PADDING-RIGHT: 0px;
    MARGIN-BOTTOM:5px;PADDING-TOP:
    0px
}
.prod_type UL LI A {
 LINE-HEIGHT: 29px; HEIGHT: 29px
}
```

STEP|05 为服务课程添加列表，包括外语培训、电脑培训、资格认证、学历教育和才艺培训等内容。

```
<DIV class=prod_type>
```

```
<DIV id=pro_type_xNZ6gC>
<UL>
  <LI><A  href="">外语培训</A>
  <LI><A  href="">电脑培训</A>
  <LI><A  href="">资格认证</A>
  <LI><A  href="">学历教育</A>
  <LI><A  href="">才艺培训</A>
  <DIV class=blankbar1></DIV>
</LI></UL>
</DIV>
</DIV>
```

STEP|06 在 art_list_con 层中添加新闻列表，新闻列表项中包括新闻标题和发表时间等内容。

```
<DIV class=art_list_con>
  <UL><LI>
  <P class=l_title><A title="" href=
  "">东北师大
      附中与朝阳合作办学 2012 年 9 月开学
      </A></P>
  <P  class=n_time>2010-09-13  11:06
  </P></LI><LI>
  <P class=l_title><A title=""
  href="">钱学森之
      问催热高校实验班</A></P>
  <P  class=n_time>2010-09-13  10:53
  </P></LI>
  <LI>
  <P class=l_title><A title="" href=
  "">"小刘星"
      成高考明星 张一山成人礼上念师恩
      </A></P>
  <P  class=n_time>2010-09-10  13:55
  </P></LI>
  <LI>
  <P class=l_title><A title=""
  href="">教育部:
      今年力争科研项目吸纳毕业生 6000 人
      </A></P>
  <P  class=n_time>2010-09-13  11:04
  </P></LI>
  </UL>
</DIV>
```

STEP|07 为 art_list_con 层添加样式，其中

SCROLLBAR- ARROW-COLOR 属性设置或检索滚动条方向箭头的颜色；SCROLLBAR-FACE-COLOR 属性用于设置滚动条 3D 表面（ThreedFace）的颜色。

```
#left.art_list_con {
    SCROLLBAR-ARROW-COLOR:
    #666666;
    SCROLLBAR-FACE-COLOR: #e6e6e6;
    PADDING-BOTTOM: 8px; PADDING-
    LEFT: 8px;
    PADDING-RIGHT: 8px; ZOOM: 1;
    SCROLLBAR-SHADOW-COLOR:
    #ffffff;
    OVERFLOW: auto;
    SCROLLBAR-TRACK-COLOR:
    #f5f5f5;
    SCROLLBAR-3DLIGHT-COLOR:
    #b0b0b0;
    PADDING-TOP: 8px;
    scrollbar-color: #B0B0B0;
}
```

STEP|08 为 art_list_con 层中的 UL 列表添加样式。其中，art_list_con UL LI .n_time 表示 art_list_con 层 UL 列表项中时间的样式。

```
#left .art_list_con UL LI {
    BORDER-BOTTOM: #ccc 1px dashed;
    LINE-HEIGHT:
    30px; HEIGHT: 30px;
}
#left .art_list_con UL LI .l_title {
    PADDING-LEFT: 2px; WIDTH: 460px;
    FLOAT: left; HEIGHT: 30px;
    OVERFLOW: hidden;
    _background-position: 0px 10px
```

```
}
#left .art_list_con UL LI .n_time {
    PADDING-RIGHT: 15px; FLOAT:
    right; COLOR: #7e7e7e
}
```

STEP|09 使用 before 选择器，在 l_title 类前插入一张图片。

```
p.l_title:before{
    content:url(images/news_arrow.
    gif)' ';
}
```

STEP|10 为新闻列表添加首页、上一页、下一页和尾页等内容。

```
<TABLE id=pager cellSpacing=0>
  <TBODY>
  <TR><TD colSpan=5>
    <A class=page_word href="">首页</A>
    <A class=page_word href="">上一页</A>
    <A class=page_word href="">下一页</A>
    <A class=page_word href="">尾页</A>
    跳转至: <INPUT name=p class=
    pageinput id=p size="2">页
<A href="">  确   定
 </A>
</TD>
</TR>
</TBODY>
</TABLE>
```

11.5 练习：制作节日简介页面

在一些内容介绍、概述、简介等网页页面中，会有许多文字来描述一些内容。为增强其阅读性，可以将一些文字字号变大，或者更改为其他颜色等。本练习主要制作一个"节日简介"页面，同时修饰文字内容。

练习要点

- 添加文本
- 设置字体
- 设置字体颜色
- 设置文本链接

操作步骤 ▶▶▶▶

STEP|01 在 index.html 文件中，先定义网页布局，如添加一张背景图片，定义<div>标签位置，插入图片，以及插入按钮。

STEP|02 在页面中添加标题内容，并在标题下面添加一条虚线，用来分隔标题与内容。

```
<div class="right_box">
    <div>
    <ul class="menu">
        <li><a href="#" class=
        "nav2">首 页</a>
            </li>
        <li><a href="#" class=
        "nav">介 绍</a>
            </li>
        <li><a href="#" class=
        "nav">图 片</a>
            </li>
        <li><a href="#" class=
        "nav">联系我们</a>
```

```
            </li>
        </ul>
    </div>
<h1>节日简介</h1>
</div>
```

STEP|03 定义"节日简介"标题样式，如在 style.css 文件中添加<h1>选择器，并设置其样式内容。

```
h1 {
    padding:5px;
    font-size:16px;
    font-weight:bold;
    color: #510000;
    margin:20px 0px 5px 0px;
    text-decoration:none;
    border-bottom:1px #FEAFAF dotted;
}
```

STEP|04 在页面中插入文本内容，并调整其段落结构。例如，用户可以在文本之间添加<p>标签，来进行分段操作。

STEP|05 在 CSS 代码文件中，添加<p>标签的样式。如设置其字体、字号、颜色和段落缩进等。

```
p {
    font-family:"宋体";
    font-size:12px;
    color:#666;
    text-indent:2em;
}
```

STEP|06 在文本中，针对特殊文字或者词语，添加<span>标签和<a>标签，并设置所应用的样式及链接地址。

```
<p><span  class="text_jc"> 圣 诞 节
(Christmas Day)
    </span>这个名称是"<span class=
"text_ys">基督恺撒"
    </span>的缩写……
```

STEP|07 在 CSS 代码文件中，分别定义不同文字样式的效果，如加粗、改变字体大小、改变字体颜色等。

```
.text_jc {
    font-family:"黑体";
```

```
    font-size:16px;
    font-weight:bold;
    color:#FF6600;
}
.text_ys {
    color:#3399FF;
}
.text_js {
    font-weight:bold;
    color:#333;
}
```

STEP|08 此时，用户可以浏览网页查看所添加的效果。如果文字添加有链接，则文字下方将添加有下画线。

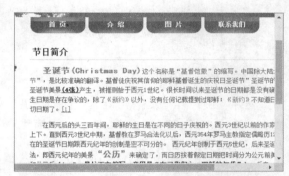

11.6 新手训练营

练习 1：制作化妆品网页
downloads\11\新手训练营\化妆品网页

提示：本练习中，将运用 CSS 样式和 Div 层功能，来制作一份化妆品网页。首先，设置网页标题及表示各元素样式的 CSS 样式。然后，在<body>标签内插入"header"和"nav"标签，并设置其内容。

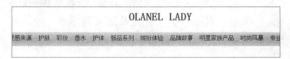

最后，插入"main"层和"footer"层，制作其内容列表和版尾内容。最终效果如下图所示。

练习 2：制作宠物之家网页
downloads\11\新手训练营\宠物之家网页

提示：本练习中，首先设置网页标题，并输入设置背景色和文字属性的 CSS 样式，其具体代码如下所示。

```
<head>
<meta charset="utf-8">
<title>宠物之家</title>
<style type="text/css">
<!--
body {
background-color: #CCC;
margin-left: 10px;
margin-top: 0px;
margin-right: 10px;
margin-bottom: 0px;
}
body,td,th {
font-size: 14px;
}
-->
</style>
</head>
```

然后，在网页中插入表格，在表格中插入图片，并关联相应的网页，输入文本并设置各元素的属性。最终效果如下图所示。

练习 3：制作登录界面

downloads\11\新手训练营\登录界面

提示：本练习中，首先制作登录页，并输入 CSS 样式代码，其具体代码如下所示：

```
<style type="text/css">
#box {
background-color: #62F0CA;
height: 160px;
```

```
width: 300px;
text-align: left;
}
</style>
```

然后，插入 Div 层，添加表单并设置表单属性，其最终效果如下图所示。

最后，制作框架页，也就是主页。在`<body>`标签内添加框架标签，设置其属性即可，示例代码如下所示：

```
<iframe    width="400"    name="bow"
height="200"          scrolling="auto"
frameborder="1"src="index01.html">
</iframe>
```

最终效果如下图所示。

练习 4：制作儿童动画页面

downloads\11\新手训练营\儿童动画页面

提示：本练习中，首先设置网页标题，输入并关联 CSS 样式代码，其具体代码如下所示：

```
<style type="text/css">
body,td,th {
font-size: 12px;
```

```
}
body {
margin-left: 0px;
margin-top: 0px;
margin-right: 0px;
margin-bottom: 0px;
}
</style>
<link        href="index.css"        rel=
"stylesheet" type="text/css">
```

　　然后，插入 Div 层，添加图像和内容，并设置图像的热点，其最终效果如下图所示。

第 **12** 章

美化图片与列表

　　网页菜单和图像是网页中必不可少的元素之一，单纯的文本会给人单调和枯燥的感觉，而恰当地使用图像可以增加网页的生动性和说服力；运用 CSS3 样式通过一系列的设置将文本和图像进行混排，可以帮助用户制作出华丽的网页，吸引更多浏览者。而网页菜单，具有自由跳转网页的功能，其风格会影响到网站的整体风格，是各网页设计者的重点设计对象之一。在本章中，将详细介绍运用 CSS3 中的属性和项目表，设置网页菜单与图片的基础内容和操作技巧，为制作精良的网站奠定良好的基础。

12.1 插入图像文件

在使用 CSS3 美化网页图片之前，还需要先来了解一下如何使用 CSS3 来插入图像文件。例如，如何在标题前面插入图像文件、如何在图片中应用 attr 属性等。

12.1.1 在标题前插入图像文件

CSS3 中的 before 选择器或 after 选择器，不但可以在标签的前面或后面插入文字内容，还可以插入图片。在插入图片时，需要使用 url 属性值来指定图像文件的路径。

```
<!DOCTYPE HTML>
<html>
<head>
<meta charset="utf-8">
<title>插入图片</title>
<style type="text/css">
h1:after
{
    content: url(img.png);
}
</style>
</head>
<body>
<h1>双击图标</h1>
</body>
</html>
```

在上述代码中，使用 after 选择器的 content 属性，在 h1 标签后插入一张图片。

![双击图标 元素后插入图片]

在网页中，不仅可以使用 img 标签向网页中插入图片，也可以使用样式表向网页中插入图片。使用样式表的好处是，可以为页面的编写节省大量时间。

在使用样式表来追加图像文件时，可以把它作为标签的背景图像文件来追加。

```
<!DOCTYPE HTML>
<html>
<head>
<meta charset="utf-8">
<title>插入图片</title>
<style type="text/css">
h1.h01:before
{
    content: url(img.png);
}
h1.h02{
    background-image:url
    (img.png);
    background-repeat:no-repeat;
    padding-left:58px;
}
</style>
</head>
<body>
<h1 class="h01">双击图标</h1>
<h1 class="h02">双击图标</h1>
</body>
</html>
```

在上述代码中，分别使用 background 属性和 before 选择器在 h1 标签前插入了图片。

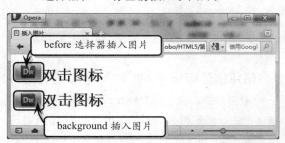

12.1.2　attr 属性应用

在 CSS3 中，使用 content 属性的 attr（属性名）来指定 attr 的值。这样可以将某个属性的属性值显示出来。

例如，使用 img 标签向网页中插入一张图片，并指定在图片不正常显示时所显示的替代文件的 alt 属性值。这时就可以把 attr 属性值设定为 img 标签的 alt 属性值，将 alt 属性值作为 img 图像的标题来使用。

```html
<!DOCTYPE HTML>
<html>
<head>
<meta charset="utf-8">
<title>attr 属性应用</title>
<style type="text/css">
img:after{
    content: attr(alt);
    display:block;
}
</style>
</head>
```

```html
<body>
<p align="center">
<img src="xp.png" alt="系统图片"
width="200" height="200" />
</p>
</body>
</html>
```

上述代码中，使用 img 标签插入一张图片，并设置图片的高度为 200px，宽度为 200px。然后指定 content 属性的 attr 值为 img 标签的 alt 属性。使用浏览器预览，其效果如下图所示

12.2　设置图片格式

图片是网页中必不可少的元素，将图片插入到网页之后，为了使其适应整个网页的布局，还需要设置图片的格式，例如缩放图片、对齐图片等。

12.2.1　缩放图片

缩放图片是运用 CSS3 样式，在保证图片未变形和失真的情况下设置图片的大小。一般情况下，可通过描述标记 width 和 height，以及 CSS3 中的 max-width 和 max-height、width 和 height 来缩放图片。

1.　使用描述标记 width 和 height 缩放图片

最常用的方法便是 HTML5 中的 img 属性中的描述标记 width 和 height 来缩放图片，width 表示图片的宽度，height 表示图片的高度，单位为 px。

例如，在网页中插入一张图片，使用 width 和 height 设置图片的宽度和高度，其具体代码如下所示：

```html
<!DOCTYPE HTML>
<html>
<head>
<meta charset="utf-8">
<title>无标题文档</title>
</head>
<body>
<img    src="11.jpg"    width="349"
height="184" alt=""/>
</body>
</html>
```

使用浏览器预览，其效果如下图所示。

2. 使用 max-width 和 max-height 缩放图片

max-width 用来设置图片宽度的最大值，而 max-height 用来设置图片高度的最大值。如若定义了 max-width 或 max-height 属性值，当插入的图片大小大于 max-width 或 max-height 属性值时，则以 max-width 或 max-height 所定义的值进行显示。

max-height 的语法格式如下所示：

```
img{max-heigh:200px}
```

使用 max-width 和 max-height 缩放图片大小的代码如下所示：

```
<!DOCTYPE HTML>
<html>
<head>
<meta charset="utf-8">
<title>无标题文档</title>
<style>
img{
max-height:200px;
}
</style>
</head>
<body>
<img src="12.jpg">
</body>
</html>
```

使用浏览器预览，其效果如下图所示。

3. 使用 CSS3 中的 width 和 height 缩放图片

在 CSS3 中，也可以使用 width 和 height 属性来缩放图片。width 和 height 属性类似于 HTML5 中的描述标签，表示图片的宽度和高度。缩放图片的代码如下所示：

```
<!DOCTYPE HTML>
<html>
<head>
<meta charset="utf-8">
<title>无标题文档</title>
</head>
<body>
<img    src="13.jpg"    style="width:
350px;height:200px">
</body>
</html>
```

使用浏览器预览，其效果如下图所示。

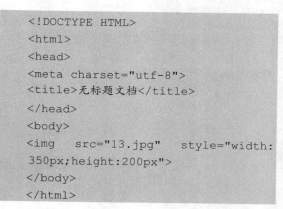

> **提示**
>
> 当用户只设置 width 或 height 属性时，图片会等比例缩放图片，如果同时设置 width 或 height 属性时，图片不会等比例缩放。

12.2.2　设置对齐方式

相对于文本来讲，图片的对齐方式也同样重要，一个图文并茂、排版整洁简约的页面会非常受用户的青睐。像文本一样，图片的对齐方式也可以使用 CSS3 中的属性进行定义，一般包括水平对齐和垂直对齐两种方式。

1. 水平对齐

图片的水平对齐方式与段落的水平对齐方式

类似，也包括左对齐、居中对齐和右对齐 3 种对齐方式。

由于图片中的 img 属性本身不具备对齐方式，因此需要对齐图片的父元素，让图片继承父元素的对齐方式，一般使用 text-align 属性来定义，其具体代码如下所示：

```html
<!DOCTYPE HTML>
<html>
<head>
<meta charset="utf-8">
<title>无标题文档</title>
<style type="text/css">
.a {
width: 300px;
}
</style>
</head>
<body>
<div class="a">
 <p  style="text-align:left"><img
 src="12.jpg"    style="max-width:
 160px;"><br>图片左对齐</p>
 <p style="text-align:center"><img
 src="12.jpg"    style="max-width:
 160px;"><br>图片居中对齐</p>
 <p  style="text-align:right"><img
 src="12.jpg"    style="max-width:
 160px;"><br>图片右对齐</p>
</div>
</body>
</html>
```

使用浏览器预览，其效果如下图所示。

2. 垂直对齐

垂直对齐方式类似于文本中的垂直对齐方式，通常使用 vertical-align 属性进行定义。该属性允许负值，其语法格式如下所示：

```
vertical-align:baseline|sub|super|
top|text-top|middle|bottom|text-bo
ttom|length
```

通过上述代码，可以发现该属性具有 9 个属性值，每个属性值的具体含义如下表所述。

参 数	含 义
baseline	表示支持 valign 特性元素的内容与基线对齐
sub	以基线为标准，垂直对齐下标
super	以基线为标准，垂直对齐上标
top	以内容为基线，设置顶端对齐
text-top	以文本为基线，设置顶端对齐
middle	以内容为基线，设置居中对齐
bottom	以文本为基线，设置底端对齐
text-bottom	以文本为基线，设置底端对齐
length	表示由浮点数和单位标识符组成的长度值或百分数，可为负数

通过上表已了解字号的参数定义含义，其纵向对齐属性值的使用代码如下所示：

```html
<!DOCTYPE HTML>
<html>
<head>
<meta charset="utf-8">
<title>无标题文档</title>
<style type="text/css">
.a {
width: 300px;
}
img{
max-width:100px;
}
</style>
</head>
<body>
<div class="a">
<p>底端对齐<img  src=12.jpg  style=
```

```
"vertical-align:bottom"></p>
<p>居中对齐<img src=12.jpg style=
"vertical-align:middle"></p>
<p>顶端对齐<img src=12.jpg style=
"vertical-align:top"></p>
</div>
</body>
</html>
```

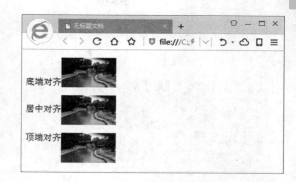

使用浏览器预览，其效果如下图所示。

12.3 图文混排

在 HTML 中可以像在 Word 中那样，设置文本与图片的混排效果，这样既可以使用文本说明主题，又可以使用图片彰显网页情景。

12.3.1 设置文字环绕

文字环绕是将文字设置为环绕在图片四周的样式，以突显网页的绚丽效果。如若实现文字环绕样式，可使用 CSS3 中的 float 属性，该属性用于定义指定元素的浮动效果，适用于图片设置。

float 属性的语法格式，如下所示：

```
float:none|left|right
```

通过上述代码，可以发现 float 属性包含 none、lift 和 right3 个属性值，其中 none 为默认值，表示无环绕效果；left 属性值表示文本位于左侧；而 right 属性值表示文本位于右侧。设置文字环绕的具体代码如下所示：

```
<!DOCTYPE HTML>
<html>
<head>
<meta charset="utf-8">
<title>无标题文档</title>
<style type="text/css">
.a {
width: 400px;
}
img{
```

```
max-width:200px;
float:right;
}
</style>
</head>
<body>
<div class="a">
<h1 style="text-align: center">风景
</h1>
<img src="12.jpg">
<p style="text-indent:10mm">风景
(Landscape) 包括自然景观和人文景观。是
由光对物的反映所显露出来的一种景象。犹言风
光或景物、景色等，涵意至为广泛。在中国古书
上，尤其纯文艺作品的诗文方面，更是延用已久，
甚至写景多于言情，几乎和旅游打成了一片。像
《晋书》便有这么一段："过江人士，每至暇日，
相要出新亭饮宴，周顗（伯仁）叹曰：风景不殊，
举目有江山之异。"李白也有："常时饮酒逐风景，
壮士就与功名疏"之句。其他如太白、摩诘、崔
颢、杜子美、乐天、杜牧、苏轼、张继，和更早
（南北朝）的山水诗人谢灵运等，都是爱好风景
的旅游专家。至于风景的特质，和因人得名的名
胜略有不同。
</p>
</div>
</body>
</html>
```

使用浏览器预览，其效果如下图所示。

12.3.2 设置图文间距

设置文字环绕效果之后，可以使用 padding 属性来设置文字与图片之间的距离，以达到美化图文混排的效果。

padding 属性的语法格式如下所示：

```
padding:padding-top|padding-right|
padding-bottom|padding-left
```

通过上述代码，可以发现该属性包含了 4 个属性值，padding-top 属性值用于设置元素顶部的内边距，padding-right 属性值用于设置元素右侧的内边距，padding-bottom 属性值用于设置元素底部的内边距，padding-left 属性值用于设置元素左侧的内边距。设置各内边距的代码如下所示：

```html
<!DOCTYPE HTML>
<html>
<head>
<meta charset="utf-8">
<title>无标题文档</title>
<style type="text/css">
.a {
width: 400px;
}
img{
max-width:200px;
float:right;
```

```css
padding-bottom:20px;
padding-left:20px;
}
</style>
</head>
<body>
<div class="a">
<h1 style="text-align: center">风景
</h1>
<img src="12.jpg">
<p  style="text-indent:10mm"> 风 景
（Landscape）包括自然景观和人文景观。是
由光对物的反映所显露出来的一种景象。犹言风
光或景物、景色等，涵意至为广泛。在中国古书
上，尤其纯文艺作品的诗文方面，更是延用已久，
甚至写景多于言情，几乎和旅游打成了一片。像
《晋书》便有这么一段："过江人士，每至暇日，
相要出新亭饮宴，周顗（伯仁）叹曰：风景不殊，
举目有江山之异。"李白也有："常时饮酒逐风景，
壮士就与功名疏"之句。其他如太白、摩诘、崔
颢、杜子美、乐天、杜牧、苏轼、张继，和更早
（南北朝）的山水诗人谢灵运等，都是爱好风景
的旅游专家。至于风景的特质，和因人得名的名
胜略有不同。
</p>
</div>
</body>
</html>
```

使用浏览器预览，其效果如下图所示。

项目列表主要用来罗列一系列的文本信息，经常适用于网页菜单中。在 HTML 中运用<ul>、

<li>和<ol>标签可以制作项目列表，但无法设置项目列表的外观。此时，用户可以使用 CSS3 中的一些属性，来美化项目列表。

12.4.1　设置无序列表

无序列表的列表前通常带有类似黑色实心圆等形状的项目符号，如若更改项目符号，则需要使用 CSS3 中的 list-style-type 属性，该属性的语法格式如下所示：

```
list-style-type:disc|circle|square
|none
```

通过上面的代码，可以发现该属性包含了 4 个属性值，其中每个属性值的具体含义如下所述。

❑ **disc**　该属性值表示实心圆。

❑ **circle**　该属性值表示空心圆。

❑ **square**　该属性值表示实心方块。

❑ **none**　该属性值表示无任何项目符号。

了解了 list-style-type 属性的各属性值的具体含义，则可以使用该属性来设置项目列表中的项目符号了，其代码如下所示：

```
<!DOCTYPE HTML>
<html>
<head>
<meta charset="utf-8">
<title>无标题文档</title>
<style>
* {
margin:0px;
padding:0px;
font-size:14px;
}
p {
margin:10px 0 0 10px;
color:red;
font-size:14px;
font-family:"黑体";
}
div{
width:200px;
margin:10px 0 0 10px;
```

```
border:1px #000000 dashed;
}
div ul {
margin-left:40px;
list-style-type:square;
}
div li {
margin:8px 0 8px 0;
            color:#3333FF;
            text-decoration:underline;
}
</style>
</head>
<body>
<div class="a">
 <p>唐诗宋词</p>
  <ul>
    <li>山中送别 </li>
    <li>黄鹤楼送孟浩然之广陵</li>
    <li>江南逢李龟年</li>
    <li>寻隐者不遇</li>
    <li>登乐游原</li>
  </ul>
</div>
</body>
</html>
```

使用浏览器预览，其效果如下图所示。

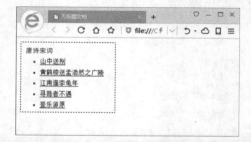

12.4.2　设置有序列表

有序列表前面的列表符号通常为数字，如若

更改其样式，则需要使用 CSS3 中的 list-style-type 属性，该属性的语法格式如下所示：

```
list-style-type:decimal|lower-roman|upper-roman|lower-alpha|upper-alpha|none
```

通过上述代码，可以发现该属性包含了 6 种属性值，每种属性值的具体含义如下所述。

❑ **decimal** 该属性值表示带圆点的阿拉伯数字。

❑ **lower-roman** 该属性表示小写形式的罗马数字。

❑ **upper-roman** 该属性表示大写形式的罗马数字。

❑ **lower-alpha** 该属性表示小写形式的英文字母。

❑ **upper-alpha** 该属性表示大写形式的英文字母。

❑ **none** 该属性表示无任何项目符号。

了解了 list-style-type 属性的各属性值的具体含义，则可以使用该属性来设置项目列表中的项目符号了，其代码如下所示：

```
<!DOCTYPE HTML>
<html>
<head>
<meta charset="utf-8">
<title>无标题文档</title>
<style>
* {
margin:0px;
padding:0px;
font-size:14px;
}
p {
margin:10px 0 0 10px;
color:red;
font-size:14px;
font-family:"黑体";
}
div{
width:200px;
```

```
margin:10px 0 0 10px;
border:1px #000000 dashed;
}
div ol {
margin-left:40px;
list-style-type: decimal;
}
div li {
margin:8px 0 8px 0;
            color:#3333FF;
            text-decoration:underline;
}
</style>
</head>
<body>
<div class="a">
 <p>唐诗宋词</p>
  <ol>
     <li>山中送别</li>
     <li>黄鹤楼送孟浩然之广陵</li>
     <li>江南逢李龟年</li>
     <li>寻隐者不遇</li>
     <li>登乐游原</li>
  </ol>
</div>
</body>
</html>
```

使用浏览器预览，其效果如下图所示。

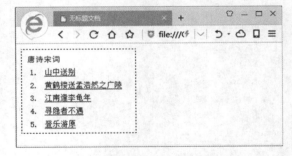

12.4.3 设置自定义列表

自定义列表有别于有序和无序列表，用户可以使用 CSS3 中的一些相关属性，设置自定义列表。例如，使用 border 属性设置边框样式，使用 font 属性设置字体大小等。

设置自定义列表的示例代码如下所示：

```
<!doctype html>
<html>
<head>
<meta charset="utf-8">
<title>无标题文档</title>
<style>
*{ margin:0; padding:0;}
body{ font-size:14px; line-height:2;
padding:15px;}
dl{clear:both;  margin-bottom:6px;
float:left;}
dt,dd{padding:1px  8px;float:left;
border:2px solid red;width:150px;}
h1{clear:both;font-size:20px;}
 </style>
</head>
<body>
<h1>唐诗宋词</h1>
<dl> <dt><a href="#">山中送别</a>
</dt></dl>
<dl> <dt><a href="#">黄鹤楼送孟浩然之
广陵</a></dt></dl>
<dl> <dt><a href="#">江南逢李龟年
</a></dt></dl>
<dl> <dt><a href="#">寻隐者不遇
</a></dt></dl>
<dl> <dt><a href="#">登乐游原
</a></dt></dl>
</body>
</html>
```

使用浏览器预览，其效果如下图所示。

12.4.4 设置图片列表

图片列表是将项目列表符号替换为图片，可以通过 list-style-image 属性来实现，其语法格式为：

```
list-style-image:none|url(url)
```

通过上述代码，发现该属性包含 none 和 url 两个属性，none 属性表示不设置图片列表，url 属性表示使用路径指定图片符号。

设置图片列表的代码示例，如下所示：

```
<!doctype html>
<html>
<head>
<meta charset="utf-8">
<title>无标题文档</title>
<style>
ul{
font-family:Arial;
font-size:15px;
color:red;
list-style-type:none;
}
li{
    list-style-image:url(111.png);
    padding-left:10px;
    width:350px;
}
</style>
</head>
<body>
<h1>唐诗宋词</h1>
<ul>
<li><a href="#">山中送别</a></li>
<li><a href="#">黄鹤楼送孟浩然之广陵
</a></li>
<li><a href="#">江南逢李龟年</a></li>
<li><a href="#">寻隐者不遇</a></li>
<li><a href="#">登乐游原</a></li>
</ul>
</body>
</html>
```

使用浏览器预览，其效果如下图所示。

设置图片列表之后，会发现图片显示在列表的外部，此时可以使用 list-style-position 设置图片的显示位置，该属性的语法格式如下所示：

```
list-style-position:outside|inside
```

通过上述代码，可以发现该属性包含了 outside 和 inside 两个属性。其中，outside 属性表示列表标记位于文本外；inside 属性则表示列表标记位于文本内。

设置图片列表位置的代码示例如下所示：

```
<!doctype html>
<html>
<head>
<meta charset="utf-8">
<title>无标题文档</title>
<style>
.list1{
    list-style-position:inside;}
.list2{
    list-style-position:outside;}
.content{
```

```
    list-style-image:url(111.png);
    list-style-type:none;
    font-size:18px;
}
</style>
</head>
<body>
<h1>唐诗宋词</h1>
<ul class=content>
<li class="list1"><a href="#">山中送别</a></li>
<li class="list1"><a href="#">黄鹤楼送孟浩然之广陵</a></li>
<li class="list1"><a href="#">江南逢李龟年</a></li>
<li class="list2"><a href="#">寻隐者不遇</a></li>
<li class="list2"><a href="#">登乐游原</a></li>
</ul>
</body>
</html>
```

使用浏览器预览，其效果如下图所示。

12.5 练习：制作在线调查页

随着传统调研样本难以采集、调研费用昂贵、调研周期过长、调研环节监控的滞后性等一系列问题，及目前中国网民数量不断递增，在线调查高效便捷的特性，以及质量的可控性不断增强，在线调查势必成为未来调查的主导趋势。在本练习中，将结合 before 选择器及其标签制作一个在线调查页面，帮助用户更好地了解 before 选择器的含义和应用。

练习要点

- 使用 before 选择器
- 使用 content 属性
- 使用 counter 属性
- 添加 Div 层
- 添加列表
- 设置列表样式
- 设置超链接

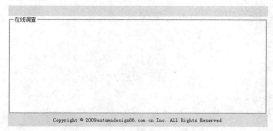

操作步骤 >>>>

STEP|01 创建及布局页面，在页面中设计页面背景颜色、页头和页尾等内容。

STEP|02 以列表的形式向导航栏中插入标题。nav 表示导航栏所在的 DIV 层。ul 表示列表，li 表示列表中的列表项。

```
<div id="nav">
  <ul>
    <li><a href="#">网站首页</a>
    </li>
    <li><a href="#">企业文化</a>
    </li>
    <li><a href="#">关于我们</a>
    </li>
    <li><a href="#">经典案例</a>
    </li>
    <li><a href="#">服务理念</a>
```

```
    </li>
    <li><a href="#">在线咨询</a>
    </li>
    <li><a href="#">合作流程</a>
    </li>
    <li><a href="#">联系我们</a>
    </li>
  </ul>
</div>
```

STEP|03 为导航栏中的标题添加样式，#nav 表示 DIV 层样式，#nav ul 表示列表的样式，#nav ul li 表示列表项样式。

```
#nav{ line-height:25px;background-
color:#EFEF EF; margin-bottom:0px;
margin-top:5px;
}
#nav ul {
    margin:0px;
    padding:0px;
    list-style:none; background-
    color:#EFEFEF;
}
#nav ul li {
    padding:5px; margin:0px;
    display:inline;
    line-height:25px;
```

STEP|04 在表单中插入在线调查的内容。由于调查内容过多，部分代码已省略，详细代码请查看源文件。

```
<p class="tit">调查对象</p><p>
<input type="radio" name="RadioGroup1"
value="单选" id="RadioGroup1_0" />
个人</label>
<label>
<input type="radio" name="RadioGroup1"
value="单选" id="RadioGroup1_1" />
单位</label></p>
<label><p class="tit">联系人</p>
<p><input name="name" type="text"
id="name" size="50" /></label></p>
<label><p class="tit">联系电话
</p><p><input          name="tel"
type="text" id="tel" size="50" />
</label>
</p>
```

STEP|05 为调查内容添加样式，包括 p 标签和 tit 类的样式。

```
p {
    padding:5px;
    margin:0px;}
.tit {
    counter-increment:count;
    font-size:14px;
    color:red;
    font-weight:bolder;
}
```

STEP|06 使用 before 选择器，在 p.tit 类前插入编号，包括字体颜色和字体等内容。

```
p.tit:before {
```

```
    content:counter(count)'.';
    color:red;
    font-family:黑体;
}
```

STEP|07 为页面主体添加样式，包括主体的背景图片和字体大小等内容。

```
body {
    background-image: url(images/
    bg.jpg);
    background-repeat: repeat-y;
    margin-left: 0px;
    margin-right: 0px;
    margin-bottom: 10px;
    margin-top: 10px;
}
body, td, th {
    font-size: 12px;
}
```

STEP|08 设置页面中超链接的样式，包括链接未访问、链接已访问、鼠标经过和鼠标指向时，文字的颜色和修饰等。

```
a:link {
    color: #333;
    text-decoration: none;}
a:visited {
    color: #333;
    text-decoration: none;}
a:active {
    color: #F90;
    text-decoration: none;}
a:hover {
    text-decoration: underline;
    color: #666;
}
```

12.6 练习：制作产品说明页面

一般网页中的产品说明主要是对某种产品的介绍。使消费者全面、明确地了解产品的名称、用途、性质、性能、原理、构造、规格、使用方法、保养维护、注意事项等内容。本练习针对一款显示器来设计一个产品说明页面。主要介绍文本与图片之间的混排，以及文字标题样式的设置等。

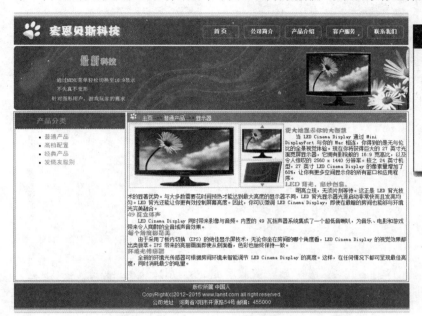

练习要点
- 设置边框样式
- 添加图片
- 设置文本标题
- 设置段落缩进
- 设置超链接
- 设置图文间距

操作步骤 ▶▶▶▶

STEP|01 在中间部分中，插入一个<div>标签，并附加 content 样式。然后，再创建两个<div>标签，分别为左侧和右侧边框。

STEP|02 在右侧边框中插入网页位置栏内容。例如，插入"主页-->>普通产品-->>显示"文本及链接。

```
<div id="place">
    <img src="images/logo.png" width=
    "16" height="16">
    <a href="#">主页</a>--->>
    <a href="#">普通产品</a>--->>
    <a href="#">显示器</a>
</div>
```

STEP|03 在 style.css 文件中添加 place 选择器，并设置网页位置栏的样式效果。同时，通过 place img 选择器定义图片与文本之间的距离。

```
#place{
    width:631px;
    height:22px;
    background-color:#6699FF;
    padding-left:5px;
}
#place img{
    padding-right:10px;
}
```

STEP|04 再添加一个<div>标签，并在该标签中，添加左右两个边框的<div>标签，用于显示图片信息。

```
<div id="t_img">
    <div id="t_img_d"><img src=
    "images/cp.jpg"/></div>
    <div id="t_img_s"><div id=
    "bt_t"><img src="images/bt_t.
    jpg"/></div><div id="bt_b">
```

```
<imgsrc="images/bt_b.jpg"/></div>
</div>
```

STEP|05 在样式代码文件中，分别添加 t_img、t_img_d 和 t_img_s 选择器，并设置样式。其中，t_img 为整个外围的边框样式，而 t_img_d 和 t_img_s 分别用来显示大图片和小图片使用的样式。

```
#t_img{
    margin:3px;
    width:354px;
    height:152px;
    float:left;
}
#t_img_d{
    margin:0px;
    border:1px solid #CCC;
    width:250px;
    height:150px;
    float:left
}
#t_img_s{
    margin-left:2px;
    border:1px solid #CCC;
    width:98px;
    height:150px;
    float:left; background-image:
    url(images/tbs.jpg);
}
```

STEP|06 由于在<div id="t_img_s">标签中，分别使用<div id="bt_t">和<div id="bt_b">标签添加了两个按钮，所以在 CSS 代码文件中设置样式。

```
#bt_t{
    margin:0px;
}
#bt_b{
    margin-top:123px;
}
```

STEP|07 现在，用户可以通过浏览器查看到在右侧所添加的位置栏和图片内容。

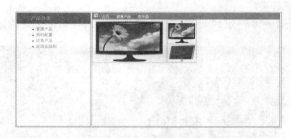

STEP|08 在这些标签后面，以及<div id="content_right">内，添加文本内容，并加入<samp>标签，并添加文本样式。

```
<p><samp id="text_t">更大地显示你的大
智慧</samp>
<br/>
<samp id="text_n">当 LED Cinema
Display 通过 Mini DisplayPort 与你的
Mac 相连，你得到的是无与伦比的全景视觉体
验。现在你将获得巨大的 27 英寸光面宽屏显
示器，它拥有影院般的 16:9 宽高比，以及令
人惊叹的 2560×1440 分辨率。较之 24 英
寸机型，27 英寸 LED Cinema Display 的
px 量增加了 60%，让你有更多空间显示你的所
有窗口和应用程序。</samp><br/>
<samp id="text_t">LED 背光，绝妙创意。
</samp><br/>
<samp id="text_n">明亮立现，无须片刻等
待。这正是 LED 背光技术的显著优势。与大多
数需要花时间预热才能达到最大亮度的显示器
不同，LED 背光显示器光源启动非常快而且发
亮均匀。LED 背光还能让你更有效控制屏幕亮
度。因此，你可以微调 LED Cinema Display，
即使在最暗的房间也能够与环境光完美融合。
</samp><br/>
<samp id="text_t">49 瓦 立 体 声
</samp><br/>
<samp id="text_n">LED Cinema Display
同时带来影像与音频。内置的 49 瓦扬声器系
统集成了一个超低音喇叭，为音乐、电影和游戏
带来令人陶醉的全音域声音效果。
</samp><br/>
<samp id="text_t">每 个 角 度 都 是 美
</samp><br/>
<samp id="text_n">由于采用了板内切换
（IPS）的绝佳显示屏技术，无论你坐在房间的
哪个角度看，LED Cinema Display 的视觉
```

效果都出类拔萃。IPS 带来的亮丽画面即使从侧面看，色彩也始终保持一致。</samp>
<samp id="text_t"> 环 境 光 传 感 器 </samp>
<samp id="text_n">全新的环境光传感器可根据房间环境来智能调节 LED Cinema Display 的亮度。这样，在任何情况下都可呈现最佳亮度，同时消耗最少的电量。</samp>
</p>

STEP|09 在<samp>标签中，添加了两种样式类型，如对标题内容的样式设置，以及对内容样式设置。而在 CSS 代码文件中，还定义了<p>标签的样式效果。

```
p{
    font-family:"宋体";
    font-size:12px;
    color:#000;
    line-height:1.2em;
}
#text_t{
```

```
    font-family:"迷你简剪纸";
    font-size:14px;
    color:#FF9900;
}
#text_n{
    padding-left:2em;
}
```

STEP|10 最后可以看到所设置的文本样式效果。而用户在浏览该网页之前，需要先安装“迷你简剪纸”字体。

12.7 新手训练营

练习 1：制作家居网页
downloads\12\新手训练营\家居网页

提示：本练习中，首先设置网页标题，再输入设置各元素样式的 CSS 代码。然后，添加“container”Div 层，并嵌套“mainright”层，在该层中插入网页图片。

在“container”层中嵌入“nav”层，输入导航列表。随后，嵌入“main”层，输入内容列表。最后，嵌入“footer”层，输入版尾信息。

练习 2：制作企业网页
downloads\12\新手训练营\企业网页

提示：本练习中，首先打开模板文件，在可编辑区域插入一个表格，设置表格属性，并依次制作表格内容。

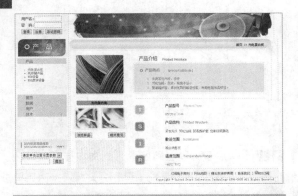

练习 4：制作健康网页内容

📀 downloads\12\新手训练营\健康网页内容

提示：本练习中，首先设置网页标题，并输入各元素样式的 CSS 代码。然后，在<body>标签内嵌套多个 Div 层，插入图片、输入文本和列表，并设置其属性和样式。

练习 3：制作全景图欣赏页面

📀 downloads\12\新手训练营\全景图欣赏页面

提示：本练习中，首先在<head>标签内输入设置元素样式的 CSS 代码。然后，在<body>标签内插入一个 Div 层，在该层内插入 logo 图像。在其层下方再插入一个 Div 层，插入导航栏图片，并设置其超链接方式。

最后，插入 3 个 Div 层，分别放置内容、图片和版尾内容等网页内容。

第 **13** 章

美化背景与边框

网页的背景和基调直接影响到整个网站的设计和受青睐程度，是网站设计中的一个重要环节。本章将主要介绍 CSS3 中与背景、边框相关的一些新增样式，包括背景的新增属性及应用、圆角边框的绘制，以及使用图像边框等内容。通过本章的学习用户将了解到：如何在一个标签的背景中，使用多个图像文件来完成复杂背景图像的绘制；以及如何为标签添加一个圆角边框等知识。

13.1 设置背景格式

CSS 具有强大的背景设置功能，可以协助设计者设置不同类型的背景样式，包括背景颜色、背景图片、背景显示区域等。

13.1.1 设置背景颜色

在 CSS3 中，可以运用 background-color 属性来设置网页的背景颜色，其默认背景颜色为透明色（transparent）。

background-color 属性的语法格式如下所示：

```
{background-color:transparent|color}
```

通过上述代码，可以发现该属性包含 2 个属性值，transparent 属性值为默认值，表示透明色；color 属性值表示背景颜色。

设置背景颜色的代码示例如下所示：

```
<!doctype html>
<html>
<head>
<meta charset="utf-8">
<title>无标题文档</title>
<style>
body{
background-color:#F5DEB3;color:#94
00D3;
font-size:18px;
font-family:"黑体";
}
</style>
</head>
<body>
春眠不觉晓，处处闻啼鸟。
<br>夜来风雨声，花落知多少。
</body>
</html>
```

使用浏览器预览，其效果如下图所示。

background-color 属性除了可以设置网页的背景颜色之外，还可以设置指定元素的背景色。其中，设置指定元素背景色的代码示例如下所示：

```
<!doctype html>
<html>
<head>
<meta charset="utf-8">
<title>无标题文档</title>
<style>
div{
width:300px;
}
h1{
background-color:#F5DEB3;color:#94
00D3;
font-size:20px;
font-family:"黑体";
text-align:center;
}
p{
background-color:#7EC0EE;color:#00
0000;
font-size:18px;
text-align:center;
}
</style>
</head>
<body>
<div>
<h1>春晓</h1>
<p>
春眠不觉晓，处处闻啼鸟。
```

```
    <br>夜来风雨声，花落知多少。
    </p>
    </div>
    </body>
    </html>
```

使用浏览器预览，其效果如下图所示。

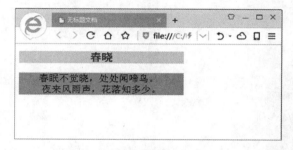

13.1.2　设置背景图片

网页背景除了使用颜色进行设置之外，还可以使用图片进行设置。除此之外，还可以设置图片的重复样式、图片大小、显示样式和图片位置等背景样式。

1. 设置普通背景图片样式

在 CSS3 中，可以通过 background-image 属性来设置背景图片，该属性的语法格式如下所示：

```
{background-image:none|url(url)}
```

通过上述代码，可以发现该属性包含 none 和 url 两种属性值，none 属性值为默认值，表示无背景图片；而 url 属性值表示背景图片的路径。

设置普通背景图片样式的代码示例如下所示：

```
<!doctype html>
<html>
<head>
<meta charset="utf-8">
<title>无标题文档</title>
<style>
body{
background-image:url(24.jpg);
font-size:18px;
font-family:"黑体"
}
```

```
</style>
</head>
<body>
春眠不觉晓，处处闻啼鸟。
<br>夜来风雨声，花落知多少。
</body>
</html>
```

使用浏览器预览，其效果如下图所示。

> **提示**
>
> 在设置背景图片时，最好同时设置背景颜色，以防止背景图片因某种原因无法显示时，使用背景颜色来代替。

2. 设置背景图片重复样式

设置背景图片时，会因为图片的大小与背景大小不同而影响全局设计。对于上述问题，可以使用 background-repeat 属性，通过设置图片重复样式的方法进行解决。

background-repeat 属性的语法格式，如下所示：

```
{background-image:repeat|repeat-x}
```

通过上述代码，可以发现 background-repeat 属性包括 4 种属性值，每种属性值的具体含义如下所述。

- ❏ **repeat**　表示全方向重复图片。
- ❏ **repeat-x**　表示在水平方向重复图片。
- ❏ **repeat-y**　表示在垂直方向重复图片。
- ❏ **no-repeat**　表示不重复图片。

background-repeat 属性重复图片时，会从元素的左上角开始，直到覆盖全部页面位置。重复图片的代码示例如下所示：

```
<!doctype html>
<html>
<head>
<meta charset="utf-8">
<title>无标题文档</title>
<style>
body{
background-image:url(222.jpg);
background-repeat:repeat-y;
font-size:18px;
font-family:"黑体"
}
</style>
</head>
<body>
春眠不觉晓，处处闻啼鸟。
<br>夜来风雨声，花落知多少。
</body>
</html>
```

使用浏览器预览，其效果如下图所示。

3. 设置背景图片显示方式

对于文本相对比较多的网页来讲，随着文本的滚动背景图片无法随时可见。此时，可以使用background-attachment属性，来设置图片是否随文本一起滚动。

background-attachment 属性的语法格式如下所示：

```
{background-attachment:scroll|fixed}
```

通过上述代码，可以发现该属性包含 scroll 和 fixed 两个属性值。其中，scroll 属性值为默认值，表示图片会随着页面滚动而滚动；fixed 属性值表示图片固定在网页的可见区域内。

设置背景图片显示方式的代码示例如下所示：

```
<!doctype html>
<html>
<head>
<meta charset="utf-8">
<title>无标题文档</title>
<style>
div{
width:420px;
}
body{
background-image:url(33.jpg);
background-repeat:no-repeat;
background-attachment:fixed;
font-size:18px;
font-family:"黑体";
color:hsla(265,90%,51%,1.00);
}
</style>
</head>
<body>
<div>
    <p style="text-indent:2em">在苍茫
    的大海上，狂风卷集着乌云。在乌云和大海之
    间，海燕像黑色的闪电，在高傲地飞翔。
```

一会儿翅膀碰着波浪，一会儿箭一般地直冲向乌云，它叫喊着，——就在这鸟儿勇敢的叫喊声里，乌云听出了欢乐。

在这叫喊声里——充满着对暴风雨的渴望！在这叫喊声里，乌云听出了愤怒的力量、热情的火焰和胜利的信心。

海鸥在暴风雨来临之前呻吟着，——呻吟着，它们在大海上飞窜，想把自己对暴风雨的恐惧，掩藏到大海深处。

海鸭也在呻吟着，——它们这些海鸭啊，享受不了生活的战斗的欢乐：轰隆隆的雷声就把它们吓坏了。

蠢笨的企鹅，胆怯地把肥胖的身体躲藏到悬崖底下……只有那高傲的海燕，勇敢地，自由自在地，在泛起白沫的大海上飞翔！

乌云越来越暗，越来越低，向海面直压下来，而波浪一边歌唱，一边冲向高空，去迎接那雷声。

雷声轰响。波浪在愤怒的飞沫中呼叫，跟狂风争鸣。看吧，狂风紧紧抱起一层层巨浪，恶狠狠地把它们甩到悬崖上，把这些大块的翡翠摔成尘雾和碎末。

```
</p>
</div>
</body>
</html>
```

使用浏览器预览，其效果如下图所示。查看最终效果，可以发现 background-attachment 属性的值为 fixed 时，背景图片的位置是页面的可视范围来显示的，并不是相对于页面。

4．设置背景图片的位置

一般情况下，网页中的背景图片的位置是从网页的左上角开始的，在实际网页设计中，可以运用 background-position 属性来指定背景图片的位置。

该属性的语法格式如下所示：

```
{background-position:lenght|percentage|top|center|bottom|left|right}
```

background-position 属性包含 4 个属性值，分别是绝对定位（length）、百分比定位（percentage）、垂直对齐和水平对齐，而垂直对齐又包括 top、center 和 bottom，水平对齐包括 left、center 和 right。每种属性值的具体含义，如下表所示。

属性值	含　义
length	表示以指定的边框水平与垂直距离值放置背景图片
percentage	表示以指定的页面元素框的高度或宽度的百分比放置背景图片
top	表示背景图片顶部居中显示
center	表示背景图片居中显示
bottom	表示背景图片底部居中显示
left	表示背景图片左居中显示
right	表示背景图片右居中显示

通过上表已了解背景图片位置各属性的具体含义，其定位背景图片位置的使用代码如下所示：

```
<!doctype html>
<html>
<head>
<meta charset="utf-8">
<title>无标题文档</title>
<style>
body{
    background-image:url(256.
    jpg);
    background-repeat:no-repeat;
    background-position:top right;
    }
</style>
</head>
<body>
</body>
</html>
```

使用浏览器预览，其效果如下图所示。

在设置页面背景图片时，还可以通过指定确定数字或百分比值的方法，来自定义图片的位置，例如下列代码：

```
<!doctype html>
<html>
<head>
<meta charset="utf-8">
<title>无标题文档</title>
<style>
body{
        background-image:url(256.jpg);
        background-repeat:no-repeat;
        background-position:30px 20px;
    }
</style>
</head>
<body>
</body>
</html>
```

使用浏览器预览，其效果如下图所示。

5. 设置背景图片的大小

在 CSS3 中，可以运用 background-size 属性设置背景图片的大小，该属性的语法格式如下所示：

```
{background-size:contain|cover|<length>|<percentage>}
```

通过上述代码，可以发现该属性包含 4 个属性，每个属性的具体含义如下表所述。

属性值	含 义
contain	缩小背景图片使其适应标签元素（主要是 px 方面的比率）
cover	让背景图片放大延伸到整个标签元素大小（主要是 px 方面的比率）
\<length>	标明背景图片缩放的尺寸大小
\<percentage>	百分比是根据内容标签元素大小，来缩放图片的尺寸大小

通过上表，已了解设置背景图片大小的各属性值的具体含义，其具体的代码示例如下所示：

```
<!doctype html>
<html>
<head>
<meta charset="utf-8">
<title>无标题文档</title>
<style>
body{
        background-image:url(256.jpg);
        background-repeat:no-repeat;
        background-size:50%;
    }
</style>
</head>
<body>
</body>
</html>
```

使用浏览器预览，其效果如下图所示。

6. 在一个标签内显示多个背景图像

为了使得背景图像中所用素材的调整变得更加容易，在 CSS3 中，允许在一个标签中显示多个图像，且可以将多个背景图像进行重叠显示。

在 CSS3 中，使用 breakground-image 属性指

定图像文件时，图像的叠放顺序从上往下指定。第一个图像放在最上面，最后指定的图像放在最下面。

```
<!DOCTYPE HTML>
<html>
<head>
<meta charset="utf-8">
<title>显示多个背景图像</title>
<style type="text/css">
div {
    background-image:url(1.jpg),
    url(2.png),url(3.png);
    background-repeat:no-repeat,
    repeat-x,no-repeat;
    background-position:center,
    bottom,top;
    height:200px;
    width:300px;
}
</style>
</head>
<body>
<div></div>
<br>
</body>
</html>
```

在上述代码中，使用 background-image 属性为 DIV 层设置了 3 张背景图片，背景图片之间使用逗号分隔。

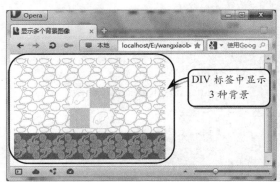

13.1.3　设置背景区域

一个设计优美的背景图片直接影响到整个网页的美观性，因此在设置背景图片时，还需要根据设计需求设置背景图片的显示区域，例如设置背景图片的显示范围、裁剪区域等。

1．设置背景图片的裁剪区域

CSS3 新增了用于设置背景图片裁剪区域的 background-clip 属性，该属性的语法格式如下所示：

```
{background-clip:border|padding|content|no-clip}
```

通过上述代码，可以发现该属性包含 4 个属性值，每个属性值的具体含义，如下表所示。

属性值	含　　义
border	背景在 border 边框下开始显示
padding	背景在 padding 下开始显示
content	背景在内容区域下开始显示
no-clip	默认属性值，背景在 border 边框下开始显示

通过上表，已了解设置背景图片裁剪区域的各属性值的具体含义，其具体的代码示例如下所示：

```
<!DOCTYPE HTML>
<html>
<head>
<meta charset="utf-8">
<title>background-clip 属性应用
</title>
<style type="text/css">
div {
    background-color:#999;
    border: dashed 5px red;
    padding: 10px;
    color:white;
    font-size:48px;
}
div.div1 {
    -moz-background-clip:border;
-o-background-clip:border;
    -webkit-background-clip:
```

```
    border;
    height:50px;
    width:200px;
}
div.div2 {
    -moz-background-clip:
    padding;
    -o-background-clip: padding;
    -webkit-background-clip:
    padding;
    height:50px;
    width:200px;
}
</style>
</head>
<body>
<div class="div1">DIV 层 1</div>
 <br>
<div class="div2">DIV 层 2</div>
</body>
</html>
```

使用浏览器预览，其效果如下图所示。

在上述代码中，向页面添加两个 DIV 层。设置 div1 层从 border 边框下开始显示背景，div2 层从 padding 下开始显示背景。

2. 设置背景图片的显示范围

CSS3 中的 background-origin 属性用于指定背景图片时，从边框的左上角开始或者从内容的左上角开始。该属性的语法代码如下所示：

```
{background-origin:border|padding|
content}
```

通过上述代码，发现该数据包含了 3 个属性值，每个属性值的具体含义如下表所示。

属性值	含　　义
border	从 border 边框位置开始显示
padding	从 padding 位置开始显示
content	从 content 内容区域开始显示

通过上表，已了解设置背景图片显示范围的各属性值的具体含义，其具体的代码示例如下所示：

```
<!DOCTYPE HTML>
<html>
<head>
<meta charset="utf-8">
<title>background-origin 属性应用
</title>
<style type="text/css">
div {
    background-color:#CCCCCC;
    background-image:url(a1.jpg);
    background-repeat:no-repeat;
    border: dashed 15px red;
    padding: 20px;
    color:black;
    font-size:48px;
}
div.div1 {
    -moz-background-origin:
    border;
    -o-background-origin: border;
    -webkit-background-origin:
    border;
    height:50px;
    width:150px;
}
div.div2 {
    -moz-background-origin:
    padding;
```

```
    -o-background-origin: padding;
    -webkit-background-origin:
    padding;
    height:50px;
    width:150px;
}
div.div3 {
    -moz-background-origin:
    content;
    -o-background-origin: content;
    -webkit-background-origin:
    content;
    height:50px;
    width:150px;}
</style>
</head>
<body>
<div class="div1">DIV 层 1</div>
<br>
```

```
<div class="div2">DIV 层 2</div>
 <br>
<div class="div3">DIV 层 3</div>
</body>
</html>
```

使用浏览器预览，其效果如下图所示。

13.2 设置边框格式

网页中的边框类似于表格的外边框，用于放置网页元素。设置边框包括设置边框的线条样式和设置图片边框两部分内容，以增加网页元素的整齐性和可读性。

13.2.1 设置边框样式

设置边框样式主要是设置边框的线条类型、线条颜色和线条宽度，从而改变边框的外观，增加边框的美观性。

1. 设置边框的线条样式

在 CSS3 中，可以通过 border-style 属性来设置边框的线条样式，该属性的语法格式如下所示：

```
{border-style:none|hidden|dotted|d
ashed|solid|double|groove|ridge|in
set|outset}
```

通过上述代码，发现该属性包含了 9 个属性

值，每个属性值的具体含义如下表所示。

属性值	含　义
none	表示无边框
dotted	表示点线式边框
dashed	表示破折线式边框
solid	表示直线式边框
double	表示双线式边框
groove	表示槽线式边框
ridge	表示脊线式边框
inset	表示内嵌式边框
outset	表示突出式边框

通过上表，已了解设置边框线条样式各属性值的具体含义，其具体的代码示例如下所示：

```
<!DOCTYPE html>
<html>
<head>
```

```
<meta charset="utf-8">
<title>无标题文档</title>
<style>
div{
width:300px;
}
h1 {
    border-style:dashed;
    color: red;
    text-align:center;
    font-family:"黑体";
}
p{
    border-style:double;
    font-size:20px;
    text-align:center;
 color: blue;
}
</style>
</head>
<body>
<div>
<h1>春晓</h1>
<p>
春眠不觉晓，处处闻啼鸟。<br>
夜来风雨声，花落知多少。
</p>
</div>
</body>
</html>
```

使用浏览器预览，其效果如下图所示。

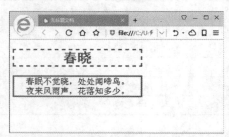

> **注意**
>
> 该属性所设置的边框颜色默认颜色为灰色，另外 dotted、dashed、solid 和 double 属性的颜色随着页面元素颜色的改变而改变。

通过上述代码，用户会发现设置的边框中 4 条边框线条的样式都是一样的。如若想定义不同 4 条边框不同的样式，则需要使用下列语法：

```
p{border-style:dotted solid dashed
groove}
```

如若想单独地定义边框中某一条边框的样式，则需要使用下列语法。

- **border-top-style** 表示设置上边框的样式。
- **border-right-style** 表示设置右边框的样式。
- **border-bottom-style** 表示设置下边框的样式。
- **border-left-style** 表示设置左边框的样式。

设置不同边框线条样式的代码示例如下所示：

```
<!DOCTYPE html>
<html>
<head>
<meta charset="utf-8">
<title>无标题文档</title>
<style>
div{
width:300px;
}
h1 {
    border-style:dotted        solid
dashed groove;
    color: red;
    text-align:center;
    font-family:"黑体";
}
p{
    border-top-style:solid;
    border-right-style:ridge;
    border-bottom-style:double;
    border-left-style:dotted;
    font-size:20px;
    text-align:center;
    color: blue;
}
</style>
</head>
```

```
<body>
<div>
<h1>春晓</h1>
<p>
春眠不觉晓，处处闻啼鸟。<br>
夜来风雨声，花落知多少。
</p>
</div>
</body>
</html>
```

使用浏览器预览，其效果如下图所示。

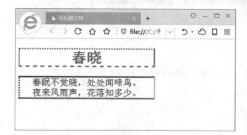

2．设置边框线条颜色

在设置边框线条样式时，可以通过使用 CSS3 中的 border-color 属性，来自定义一种或多种边框线条的颜色。该属性的语法格式如下所示：

```
{border-color:color}
```

通过上述代码，发现该属性只包含 color 一个属性值，该属性值用于指定边框线条的颜色。

设置边框颜色的代码示例如下所示：

```
<!DOCTYPE html>
<html>
<head>
<meta charset="utf-8">
<title>无标题文档</title>
<style>
div{
width:300px;
}
h1{
    border-style:double;
    border-color:red;
    text-align:center;
```

```
    font-family:"黑体";
}
p{
    border-style:solid;
    border-color:red  blue  maroon
green;
    font-size:20px;
    text-align:center;
    color: blue;
}
</style>
</head>
<body>
<div>
<h1>春晓</h1>
<p>
春眠不觉晓，处处闻啼鸟。<br>
夜来风雨声，花落知多少。
</p>
</div>
</body>
</html>
```

使用浏览器预览，其效果如下图所示。

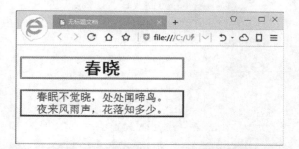

> **提示**
>
> 设置 4 边线条的颜色，还可以使用 border-top-color、border-right-color、border-bottom-color 和 border-left-color 属性。

3．设置边框线条粗细

设置边框线条的粗细便是设置边框的线宽，可使用 border-width 属性来设置，其语法格式如下所示：

```
{border-width:medium|thin|thick|le
```

```
ngth}
```

通过上述代码，可以发现该数据包含了 4 个属性值，每个属性值的具体含义，如下表所示。

属性值	含　义
medium	表示默认值，宽度为中等宽度
thin	表示细线，比 medium 细
thick	表示粗线，比 medium 粗
length	表示自定义线宽

通过上表，已了解设置边框线条宽度各属性值的具体含义，其具体的代码示例如下所示：

```
<!DOCTYPE html>
<html>
<head>
<meta charset="utf-8">
<title>无标题文档</title>
<style>
div{
width:300px;
}
h1{
    border-style:double;
 border-color:red;
 border-width:thick;
    text-align:center;
 font-family:"黑体";
}
p{
    border-style:solid;
 border-color:red blue maroon green;
 border-width:15px;
 font-size:20px;
 text-align:center;
 color: blue;
}
</style>
</head>
<body>
<div>
<h1>春晓</h1>
<p>
春眠不觉晓，处处闻啼鸟。<br>
夜来风雨声，花落知多少。
```

```
</p>
</div>
</body>
</html>
```

使用浏览器预览，其效果如下图所示。

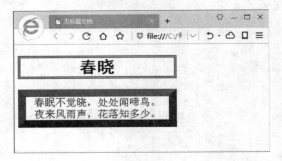

与边框线条样式一样，也可以分别设置 4 条边框的粗细，其具体代码如下所示：

```
<!DOCTYPE html>
<html>
<head>
<meta charset="utf-8">
<title>无标题文档</title>
<style>
div{
width:300px;
}
p{
 border-style:solid;
 border-color:red blue maroon green;
 border-top-width:15px;
 border-left-width:10px;
 border-right-width:25px;
 border-bottom-width:5px;
 font-size:20px;
 text-align:center;
 color: blue;
}
</style>
</head>
<body>
<div>
<p>
春眠不觉晓，处处闻啼鸟。<br>
夜来风雨声，花落知多少。
```

```
</p>
</div>
</body>
</html>
```

使用浏览器预览，其效果如下图所示。

13.2.2　设置图片边框

在 CSS3 中，使用 border-image 属性，可以让处于随时变化状态的标签长或宽的边框，统一使用一个图像文件来绘制。

使用 border-image 属性，在浏览器中显示图像边框时，会自动将所使用的图像分割为 9 部分进行处理，不需要再进行人工处理。

1．border-image 属性的使用

border-image 属性的使用方法如下。

```
border-image: url (图片文件路径) A B
C D
```

在上述代码中，border-image 属性值必须至少指定 5 个属性值，其中第一个参数为边框所使用的图像文件的路径，A、B、C、D 4 个参数表示当浏览器自动把边框所使用到的图像进行分隔时的上边距、右边距、下边距、左边距。

```
<!DOCTYPE HTML>
<html>
<head>
<meta charset="utf-8">
<title>border-image 属性应用
</title>
<style type="text/css">
div {
    border-image:url(border.png)
    20 20 20 20 / 20px;;
```

```
    padding: 5px;
    font-size:24px;
    color:#000000;
    -moz-border-image:url(border.
    png) 20 20 20 20/ 20px;
    -o-border-image:url(border.
    png) 20 20 20 20/ 20px;
    -webkit-border-image:url
    (border.png) 20 20 20 20/ 20px;
    width:300px;
    height:125px;
}
</style>
</head>
<body>
<div> "月上柳梢头，人约黄昏后"，中秋
无依之日，世道沧桑，情去节依在，人靠月
圆瘦。思念的中秋，总人倍感沉寂和清幽。
</div>
<br>
</body>
</html>
```

在上述代码中，分别设置上边距、右边距、下边距和左边距为 20px。

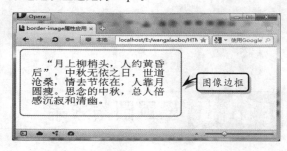

2．4 条边中图像的显示

使用 border-image 属性可以指定标签 4 条边中图像的显示方式，语法如下。

```
border-image:url (文件路径) A、B、C、
D/border-width topbottom leftright;
```

上述代码中，topbottom 表示标签的上下两条边的图像显示方法，leftright 表示标签的左右两条边的显示方法。在显示方法中指定的值有 4 种，介绍如下。

- ❑ **repeat**　图像以平铺的方式进行显示。
- ❑ **stretch**　图像以拉伸的方式进行显示。
- ❑ **repeat+stretch**　将图像上下两条边指定为平铺显示，左右两条边中的图像指定为拉伸显示。或者将图像上下两条边指定为拉伸显示，左右两条边中的图像指定为平铺显示。
- ❑ **round**　与 repeat 属性类似，将图像进行平铺显示，区别在于如果最后显示的图像不能完全显示，且能够显示的部分不到图像的一半，就不显示最后的图像，然后扩大前面的图像，使显示区域正好完整平铺全部图像。

```
<!DOCTYPE HTML>
<html>
<head>
<meta charset="utf-8">
<title>border-image 属性应用
</title>
<style type="text/css">
div {
    border-image:url(1.jpg) 20/
    10px repeat repeat;
    -moz-border-image:url(1.jpg)
20/10px repeat repeat;
    -o-border-image:url(1.jpg)
```

```
20/10px repeat repeat;
    -webkit-border-image:url(1.
jpg) 20/10px repeat repeat;
    width:300px;
    height:200px;
}
</style>
</head>
<body>
<div>
</div>
<br>
</body>
</html>
```

在上述代码中，使用 repeat 方法将图像以平铺的方式进行显示。

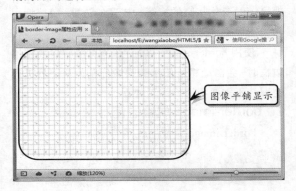

图像平铺显示

13.3 设置圆角效果

在 CSS3 中，使用 CSS 样式完成圆角边框绘制，是经常用来美化页面效果的手法之一。

13.3.1 设置圆角边框

在 CSS3 中，border-radius 属性用于指定圆角的半径，来完成圆角半径的绘制。border-radius 属性的语法格式如下所示：

```
border-radius:none|<length>{1,4}[/
<length>{1,4}]?
```

上面代码中的 none 属性值表示默认值，而 <length> 属性值表示长度值，只为正值。

设置圆角边框代码示例如下所示：

```
<!DOCTYPE HTML>
<html>
<head>
<meta charset="utf-8">
<title>绘制圆角边框</title>
<style>
div {
    border-radius:25px;
```

```
    background-color:#E4E4E4;
    border: solid 5px red;
    padding: 20px;
    font-size:24px;
    color:#000000;
    width:300px;
    height:123px;
}
</style>
</head>
<body>
<div>  "月上柳梢头，人约黄昏后"，中秋
无依之日，世道沧桑，情去节依在，人靠月
圆瘦。思念的中秋，让人倍感沉寂和清幽。
</div>
</body>
</html>
```

使用浏览器预览，其效果如下图所示。

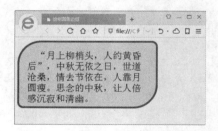

13.3.2 指定两个半径

在使用 border-radius 属性绘制圆角边框时，可以指定两个半径，语法如下所示：

```
border-radius:25px 15px;
```

在这种情况下绘制圆角边框时，各浏览器的处理方式不同。例如，在 Chrome 浏览器中绘制圆角边框时，第一半径为水平方向半径，第二半径为垂直方向半径。在 Opera 浏览器中，将第一半径作为边框左上角与右下角的圆角半径来绘制，将第二个半径作为边框右上角与左下角的圆角半径来绘制。

指定两个半径的代码示例，如下所示：

```
<!DOCTYPE HTML>
<html>
```

```
<head>
<meta charset="utf-8">
<title>绘制圆角边框</title>
<style>
div {
    border-radius:60px 15px;
    background-color:#E4E4E4;
    border: solid 5px red;
    padding: 20px;
    font-size:24px;
    color:#000000;
    width:300px;
    height:123px;
}
</style>

</head>
<body>
<div>  "月上柳梢头，人约黄昏后"，中秋
无依之日，世道沧桑，情去节依在，人靠月
圆瘦。思念的中秋，让人倍感沉寂和清幽。
</div>
</body>
</html>
```

使用浏览器预览，其效果如下图所示。

13.3.3 绘制 4 个不同半径的圆角边框

在绘制圆角边框时，如果圆角边框的 4 个圆角半径各不相同，可以使用下表中的属性值进行设置。

属 性 值	说 明
border-top-left-radius	指定左上角半径
border-top-right-radius	指定右上角半径
border-bottom-left-radius	指定左下角半径
border-bottom-right-radius	指定右下角半径

通过上表，已了解各属性值的具体含义，其具体的代码示例如下所示：

```html
<!DOCTYPE HTML>
<html>
<head>
<meta charset="utf-8">
<title>绘制圆角边框</title>
<style type="text/css">
div {
    border-radius: 15px 60px ;
    border-bottom-left-radius:
    80px;
    border-bottom-right-radius:
    60px;
    border-top-left-radius:30px;
    border-top-right-radius:5px;
    background-color:#E4E4E4;
    border: solid 5px red;
    padding: 20px;
    font-size:22px;
    color:#000000;
    width:300px;
    height:123px;
}
</style>
</head>
<body>
<div>    "月上柳梢头，人约黄昏后"，中秋
无依之日，世道沧桑，情去节依在，人靠月
圆瘦。思念的中秋，总人倍感沉寂和清幽。
</div>
</body>
</html>
```

使用浏览器预览，其效果如下图所示。

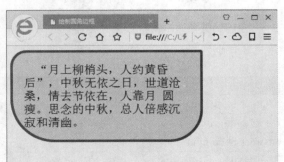

13.3.4　设置隐藏边框

在使用 border-radius 属性绘制圆角边框时，可以使用border 属性的none 值将边框设置为不显示。

设置隐藏边框的代码示例如下所示：

```html
<!DOCTYPE HTML>
<html>
<head>
<meta charset="utf-8">
<title>绘制圆角边框</title>
<style type="text/css">
div {
    border-radius: 15px 60px ;
    background-color:#E4E4E4;
    border: none;
    padding: 20px;
    font-size:24px;
    color:#000000;
    -moz- border -radius:20px;
    -o- border -radius: 20px;
    -webkit- border -radius:20px;
    width:300px;
    height:123px;
}
</style>
</head>
<body>
<div>    "月上柳梢头，人约黄昏后"，中秋
无依之日，世道沧桑，情去节依在，人靠月
圆瘦。思念的中秋，总人倍感沉寂和清幽。
</div>
<br>
</body>
</html>
```

使用浏览器预览，其效果如下图所示。

13.4 练习：制作企业网站首页

通过本章的学习，用户了解了在 HTML5 中，怎么使用背景与边框新增的相关属性，设置标签背景的填充范围、显示范围，以及在一个标签中显示多个图像等功能。在本练习中，将使用背景与边框的相关属性制作一个企业网站首页，帮助用户更好地了解背景与边框相关属性的含义和应用。

网络应用   首页 企业简介 新闻动态 产品介绍 在线留言 联系我们

最新动态

中信银行、中信证券今日双双发布公告，其控股股东中信集团重组改制方案日前已获得财政部批准。此外，中信银行还公告其注册资本将增至467.87亿元，而中信证券则将筹备参与转融通业务。

公告显示，中信集团重组改制后，中信集团及其下属子公司合计持有中信证券20.91%的股份。其中，中信集团直接持股的比例为20.3%。而中信集团则持有中信银行61.85%的股权。

用户统计

雅虎统计是一套免费的网站流量统计分析系统。致力于为所有个人站长、个人博主、所有网站管理者、第三方统计等用户提供网站流量监控、统计、分析等专业服务。

雅虎统计可以帮助用户对大量数据进行统计分析，发现用户访问网站的行为规律，并结合网络营销策略，提供运营、广告投放、市场推广等决策作依据。雅虎统计可以帮助用户对大量数据进行统计分析，发现用户访问网站的行为规律

网络应用

随着因特网的迅速发展，风起云涌的网站在炒足了"概念"之后，都纷纷转向了"务实"，而"务实"比较鲜明的特点之一：是绝大多数的网站都在试图做实实在在的电子商务"。

所谓电子商务(Electronic Commerce)是利用计算机技术、网络技术和远程通信技术，实现整个商务(买卖)过程中的电子化、数字化。是绝大多数的网站都在试图做实实在在的"电子商务"。

操作步骤 ▶▶▶▶

STEP|01 创建页面的页头。页头被放置在 DIV 层中，使用 ul 列表为页头添加导航条。

```
<div id="header">
    <h1><a href="#">网络应用</a>
    </h1>
    <ul id="menu">
        <li class="active"><a href=
"#">首 页
        </a></li>
        <li><a href="#">企业简介</a>
        </li>
```

```
        <li><a href="#">新闻动态</a>
        </li>
        <li><a href="#">产品介绍</a>
        </li>
        <li><a href="#">在线留言</a>
        </li>
        <li><a href="#">联系我们</a>
        </li>
    </ul>
</div>
```

STEP|02 为页头添加 CSS 样式，包括 DIV 层、导航列表 ul 和列表项 li 的样式。

```css
#header {
    width: 900px;
    height: 50px;
    margin: 0 auto;
}
#menu {
    float: right;
    padding: 6px 0 0 0;
    list-style: none;
}
#menu li {
    display: inline;
}
```

STEP|03 为页头中的超链接添加样式，包括链接的基础设置，以及鼠标离开和经过时链接的颜色。

```css
#menu a {
    display: block;
    float: left;
    margin-left: 30px;
    padding: 7px;
    text-decoration: none;
    font-size: 13px;
    color: #000000;
}
#menu a:hover {
    color: #000;
    border-bottom: 2px solid #ccc;
}
#menu .active a {
    border-bottom: 2px solid
    #C70012;
    color: #9D2900;
}
```

STEP|04 为页面添加 flash，flash 被置于名称为 flash_image 的 DIV 层中。

```html
<DIV id=flash_image>
  <OBJECT
codeBase="http://download.macromed
ia.com/pub/
shockwave/cabs/flash/swflash.cab#v
ersion=9,0,
    28,0"
```

```html
classid=clsid:D27CDB6E-AE6D-11cf-96B8-
    444553540000 width=900 height=221>
    <PARAM NAME="movie" VALUE=
    "images/dgpLCtcr.
    swf">
    <PARAM NAME="quality" VALUE=
    "high">
    <PARAM NAME="wmode" VALUE=
    "transparent">
    <embed    src="images/dgpLCtcr.
    swf" width=
    "900"height="221" quality="high"
pluginspage="http://www.adobe.com/
shockwave/d
ownload/download.cgi?P1_Prod_Versi
on=Shockwav eFlash"type="application/
x-shockwave-flash"
wmode="transparent"></embed>
  </OBJECT>
</DIV>
```

STEP|05 为 flash_image 层添加样式，设置宽度为 900px，高度为 221px。

```css
#flash_image{
    width:900px;
    height:221px ;
    margin: 0 auto;
}
```

STEP|06 在页面中，添加企业的最新动态、网络应用和用户统计等内容。由于内容过多，部分代码省略，详细代码请查看代码源文件。

```html
<div class="wrap">
  <div class="col">
    <h3>最新<span class="red">动态
    </span></h3>
    <p>    中信
    银行、中信证券    今日双双发布公告，
    其控股股东中信集团重组改制方案日
    前已获得财政部批准。此外，中信银行还公
    告其注册资本将增至 467.87 亿元，而中
    信证券则将筹备参与转融通业务。<br />
        公告显
    示，中信集团重组改制前，中信集团及其
```

下属子公司合计持有中信证券 20.91%
的股份。其中，中信集团直接持股的比例
为 20.3%。而中信集团则持有中信银行
61.85%的股权。 </p>
　　　</div>
　　……
　　</div>

```
float: left;
width: 888px;
margin: 0 0 15px 0;
border-radius:1px;
padding:6px;
border: solid 1px red;
-moz-border-radius:1px;
-o-border-radius: 1px;
-webkit-border-radius:1px;
}
```

STEP|07 为企业的最新动态、网络应用和用户统
计添加样式。

```
.col {
```

13.5 练习：制作图书列表

图书列表页的作用是展示各种图书的封面、名称及价格等信息。
在制作图书列表页时，可使用 CSS 样式表与 XHTML 标签结合，通
过浮动布局的方式实现复杂的内容显示。

练习要点
- 插入 Div 层
- 设置 CSS 样式
- 插入图像
- 设置字体格式
- 设置超链接

操作步骤 ▶▶▶▶

STEP|01 设置 **CSS** 样式。设置网页标题，输入
CSS 样式代码，同时关联外部 CSS 样式。

```
<head>
<meta charset="utf-8">
```

```
<title>北京新科书城</title>
<style type="text/css">
body, td, th {
font-size: 12px;
}
body {
```

```
margin-left: 0px;
margin-top: 0px;
margin-right: 0px;
margin-bottom: 0px;
}
</style>
<link    href="index.css"    rel=
"stylesheet" type="text/css" />
</head>
```

STEP|02 制作版头。在<body>标签后插入一个名为"header"的 Div 层，同时在其内分别嵌套名为"logo"和"telephone"的 Div 层，并输入相应内容。

```
<div id="header">
  <div id="logo"></div>
  <div id="telephone"> 订购热线: </div>
</div>
```

STEP|03 制作导航栏。在"header"Div 层下方，插入名为"nav"的 Div 层，在其内输入导航栏名称，并设置其超链接。

```
<div id="nav"> <a href="javascript:
void(null);"> 首 页 </a> <a href=
"javascript:void(null);"> 商业分类
</a> <a href="javascript:void(null);"
> 生 活 </a> <a href="javascript:
void(null);"> 少 儿 </a> <a href=
"javascript:void(null);"> 小 说 </a>
<a href="javascript:void(null);">
人文社科</a> <a href="javascript:
void(null);"> 教 育 </a> <a href=
"javascript:void(null);"> 公司简介
</a><a href="javascript:void(null);">
会员中心</a>
</div>
```

STEP|04 制作网页内容。在"nav"层下方插入名为"content"的 Dic 层，然后在其内嵌套名为"leftmain"、"centermain"和"rightmain"的 Div 层。

```
<div id="content">
  <div id="leftmain"></div>
  <div id="centermain"></div>
```

```
    <div id="rightmain"></div>
  </div>
```

STEP|05 在"leftmain"层中嵌套"title"和 2 个"rows"Div 层，并在"rows"层内再嵌入 Div 层，输入相应的内容。

```
<div id="leftmain">
  <div class="title" id="title">
  <strong>精品礼盒</strong></div>
  <div class="rows">
   <div  class="pic"><img  src=
   "images/dl.jpg"    width="116"
   height= "160" /></div>
   <div class="picText"><strong>
   环球国家地理</strong><br />
    <span class="font2">定价:
    ￥580.0</span><br />
    销售价:<span class="font1">
    ￥198.0</span><br />
    节省:￥382.0</div>
  </div>
  <div class="rows">
   <div class="pic"><img src="images/
   bcgm.jpg" width="115" height=
   "160" /></div>
   <div class="picText"><strong>
   图解-本草纲目</strong><br />
    <span class="font2">定价:
    ￥580.0</span><br />
    销售价:<span class="font1">
    ￥174.0</span><br />
    节省:￥406.0</div>
  </div>
</div>
```

STEP|06 在"centermain"层中嵌套"banner"和"newsBook"Div 层，并在"newsBook"层内再嵌入 Div 层，输入相应的内容。

```
<div id="centermain">
  <div id="banner"><img src="images/
  banner.png" width="500" height=
  "272" /></div>
  <div id="newsBook">
    <div class="title" id="newsTitle">
```

```
<strong>新书发行</strong></div>
  <div class="rows">
    <div class="pic"><img src=
    "images/ys.jpg" width="110"
    height="160" /></div>
    <div class="picText"><strong>中
    国艺术品收藏鉴赏全..</strong>
    <br />
      <span class="font2">定价:
      ￥400.0</span><br />
销售价:<span class="font1">￥120.0
</span><br />
节省:￥280.0</div>
    </div>
    <div class="rows">
      <div class="pic"><img src=
      "images/yszd.jpg" width="117"
      height="160" /></div>
      <div class="picText"><strong>
      图解-中华养生药膳</strong><br/>
        <span class="font2">定价:
        ￥580.0</span><br />
        销售价:<span class="font1">
        ￥174.0</span><br />
        节省:￥406.0</div>
    </div>
  </div>
</div>
```

STEP|07 在"rightmain"层中嵌套"title" Div 层,
并输入相应的内容,然后在其层下方插如相应的表
格,设置表格属性并输入文本。

```
<div id="rightmain">
<div  class="title"  id="product
Tirle"><strong>产品分类</strong>
</div>
<dl>
  <dt>    小说</dt>
  <dd><a    href="javascript:void
  (null);">职场</a></dd>
  <dd><a    href="javascript:void
  (null);">财经</a></dd>
  <dd><a    href="javascript:void
  (null);">言情</a></dd>
```

```
<dd><a href="javascript:void(null);"
>悬疑</a></dd>

<dt>    文艺 </dt>
<dd><a    href="javascript:void
(null);">文学</a></dd>
<dd><a    href="javascript:void
(null);">传记</a></dd>
<dd><a href="javascript:void
(null);">艺术</a></dd>
<dd><a    href="javascript:void
(null);">摄影</a></dd>

<dt>    青春 </dt>
<dd><a    href="javascript:void
(null);">青春文学</a></dd>
<dd><a    href="javascript:void
(null);">动漫</a></dd>
<dd><a    href="javascript:void
(null);">幽默</a></dd>
<dd><a   href="?gallery-27-grid.
html">修养</a><a href="javascript:
void(null);"></a></dd>

<dt>    生活 </dt>
<dd><a    href="javascript:void
(null);">保健养生</a></dd>
<dd><a    href="javascript:void
(null);">家教</a></dd>
<dd><a    href="javascript:void
(null);">美丽装扮</a></dd>
<dd><a    href="javascript:void
(null);">育儿</a></dd>
<dd><a    href="javascript:void
(null);">美食</a></dd>
<dd><a    href="javascript:void
(null);">旅游</a></dd>
<dd><a    href="javascript:void
(null);">收藏</a></dd>
<dd><a    href="javascript:void
(null);">地图</a></dd>
<dd><a    href="javascript:void
(null);">个人理财</a></dd>
<dd><a    href="javascript:void
(null);">体育</a></dd>
```

```
<dt>    管理  </dt>
<dd><a    href="javascript:void
(null);">管理</a></dd>
<dd><a    href="javascript:void
(null);">金融</a></dd>
<dd><a    href="javascript:void
(null);">会计</a></dd>
</dl>
</div>
```

STEP|08 制作版尾。在"content"层下方插入一个名为"footer"的 Div 层，输入文本并设置文本

格式。

```
<div id="footer">© 2001～20012 All
rights reserved <br />
版权所有：北京新科书城文化发展有限公司
<br />
<strong>本商店 logo 和图片都已经申请保
护，不经授权不得使用
有任何购物问题请联系我们</strong><br />
在线客服 | 工作时间：周一至周五 8:00—
18:00
</div>
```

13.6 新手训练营

练习1：制作房地产网站首页

⊙downloads\13\新手训练营\房地产网站首页

提示：本练习中，首先设置网站标题，同时输入 CSS 样式代码，并关联外部的 CSS 样式和 JavaScript 代码。

```
<head>
<meta charset="utf-8">
<title>兴业安居置业</title>
<style>
body {
margin-left: 0px;
margin-top: 0px;
margin-right: 0px;
margin-bottom: 0px;
}
.td1 {
vertical-align: top;
}
</style>
<link href="main.css" rel="stylesheet"
type="text/css" />
<script  src="main.js"  type="text/
javascript"></script>
</head>
```

然后，在<body>标签内插入表格，设置表格的

属性。在表格中插入相应的图片、视频和文本，并设置各元素的属性。最终效果如下图所示。

练习2：制作华康中学主页

⊙downloads\13\新手训练营\华康中学主页

提示：本练习中，首先设置网站标题，同时输入 CSS 样式代码，并关联外部的 CSS 样式和 JavaScript 代码。

```
<!doctype html>
<html>
<head>
<meta charset="utf-8">
<title>华康中学-主页</title>
<script  src="Scripts/AC_RunActive
Content.js"type="text/javascript">
```

```
</script>
<link href="main.css" rel="stylesheet"
type="text/css" />
</head>
```

然后，在\<body\>标签内插入表格，设置表格的属性。在表格中插入相应的图片、视频和文本，并设置各元素的属性。最终效果如下图所示。

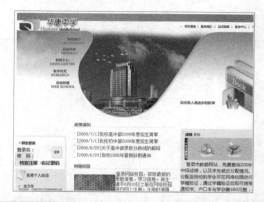

练习 3：制作软件公司网页界面

downloads\13\新手训练营\软件公司网页界面

提示：本练习中，首先设置网站标题，同时输入 CSS 样式代码，并关联外部的 CSS 样式表。

```
<!doctype html>
<html>
<head>
<meta charset="utf-8">
<title>SD 软件公司</title>
<link href="../styles/main.css"rel=
"stylesheet" type="text/css" />
</head>
```

然后，在\<body\>标签内插入嵌套 Div 层，插入相应的图片、视频和文本，并设置各元素的属性。最终效果图如下图所示。

练习 4：制作三水城市花园主页

downloads\13\新手训练营\三水城市花园主页

提示：本练习中，首先设置网站标题，同时输入 CSS 样式代码，并关联外部的 CSS 样式表。

```
<!doctype html>
<html>
<head>
<meta charset="utf-8">
<title>山水城市花园</title>
<link    href="main.css"    rel=
"stylesheet" type="text/css" />
</head>
```

然后，在\<body\>标签内插入表格，设置表格的属性。在表格中插入相应的图片、视频和文本，并设置各元素的属性。最终效果图如下所示。

第 **14** 章

美化表格、表单与超链接

　　表格和表单是网页中常见的元素，表格是在网页上显示表格式数据，并对图文进行合理布局的强有力的工具，通过控制网页元素在网页中的显示位置，来达到对网页进行精细排版的目的；而表单作为客户与服务器交流的窗口，通过与客户端或服务器端脚本程序的结合使用，可以实现互动性。除了表格和表单之外，本章还将介绍如何美化 CSS3 中的超链接。通过 CSS3 各属性，可以设置出美观大方、具有不同外观样式的表格、表单、超链接，从而增强网页的特性。

14.1 美化表格

表格是由一行或多行组成的，而每行又由一个或多个单元格组成。用户可以将网页元素放在任意一个单元格中，通过控制网页元素在网页中的显示位置，来达到对网页进行精细排版的目的。

14.1.1 设置边框样式

在网页中使用表格时，默认情况下都带有表格边框，以协助用户定义不同单元格中的数据。在 CSS3 中，可以通过 border-collapse 属性美化边框样式，该属性的语法格式如下所示：

```
border-collapse:separate|collapse
```

通过上述代码，可以发现该属性包含两个属性值，separate 属性值为默认值，为默认样式；而 collapse 属性值表示单一边框样式。

设置边框样式的代码示例如下所示：

```html
<!DOCTYPE HTML>
<html>
<head>
<meta charset="utf-8">
<title>无标题文档</title>
<style>
.tabelist{
border:2px solid #429fff;
font-family:"黑体";
border-collapse:separate;
}
.tabelist caption{
padding-top:3px;
padding-bottom:2px;
font-weight:bolder;
font-size:20px;
font-family:"幼圆";
border:2px solid #429fff;
}
.tabelist th{
font-weight:bold;
```

```html
text-align:center;
}
.tabelist td{
border:1px solid #429fff;
text-align:center;
padding:10px;
}
</style>
</head>
<body>
<table class="tabelist">
<caption class="tabelist">
2016 季度 07-09
</caption>
<tr>
   <th>月份</th>
    <th>07 月</th>
    <th >08 月</th>
    <th>09 月</th>
</tr>
<tr>
    <td>北京</td>
    <td>800 万</td>
    <td>900 万</td>
    <td>750 万</td>
</tr>
<tr>
    <td>上海</td>
    <td>600 万</td>
    <td>570 万</td>
    <td>650 万</td>
</tr>
<tr>
    <td>青岛</td>
    <td>620 万</td>
    <td>800 万</td>
    <td>900 万</td>
</tr>
<tr>
    <td>沈阳</td>
    <td>500 万</td>
```

```
    <td>400 万</td>
    <td>600 万</td>
</tr>
<tr>
    <td>昆明</td>
    <td>585 万</td>
    <td>410 万</td>
    <td>320 万</td>
</tr>

</table>
</body>
</html>
```

使用浏览器预览，其效果如下图所示。

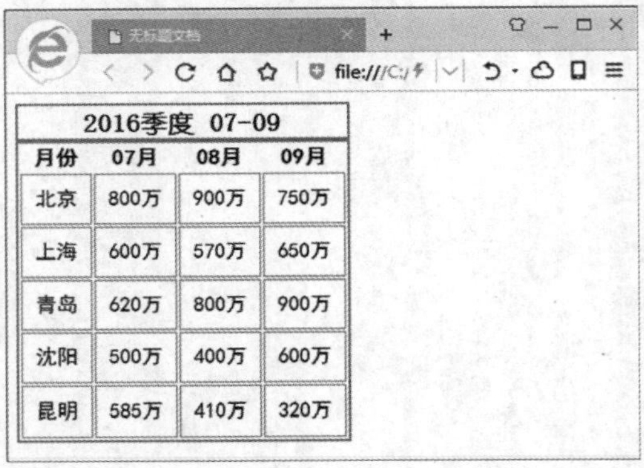

14.1.2　设置边框粗细

在 CSS3 中可以像在 Excel 表中那样设置表格的边框线条的粗细，如若设置整体边框的粗细，则需要使用 border-width 属性；如若设置某条边框的粗细，则需要使用 border-top-width、border-lift-width、boreder-right-width 和 border-bottom-width 属性进行设置。

设置整体边框宽度的代码示例如下所示：

```
<!DOCTYPE HTML>
<html>
<head>
<meta charset="utf-8">
<title>无标题文档</title>
<style>
.tabelist{
border:2px solid #429fff;
```

```
font-family:"黑体";
border-collapse:collapse;
border-width:6px;
}
.tabelist caption{
padding-top:3px;
padding-bottom:2px;
font-weight:bolder;
font-size:20px;
font-family:"幼圆";
border:2px solid #429fff;
border-width:6px;
}
.tabelist th{
font-weight:bold;
text-align:center;
}
.tabelist td{
border:1px solid #429fff;
text-align:center;
padding:10px;
}
</style>
    </head>
<body>
<table class="tabelist">
<caption class="tabelist">
2016 季度 07-09
</caption>
<tr>
  <th>月份</th>
    <th>07 月</th>
    <th >08 月</th>
    <th>09 月</th>
</tr>
<tr>
    <td>北京</td>
    <td>800 万</td>
    <td>900 万</td>
    <td>750 万</td>
</tr>
<tr>
    <td>上海</td>
    <td>600 万</td>
    <td>570 万</td>
```

```
    <td>650 万</td>
</tr>
<tr>
    <td>青岛</td>
    <td>620 万</td>
    <td>800 万</td>
    <td>900 万</td>
</tr>
<tr>
    <td>沈阳</td>
    <td>500 万</td>
    <td>400 万</td>
    <td>600 万</td>
</tr>
<tr>
    <td>昆明</td>
    <td>585 万</td>
    <td>410 万</td>
    <td>320 万</td>
</tr>
</table>
</body>
</html>
```

使用浏览器预览，其效果如下图所示。

自定义每条边框宽度的代码示例如下所示：

```
<style>
.tabelist{
border:2px solid #429fff;
font-family:"黑体";
border-collapse:collapse;
border-top-width:3px;
border-bottom-width:10px;
```

```
border-left-width:3px;
border-right-width:3px;
}
.tabelist caption{
padding-top:3px;
padding-bottom:2px;
font-weight:bolder;
font-size:20px;
font-family:"幼圆";
border:2px solid #429fff;
}
.tabelist th{
font-weight:bold;
text-align:center;
}
.tabelist td{
border:1px solid #429fff;
text-align:center;
padding:10px;
}
</style>
```

使用浏览器预览，其效果如下图所示。

14.1.3　设置边框颜色

在 CSS3 中，可以使用 background-color 属性来设置整个表格或某个单元格边框的颜色。

设置整个表格颜色的代码示例如下所示：

```
<!DOCTYPE HTML>
<html>
<head>
<meta charset="utf-8">
<title>无标题文档</title>
```

```
<style>
.tabelist{
border:2px solid #429fff;
font-family:"黑体";
border-collapse:collapse;
border-width:3px;
background-color:hsla(78,81%,63%,1
.00);
}
.tabelist caption{
padding-top:3px;
padding-bottom:2px;
font-weight:bolder;
font-size:20px;
font-family:"幼圆";
border:2px solid #429fff;
}
.tabelist th{
font-weight:bold;
text-align:center;
}
.tabelist td{
border:1px solid #429fff;
text-align:center;
padding:10px;
}
</style>
</head>
<body>
<table class="tabelist">
<caption class="tabelist">
2016 季度 07-09
</caption>
<tr>
   <th>月份</th>
      <th>07 月</th>
      <th >08 月</th>
      <th>09 月</th>
</tr>
<tr>
      <td>北京</td>
      <td>800 万</td>
      <td>900 万</td>
      <td>750 万</td>
</tr>
```

```
<tr>
      <td>上海</td>
      <td>600 万</td>
      <td>570 万</td>
      <td>650 万</td>
</tr>
<tr>
      <td>青岛</td>
      <td>620 万</td>
      <td>800 万</td>
      <td>900 万</td>
</tr>
<tr>
      <td>沈阳</td>
      <td>500 万</td>
      <td>400 万</td>
      <td>600 万</td>
</tr>
<tr>
      <td>昆明</td>
      <td>585 万</td>
      <td>410 万</td>
      <td>320 万</td>
</tr>
</table>
</body>
</html>
```

使用浏览器预览，其效果如下图所示。

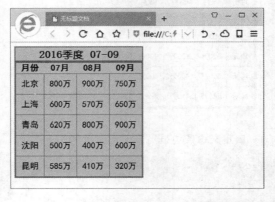

设置某个单元格边框的颜色，则需要在<td>标签内使用 background-color 属性。设置单元格颜色的代码示例如下所示：

```
<!DOCTYPE HTML>
```

```html
<html>
<head>
<meta charset="utf-8">
<title>无标题文档</title>
<style>
.tabelist{
border:2px solid #429fff;
font-family:"黑体";
border-collapse:collapse;
border-width:3px;
}
.tabelist caption{
padding-top:3px;
padding-bottom:2px;
font-weight:bolder;
font-size:20px;
font-family:"幼圆";
border:2px solid #429fff;
}
.tabelist th{
font-weight:bold;
text-align:center;
}
.tabelist td{
border:1px solid #429fff;
text-align:center;
padding:10px;
}
.tds{
background-color:hsla(78,81%,63%,1
.00);
}
</style>
</head>
<body>
<table class="tabelist">
<caption class="tabelist">
2016 季度 07-09
</caption>
```

```html
<tr>
  <th>月份</th>
    <th>07 月</th>
    <th >08 月</th>
    <th>09 月</th>
</tr>
<tr>
    <td class="tds">北京</td>
    <td>800 万</td>
    <td>900 万</td>
    <td>750 万</td>
</tr>
<tr>
    <td>上海</td>
    <td>600 万</td>
    <td>570 万</td>
    <td>650 万</td>
</tr>
<tr>
    <td>青岛</td>
    <td>620 万</td>
    <td>800 万</td>
    <td>900 万</td>
</tr>
</table>
</body>
</html>
```

使用浏览器预览，其效果如下图所示。

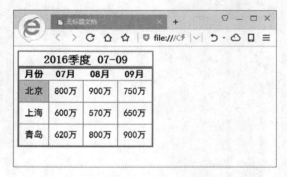

14.2　美化表单

表单的主要目的是将客户端（用户）的一些信息传递到服务，并进行处理或存储等。用户可通过表单功能，来制作一些用户注册、登录、反馈等内容，并且还可以制作一些调查表、在线订单等交互内容。

14.2.1 设置表单背景

在前面的 HTML5 章节中，所添加的表单元素，其默认颜色都为白色，既单一又枯燥。此时，用户可以运用 CSS3 中的 background-color 属性来设置表单元素的背景颜色，该属性的语法格式如下所示：

```
input{background-color:颜色;}
```

使用 background-color 属性设置表单元素颜色的代码示例如下所示：

```
<!DOCTYPE HTML>
<html>
<head>
<meta charset="utf-8">
<title>无标题文档</title>
<style>
.txt{
border: 1px inset #cad9ea;
background-color: #FFEC8B;
}
.btn{
color: #00008B;
background-color: #FFEC8B;
border: 1px outset #cad9ea;
}
select{
width: 80px;
color: #00008B;
background-color: #FFEC8B;
}
textarea{
width: 200px;
height: 40px;
color: #00008B;
background-color: #FFEC8B;
}
</style>
```

```
</head>
<body>
<h3>注册页面</h3>
<table border="1">
<form>
<tr>
    <td width="100">用户名:</td>
    <td width="300"><input class=
"txt">1-20 个字符</td>
</tr>
<tr>
    <td width="100">密码:</td>
    <td width="300"><input type=
"password" >长度为 6~16 位</td>
</tr>
<tr>
    <td width="100">确认密码:</td>
    <td width="300"><input type=
"password"></td>
</tr>
<tr>
    <td width="100">E-mail 地址:</td>
    <td width="300"><input type=
"email" name="email" id="email">
    </td>
</tr>
<tr>
    <td width="100">备注:</td><td
    width="300">
    <textarea cols="10" rows=
    "35"></textarea></td>
</tr>
<tr>
    <td width="100"><input type=
    "button" class="btn" value="提交
    "/></td>
    <td width="300"><input type=
    "reset" value="重填"/></td>
</tr>
</form>
</table>
</body>
</html>
```

使用浏览器预览，其效果如下图所示。

14.2.2　设置表单按钮

在 CSS3 中，除了运用 background-color 属性美化表单之外，还可以使用该属性美化提交按钮。最常使用的美化效果是将 background-color 属性设置为 transparent（透明色），具体代码示例如下所示：

```
<!doctype html>
<html>
<head>
<meta charset="utf-8">
<title>无标题文档</title>
<style>
div{
width:400px;
text-align: center;
}
form{
    margin:0px;
    padding:0px;
    font-size:16px;
}
input{
    font-size:16px;
    font-family:"黑体";
}
.t{
border-bottom:1px solid red;
color:red;
border-top:0px;
border-left:0px;
border-right:0px;
background-color:transparent;
```

```
}
.n{
background-color:transparent;
border:1px;
}
</style>
</head>
<body>
<div>
<h1>上传页</h1>
<form method="post">
上传文件名：
    <input id="name" class="t">
<input type="submit" value="<< 提交
>>" class="n">
</form>
</div>
</body>
</html>
```

使用浏览器预览，其效果如下图所示。

![上传页浏览器预览]

> **提示**
>
> 上面示例中的下划线是设置下边框显示形成的，其他边框被去掉了；而提交按钮使用了透明色，只剩下文字了。

14.2.3　设置菜单效果

在网页设计过程中，为了突出菜单效果，需要运用 CSS3 中的 font 相关属性，设置下拉菜单的字体效果。设置下拉菜单的代码示例如下所示：

```
<!DOCTYPE html>
<html>
<head>
<meta charset="utf-8">
```

```html
<title>无标题文档</title>
<style>
div{
width:400px;
font-family:"幼圆";
text-align:center;
font-size:20px;
}
.b{
background-color:#00EEEE;
color: #000000;
font-size:20px;
font-family:"黑体";
}
.r{
background-color:#E20A0A;
color: #000000;
    font-size:20px;
    font-family:"黑体";
}
.y{
background-color:#FFFF6F;
color: #000000;
    font-size:20px;
    font-family:"黑体";
}
.o{
background-color:orange;
color:#000000;
    font-size:20px;
    font-family:"黑体";
}
</style>
</head>
<body>
<div>
<h1 style="text-align: center">图书
```

```html
类别</h1>
    <form>
     <p style="text">
      <label for="color">选择图书类
       别:</label>
    <select name="color" id="color">
        <option value="">请选择
        </option>
        <option value="#00EEEE" class=
        "b">科技类</option>
        <option value="#4169E1" class=
        "y">生活类</option>
        <option value="#71C671" class=
        "o">经管类</option>
          <option value="#CD00CD" class=
          "r">教育类</option>
    </select>
     </p>
     <p>
      <input type="submit"value="提交">
     </p>
    </form>
   </div>
   </body>
   </html>
```

使用浏览器预览，其效果如下图所示。

14.3 美化超链接

在 HTML5 中，可以运用 CSS3 中的一些属性设置超链接的基本样式、提示信息、显示图片等效果，以增加网页的美观性。

14.3.1 设置超链接样式

用户可以运用 CSS3 中的伪类来设置超链接

的基本样式，包括未被访问前的样式、鼠标指针悬停时的样式、超链接地址被访问过的样式等。每种超链接伪类的具体说明如下所示。

- ❏ **a:lank**　用于定义超链接未被访问的样式。
- ❏ **a:hover**　用于定义鼠标指针悬停在超链接上的样式。
- ❏ **a:active**　用于定义超链接被激活时的样式。
- ❏ **a:visited**　用于定义超链接已被访问过的样式。

定义超链接基本样式的代码示例如下所示：

```html
<!DOCTYE html>
<html>
<head>
<meta charset="utf-8">
<title>无标题文档</title>
<style>
div{
width:400px;
font-family:"幼圆";
text-align:center;
font-size:20px;
}
.b{
background-color:#00EEEE;
color: #000000;
    font-size:20px;
    font-family:"黑体";
}
.r{
background-color:#E20A0A;
color: #000000;
    font-size:20px;
    font-family:"黑体";
}
.y{
background-color:#FFFF6F;
color: #000000;
    font-size:20px;
    font-family:"黑体";
}
.o{
background-color:orange;
color:#000000;
```

```html
font-size:20px;
    font-family:"黑体";
}
a{
    color:#545454;
    text-decoration:none;
}
a:link{
    color:#545454;
    text-decoration:none;
}
a:hover{
    color:#E20A0A;
    text-decoration:underline;
}
a:active{
    color:#FF6633;
    text-decoration:none;
}
</style>
</head>
<body>
<div>
<h1 style="text-align: center">图书类别</h1>
<form>
  <p style="text">
    <label for="color">选择图书类别:</label>
<select name="color" id="color">
    <option value="">请选择
    </option>
    <option value="#00EEEE" class="b">科技类</option>
    <option value="#4169E1" class="y">生活类</option>
    <option value="#71C671" class="o">经管类</option>
      <option value="#CD00CD" class="r">教育类</option>
</select>
  </p>
  <p>
    <input type="submit" value="提交">
```

```
        <a  href=#> 返回首页</a>
      </p>
   </form>
   </div>
   </body>
   </html>
```

使用浏览器预览，其效果如下图所示。

> **提示**
>
> 在修饰超链接时，对超链接效果真正起作用的还是文本、背景和边框等属性。

14.3.2　设置超链接说明

在设计网页时，经常会遇到一些需要添加说明的超链接。如若在网页中添加说明，不仅占用空间，而且影响网页的整体设计和布局。此时，可以通过为超链接<a>提供<title>属性，来显示超链接的提示内容。

显示超链接提示信息的代码示例如下所示：

```
<!DOCTYPE html>
<html>
<head>
<meta charset="utf-8">
<title>无标题文档</title>
<style>
div{
width:400px;
font-family:"幼圆";
text-align:center;
font-size:20px;
}
.b{
```

```
background-color:#00EEEE;
color: #000000;
    font-size:20px;
    font-family:"黑体";
}
.r{
background-color:#E20A0A;
color: #000000;
    font-size:20px;
    font-family:"黑体";
}
.y{
background-color:#FFFF6F;
color: #000000;
    font-size:20px;
    font-family:"黑体";
}
.o{
background-color:orange;
color:#000000;
    font-size:20px;
    font-family:"黑体";
}
a{
    color:#545454;
    text-decoration:none;
}
a:link{
    color:#545454;
    text-decoration:none;
}
a:hover{
    color:#E20A0A;
    text-decoration:underline;
}
a:active{
    color:#FF6633;
    text-decoration:none;
}
</style>
</head>
<body>
```

```
<div>
<h1 style="text-align: center">图书
类别</h1>
<form>
 <p style="text">
  <label for="color">选择图书类
  别:</label>
<select name="color" id="color">
   <option value="">请选择
   </option>
   <option value="#00EEEE" class=
   "b">科技类</option>
   <option value="#4169E1" class=
   "y">生活类</option>
   <option value="#71C671" class=
   "o">经管类</option>
     <option value="#CD00CD" class=
     "r">教育类</option>
</select>
 </p>
 <p>
  <input type="submit" value="提交">
  <a  href=# title="图书分类详细介绍
  ">图书概述</a>
 </p>
</form>
</div>
</body>
</html>
```

使用浏览器预览，其效果如下图所示。在页
面中，只有将鼠标指针移至超链接文本上面，才会
显示提示内容。

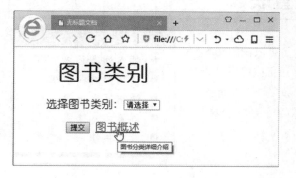

14.3.3　设置超链接背景

一般情况下，超链接都是以文本或图片进行
显示。如若制作一些特殊且美观的超链接，则需要
使用 CSS3 中的 background-image 属性进行设置。

设置超链接背景图片的代码示例，如下所示：

```
<!DOCTYPE html>
<html>
<head>
<meta charset="utf-8">
<title>无标题文档</title>
<style>
a{
   background-image:url(图片/24.jpg);
   width:80px;
   height:50px;
   color:#9A32CD;
   text-decoration:none;
   font-weight:600;
}
a:hover{
   background-image:url(图片/11.jpg);
   color:#FF1493;
   text-decoration:underline;
}
</style>
</head>
<body>
<a href="#">计算机类图书</a>
<a href="#">社科类图书</a>
<a href="#">军事类图书</a>
</body>
</html>
```

使用浏览器预览，其效果如下图所示。在页
面中，将鼠标指针放置在超链接上时，背景图便会
显示红色带下画线。

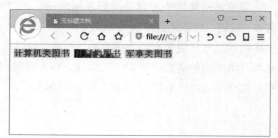

注意

在上面的代码中，background-image 属性用于设置背景图片，而 text-decoration 属性用于设置超链接是否带有下画线。

14.3.4 设置按钮超链接

在设计网页时，为了增加超链接的美观性和实用性，需要运用 CSS3 中的 a:hover 属性将超链接设置为按钮效果。

设置超链接按钮效果的代码示例如下所示：

```html
<!DOCTYPE html>
<html>
<head>
<meta charset="utf-8">
<title>无标题文档</title>
<style>
a{
    width:80px;
    height:50px;
    color:#9A32CD;
    font-weight:600;

}
a:link,a:visited{
    color:#ac2300;
    padding:4px 10px 4px 10px;
    background-color:#C1FFC1;
    border-top:1px solid #C2C2C2;
    border-left:1px solid #C2C2C2;
    border-bottom:1px solid #CD00CD;
```

```html
    border-right:1px solid #CD00CD;
    text-decoration:none;
}
a:hover{
    color:#FF1493;
    padding:5px 8px 3px 12px;
    background-color:#AEEEEE;
    border-top:1px solid #CD00CD;
    border-left:1px solid #CD00CD;
    border-bottom:1px solid #C2C2C2;
    border-right:1px solid #C2C2C2;
}
</style>
</head>
<body>
<a href="#">计算机类图书</a>
<a href="#">社科类图书</a>
<a href="#">军事类图书</a>
</body>
</html>
```

使用浏览器预览，其效果如下图所示。当鼠标指针停留在一个超链接上方时，会显示背景色，并伴有凹陷效果。

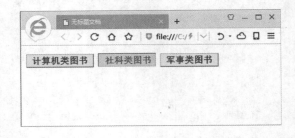

14.4 练习：制作问卷调查表

调查表是网络中最常使用的表格之一，用户除了可以使用文本区域、按钮、列表或菜单等表单元素来制作调查表，还可以使用单选按钮组和复选框组等来制作调查表，为用户提供客观的选择，从而提高用户填写问卷调查的效率。在本练习中，将通过制作问卷调查表，来详细介绍表单元素的使用方法和操作技巧。

练习要点

- 插入列表菜单
- 使用单选按钮组
- 使用复选框组
- 设置文本格式
- 使用按钮

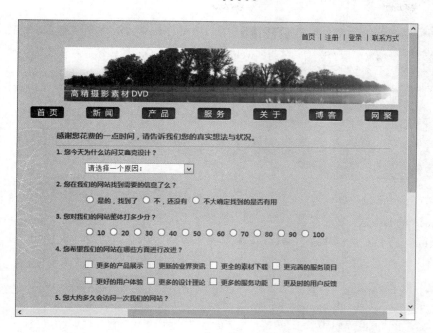

操作步骤 ▶▶▶▶

STEP|01 关联 CSS 文件。设置网页标题，并在 `<head>` 标签内输入关联 CSS 文件的代码。

```
<head>
<meta charset="utf-8">
<title>艾鑫克设计——您身边的创意专家
</title>
<link type="text/css" href="styles/
main.css" rel="stylesheet" rev=
"stylesheet" media="screen">
</head>
```

STEP|02 制作导航栏。在 `<body>` 标签下插入一个名为"topFrame"的 Div 层，同时在其层内嵌套名为"topFrameLeft"和"topFrameRight"的层。

```
<div id="topFrame">
  <div id="topFrameLeft"></div>
  <div id="topFrameRight"></div>
</div>
```

STEP|03 在"topFrameLeft"和"topFrameRight"层中嵌套相应的层，并输入相应的内容。

```
<div id="topFrame">
  <div id="topFrameLeft">
```

```
    <div id="webLogo">   </div>
  </div>
<div id="topFrameRight">
  <div id="smallNavigatorTop">  
  </div>
  <div id="smallNavigator"> <a href=
"javascript:void(null);" title="
首页"> 首页 </a> | <a href="javascript:
void(null);" title="注册"> 注册
</a> | <a href="javascript:void
(null);" title="登录"> 登录 </a> |
<a href="javascript:void(null);"
title="联系方式"> 联系方式 </a>
  </div>
  <div id="webBanner"> </div>
  <div id="webNavigator"> <a href=
"javascript:void(null);" title="
首页" id="index">   </a> <a
href="javascript:void(null);"
title="新闻" id="news">  
</a> <a href="javascript:void
(null);" title="产品" id=
"products">   </a> <a href=
"javascript:void(null);" title=
"服务" id="service">   </a>
<a href="javascript:void(null);"
```

```
title="关于" id="about">  
</a> <a href="javascript:void(null);"
title=" 博客" id="blog">  
</a> <a href="javascript:void(null);"
title="网聚" id="rss">   </a>
</div>


</div>
</div>
```

STEP|04 制作网页内容。在 "topFrame" Div 层下方插入一个名为 "midFrame" 的 Div 层，然后在其层中嵌入名为 "leftNavigator" 的 Div 层，并输入相应的内容。

```
<div id="leftNavigator"> <img src=
"images/leftNavigatorBG.PNG" alt="
单击进入相应页面" usemap="#left
NavigatorImageMap"
id="leftNavigatorImage">
<map name="leftNavigatorImageMap"
id="leftNavigatorImageMap">
<area shape="rect" coords="27,
233,104,249" href="javascript:
void(null);" alt="插画漫画设计">
<area shape="rect" coords=
"27,205,130,222" href=
"javascript:void(null);" alt=
"人机交互界面设计">
<area shape="rect" coords="27,
177,142,193" href="javascript:
void(null);" alt="企业VI识别系
统设计">
<area shape="rect" coords="27,
142,104,158" href="javascript:
void(null);" alt="产品包装设计">
<area shape="rect" coords="27,
56,104,71" href="javascript:
void(null);"alt="商业网站设计">
<area shape="rect" coords="27,
2,91,17" href="javascript:
void(null);" alt="印刷品设计">
</map>
</div>
```

STEP|05 在 "leftNavigator" Div 层下方插入一个名为 "webSubstance" 的 Div 层，然后在该层内嵌套名为 "webQuestionnaireTitle" 和 "webQuestionnaireLine" 的 Div 层，并输入相应的内容。

```
<div id="webQuestionnaireTitle"> 感
谢您花费的一点时间,请告诉我们您的真实想法
与状况。 </div>
<div id="webQuestionnaireLine">
<img src="images/webLine.PNG"
alt="webLine"> </div>
```

STEP|06 在其下方插入名为 "webQuestionnaire" 的 Div 层，并在该层中插入多个表单。

```
<div id="webQuestionnaire">
<form id="questionnaire" method=
"post" action="javascript:void
(null);">
<p> 1. 您今天为什么访问艾鑫克设
计? </p>
<p class="labels">
<select name="list" id=
"list">
<option selected="selected">
请选择一个原因: </option>
<option value="1"> 寻找设
计和创意的灵感 </option>
<option value="2"> 寻找商
业合作伙伴, 共同创业 </option>
<option value="3"> 购买或
订购创意、设计 </option>
<option value="4"> 寻找其
他合作或工作机会 </option>
<option value="5"> 闲逛,
没有什么目的 </option>
</select>
</p>
<p> 2. 您在我们的网站找到需要的
信息了么? </p>
<p class="labels">
<label>
<input type="radio" name=
"RadioGroup1" value="单选
```

```
" id="RadioGroup1_0">
是的，找到了 </label>
<label>
<input type="radio" name=
"RadioGroup1" value="单选
" id="RadioGroup1_1">
不，还没有 </label>
<label>
<input type="radio" name=
"RadioGroup1" value="单选
" id="RadioGroup1_2">
不大确定找到的是否有用
</label>
<br>
</p>
<p> 3. 您对我们的网站整体打多少
分？ </p>
...
</div>
```

STEP|07 制作版尾。 在 "midFrame" 层下方插入

名为 "bottomFrame" 的 Div 层，在该层中嵌套 "bottomLogo" 和 "webCopyright" 层，并输入相应的内容。

```
<div id="bottomFrame">
<div id="bottomLogo"> </div>
<div id="webCopyright">
<p> 电子邮件: WebMaster@ithinkdes
igner.com </p>
<p> 联系电话: +86 +10 62785xxx
62785xxx </p>
<p> 通信地址: 北京市 海淀区中关村东路
北段 XXXX 大厦 </p>
<p> 邮政编码: 100084 </p>
<p> Copyright ©2000 ~ 2010
IThinkDesigner.com All rights
Reserved. </p>
<p> I See, I Want, I Think, 我看，
我愿，我想，做您身边的创意专家 </p>
</div>
</div>
```

14.5 练习：制作商品列表

使用 CSS 样式表的浮动布局，不仅可以实现页面的布局，还可以为网页中各种块状标签定位。本例就将使用 CSS 样式表的 float 标签，制作一个简单的页面显示各种商品。

练习要点

- 插入 Div 层
- 插入项目列表
- 设置 CSS 样式
- 设置容器边框样式
- 定义容器大小和位置

操作步骤 ▶▶▶▶

STEP|01 设置 CSS 样式。设置网页标题，输入 body 的 CSS 样式，并关联外部 CSS 样式。

```html
<!DOCTYPE html>
<html>
<head>
<meta charset="utf-8">
<title>爱心织袋</title>
<style type="text/css">
body, td, th {
font-size: 12px;
}
body {
margin-left: 0px;
margin-top: 0px;
margin-right: 0px;
margin-bottom: 0px;
}
</style>
<link     href="index.css"     rel=
"stylesheet" type="text/css" />
</head>
```

STEP|02 制作导航栏。在`<body>`标签后插入一个名为"header"的 Div 层，添加版尾。在其后插入一个名为"nav"的 Div 层，输入导航文本并设置其超链接。

```html
<body>
<div id="header"></div>
<div id="nav">
  <ul>
    <li><a href="javascript:void(null);"
    title="">关于我们 </a></li>
    <li><a href="javascript:void(null);"
    title="">新闻动态</a></li>
    <li><a href="javascript:void(null);"
    title="">产品展示</a></li>
    <li><a href="javascript:void(null);"
    title="">发货清单</a></li>
    <li><a href="javascript:void(null);"
    title="">采购需求</a></li>
    <li><a href="javascript:void(null);"
    title="">下载中心</a></li>
```

```html
    <li><a href="javascript:void(null);"
    title="">其他信息</a></li>
    <li><a href="javascript:void(null);"
    title="">留 言 簿</a></li>
    <li><a href="javascript:void(null);"
    title="">联系我们</a></li>
    <li><a href="javascript:void(null);"
    title="">会员中心</a></li>
    <li><a href="javascript:void(null);"
    title="">退出</a></li>
  </ul>
</div>
</body>
```

STEP|03 制作过渡图片。在"nav" Div 层下方插入名为"banner"的 Div 层，添加过渡图片。

```html
<div id="banner"></div>
```

STEP|04 制作左侧列表栏。在"banner" Div 层下方插入名为"content"的 Div 层，在其层内嵌套"leftmain" Div 层，并制作该层内容。

```html
<div id="content">
  <div id="leftmain">
  <div id="menutTitle"></div>
  <div id="menu">
  <ul>
    <li><img   src="images/ico.gif"
    width="12"   height="12"   /><a
    href="javascript:void(null);"
    title="">礼品袋 </a></li>
    <li><img   src="images/ico.gif"
    width="12"   height="12"   /><a
    href="javascript:void(null);"
    title="">喜糖袋</a></li>
    <li><img   src="images/ico.gif"
    width="12"   height="12"   /><a
    href="javascript:void(null);"
    title="">购物袋</a></li>
    <li><img   src="images/ico.gif"
    width="12"   height="12"   /><a
    href="javascript:void(null);"
    title="">环保袋</a></li>
    <li><img   src="images/ico.gif"
```

```
width="12"    height="12"    /><a
href="javascript:void(null);"
title="">酒瓶袋</a></li>
<li><img   src="images/ico.gif"
width="12"    height="12"    /><a
href="javascript:void(null);"
title="">圣诞袋</a></li>
<li><img   src="images/ico.gif"
width="12"    height="12"    /><a
href="javascript:void(null);"
title="">手饰袋</a></li>
<li><img   src="images/ico.gif"
width="12"    height="12"    /><a
href="javascript:void(null);"
title="">干花袋</a></li>
</ul>
</div>
</div>
</div>
```

STEP|05　制作网页内容。在"leftmain"Div 层下方插入名为"rightmain"的 Div 层，并制作层内容。

```
<div id="rightmain">
<div id="newsTitle"><img src="images/
Main_news_top.gif"    width="160"
height="17" /></div>
<div class="rows">
<div  class="pic"><img  src="images/
2008_12_9_15_33_22_5560.jpg"
width="145" height="145" /></div>
<div class="picText"><img src="images/
Arrow_03.gif" width="13" height=
"13" /> 礼品袋</div>
</div>
<div class="rows">
<div class="pic"><img src="images/
2008_12_9_15_36_48_2645.jpg"width=
"145" height="145" /></div>
<div  class="picText"><img  src=
"images/Arrow_03.gif" width="13"
height="13" /> 礼品袋</div>
</div>
<div class="rows">
<div class="pic"><img src="images/
2008_12_9_17_16_26_5033.jpg"
```

```
width="145" height="145" /></div>
<div  class="picText"><img  src=
"images/Arrow_03.gif" width="13"
height="13" /> 金边纱袋</div>
</div>
<div class="rows">
<div  class="pic"><img  src="images/
2008_12_9_17_40_53_8966.jpg"
width="145" height="145" /></div>
<div  class="picText"><img  src=
"images/Arrow_03.gif" width="13"
height="13" /> 烫金纱袋</div>
</div>
<div class="rows">
<div  class="pic"><img  src="images/
2009_3_15_9_58_3_3778.jpg"
width="145" height="145" /></div>
<div  class="picText"><img  src=
"images/Arrow_03.gif" width="13"
height="13" /> 无纺布袋</div>
</div>
<div class="rows">
<div  class="pic"><img  src="images/
2009_3_15_9_48_26_5590.jpg"
width="142" height="145" /></div>
<div  class="picText">  <img  src=
"images/Arrow_03.gif" width="13"
height="13" /> 金边纱袋</div>
</div>
<div class="rows">
<div  class="pic"><img  src="images/
2008_12_10_18_35_19_6625.jpg"
width="145" height="145" /></div>
<div   class="picText"><img   src=
"images/Arrow_03.gif" width="13"
height="13" /> 无纺布袋</div>
</div>
<div class="rows">
<div  class="pic"><img  src="images/
2008_12_10_18_39_52_9199.jpg"
width="145" height="145" /></div>
<div   class="picText"><img   src=
"images/Arrow_03.gif" width="13"
height="13" /> 无纺布袋</div>
</div>
```

```
        </div>
```

STEP|06 制作版尾。在"content"Div层下方插入名为"footer"的Div层，并制作层内容。

```
<div id="footer">关于我们 - 广告服务 -
会员服务 - 服务条款 - 爱心站 - 友情链接
```

```
- 联系我们 - 帮助中心<br />
 Copyright © 2004-2010 爱心网 版权所
有 湘 ICP证:湘 B-3-6-2809003x<br />
<img  src="images/jc.gif"  width=
"127" height="53" />
</div>
```

14.6 新手训练营

练习 1：制作鼠标经过图像

⊙downloads\14\新手训练营\鼠标经过图像

提示：本练习中，首先输入 CSS 样式表，用于设置 box 样式。然后，输入 JavaScript 代码，设置鼠标指针经过图像动作。

```
<style type="text/css">
#box {
height: 640px;
width: 1137px;
}
</style>
<script type="text/javascript">
function MM_swapImgRestore() { //v3.0
 var i,x,a=document.MM_sr; for(i=0;
 a&&i<a.length&&(x=a[i])&&x.oSrc;
 i++) x.src=x.oSrc;
}
function MM_preloadImages() { //v3.0
 var d=document; if(d.images)
 { if(!d.MM_p) d.MM_p=new Array();
  var i,j=d.MM_p.length,a=MM_
  preloadImages.arguments;    for
  (i=0; i<a.length; i++)
  if (a[i].indexOf("#")!=0){d.MM_
  p[j]=new Image; d.MM_p[j++].src
  =a[i];}}
}
function MM_findObj(n, d) { //v4.01
 var p,i,x;   if(!d) d=document;
 if((p=n.indexOf("?"))>0&&parent.
 frames.length) {
d=parent.frames[n.substring(p+1)].
```

```
document; n=n.substring(0,p);}
 if(!(x=d[n])&&d.all) x=d.all[n];
 for   (i=0;!x&&i<d.forms.length;
 i++) x=d.forms[i][n];
for(i=0;!x&&d.layers&&i<d.layers.l
ength;i++) x=MM_findObj(n,d.layers
[i].document);
 if(!x && d.getElementById) x=d.
 getElementById(n); return x;
}
function MM_swapImage() { //v3.0
 var i,j=0,x,a=MM_swapImage.arguments;
 document.MM_sr=new Array; for(i=0;
 i<(a.length-2);i+=3)
 if  ((x=MM_findObj(a[i]))!=null)
 {document.MM_sr[j++]=x;if(!x.oSrc)
  x.oSrc=x.src; x.src=a[i+2];}
}
</script>
```

最后，在<body>标签内输入相关代码，插入图像并设置图像属性。最终效果如下图所示。

练习 2：制作网页相册

⊙ downloads\14\新手训练营\网页相册

提示：本练习中，首先设置网页标题，输入 CSS 样式表，用于设置 box 样式。然后，输入 JavaScript 代码，设置鼠标指针经过图像动作。

```
<script    src="../../../SpryAssets/
SpryEffects.js"type="text/javascript"
> </script>
<script type="text/javascript">
function MM_effectAppearFade(target
Element, duration, from, to, toggle)
{
Spry.Effect.DoFade(targetElement,
{duration: duration, from: from, to:
to, toggle: toggle});
}
function MM_showHideLayers() { //v9.0
 var i,p,v,obj,args=MM_showHideLa
 yers.arguments;
 for (i=0; i<(args.length-2); i+=3)
 with (document) if (getElementById
 && ((obj=getElementById(args[i]))!
 =null)) { v=args[i+2];
  if (obj.style) { obj=obj.style;
  v=(v=='show')?'visible':(v==
  'hide')?'hidden':v; }
  obj.visibility=v; }
}
</script>
```

然后，在<body>标签内插入 Div 层，为每个层插入图像并设置图像的交换属性。

练习 3：制作网站引导页

⊙ downloads\14\新手训练营\网站引导页

提示：本练习中，首先设置网站标题，并输入元素属性的 CSS 样式代码。

```
<style type="text/css">
body,td,th {
  font-size: 12px;
  color: #666;
}
body {
margin-left: 0px;
margin-top: 0px;
margin-right: 0px;
margin-bottom: 0px;
}
#apDiv1 {
position: absolute;
z-index: 1;
height: 95px;
width: 1003px;
left: 0px;
top: 525px;
}
</style>
```

然后，在<body>标签内插入图片，并设置图片的热点。最后，插入 Div 层并输入版尾文本。最终效果如下图所示。

第 15 章

CSS3 变形与动画

　　在设计网页过程中，可以使用 CSS3 中的 2D 变形和动画设计功能，不仅可以使页面上的文字或图片具有动画效果，还可以使背景色从一种颜色平滑过渡到另一种颜色。CSS3 所提供的动画包括 2D 变形、转换和动画技术，它们主要通过 CSS 控制元素样式中的属性值的变化来实现。

　　在本章中，将详细介绍 CSS3 基本滤镜、高级滤镜的使用方法，以及 2D 变形、3D 动画、平滑过渡和渐变效果的基础知识和操作技巧。

15.1 2D 变形

CSS3 中的变形是最基本的动画形式，它主要通过控制元素样式属性值的变化来实现。CSS3 中主要通过 transform 属性实现文字或图像的 2D 变形，包括旋转、缩放、倾斜和移动等变形处理。

15.1.1 使用 2D 变形

在 CSS3 中，可以使用 transform 属性控制文字和图片的变形，该属性的语法格式如下所示：

```
transform:none|<transform-function
>[<transform-function>]*;
```

通过上述代码可以发现，Transform 属性的默认值为 none，<transform-function>属性用于设置变形函数，包括 matrix()、translate()、scale()、scaleX()、scaleY()、rotate()、skewX()、skewY()和 skew()等函数，其每种函数的具体说明如下所述。

❑ matrix()：该函数用于定义矩阵的变换。

❑ translate()：该函数用于移动对象。

❑ scale()：该函数用于缩放对象，其值包括正数、负数及小数。

❑ rotate()：该函数用于旋转对象，其值为度数值。

❑ skew()：该函数用于倾斜元素，其值为度数值。

1. 旋转

图像或文字的旋转处理可以使用 rotate()函数来实现，使用参数值指定旋转的幅度。该函数的语法格式，如下所示：

```
rotate(<angle>)
```

旋转对象的代码示例如下所示：

```
<!DOCTYPE html>
<html>
<head>
<meta charset="utf-8">
```

```
<title>无标题文档</title>
<style>
div {
    width:300px;
    height:200px;
background:top;
}
div:hover {
    -webkit-transform: rotate
    (-180deg);
    -moz-transform: rotate
    (-180deg);
    -o-transform: rotate(-180deg);
    -transform: rotate(-180deg);
    filter: progid:DXImageTransform.
    Microsoft.BasicImage
    (rotation=3);
}
</style>
</head>
<body>
<div>
<img src="images/1.jpg" width="327"
height="203" alt=""/>
</div>
</body>
</html>
```

使用浏览器预览，其效果如下图所示。

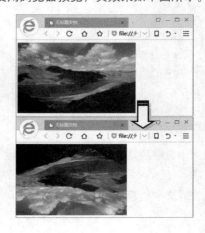

2．缩放

图像或文字的缩放处理可以使用 scale()函数来实现，参数指定缩放倍率。scale()函数的语法格式，如下所示：

```
scale(<number>[,<number>])
```

<number>参数可以为正数、负数和小数，当为正数时图像会根据指定高度和宽度进行放大，当为负数时图像则根据指定值进行翻转缩放，当为小数值时图像则进行缩小。

如若省略函数中的第 2 个参数，则第 2 个参数值默认为第 1 个参数值。缩放图像的示例代码如下所示：

```
<!DOCTYPE html>
<html>
<head>
<meta charset="utf-8">
<title>无标题文档</title>
<style>
div {
    width:300px;
    height:150px;
background:top;
}
div:hover {
    -webkit-transform: scale(-1);
    -moz-transform: scale(-1);
    -o-transform: scale(-1);
}
</style>
</head>
<body>
<div>
<img src="图片/11.jpg" width="299"
height="134" alt=""/>
</div>
</body>
</html>
```

使用浏览器预览，其效果如下图所示。

3．移动

图像或文字的移动处理可以使用 translate()函数来实现，参数中分别指定水平方向上的移动距离与垂直方向上的移动距离。translate()函数的语法格式如下所示：

```
translate(<translate-value>[,<tran
slate-value>])
```

在上述代码中，第 1 个参数表示相对于水平（x 轴）方向上的偏移距离，第 2 个参数表示相对于垂直（y 轴）方向上的偏移距离。

translate()函数的示例代码如下所示：

```
<!DOCTYPE html>
<html>
<head>
<meta charset="utf-8">
<title>无标题文档</title>
<style>
div {
    width:300px;
    height:150px;
background:top;
}
div:hover {
    -webkit-transform: translate
    (50px,30px);
    -moz-transform: translate
    (50px,30px);
```

```
        -o-transform: translate(50px,
    30px);
}
</style>
</head>
<body>
<div>
<img src="图片/23.jpg" width="299"
height="134" alt=""/>
</div>
</body>
</html>
```

使用浏览器预览，其效果如下图所示。

4．倾斜

图像或文字的倾斜处理可以使用 skew()函数来实现，参数中分别指定水平方向上的倾斜角度与垂直方向上的倾斜角度。skew()函数的语法格式如下所示：

```
skew(<angle>[,<angle>])
```

在上述代码中，第 1 个参数表示相对于水平方向进行倾斜；第 2 个参数表示相对于垂直方向进行倾斜，如若省略，则默认值为 0。

skew()函数的示例代码，如下所示：

```
<!DOCTYPE HTML>
<html>
<head>
<meta charset="utf-8">
<title>skew 方法应用</title>
<style type="text/css">
div {
    margin:80px auto;
    border-radius: 15px;
    border: solid 5px red;
    background-color:#E4E4E4;
    padding: 10px;
    font-size:24px;
    color:#000000;
    -moz-transform:skew(20deg,
    20deg);
    -o-transform:skew(20deg,
    20deg);
    -webkit-transform:skew(20deg,
    20deg);
    width:350px;
}
</style>
</head>
<body>
<div> 月上柳梢头，人约黄昏后。</div>
</body>
</html>
```

使用浏览器预览，其效果如下图所示。

5．矩阵变形

在 CSS3 中，可以通过 matrix()函数对矩阵变形来实现各种变形效果。该函数包含 6 个参数，分别是 a、b、c、d、e 和 f 参数。matrix()函数语法格式如下所示：

```
matrix(<number>,<number>,<number>,
<number>,<number>,<number>)
```

matrix()函数代码示例如下所示：

```
<!DOCTYPE html>
<html>
<head>
<meta charset="utf-8">
<title>无标题文档</title>
<style>
div {
    width:300px;
    height:150px;
}
div:hover {
    -moz-transform: matrix(-1, 0.6,
    0, 1, 0, 0);
    -webkit-transform:    matrix(-1,
    0.6, 0, 1, 0, 0);
    -o-transform: matrix(-1, 0.4, 0,
    1, 0, 0);
}
</style>
</head>
<body>
<div>
<img src="图片/23.jpg" width="299"
height="134" alt=""/>
</div>
</body>
</html>
```

使用浏览器预览，其效果如下图所示。

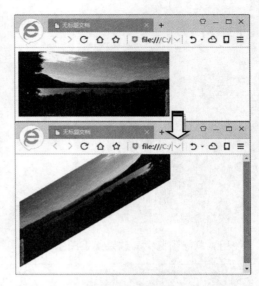

15.1.2　自定义变形

在 CSS3 中，不仅可以使用 transform 属性中的各函数来旋转、缩放、移动和倾斜对象，还可以自定义变形，包括指定变形的基准点和定义复杂变形两部分内容。

1．指定变形的基准点

在使用 transform 方法对图像或文字进行变形时，是以标签的中心点为基准点进行的。如果需要改变基准点，可以使用 transform-origin 属性进行修改。

transform-origin 属性的语法格式如下所示：

```
transform-origin:[[<percentage>|<l
ength>|left|center|right][<percent
age|<length>|top|center|bottom]?]|
[[left|center|right]|[top|center|b
ottom]]
```

transform-origin 属性可接受两个参数，可以为百分比、em 和 px 等值，也可以为 left、right、center，或者 top、center、bottom 等关键字。

ransform-origin 属性示例代码如下所示：

```
<!DOCTYPE html>
<html>
<head>
<meta charset="utf-8">
```

```
<title>无标题文档</title>
<style>
div {
    width:150px;
    height:150px;
    border-radius: 15px;
    border: solid 2px red;
    font-size:24px;
    color:#000000;
    display:inline-block;
}
div.div1 {
    background-color:#CCC;
}
div.div2 {
    background-color:#FFCC00;
    -moz-transform:rotate(60deg);
    -o-transform:rotate(60deg);
    -webkit-transform:rotate(60deg);
    -moz-transform-origin:left bottom;
    -o-transform-origin:left bottom;
    -webkit-transform-origin:left
    bottom;
}
</style>
</head>
<body>
<div class="div1">div1</div>
<div class="div2">div2</div>
</body>
</html>
```

使用浏览器预览，其效果如下图所示。

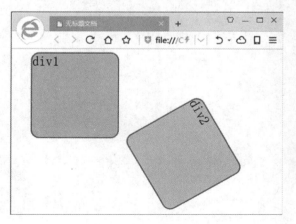

2. 定义复杂变形

在 CSS3 中的，还可以使用 transform-origin 属性中的多个属性值，来设计出更加复杂的变形效果。

例如，下面代码中使用了旋转和平移效果，达到从左向右平滑旋转移动的效果，具体代码如下所示：

```
<!DOCTYPE html>
<html>
<head>
<meta charset="utf-8">
<title>无标题文档</title>
<style>
img {
    position: absolute;
    top: 40px;
    left: 0;
    height:200px;
    -webkit-transform: rotate(0deg);
    -webkit-transition: left 1s linear,
    -webkit-transform 1s linear;
    -moz-transform: rotate(0deg);
    -moz-transition: left 1s linear,
    -moz-transform 1s linear;
    -o-transform: rotate(0deg);
    -o-transition: left 1s linear,
    -o-transform 1s linear;
}
div:hover img {
    position: absolute;
    left: 500px;
    -webkit-transform: rotate
    (3000deg);
    -moz-transform: rotate(3000deg);
    -o-transform: rotate(3000deg);
}
</style>
</head>
<body>
<div>
<img src="图片/23.jpg" width="260"
height="100" alt=""/>
</div>
</body>
</html>
```

使用浏览器预览，其效果如下图所示。

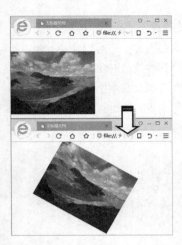

15.2 设计动画

在 CSS3 中，新增的 Transitions 功能和 Animations 功能可以使页面中的文字或图像具有动画效果。Transitions 功能支持从一个属性值平常过渡到另一个属性值，而 Animations 功能支持通过关键帧的指定在页面上产生更复杂的动画效果。

15.2.1 使用 Transitions 属性

在 CSS3 中，可以使用 Transitions 属性将标签中某个属性的属性值，在指定的时间内平滑过渡到另一个属性值。transition 属性的语法格式如下所示：

```
transition:property duration timing-
function
```

在上述代码中，property 表示对属性值进行平滑过渡，duration 表示在多长时间内完成属性值的平滑过渡，timing-function 表示通过什么方法进行平滑过渡。

transition 属性的代码示例如下所示：

```
<!DOCTYPE html>
<html>
<head>
<meta charset="utf-8" />
<title>Transitions 功能应用</title>
```

```
<style>
div {
    margin-left:10px;
    margin-top:10px;
    width:230px;
    height:25px;
    padding:10px;
    font-size:18px;
}
div.div1 {
    background-color: #ff0;
    -webkit-transition: background-
    color 1s ease;
    -moz-transition: background-
    color 1s ease;
    -o-transition: background-
    color 1s ease;
}
div.div1:hover {
    background-color: #0ff;
}
</style>
</head>
<body>
<div class="div1">鼠标指向时，改变背景颜色</div>
</body>
</html>
```

使用浏览器预览，其效果如下图所示。在页面中，当鼠标指针未指向 div1 层时，div1 层的背景颜色为#ff0。当鼠标指针指向 div1 层时，使用 transition 属性设置在 1s 中过渡背景颜色为#0ff。

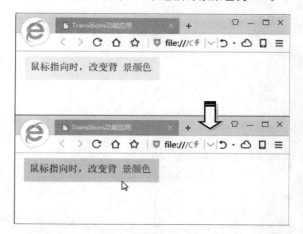

15.2.2　同时平滑过渡多个属性值

使用 Transitions 属性可以对多个属性值进行平滑过渡，同时也可以改变标签的位置属性值，或实现变形处理的 transform 属性值，来实现标签的移动、旋转和变形等功能。

使用 Transitions 属性同时平滑过渡多个属性值的代码示例，如下所示：

```
<!DOCTYPE html>
<html>
<head>
<meta charset="utf-8" />
<title>Transitions 功能应用
</title>
<style>
div {
    width:250px;
    height:40px;
    margin-top:5px;
    margin-left:5px;
    border-radius: 5px;
    border:dashed 1px red;
    padding:12px;
    font-size:16px;
```

```
    color:#000000;
    display:inline-block;
    -moz-transform-origin:left
    bottom;
    -o-transform-origin:left
    bottom;
    -webkit-transform-origin:
    left bottom;
}
div.div1 {
    background-color:#CCC;
    -webkit-transition:
    background-color 3s linear,
    -webkit-transform 3s linear;
    -moz-transition: background-
    color 3s linear,-moz-transform
    3s linear;
    -o-transition: background-
    color 3s linear,-o-transform
3s linear;
}
div.div1:hover {
    background-color:#FFCC00;
    -moz-transform:rotate(45deg);
    -o-transform:rotate(45deg);
    -webkit-transform:rotate
    (45deg);
}
</style>
</head>
<body>
<div class="div1">鼠标指向时，图像旋
转</div>
</body>
</html>
```

使用浏览器预览，其效果如下图所示。上述代码中，设置 div 层的基准点在左下角，宽度为250px，高度为40px。使用浏览器预览，其效果如下图所示。在页面中，当鼠标指针指向 div1 层时，使用 transition 属性设置 div1 层在 3s 中过渡背景颜色为#FFCC00，并旋转 45°。

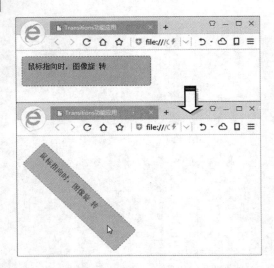

15.2.3 使用 Animations 属性

Animations 属性与 Transitions 属性相同，都是通过改变标签的属性值来实现动画效果。

不同的是：Transitions 属性只改变指定属性的开始值与结束值，然后在属性值之间进行平滑过渡，不能实现复杂的动画效果；而 Animations 属性可以定义多个关键帧，通过每个关键帧中标签的属性值来实现复杂的动画效果。

下面实例中，通过在各关键帧中同时指定不同的属性值，实现多个属性值同时变化的动画。

```html
<!DOCTYPE HTML>
<html>
<head>
<meta charset="utf-8">
<title>Animations 功能使用示例</title>
</head>
<style>
div {
    width:50px;
height:50px;
margin-top:5px;
margin-left:5px;
border:dashed 1px red;
padding:12px;
font-size:12px;
color:#000000;
display:inline-block;
}
```

```css
div.div1
{
background-color:#CCC;
border-radius: 5px;
}
@-webkit-keyframes mycolor {
 0% {
    background-color: #CCC;
    border-radius: 0px;
    -webkit-transform:translate
    (0px,0px);
}
 25% {
    background-color: darkblue;
    border-radius: 30px;
    -webkit-transform:translate
    (200px, 0px);
}
 50% {
    background-color: yellow;
    border-radius: 60px;
    -webkit-transform:translate
    (200px, 100px);
}
 75% {
    background-color: red;
    border-radius: 30px;
    -webkit-transform:translate
    (0px,100px);
}
 100% {
    background-color: #CCC;
    border-radius: 0px;
    -webkit-transform:translate
    (0px,0px);
}
}
div.div1:hover {
  -webkit-animation-name:mycolor;
  -webkit-animation-duration:10s;
  -webkit-animation-timing-
  function:linear;
}
</style>
<body>
```

```
<div class="div1">
鼠标指向时，动画开始</div>
</body>
</html>
```

在上述代码所实现的动画中，带有 5 个关键帧，通过这些关键帧之间的平滑过渡完成动画的实现。

1．开始帧

在动画的开始帧位置 0%处，设置背景颜色为 #CCC，圆周半径为 0px，水平方向移动 0px，垂直方向移动 0px。

2．圆角半径为 30px 的关键帧

在动画的开始帧位置 25%处，设置背景颜色为 darkblue，圆角半径为 30px。水平方向移动 200px，垂直方向移动 0px。

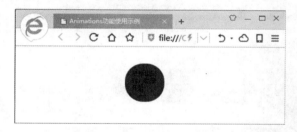

3．圆角半径为 60px 的关键帧

在动画的开始帧位置 50%处，设置背景颜色为 yellow，圆周半径为 60px，水平方向移动 200px，垂直方向移动 100px。

4．圆角半径为 30px 的关键帧

在动画的开始帧位置 75%处，设置背景颜色为 red，圆周半径为 30px，水平方向移动 0px，垂直方向移动 100px。

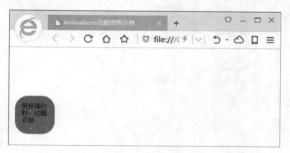

5．结束帧

动画的最后一帧为结束帧，位置 100%处。在结束帧之后，元素的属性不再发生变化。这时，动画的结束帧与开始帧的页面显示完全相同，背景颜色为#CCC，圆周半径为 0px。

15.2.4　实现动画的方法

在使用 Animations 属性实现动画时，只用到一种方法 linear。linear 方法指动画从开始到结束使用同样的速度进行各种属性值的改变，在动画过程中不改变各种属性值的改变速度。Animations 属性可以使用 5 种方法来实现动画，详细介绍如下表所示。

名　　称	解　　释
linear	在动画开始时到结束时以同样的速度进行改变
ease-in	动画开始时速度很慢，然后速度沿曲线值加快
ease-out	动画开始时速度很快，然后速度沿曲线值放慢
ease	动画开始时速度很快，然后速度沿曲线值放慢，再沿曲线值加快
ease-in-out	动画开始时速度很慢，然后速度沿曲线值加快，再沿曲线值放慢

通过上表，已经了解了 Animations 属性中实现动画的方法，其具体代码示例如下所示：

```
<!DOCTYPE HTML>
```

```html
<html>
<head>
<meta charset="utf-8">
<title>Animations 功能使用示例
</title>
</head>
<style>
div {
    margin-top:5px;
    margin-left:5px;
    border-radius:5px;
    border:solid 1px red;
    padding:5px;
    font-size:12px;
    color:#000000;
    display:inline-block;
}
div.div1 {
    width:50px;
    height:20px;
    background-color:#CCC;
}
@-webkit-keyframes mycolor {
 0% {
    width:50px;
    height:20px;
    background-color:#CCC;
 }
 50% {
    width:100px;
    height:40px;
        background-color:yellow;
 }
 100% {
        background-color:#00CCCC;
    width:150px;
    height:80px;
```

```html
    }
}
div.div1:hover {
    -webkit-animation-name:
    mycolor;
    -webkit-animation-duration:
    10s;
    -webkit-animation-timing-
    function: ease-in-out;
}
</style>
<body>
<div class="div1">div1</div>
</body>
</html>
```

在上述代码中，动画中有 3 个帧，分别位于 0%、50%和 100%处。使用 Animations 功能中 ease-in-out 方法，使动画开始时速度很慢，然后速度沿曲线值变快，再沿曲线值放慢。

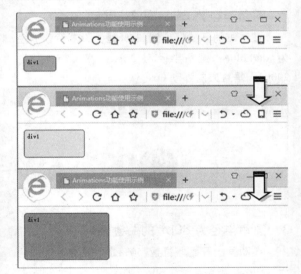

15.3 渐变效果

在 CSS3 中，不仅可以制作 2D 变形和动画效果，还可以制作基于 Webkit 和 Gecko 引擎的浏览器的渐变效果，该渐变效果可支持无级缩放，其渐变过渡更加自然。

15.3.1 使用 Webkit 渐变

CSS3 中支持 Webkit 浏览器引擎的渐变方法如下所示：

```
-webkit-gradient(<type>,<point>[,<
radius>]?,<point>[,<radius>]?[,<st
op>]*)
```

上述代码中，包含了下列 4 个函数参数。

❑ <type>：用于定义渐变类型，包括线性渐变和径向渐变。

❑ <point>：用于定义渐变的起始点和结束点，该参数可为数值、百分比和关键字。

❑ <radius>：用于定义径向渐变的长度，该参数为一个数值。

❑ <stop>：用于定义渐变色和步长，包括开始颜色（from(colorvalue)函数定义）、结束颜色（to(colorvalue)函数定义）、颜色步长（colorstop(value,color value)函数定义）3 个类型值。

> **提示**
>
> color-stop()函数包含 2 个参数值，第 1 个参数表示数值或百分比值，取值范围介于 0~1（或 0%~100%）；第 2 个参数表示任意颜色值。

1. 线性双色渐变

双色渐变是从一种颜色过渡到另外一种颜色，Webkit 引擎的线性双色渐变示例代码如下所示：

```html
<!DOCTYPE html>
<html>
<head>
<meta charset="utf-8">
<title>无标题文档</title>
<style>
div {
    width:300px;
    height:200px;
    border:2px solid #A0522D;
    padding: 2px;
    background: -webkit-gradient
    (linear, left top, left bottom,
    from(#F7C709), to(#FF3030));
    -webkit-background-origin:
    padding-box;
    -webkit-background-clip:
    content-box;
```

```html
}
</style>
</head>
<body>
<div></div>
</body>
</html>
```

使用浏览器预览，其效果如下图所示。在上述代码中，实现了简单的双色线性渐变，渐变从顶部到底部，从黄色到红色进行渐变。

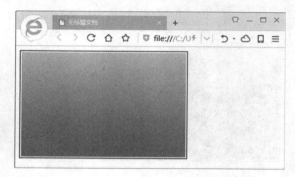

2. 线性三色渐变

三色渐变是在双色渐变中间再添加一条中间渐变色，该渐变从顶部到中间，再从中间到底部进行渐变。Webkit 引擎的直线双色渐变示例代码如下所示：

```html
<!DOCTYPE html>
<html>
<head>
<meta charset="utf-8">
<title>无标题文档</title>
<style>
div {
    width:300px;
    height:200px;
    border:2px solid #A0522D;
    padding: 2px;
    background: -webkit-gradient
    (linear, left top, left bottom,
    from(#F7C709), to(#FF3030),
    color-stop(50%,#68228B));
    -webkit-background-origin:
    padding-box;
```

```
    -webkit-background-clip:
    content-box;
}
</style>
</head>
<body>
<div></div>
</body>
</html>
```

```
-webkit-background-clip:content-box;
    }
</style>
</head>
<body>
<div></div>
</body>
</html>
```

使用浏览器预览，其效果如下图所示。

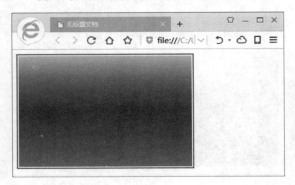

使用浏览器预览，其效果如下图所示。

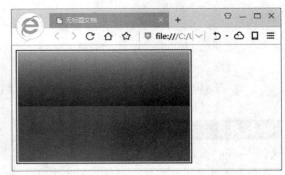

3. 线性二重渐变

二重渐变是从顶部到底部，进行 2 次 4 种颜色的渐变。Webkit 引擎的二重渐变示例代码如下所示：

4. 径向渐变

径向渐变是从起点到终点，颜色从内到外进行的圆形渐变。Webkit 引擎的径向渐变示例代码如下所示：

```
<!DOCTYPE html>
<html>
<head>
<meta charset="utf-8">
<title>无标题文档</title>
<style>
div {
    width:300px;
    height:200px;
    border:2px solid #A0522D;
    padding: 2px;
    background: -webkit-gradient
    (linear, left top, left bottom,
    from(#F7C709), to(#FF3030), color-
    stop(50%, #68228B), color-
    stop(50%, #436EEE));
    -webkit-background-origin:
    padding-box;
```

```
<!DOCTYPE html>
<html>
<head>
<meta charset="utf-8">
<title>无标题文档</title>
<style>
div {
    width:300px;
    height:200px;
    border:2px solid #A0522D;
    padding: 2px;
    background: -webkit-gradient
    (radial, 150 100, 10, 150 100,
    100, from(#000), to(#fff));
    -webkit-background-origin:
    padding-box;
    -webkit-background-clip:
    content-box;
```

```
}
</style>
</head>
<body>
<div></div>
</body>
</html>
```

使用浏览器预览，其效果如下图所示。上述代码中，圆心坐标为（150,100），内圆半径为 10，外圆半径为 100，从内圆黑色到外圆白色进行径向渐变，超出外圆半径显示为白色，内圆显示为黑色。

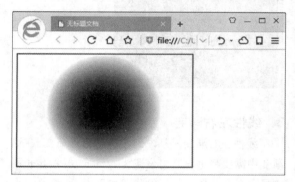

5. 径向球形效果

球形渐变是通过设置 to() 函数，将颜色值设置为透明色及相近色，从而形成球形效果。Webkit 引擎的球形效果示例代码如下所示：

```
<!DOCTYPE html>
<html>
<head>
<meta charset="utf-8">
<title>无标题文档</title>
<style>
div {
    width:300px;
    height:200px;
    border:2px solid #A0522D;
    padding: 2px;
    background:-webkit-gradient
    (radial, 150 80, 10, 150 100, 90,
    from(#EE0000), to(rgba(1,159,98,
    0)), color-stop(98%, #F7C709));
    -webkit-background-origin:
    padding-box;
```

```
    -webkit-background-clip:
    content-box;
}
</style>
</head>
<body>
<div></div>
</body>
</html>
```

使用浏览器预览，其效果如下图所示。

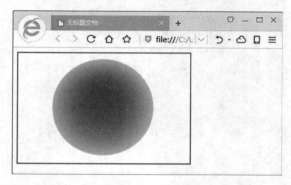

15.3.2 使用 Gecko 渐变

Gecko 引擎与 Webkit 引擎渐变的用法不同，其两种方法渐变的方向也不尽相同。

Gecko 引擎线性渐变的语法结构如下所示：

```
-moz-linear-gradient([<point>||<an
gle>,]?<stop>,<stop>[,<stop>]*)
```

上述代码中，包含了 3 个函数参数，其具体说明如下所述。

❑ <point>：用于定义渐变起始点，其值可为数值、百分比和关键字，当指定一个值后另一个值默认为 center。

❑ <angle>：用于定义线性渐变的角度，单位为 deg（度）、grad（梯度）、rad（弧度）。

❑ <stop>：用于定义步长，不需要调用函数，可直接传递参数。第 1 个参数为颜色值；第 2 个参数为颜色的位置，取值为数值或百分比（0%~100%），该参数可省略。

1. 线性上下渐变

线性渐变是指定开始颜色和结束颜色，从上到下进行颜色渐变。Gecko 引擎的线性渐变代码示例如下所示：

```html
<!DOCTYPE html>
<html>
<head>
<meta charset="utf-8">
<title>无标题文档</title>
<style>
div {
    width:300px;
    height:200px;
    border:2px solid #A0522D;
    padding: 2px;
    background:-moz-linear-gradient
    (#7CFC00,#8B2323);
}
</style>
</head>
<body>
<div></div>
</body>
</html>
```

使用浏览器预览，其效果如下图所示。

2. 线性对角渐变

线性对角渐变是从左上角到右下角进行线性渐变，在该渐变方法中需要使用 top 和 left 关键字设置起点和结束点，其示例代码如下所示：

```html
<style>
div {
    width:300px;
    height:200px;
```

```
    border:2px solid #A0522D;
    padding: 2px;
    background: moz-linear-gradient
    (top left,#00F5FF,#0000EE);
}
</style>
```

使用浏览器预览，其效果如下图所示。

3. 线性左右渐变

线性左右渐变是从左到右进行五彩渐变，在该渐变中需要将垂直方向设置为 center，并按步长平均显示多个色值，其示例代码如下所示：

```html
<style>
div {
    width:300px;
    height:200px;
    border:2px solid #A0522D;
    padding: 2px;
    background:-moz-linear-gradient
    (left, red, orange, yellow, green,
    blue, indigo, violet);
}
</style>
```

使用浏览器预览，其效果如下图所示。

4．线性图像渐变

线性图像渐变是对图像进行渐变，以实现渐显渐隐的效果。在该渐变中，需要在图像上方覆盖一层从左到右的白色透明填充层。

线性图像渐变的示例代码如下所示：

```
<style>
div {
    width:360px;
    height:200px;
    border:2px solid #A0522D;
    padding: 2px;
background:-moz-linear-gradient(ri
ght,rgba(255,255,255,0),rgba(255,2
55,255,1)),url(13.jpg);
}
</style>
```

使用浏览器预览，其效果如下图所示。

5．简单径向渐变

Gecko 引擎径向渐变的语法结构如下所示：

```
-moz-linear-gradient([<position>||
<angle>,]?[<shape>||<size>),]?<sto
p>,<stop>[,<stop>]*)
```

上述代码中，包含了 5 个函数参数，其具体说明如下所述。

- ❏ <position>：用于定义渐变的起始点，其值可为数值、百分比和关键字。
- ❏ <angle>：用于定义渐变的角度，单位为 deg（度）、grad（梯度）、rad（弧度）。
- ❏ <shape>：用于定义径向渐变的形状，包括

圆（circle）和椭圆（ellipse），默认值为椭圆（ellipse）。

- ❏ <size>：用于定义圆半径或椭圆的轴长度。
- ❏ <stop>：用于定义步长，不需要调用函数，可直接传递参数。第 1 个参数为颜色值；第 2 个参数为颜色的位置，取值为数值或百分比（0%~100%），该参数可省略。

Gecko 引擎的径向渐变代码示例如下所示：

```
<!DOCTYPE html>
<html>
<head>
<meta charset="utf-8">
<title>无标题文档</title>
<style>
div {
    width:360px;
    height:200px;
    border:2px solid #A0522D;
    padding: 2px;
background:-moz-radial-gradient(co
ntain,#EE0000,#8A2BE2,#00FFFF);
}.
</style>
</head>
<body>
<div></div>
</body>
</html>
```

使用浏览器预览，其效果如下图所示。

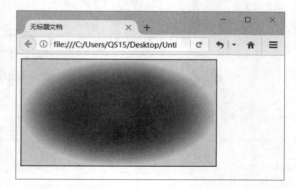

6．重复径向渐变

通过调整相应的属性，可以设置重复径向渐

变，其代码示例如下所示：

```
<!DOCTYPE html>
<html>
<head>
<meta charset="utf-8">
<title>无标题文档</title>
<style>
div {
    width:360px;
    height:200px;
    border:2px solid #A0522D;
    padding: 2px;
background:-moz-repeating-radial-g
radient(circle,#CD0000,#CD0000
5px,#F7C709 5px,#F7C709 20px);
}
</style>
```

```
</head>
<body>
<div></div>
</body>
</html>
```

使用浏览器预览，其效果如下图所示。

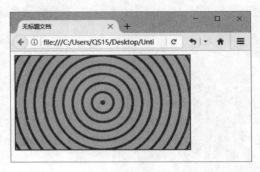

15.4 练习：制作不规则形状

通过本章的学习，用户了解了在 HTML5 中，怎么使用 transform 功能对图像或文字进行旋转、缩放、倾斜及移动等变形处理。在本练习中，将使用 transform 功能配合其他标签，制作一个企业网站首页，帮助用户更好地了解 transform 功能的应用及含义。

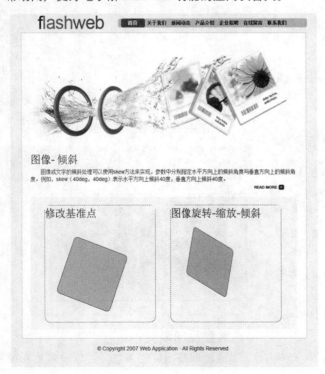

练习要点

- 添加 Div 层
- 设置超链接
- 设置 CSS 样式
- 插入图像
- 旋转对象
- 缩放对象
- 倾斜对象

操作步骤 ▶▶▶▶

STEP|01 创建页面的页头。页头被放置在 DIV 层中，使用 ul 列表为页头添加导航条。

```html
<div id="topNav"> <a href="index.
html" title=
"Flash Web"><img src="images/logo_
text.gif"  alt="Flash Web" width=
"179" height="35" border=
"0" /></a>
 <ul>
    <li><a href="#" title="Home"
    class="hover">
    首页</a></li>
    <li><a  href="#"  title="About
    us">关于我们
    </a></li>
    <li><a href="#" title="Support">
    新闻动态
    </a></li>
    <li><a href="#" title="Works">
    产品介绍
    </a></li>
    <li><a href="#" title="Ideas">
    企业招聘
    </a></li>
    <li><a href="#" title="Profits">
    在线留言
    </a></li>
    <li><a href="#" title="Contact">
    联系我们
    </a></li>
  </ul>
</div>
```

STEP|02 为页头添加 CSS 样式，包括 Div 层、导航列表 ul 和列表项 li 的样式。

```css
#topNav{
    width:728px; position:relative;
    margin:0 auto;
    padding:8px 0 0 50px;
}
#topNav img{
    border:none; float:left; margin:
```

```css
0 34px 0 0;
}
#topNav ul{

background:url(images/top_ul_bg.gi
f) no-
    repeat 0 8px;
    width:503px; height:23px;
    padding:8px 0 0 8px;
    margin:0 0 0 217px;
}
#topNav ul li{
    float:left; color:#0B0B0B;
    background-color:#FDF9EE;
    font:normal 12px/16px "Trebuchet
MS", Arial,
        Helvetica, sans-serif;
}
```

STEP|03 为页头中的超链接添加样式，包括超链接的基本设置，以及鼠标指针离开时超链接的颜色。

```css
#topNav ul li a{
    background-color:#E1DBC7; color:
    #0B0B0B;
    font:bold 11px/23px "Trebuchet
MS", Arial,
    Helvetica, sans-serif;
    text-transform:uppercase;
    text-align:center; text-
    decoration:none;
    width:65px; height:23px;
    display:block;
}
#topNav ul li a.hover{

background:url(images/top_btn_h.gi
f) no-
    repeat 0 0 #FDF9EE; color:
    #FDF9EE;
    font:bold 11px/23px "Trebuchet
MS", Arial,
    Helvetica, sans-serif;
    text-transform:uppercase;
    text-align:
    center; text-decoration:none;
```

```
width:65px; height:23px; display:
block;
}
```

STEP|04 为页面添加图像倾斜简介，内容被旋转在 midle 层中。

```
<div id="midle">
  <h2>图像- <span>倾斜</span></h2>
  <p>     
     图像或文字的倾斜处理可
  以使用 skew 方法来实现,参数中分别指定水
  平方向上的倾斜角度与垂直方向上的倾斜角
  度。例如, skew (40deg, 40deg) 表示水
  平方向上倾斜40° ，垂直方向上倾斜40° 。
  </p>
  <a  href="#"  title="read  more"
  class="more">
  read more</a><br class="spacer" />
</div>
```

STEP|05 为 midle 层及其中的内容添加样式，包括 h2 和 p 等标签的样式。

```
#midle{
    background:url(images/picture.
    gif) no-
    repeat 0 0 #FFFFFF;
    color:#4E4628;
    padding:270px 0 0 0;
}
#midle h2{
    background-color:#FFFFFF;
    color:#0B0B0B;
    font:normal 28px/46px Georgia,
    "Times New
    Roman", Times, serif;
}
#midle h2 span{
    background-color:#FFFFFF;
    color:#A60101;
    font:normal 28px/46px Georgia,
    "Times New
    Roman", Times, serif;
}
#midle p{
```

```
font:normal 14px/19px Arial,
Helvetica,
sans-serif; background-color:
#FFFFFF; color:
#4E4628;
}
```

STEP|06 添加 colorBg 层，将 futurePlans 层和 contact 层都放置在该层中。

```
<div id="colorBg"></div>
```

STEP|07 为 colorBg 层添加样式。

```
#colorBg{
    background-color:#FCFAF3;
    float:left; color:#0B0B0B;
    margin:18px 0 0 0; padding:18px
    40px 18px
    38px; width:642px;
}
```

STEP|08 添加 futurePlans 层，并在该层中使用 h2 标签为层添加标签。

```
<div id="futurePlans">
  <h2 class="text1">修改<span>基准点
  </span>
  </h2>
  <div id="bx"> </div>
</div>
```

STEP|09 为 futurePlans 层添加样式，包括 futurePlans、h2、span 等层和标签的样式。

```
#futurePlans{
    width:298px;
    height:298px;
    float:left;
    border: dashed 1px red;
    border-radius: 15px;
}
#futurePlans h2.text1{
    background-color:#FCFAF3;
    color:#0B0B0B;
    font:normal 28px/40px Georgia,
    "Times New
```

```
Roman", Times, serif;
}
#futurePlans h2.text1 span{
    background-color:#FCFAF3;
    color:#A60101;
    font:normal 28px/40px Georgia,
    "Times New
    Roman", Times, serif;
}
```

STEP|10 为 bx 层添加样式，该层主要用于实现图像基准点的修改及图像旋转等功能。

```
#bx{
    width:150px;
    height:150px;
    margin: 30px 0 0 30px;
    border-radius: 10px;
    border: solid 1px red;
    font-size:24px;
    color:#000000;
    display:inline-block;
    background-color:#FFCC00;
    -moz-transform:rotate(20deg);
    -o-transform:rotate(20deg);
    -webkit-transform:rotate
    (20deg);
    -moz-transform-origin:left
    bottom;
    -o-transform-origin:left bottom;
    -webkit-transform-origin:left
    bottom;
}
```

STEP|11 添加 content 层，使用 h2 标签为层添加标签，标签名称为 "图像旋转-缩放-倾斜"。

```
<div id="contact">
  <h2 class="text1">图像<span>旋转-
```

缩放-倾斜
```
    </span> </h2>
    <div id="bx1"></div>
</div>
```

STEP|12 为 content 层添加样式，包括层的大小及边框设置。

```
#contact{
    margin: 0 0 0 40px;
    width:298px;
    height:298px;
    float:left;
    border: dashed 1px red;
    border-radius: 15px;
}
```

STEP|13 为 bx1 层添加样式，该层主要用于依次实现图像的旋转、缩放和倾斜的变形处理。

```
#bx1{
    width:150px;
    height:150px;
    margin: 30px 0 0 30px;
    border-radius: 10px;
    border: solid 1px red;
    font-size:24px;
    color:#000000;
    display:inline-block;
    background-color:#FFCC00;
    -moz-transform:rotate(20deg)
    scale(0.8)
    skew(10deg,10deg);
    -o-transform:rotate(20deg)
    scale(0.8)
    skew(10deg,10deg);
    -webkit-transform:rotate(20deg)
    scale(0.8)
    skew(10deg,10deg);
}
```

15.5 练习：制作动态菜单

通过本章的学习，使用户了解在 HTML5 中如何使用 Transitions 功能制作简单的动画。例如，使用 Transitions 属性实现某个属性中两个属性值的平滑过渡。在本练习中，将使用 Transitions 功能制作一个网站首页，并为网站添加一个动画菜单，实现简单的动画效果，帮助用户更好地了解 Transitions 功能的含义和应用。

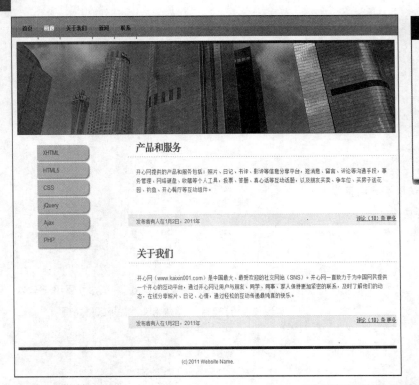

练习要点

- 添加列表
- 设置 CSS 样式
- 使用 Transition 功能
- 使用 border 属性
- 设置圆角半径
- 设置背景颜色
- 设置 Div 层填充距离

操作步骤 >>>>>

STEP|01 创建页面的页头。页头被放置在 Div 层中，使用 ul 列表为页头添加导航条。

```html
<div id="menu1">
    <ul>
        <li><a href="#">首页</a>
        </li>
        <li class="current_page_
        item"><a href=
            "#">画廊</a></li>
        <li><a href="#">关于我们</a>
        </li>
        <li><a href="#">新闻</a>
        </li>
        <li><a href="#">联系</a>
        </li>
    </ul>
</div>
```

STEP|02 为页头添加 CSS 样式，包括导航列表 ul 和列表项 li 的样式。

```css
#menu1 ul {
    height: 45px;
```

```css
    margin: 0;
    padding: 0;
    background: url(images/img03.
    gif) no-
    repeat;
    list-style: none;
}
#menu1 li {
    float: left;
    height: 45px;
    background: url(images/img03.
    gif) no-repeat
    right top;
}
```

STEP|03 为页头中的超链接添加样式，包括超链接的高度、字体大小和超链接的颜色。

```css
#menu1 a {
    float: left;
    height: 20px;
    margin: 0px;
    padding: 10px 15px;
    text-decoration: none;
    text-transform: uppercase;
    font-size: smaller;
    font-weight: bold;
```

```
    color: #000000;
}
```

STEP|04 在页面中使用 ul 列表添加动画菜单，名称为 nav。

```
<ul class="nav">
<li><a href="#">XHTML</a></li>
<li><a href="#">HTML5</a></li>
<li><a href="#">CSS</a></li>
<li><a href="#">jQuery</a></li>
<li><a href="#">Ajax</a></li>
<li><a href="#">PHP</a></li>
</ul>
```

STEP|05 为动画菜单添加样式，包括列表 ul 和列表项 li 的样式。

```
.navbox {
    position: relative;
    float: left;}
ul.nav {
    list-style: none;
    display: block;
    width: 100px;
    position: relative;
    top: 0px;
    left: 10px;
    background: url(shad2.png) no-
    repeat;
    -webkit-background-size:
    50% 100%;}
li {
    margin: 5px 0 0 0;
}
```

STEP|06 为动画菜单添加超链接样式，包括超链接的基础设置，以及鼠标离开和经过时超链接的颜色。

```
ul.nav li a {
```

```
    -webkit-transition: all 0.3s
    ease-out;
    background: #cbcbcb url(border.
    png) no-
    repeat;
    color: #174867;
    padding: 7px 15px 7px 15px;
    -webkit-border-top-right-
    radius: 10px;
    -webkit-border-bottom-right-
    radius: 10px;
    width: 100px;
    display: block;
    text-decoration: none;
    -webkit-box-shadow: 2px 2px 4px
    #888;
}
ul.nav li a:hover {
    background: #ebebeb url(border.
    png) no-
    repeat;
    color: #67a5cd;
    padding: 7px 15px 7px 30px;
}
```

STEP|07 为页面主体添加样式，设置页面字体大小和颜色。

```
body {
    margin: 0;
    padding: 0;
    background: #FFFFFF url(images/
    img01.gif) repeat-x;
    font-family: Arial, Helvetica,
    sans-serif;
    font-size: 13px;
    color: #737373;
}
```

15.6 新手训练营

练习 1：制作文本选择旋转效果

📎 downloads\115\新手训练营\文本旋转效果

提示：本练习中，将运用 transform 属性设置文本的旋转效果。首先，在 `<head>` 标签内输入用于设置 Div 层的 CSS 样式代码。

```
<style>
div
{
margin:30px;
width:200px;
```

```
height:100px;
background-color:red;
transform:rotate(9deg);
-ms-transform:rotate(9deg);
-moz-transform:rotate(9deg);
-webkit-transform:rotate(9deg);
-o-transform:rotate(9deg);
}
</style>
```

然后，在<body>标签内插入一个 Div 层，输入标题文本。最终效果如下图所示。

练习 2：制作花样图片效果

downloads\15\新手训练营\花样图片效果

提示：本练习中，将运用 transform 属性创建旋转的"宝丽来"图片效果。首先，在<head>标签内输入用于设置 Div 层的 CSS 样式代码。

```
<style>
body
{
margin:30px;
background-color:#E9E9E9;
}
div.polaroid
{
width:294px;
padding:10px 10px 20px 10px;
border:1px solid #BFBFBF;
background-color:white;
box-shadow:2px 2px 3px #aaaaaa;
}
div.rotate_left
{
float:left;
-ms-transform:rotate(7deg);
```

```
-moz-transform:rotate(7deg);
-webkit-transform:rotate(7deg);
-o-transform:rotate(7deg);
transform:rotate(7deg);
}
div.rotate_right
{
float:left;
-ms-transform:rotate(-8deg);
-moz-transform:rotate(-8deg);
-webkit-transform:rotate(-8deg);
-o-transform:rotate(-8deg);
transform:rotate(-8deg);
}
</style>
```

然后，在<body>标签内插入 2 个 Div 层，插入图片、设置图片属性，并输入说明性文本。最终效果如下图所示。

上海鲜花港的郁金香，花名：Ballade Dream。   2010年上海世博会，中国馆。

练习 3：制作上下运动的方块

downloads\15\新手训练营\上下运动的方块

提示：在本练习中，使用 animation-duration 属性制作一个上下运动的方块。首先，在<head>标签内输入用于设置 Div 层的 CSS 样式代码。

```
<style>
div
{
width:100px;
height:100px;
background:red;
position:relative;
animation:mymove 5s infinite;
-moz-animation:mymove 5s infinite;
-webkit-animation:mymove 5s infinite;
-o-animation:mymove 5s infinite;
```

```
}
@keyframes mymove
{
from {top:0px;}
to {top:200px;}
}
@-moz-keyframes mymove /* Firefox */
{
from {top:0px;}
to {top:200px;}
}
@-webkit-keyframes mymove /* Safari
and Chrome */
{
from {top:0px;}
to {top:200px;}
}
@-o-keyframes mymove /* Opera */
{
from {top:0px;}
to {top:200px;}
}
</style>
```

　　然后，在<body>标签内插入 1 个空的 Div 层。最终效果如下图所示。

练习 4：制作过渡效果

　　downloads\15\新手训练营\过渡效果

　　提示：本练习中，将使用 Transitions 属性，制作一个鼠标类型的过渡效果。首先，在<head>标签内输入用于设置 Div 层的 CSS 样式代码。

```
<style>
div
{
width:100px;
height:100px;
background:blue;
transition:width 2s;
-moz-transition:width 2s;
-webkit-transition:width 2s;
-o-transition:width 2s;
}
div:hover
{
width:300px;
}
</style>
```

　　然后，在<body>标签内插入 1 个空的 Div 层。最后，在该层下方输入段落文本。最终效果如下图所示。

第 16 章

盒样式与用户界面

　　在网页设计中，需要根据整体布局规划元素的存储位置，此时可以使用盒子模式来设置元素的存放位置。盒子模式相当于一个容器或一个矩形框，用户可以将网页中的文字、图片等元素放到这个容器中。然后，使用 CSS 样式，统一且方便地控制这些容器，为网页内容进行布局，从而可以更有效地控制网页外观，使整个网站看起来更具有条理性。除此之外，CSS3 规范还新增加了 UI 模块，该模块用来控制与用户界面相关效果的呈现方式，并定义了许多为提高用户体验而新增的属性和功能。在本章中，将详细介绍 CSS 盒状模型技术及用户界面相关属性的使用方法，帮助用户更好地掌握标准化的 Web 制作方式。

16.1 使用盒相关样式

在网页设计中，经常会使用填充（padding）、边框（border）、边界（margin）等一些属性，CSS盒子模式都具备这些属性。

而通过这些属性，用户可以在网页中设计出一个方框，非常类似于打开盖子的箱子。如果将它与生活中的箱子相联系，用户可以在其中放置不同的内容，以及确定内容放置的位置，上、下层次关系等。

16.1.1 盒的基本类型

CSS盒状模型是CSS布局的基础，规定了网页元素的显示方式，以及元素间的相互关系。

1. CSS盒结构

CSS中的盒状模型（Box Model）用于描述一个为HTML元素形成的矩形盒子。CSS盒状模型还涉及为各个元素调整外边距（margin）、边框（border）、内边距（padding）和内容的具体操作。

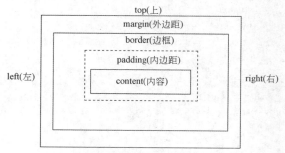

上述示意图中，最外边框线指浏览器的外边界。而第二层框线和第三层虚线框线之间，指元素的边框样式。因此，可以将示意图中的边框线视为不同内容之间的分界线，并非属性的内容。

有关盒相关样式的代码示例，如下所示：

```
<!DOCTYPE HTML>
<html>
<head>
<meta charset="utf-8">
```

```
<title>盒状模型结构</title>
<style type="text/css">
.box{
    height:100px;   /*定义元素的高度*/
    width:300px;    /*定义元素的宽度*/
    margin:20px;    /*定义元素的边界*/
    padding:20px;  /*定义元素的填充*/
    border:solid 20px #C60;
            /*定义元素的边框*/
    background-color:# F0F0F0;
/*定义元素的背景颜色*/
}
</style>
</head>
<body>
<div class="box">盒状模型结构</div>
</body>
</html>
```

使用浏览器预览，其效果如下图所示。此时，可以在浏览器中看到一条宽边框线和文本内容。

而在Dreamweaver编辑器的【设计】模式中，用户可以看到其图形结构与盒状模型结构相同。

> **提示**
>
> 在默认布局下，当元素包含内容后，width 和 height 会自动调整为内容的高度和宽度。

根据 CSS 盒模型规则，可以给出一个简单的盒模型尺寸计算公式。

元素的总宽度 = 左边界+左边框+左填充+宽+右填充+右边框+右边界

元素的总高度 = 上边界+上边框+上填充+高+下填充+下边框+下边界

2．边界

在 CSS 中，边界又被称作外补丁，最简单的方法是使用 margin 属性。它可以接受任何长度单位，如 px、磅、英寸、厘米、百分等。该属性可以有 1~4 个值。

margin 属性的语法结构，如下所示：

```
margin:<top> <right> <bottom> <left>
```

例如，"margin:10px 5px 15px 20px;" 语句中，分别定义：上外边距是 10px；右外边距是 5px；下外边距是 15px；左外边距是 20px。

3．边框

网页元素边框可以使用 border 属性来设置。该属性允许用户定义网页元素所有边框的样式、宽度和颜色。

border 属性语法结构如下所示：

```
border: width style color
```

在上述语法中，各参数含义如下所述。
- **width** 指边框的宽度。
- **style** 指边框的样式。
- **color** 指边框的颜色。

将该集合属性值分开写，它与 border-width、border-style 和 border-color 属性是等同效果的。

16.1.2 内容溢出

overflow 属性检索或设置当对象的内容溢出其指定高度及宽度时如何管理内容。

这个属性定义溢出元素内容区的内容会如何处理。如果值为 scroll，不论是否需要，用户代理都会提供一种滚动机制。因此，有可能即使元素框中可以放下所有内容，但也会出现滚动条。

overflow 属性的语法结构如下所示：

```
overflow: visible auto hidden scroll
```

上述语法中，参数含义如下所述。
- visible：不剪切内容也不添加滚动条。假如显式声明此默认值，对象将被剪切为包含对象的 window 或 frame 的大小。并且 clip 属性设置将失效。
- auto：此为 body 对象和 textarea 的默认值。在需要时剪切内容并添加滚动条。
- hidden：不显示超过对象尺寸的内容。
- scroll：总是显示滚动条。

除此之外，还包含有 overflow-x 和 overflow-y 属性，其参数与 overflow 属性基本相同。该属性的代码示例如下所示：

```html
<!DOCTYPE HTML>
<html>
<head>
<meta charset="utf-8">
<title>溢出元素内容区</title>
<style type="text/css">
.test_demo {
    overflow: scroll;
    height: 120px;
    width: 200px;
    background:#CCC;
    float:left;
}
.test_x {
    margin-left:15px;
    float:left;
    overflow: auto;
    height: 120px;
    width: 200px;
    background:#CCC;
}
</style>
</head>
```

```
<body>
<div class="test_demo">散文 (prose;
essay) 是与诗歌、小说、戏剧并称的一种
文学体裁, 指不讲究韵律的散体文章, 包括
杂文、随笔、游记等。是最自由的文体, 不
讲究音韵, 不讲究排比, 没有任何的束缚及
限制, 也是中国最早出现的行文体例。通常
一篇散文具有一个或多个中心思想, 以抒情、
记叙、论理等方式表达。</div>
<div class="test_x">散文 (prose;
essay) 是与诗歌、小说、戏剧并称的一种
文学体裁, 指不讲究韵律的散体文章, 包括
杂文、随笔、游记等。是最自由的文体, 不
讲究音韵, 不讲究排比, 没有任何的束缚及
限制, 也是中国最早出现的行文体例。通常
一篇散文具有一个或多个中心思想, 以抒情、
记叙、论理等方式表达。</div>
</body>
</html>
```

使用浏览器预览, 其效果如下图所示。通过浏
览器预览, 可以发现当盒子里的内容溢出时, 会自
动显示滚动条。

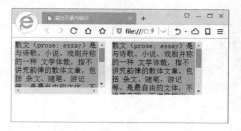

16.1.3 插入内容

content 属性主要用来插入内容。而该属性与
before 和 after 伪元素配合使用, 将生成内容放在
一个元素内容的前面或后面。

另外, 该内容创建的框类型可以用 display 属
性控制。content 属性的语法结构如下所示:

```
content: normal string attr() uri()
counter()
```

在上述语法中, 其参数含义如下。

- ❑ normal: 默认值。
- ❑ string: 插入文本内容。

- ❑ attr(): 插入元素的属性值。
- ❑ uri(): 插入一个外部资源 (图像、声频、
  视频或浏览器支持的其他任何资源)。
- ❑ counter(): 计数器, 用于插入排序标识。

该属性的代码示例如下所示:

```
<!DOCTYPE HTML>
<html>
<head>
<meta charset="utf-8">
<title>插入内容</title>
<style type="text/css">
.TEXT {
    width:400px;
    height:50px;
    line-height:50px;
    overflow:hidden;
    text-align:center;
    color:#FF0000;
    border:#993300 solid 1px;
}
#TEXT_C:before {
    content:"您使用的浏览器支持
    content 属性";
}
</style>
</head>
<body>
<div id="TEXT_C" class="TEXT">
-----content 属性</div>
</body>
</html>
```

使用浏览器预览, 其效果如下图所示。

16.1.4 控制浏览器行为

box-sizing 属性可以让用户通过计算一个元素
宽度来指定控制浏览器的行为。

box-sizing 属性的语法结构如下所示：

```
box-sizing: content-box border-box
inherit
```

上述语法中，参数的含义如下所述。

☐ content-box：浏览器对盒模型的解释遵从 W3C 标准。

☐ border-box：浏览器对盒模型的解释与 IE6 相同。

该属性的代码示例如下所示：

```
<!DOCTYPE HTML>
<html>
<head>
<meta charset="utf-8">
<title>box-sizing 属性</title>
<style type="text/css">
.wk {
    width:20em;
    border:0.8em solid rgb(170,
    170,170);
    height:42px;
}
.nk {
    -o-box-sizing:border-box;
    width:100%;
    border:0.8em ridge #FBFBF9;
    float:left;
}
</style>
</head>
<body>
<div class="wk">
  <div class="nk"> 了解 box-sizing
  属性。</div>
</div>
</body>
</html>
```

使用浏览器预览，其效果如下图所示。

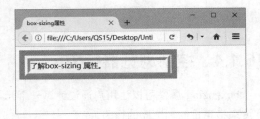

16.1.5　区域可缩放

resize 属性设置使元素的区域可缩放，能够调节元素尺寸大小。它适用于任意获得"overflow"属性条件的容器。

resize 属性的语法结构如下所示：

```
resize: none both horizontal vertical
inherit
```

上述语法中各参数的含义如下。

☐ none：UserAgent 没提供尺寸调整机制，用户不能操纵机制调节元素的尺寸。

☐ both：UserAgent 提供双向尺寸调整机制，让用户可以调节元素的宽度和高度。

☐ horizontal：UserAgent 提供单向水平尺寸调整机制，让用户可以调节元素的宽度。

☐ vertical：UserAgent 提供单向垂直尺寸调整机制，让用户可以调节元素的高度。

☐ inherit：默认继承。

其该属性的代码示例如下所示：

```
<!DOCTYPE HTML>
<html>
<head>
<meta charset="utf-8">
<title>resize 属性</title>
<style type="text/css">
.resize {
    width:300px;
    height:80px;
    padding:16px;
    border:1px solid;
    resize:both;
    overflow: auto;
}
</style>
</head>
<body>
<div class="resize">Safari、Chrome
允许元素的缩放的,但尚未完全支持,目前只允
许双向调整。CSS3 允许你将这个属性应用到任
```

意元素,这将使缩放这个功能拥有跨浏览器的支持。</div>
</body>
</html>

使用浏览器预览,其效果如下图所示。在浏览器中,右下角有几条斜线。用户可以将鼠标放置到有斜线的角,并拖动鼠标改变边框的大小。

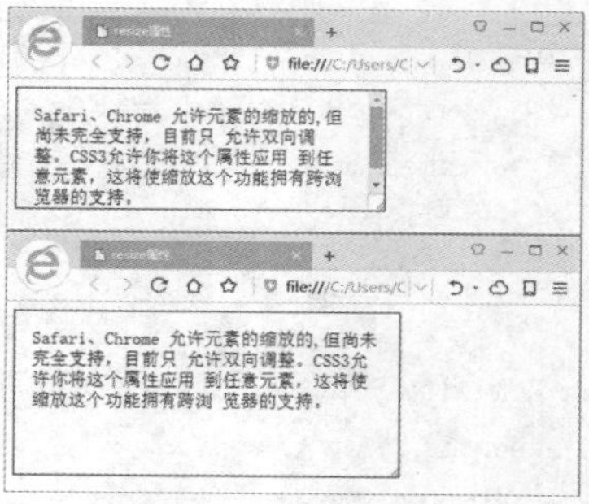

16.2　用户界面模块

在介绍文本内容时,已经了解了如何添加文本阴影效果,但用户还可以给<div>标签添加阴影,以及给图形添加阴影效果。另外,用户还可以给网页中一些元素添加轮廓效果。

16.2.1　设置边框阴影

box-shadow 属性有点类似于 text-shadow 属性,只不过不同的是 text-shadow 属性是对象的文本设置阴影,而 box-shadow 属性是给对象实现图层阴影效果。

box-shadow 属性的语法结构如下所示:

box-shadow: 投影方式　X轴偏移量　Y轴偏移量　阴影模糊半径　阴影扩展半径　阴影颜色;

上述语法中的中文参数内容的含义如下。

❑ 投影方式:此参数是一个可选值,如果不设值,其默认的投影方式是外阴影;如果取其唯一值"inset",就是将外阴影变成内阴影,也就是说设置阴影类型为"inset"时,其投影就是内阴影。

❑ x 轴偏移量:指阴影水平偏移量,其值可以是正负值,如果值为正值,则阴影在对象的右边,反之,阴影在对象的左边。

❑ y 轴偏移量:指阴影的垂直偏移量,其值也可以是正负值,如果为正值,阴影在对象的底部,反之,阴影在对象的顶部。

❑ 阴影模糊半径:此参数是可选值,但其值只能是正值,如果其值为 0,表示阴影不具有模糊效果,其值越大,阴影的边缘就越模糊。

❑ 阴影扩展半径:此参数可选值,其值可以是正负值,如果值为正,则整个阴影都延展扩大,反之,则缩小。

❑ 阴影颜色:此参数可选值,如果不设定任何颜色,浏览器会取默认色,但各浏览器默认色不一样,特别是在 WebKit 内核下的 Safari 和 Chrome 浏览器将无色,也就是透明,建议不要省略此参数。

该属性的代码示例如下所示:

```html
<!DOCTYPE HTML>
<html>
<head>
<meta charset="utf-8">
<title>边框阴影</title>
<style type="text/css">
#box_shadow1 {
    margin:20px;
    width:400px;
    height:70px;
    border:1px solid #666;
    box-shadow:2px 2px 10px 5px
    #F63;
}
#box_shadow2 {
    margin:20px;
    width:400px;
```

```
    height:70px;
    border:1px solid #666;
    box-shadow: -2px 0 0 green, 0
    -2px0 blue, 0 2px 0 red, 2px 0
    0yellow;
}
#box_shadow3 {
    margin:20px;
    width:400px;
    height:70px;
    border:1px solid #666;
    box-shadow: 0 0 0 3px red;
}
</style>
</head>
<body>
<div id="box_shadow1">边框阴影效果
</div>
<div id="box_shadow2">边框阴影效果
</div>
<div id="box_shadow3">边框阴影效果
</div>
</body>
</html>
```

使用浏览器预览，其效果如下图所示。在浏览器中，可以看到 3 种不同的阴影效果。

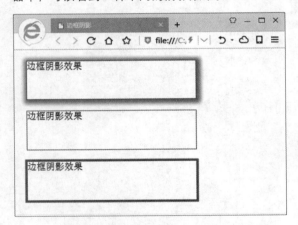

除了可以给边框添加阴影外，还可以给其他元素添加阴影，如给图片添加阴影。其代码示例如下所示：

```
<!DOCTYPE HTML>
```

```
<html>
<head>
<meta charset="utf-8">
<title>图片阴影</title>
<style>
#img_shadow img {
    box-shadow:3px 3px 12px 5px
    #9400D3;
}
</style>
</head>
<body>
<div id="img_shadow"><img src="图片
/11.jpg" width="250" height=
"150"/></div>
</body>
</html>
```

使用浏览器预览，其效果如下图所示。

16.2.2 绘制轮廓

outline 属性（轮廓）是绘制于元素周围的一条线，位于边框边缘的外围，可起到突出元素的作用。

outline 属性的语法结构如下所示：

```
outline : <color> <style> <width>
<offset> inherit
```

上述语法的参数含义如下。

❑ color：指定轮廓边框颜色。

❑ style：指定轮廓边框轮廓。

❑ width：指定轮廓边框宽度。

❑ offset：指定轮廓边框偏移位置的数值。

❑ inherit：默认。

1. outline-width 属性

outline-width 属性设置元素整个轮廓的宽度，只有当轮廓样式不是 none 时，这个宽度才会起作用。如果样式为 none，宽度实际上会重置为 0。不允许设置负长度值。

outline-width 属性的语法结构如下所示：

```
outline-width : thin medium thick
<length>
```

上述语法中，参数含义如下所述。

❑ thin：定义细轮廓。

❑ medium：默认。定义中等的轮廓。

❑ thick：定义粗的轮廓。

❑ <length>：定义轮廓粗细的值。

2. outline-style 属性

该属性用于设置一个元素的整个轮廓的样式，其语法结构如下所示：

```
outline-style : none dotted dashed
solid double groove ridge inset
outset
```

上述语法中参数含义如下。

❑ none：默认值。定义无轮廓。

❑ dotted：定义一个点状的轮廓。

❑ dashed：定义一个虚线轮廓。

❑ solid：定义一个实线轮廓。

❑ double：定义一个双线轮廓。双线的宽度等同于 outline-width 的值。

❑ groove：定义一个 3D 凹边轮廓。此效果取决于 outline-color 的值。

❑ ridge：定义一个 3D 凸槽轮廓。此效果取决于 outline-color 的值。

❑ inset：定义一个 3D 凹边轮廓。此效果取决于 outline-color 的值。

❑ outset：定义一个 3D 凸边轮廓。此效果取决于 outline-color 的值。

3. outline-offset 属性

该属性可以让轮廓偏离容器边缘，即可以调整外框与容器边缘的距离。其语法结构如下所示：

```
outline-offset: <length> inherit
```

以上各个参数的含义如下所述。

❑ <length>：定义轮廓距离容器的值。

❑ Inherit：默认继承。

4. outline-color 属性

该属性设置一个元素整个轮廓中可见部分的颜色。要记住，轮廓的样式不能是 none，否则轮廓不会出现。

该属性的代码示例如下所示：

```html
<!DOCTYPE HTML>
<html>
<head>
<meta charset="utf-8">
<title>添加元素轮廓</title>
<style type="text/css">
p {
border:red solid thin;
outline:#00ff00 dotted thick;
width:300px;
}
div {
outline-color:#FF6600;
outline-offset:5px;
outline-style:double;
outline-width:3px;
width:300px;
}
</style>
</head>
<body>
<p>添加点状较粗轮廓</p>
<div>添加双线轮廓</div>
</body>
</html>
```

使用浏览器预览，其效果如下图所示。在浏览器中可以看到两段文本已经添加了轮廓样式。

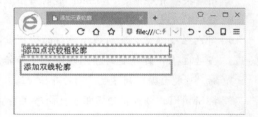

16.2.3　nav 开头属性

当用户不通过鼠标，而是通过键盘对网页进行操作时，一般从页面的最上端依次往激活焦点进行操作。

当然，用户也可以通过 CSS 来设置元素焦点的序列号。

1. nav-index 属性

该属性为当前元素指定了其在当前文档中导航的序列号。导航的序列号指定了页面中元素通过键盘操作获得焦点的顺序。该属性可以存在于嵌套的页面元素当中。其语法结构如下所示：

```
nav-index: auto <number> inherit
```

上述语法中，各参数的含义如下。

- ❑ auto：默认的顺序。
- ❑ <number>：该数字（必须是正整数）指定了元素的导航顺序。"1"意味着最先被导航。当若干个元素的 nav-index 值相同时，则按照文档的先后顺序进行导航。
- ❑ inherit：默认继承。

为了使用户能按顺序获取焦点，页面元素需要遵循如下规则。

- ❑ 该元素支持 nav-index 属性，而被赋予正整数属性值的元素将会被优先导航。
- ❑ 拥有同一 nav-index 属性值的元素将以它们在字符流中出现的顺序进行导航。
- ❑ 对那些不支持 nav-index 属性或者 nav-index 属性值为 auto 的元素，将以它们在字符流中出现的顺序进行导航。
- ❑ 对那些禁用的元素，将不参与导航的排序。
- ❑ 用户实际上使用的开始导航和激活页面元素的快捷键依赖于用户的设置，如 Tab 键用于按顺序导航，而 Enter 键则用于激活选中的元素。
- ❑ 用户也可以定义反向顺序导航的快捷键。当通过 Tab 键导航到序列的结束（开始）时，可能会循环到导航序列的开始（结束）。按 Shift+Tab 组合键通常用于反向序列导航。

2. nav-up、nav-right、nav-down 和 nav-left 属性

输入设备默认的 4 个方向键，按 HTML 文档顺序来控制元素的焦点切换，但为了更好的用户体验，提供了自定义切换焦点的控制顺序方向。

如 nav-up 表示着上；nav-right 代表着右；nav-down 代表着下；而 nav-left 代表着左。

该属性的语法结构如下所示：

```
nav-up : auto <id> [ current
root <target-name> ]? inherit
nav-right : auto <id> [ current
root <target-name> ]? inherit
nav-down : auto <id> [ current
root <target-name> ]? inherit
nav-left : auto <id> [ current
root <target-name> ]? inherit
```

上述语法中，参数的含义如下。

- ❑ auto：User Agent 默认的顺序。
- ❑ <id>：要切换元素的 id 命名。
- ❑ root | <target-name>：这个参数不能以"_"命名，指出 frameset 目标页面之间的元素焦点切换。如果指定的目标页面不存在，则被视为当前页面的焦点，意味着完全依赖框架页。该属性是以关键节点"root"标示，将把整个 frameset 框架页定为目标。
- ❑ inherit：默认继承。

详细的代码示例如下所示：

```
<!DOCTYPE HTML>
<html>
<head>
<meta charset="utf-8">
<title>导航序列</title>
<style>
button {
    position:absolute;
}
button#b1 {
    top:0;left:35%;nav-index:1;
    nav-right:#b2;nav-left:#b4;
    nav-down:#b2;nav-up:#b4;
```

```
}
button#b2 {
    top:50%;left:70%;nav-index:2;
    nav-right:#b3;nav-left:#b1;
    nav-down:#b3;nav-up:#b1;
}
button#b3 {
    top:100%;
    left:35%;
    nav-index:3;
    nav-right:#b4;
    nav-left:#b2;
    nav-down:#b4;
    nav-up:#b2;
}
button#b4 {
    top:50%;
    left:0;
    nav-index:4;
    nav-right:#b1;
    nav-left:#b3;
    nav-down:#b1;
    nav-up:#b3;
}
```

```
</style>
</head>
<body>
<div class="bt">
  <button id="b1">BT1</button>
  <button id="b2">BT2</button>
  <button id="b3">BT3</button>
  <button id="b4">BT4</button>
</div>
</body>
</html>
```

执行上述代码，可以在浏览器的不同方位显示一个按钮。然后，通过选择其中一个按钮，再按 Tab 键可以切换至其他按钮。

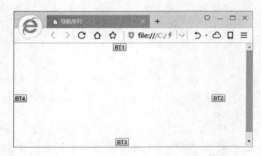

16.3　设置分栏效果

在 CSS3 中，可以使用分栏布局属性将内容按照指定的列数排列，该布局方式适合于纯文档排版设计，灵活使用分栏效果可以将文字和图片显示在多列中，不仅具有可读性，而且还可以节省大量的网页空间。

16.3.1　设置多栏布局

在很多刊物、报纸、网页中，都会看到将文本内容分成几栏的效果。columns 属性就可以同时定义多栏的数目和每栏宽度等。

columns 属性的语法结构，如下所示：

columns: 宽度　栏目数;

通过上述语法中，中文参数的含义，即可理解

"宽度"代表着每栏的宽度，而"栏目数"代表着所要分隔的栏数。

分栏显示文本的示例代码，如下所示：

```
<!DOCTYPE HTML>
<html>
<head>
<meta charset="utf-8">
<title>无标题文档</title>
<style>
body {
    -webkit-columns: 250px 4;
    columns: 200px 3;
}
h1 {
    color: #333333;
    padding: 5px 8px;
```

```
    font-size: 20px;
    text-align: center;
    padding: 12px;
}
h2 {
    font-size: 16px;
    text-align: center;
}
p {
    color: #333333;
    font-size: 14px;
    line-height: 180%;
    text-indent: 2em;
}
</style>
</head>
<body>
<h1>海燕</h1>
<h2>高尔基</h2>
<p>在苍茫的大海上，狂风卷集着乌云。在乌云
和大海之间，海燕像黑色的闪电，在高傲地飞翔。
</p>
<p>一会儿翅膀碰着波浪，一会儿箭一般地直冲
向乌云，它叫喊着，——就在这鸟儿勇敢的叫喊
声里，乌云听出了欢乐。</p>
<p>在这叫喊声里——充满着对暴风雨的渴望！
在这叫喊声里，乌云听出了愤怒的力量、热情的
火焰和胜利的信心。</p>
<p>海鸥在暴风雨来临之前呻吟着，——呻吟
着，它们在大海上飞窜，想把自己对暴风雨的恐
惧，掩藏到大海深处。</p>
<p>海鸭也在呻吟着，——它们这些海鸭啊，享
受不了生活的战斗的欢乐：轰隆隆的雷声就把它
们吓坏了。</p>
<p>蠢笨的企鹅，胆怯地把肥胖的身体躲藏到悬
崖底下……只有那高傲的海燕，勇敢地，自由自
在地，在泛起白沫的大海上飞翔！</p>
<p>乌云越来越暗，越来越低，向海面直压下来，
而波浪一边歌唱，一边冲向高空，去迎接那雷声。
</p>
<p>雷声轰响。波浪在愤怒的飞沫中呼叫，跟狂
风争鸣。看吧，狂风紧紧抱起一层层巨浪，恶狠
狠地把它们甩到悬崖上，把这些大块的翡翠摔成
尘雾和碎末。</p>
<p>海燕叫喊着，飞翔着，像黑色的闪电，箭一
```

```
般地穿过乌云，翅膀掠起波浪的飞沫。</p>
<p>看吧，它飞舞着，像个精灵，——高傲的、
黑色的暴风雨的精灵，——它在大笑，它又在号
叫……它笑那些乌云，它因为欢乐而号叫！</p>
<p>这个敏感的精灵，——它从雷声的震怒里，
早就听出了困乏，它深信，乌云遮不住太阳，——
——是的，遮不住的！</p>
<p>狂风吼叫……雷声轰响……</p>
<p>一堆堆乌云，像青色的火焰，在无底的大海
上燃烧。大海抓住闪电的箭光，把它们熄灭在自
己的深渊里。这些闪电的影子，活像一条条火蛇，
在大海里蜿蜒游动，一晃就消失了。</p>
<p>——暴风雨！暴风雨就要来啦！</p>
<p>这是勇敢的海燕，在怒吼的大海上，在闪电
中间，高傲地飞翔；这是胜利的预言家在叫喊：
</p>
<p>——让暴风雨来得更猛烈些吧！</p>
</body>
</html>
```

使用浏览器预览，其效果如下图所示。

16.3.2　设置多栏样式

　　使用 columns 属性设置多栏效果之后，还可以
使用相应的属性设置多栏的列宽、列数、列间距、
分割线样式等多栏样式。

1．设置列宽

　　在设置多栏效果时，除了使用 columns 属性指
定的列宽属性值来定义列宽之外，还可以使用
columns-width 属性来定义列宽，该属性值的语法
结构如下所示：

```
columns-width:<length>|auto;
```

　　通过上述代码，可以发现该属性包含 2 个属性

值，<length>属性值表示长度值，不可为负值；而 auto 属性值为默认值，表示根据浏览器自动设置宽度。

columns-width 属性的示例代码，如下所示：

```html
<!DOCTYPE HTML>
<html>
<head>
<meta charset="utf-8">
<title>无标题文档</title>
<style>
body {
    -webkit-column-width:300px;
    -moz-column-width:300px;
    column-width:300px;
}
h1 {
    color:#000000;
    padding:5px 8px;
    font-size:22px;
    text-align:center;
    padding:12px;
}
h2 {
    font-size:18px;
    text-align:center;
}
p {
    color:#000000;
    font-size:14px;
    line-height:180%;
    text-indent:2em;
}
</style>
</head>
<body>
<h1>海燕</h1>
<h2>高尔基</h2>
<p>在苍茫的大海上，狂风卷集着乌云。在乌云和大海之间，海燕像黑色的闪电，在高傲地飞翔。
</p>
<p>一会儿翅膀碰着波浪，一会儿箭一般地直冲向乌云，它叫喊着，——就在这鸟儿勇敢的叫喊声里，乌云听出了欢乐。</p>
<p>在这叫喊声里——充满着对暴风雨的渴望！在这叫喊声里，乌云听出了愤怒的力量、热情的火焰和胜利的信心。</p>
<p>海鸥在暴风雨来临之前呻吟着，——呻吟着，它们在大海上飞窜，想把自己对暴风雨的恐惧，掩藏到大海深处。</p>
<p>海鸭也在呻吟着，——它们这些海鸭啊，享受不了生活的战斗的欢乐：轰隆隆的雷声就把它们吓坏了。</p>
<p>蠢笨的企鹅，胆怯地把肥胖的身体躲藏到悬崖底下……只有那高傲的海燕，勇敢地，自由自在地，在泛起白沫的大海上飞翔！</p>
<p>乌云越来越暗，越来越低，向海面直压下来，而波浪一边歌唱，一边冲向高空，去迎接那雷声。</p>
<p>雷声轰响。波浪在愤怒的飞沫中呼叫，跟狂风争鸣。看吧，狂风紧紧抱起一层层巨浪，恶狠狠地把它们甩到悬崖上，把这些大块的翡翠摔成尘雾和碎末。</p>
<p>海燕叫喊着，飞翔着，像黑色的闪电，箭一般地穿过乌云，翅膀掠起波浪的飞沫。</p>
<p>看吧，它飞舞着，像个精灵，——高傲的、黑色的暴风雨的精灵，——它在大笑，它又在号叫……它笑那些乌云，它因为欢乐而号叫！</p>
<p>这个敏感的精灵，——它从雷声的震怒里，早就听出了困乏，它深信，乌云遮不住太阳，——是的，遮不住的！</p>
<p>狂风吼叫……雷声轰响……</p>
<p>一堆堆乌云，像青色的火焰，在无底的大海上燃烧。大海抓住闪电的箭光，把它们熄灭在自己的深渊里。这些闪电的影子，活像一条条火蛇，在大海里蜿蜒游动，一晃就消失了。</p>
<p>——暴风雨！暴风雨就要来啦！</p>
<p>这是勇敢的海燕，在怒吼的大海上，在闪电中间，高傲地飞翔；这是胜利的预言家在叫喊：</p>
<p>——让暴风雨来得更猛烈些吧！</p>
</body>
</html>
```

使用浏览器预览，其效果如下图所示。

2．设置列数

在设置多栏效果时，除了使用 columns 属性指定的列宽属性值来定义列数之外，还可以使用 columns-count 属性来定义列数，该属性值的语法结构如下所示：

```
columns-count:<length>|auto;
```

通过上述代码，可以发现该属性包含 2 个属性值，<length>属性值表示列数，值为大于 0 的整数；而 auto 属性值为默认值，表示根据浏览器自动设置。

columns-count 属性的示例代码如下所示：

```
<style>
body {
    -webkit-column-count:2;
    -moz-column-count:2;
    column-count:2;
}
h1 {
    color:#000000;
    padding:5px 8px;
    font-size:22px;
    text-align:center;
    padding:12px;
}
h2 {
    font-size:18px;
    text-align:center;
}
p {
    color:#000000;
    font-size:14px;
    line-height:180%;
    text-indent:2em;
}
</style>
```

使用浏览器预览，其效果如下图所示。

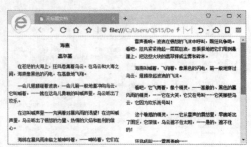

3．设置列间距

用户可以使用 columns-gap 属性来定义列间距，该属性值的语法结构如下所示：

```
columns-gap:normal|<length>;
```

通过上述代码，可以发现该属性包含 2 个属性值，<length>属性值表示长度值，其值不可为负数；而 normal 根据浏览器自动设置，一般为 1em。

columns-gap 属性的示例代码如下所示：

```
<style>
body {
    -webkit-column-count:4;
    -moz-column-count:4;
    column-count:4;
    -webkit-column-gap:2em;
    -moz-column-gap:2em;
    column-gap:2em;
    line-height:1em;
}
h1 {
    color:#000000;
    padding:5px 8px;
    font-size:22px;
    text-align:center;
    padding:12px;
}
h2 {
    font-size:18px;
    text-align:center;
}
p {
    color:#000000;
    font-size:14px;
    line-height:180%;
    text-indent:2em;
}
</style>
```

使用浏览器预览，其效果如下图所示。

4．设置分割线样式

用户可以使用columns-rule属性来定义分割线样式，该属性值的语法结构如下所示：

```
columns-rule:<length>|<style>|<color>|<transparent>;
```

通过上述代码，可以发现该属性包含4个属性值，每个属性值的具体说明如下所述。

- ❏ <length>：表示栏边框宽度，该值不可为负值。
- ❏ <style>：表示分隔线的线条样式。
- ❏ <color>：表示分隔线的颜色。
- ❏ <transparent>：表示分隔线的透明样式。

除了上述属性值之外，CSS3 还为该属性派生了下列 3 个分隔线属性。

- ❏ columns-rule-color：表示分隔线的颜色。
- ❏ columns-rule-width：表示分隔线的宽度。
- ❏ columns-rule-style：表示分隔线的样式。

columns-rule 属性的代码示例如下所示：

```
<style>
body {
    -webkit-column-count:3;
    -moz-column-count:3;
    column-count:3;
    -webkit-column-gap:2em;
    -moz-column-gap:2em;
    column-gap:2em;
    line-height:1em;
    -webkit-column-rule:dashed  4px
red;
    -moz-column-rule:dashed 4px red;
    column-rule:dashed 4px red;
}
    h1 {
    color:#000000;
    padding:5px 8px;
    font-size:22px;
    text-align:center;
    padding:12px;
}
    h2 {
    font-size:18px;
    text-align:center;
}
    p {
```

```
    color:#000000;
    font-size:14px;
    line-height:180%;
    text-indent:2em;
}
</style>
```

使用浏览器预览，其效果如下图所示。

5．设置标题跨列显示

用户可以使用 columns-span 属性来定义分栏页面中标题跨列显示，该属性值的语法结构如下所示：

```
columns-span:1|all;
```

通过上述代码，可以发现该属性包含 2 个属性值，1 属性值为默认值，表示只在本栏中显示；而 all 属性值表示横跨所有列显示。

columns-span 属性的代码示例如下所示：

```
<style>
body {
    -webkit-column-count:3;
    -moz-column-count:3;
     column-count:3;
    -webkit-column-gap:2em;
    -moz-column-gap:2em;
     column-gap:2em;
    line-height:1em;
    -webkit-column-rule:dashed  4px
red;
    -moz-column-rule:dashed 4px red;
    column-rule:dashed 4px red;
}
    h1 {
    color:#000000;
    padding:5px 8px;
    font-size:22px;
    text-align:center;
```

```
    padding:12px;
    -webkit-column-span:all;
    -moz-column-span:all;
    column-span:all;
}
h2 {
    font-size:18px;
    text-align:center;
-webkit-column-span:all;
    -moz-column-span:all;
    column-span:all;
}
p {
    color:#000000;
    font-size:14px;
    line-height:180%;
    text-indent:2em;
}
</style>
```

使用浏览器预览，其效果如下图所示。

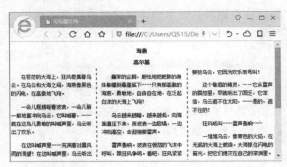

6. 设置列高度

用户可以使用 columns-fill 属性来定义分栏的高度，该属性值的语法结构如下所示：

```
columns-fill:auto|balance;
```

通过上述代码，可以发现该属性包含 2 个属性值，auto 属性值表示列高度随内容的变化而变化，balance 属性值表示列高度根据内容最多的一列的高度统一设置。

columns-fill 属性的代码示例如下所示：

```
<style>
body {
    -webkit-column-count:3;
    -moz-column-count:3;
    column-count:3;
```

```
    -webkit-column-gap:2em;
    -moz-column-gap:2em;
    column-gap:2em;
    line-height:1em;
    -webkit-column-rule:dashed 4px red;
    -moz-column-rule:dashed 4px red;
    column-rule:dashed 4px fed;
 -webkit-column-fill:auto;
    -moz-column-fill:auto;
    column-fill:auto;
}
h1 {
    color:#000000;
    padding:5px 8px;
    font-size:22px;
    text-align:center;
    padding:12px;
-webkit-column-span:all;
    -moz-column-span:all;
    column-span:all;
}
h2 {
    font-size:18px;
    text-align:center;
-webkit-column-span:all;
    -moz-column-span:all;
    column-span:all;
}
p {
    color:#000000;
    font-size:14px;
    line-height:180%;
    text-indent:2em;
}
</style>
```

使用浏览器预览，其效果如下图所示。

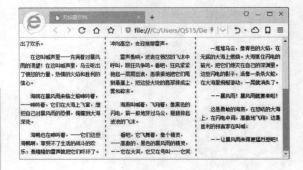

16.4　练习：制作传媒公司首页

很多从事网页设计的计算机专业人员，对于网页的制作技术驾轻就熟，但对于网页富有艺术性和个性的设计却感到力不从心。本练习通过制作一个传媒类公司的网页，来了解一下个性网页的制作。

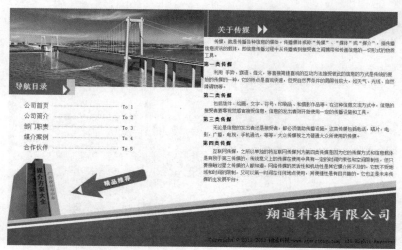

练习要点

- 插入图像
- 定位图像
- 设置文本格式
- 链接 CSS 样式
- 插入 Div 层

操作步骤

STEP|01 在 index.html 文件的<head>标签中，修改文件名为"翔通传媒"，并通过<link>标签加载 CSS 文件。

```
<head>
<meta charset="utf-8">
<title>翔通传媒</title>
<link href="style.css" rel=
"stylesheet" type="
    text/css">
</head>
```

STEP|02 根据网页内容安排，可以通过<div>标签进行布局。例如，分别插入<div class="content">和<div class="footer">。在<div class="content">标签中，包含了 <div class="content_left"> 和 <div class="content_right">标签。

```
<div class="content">
    <div class="content_left"></div>
    <div class="content_right"></div>
</div>
```

```
<div class="footer">
</div>
```

STEP|03 在 style.css 文件中，添加body标签样式，以及 content 选择器。其中，body 选择器中，设置边框的内、外边距为 0，而行间的距离为 1.2em。

```
body{
    margin:0;
    padding:0;
    line-height:1.2em;
}
.content{
    width:1006px;
    height:612px;
    float:left;
    background-image:url(images/
bg.jpg);
    background-repeat:no-repeat;
    background-position:bottom;
}
```

STEP|04 在<div class="content_left"> </div>标签中，添加<div class="title">和<div class="list">标

签，用来定义网页的导航条内容。

```
<div class="title">
    <h1>导航目录</h1>
</div>
<div class="list">
<ul>
    <li><a href="#">公司首页<samp
    class="title_
    nb">To 1</samp></a></li>
    <li><a href="#">公司简介<samp
    class="title_
    nb">To 2</samp></a></li>
    <li><a href="#">部门职责<samp
    class="title_
    nb">To 3</samp></a></li>
    <li><a href="#">媒介案例<samp
    class="title_
    nb">To 4</samp></a></li>
    <li><a href="#">合作伙伴<samp
    class="title_
    nb">To 5</samp></a></li>
</ul>
</div>
```

STEP|05 在 CSS 文件中，分别定义<div class="title">和<div class="list">标签样式，以及<h1>、<ul>和<li>样式。

```
.content_left{
    width:503px;
    height:100%;
    background-image:url(images/
    pc1.JPG);
    background-repeat:no-repeat;
    float:left;
}
.content_left .title{
    background-image:url(images/
    bottom.JPG);
    width:171px;
    height:42px;
    margin-top:190px;
```

```
}
h1{
    font-family:"迷你简剪纸";
    font-size:20px;
    color:#FFFFFF;
    line-height:2em;
    margin-left:15px;
}
.list{
    margin:0px;
    padding:0px;
    width:400px;
    background-image:url(images/
    line.jpg);
    background-repeat:no-repeat;
    background-position:center;
    }
```
……关于<list>导航样式，详见源文件。

STEP|06 在导航下面，继<div class="list">标签之后，再添加两个标签用来添加图片，如页面中导航下面的两张图片。

```
<div class="left_la"></div>
<div class="jian"></div>
```

STEP|07 分别定义两张图片显示的位置及样式效果。

```
.left_la{
    float:left;
    width:138px;
    height:169px;
    background-image:url(images/
    la.png);
}
.jian{
    background-image:url(images/
    jian.jpg);
    width:197px;
    height:80px;
    float:left;
    margin:25px;
}
```

STEP|08 在 CSS 文件中，添加右侧<div class=

"content_right">标签的样式内容，如分别设置宽度
为 501px、高度为 100%等。

```
.content_right{
    width:501px;
    height:100%;
    float:left;
}
```

STEP|09　在<div class="content_right">标签中，插
入右侧的内容，如标题、文本内容和公司名称等。

```
<div class="right_title"><h2>关于传
媒</h2></div>
 <div><p>传媒，就是传播各种信息的媒
体……</p></div>
 <div class="site_title">翔通科技有
限公司</div>
```

STEP|10　在 CSS 文件中，分别设置右侧标题的背
景图片、标题样式、文本的样式，以及公司名称的
样式。

```
.right_title{
    width:501px;
    height:73px;
    background-image:url(images/
    right_title.png);
    background-repeat:no-repeat;
    background-position:top;
}
h2{
    margin:0px;
    padding:0px;
    font-family:"迷你简剪纸";
    font-size:20px;
    color:#FFFFFF;
    line-height:5.3em;
    margin-left:35px;
}
.text{
    margin:0px;
    padding:0px;
    font-weight:bold;
```

```
}
p{
    padding:0px;
    margin:3px;
    font-family:"宋体";
    font-size:12px;
    color:#666;
    text-indent:2em;
}
.site_title{
    margin-top:70px;
    margin-right:10px;
    font-family:"华文楷体";
    font-size:40px;
    font-weight:bold;
    color:#FFFFFF;
    text-align:right;
    float:right;
    height:60px;
    text-shadow:2px 2px 3px #FF9933,
    -1px -1px #666;
}
```

STEP|11　在<div class="footer">标签中，输入版尾
信息，并设置文本的样式效果。

```
<div   class="footer">Copyright   ©
2011-2013 翔通   科技-www.xiangtong.
com, All   Rights Reserved
</div>
```

STEP|12　在 CSS 文件中，添加 footer 选择器，并
设置文本显示的位置及文本样式。

```
.footer{
    float:left;
    margin:0px;
    width:1006px;
    height:30px;
    background-color:#d8000f;
    font-size:14px;
    text-align:right;
}
```

16.5　练习：制作新年贺词页

在仿照古书诗词、歌赋时，由于其文本都是竖排显示的，所以通过 CSS 样式代码非常难于实现。本练习通过对文本进行分栏的方式，实现文本的竖排显示，从而制作新年贺词页内容。

练习要点

- 设置 CSS 样式
- 插入 Div 层
- 插入图片
- 设置图片属性
- 设置分栏效果
- 设置文本格式

操作步骤 ▶▶▶▶

STEP|01 在<head>标签中，修改网页的名称为"恭贺新春"，并添加<style>标签，添加 body 选择器，设置 body 标签样式。

```
<title>恭贺新春</title>
<style type="text/css">
body {
    margin:0px;
    padding:0px;
    background-image:url(images/
    bg.jpg);
}
</style>
```

STEP|02 在<body>标签中，插入<div class="dl">标签，并添加图片。然后，设置图片边框为 0。

```
<div class="dl"><img src="images/
denglou.png"
border="0"/>
</div>
```

STEP|03 在该文件的<style>标签中，插入 CSS 样式代码，如设置为浮动层，并设置内/外边框为 0px。

```
.dl {
    float:left;
    margin:0px;
    padding:0px;
}
```

STEP|04 插入<div class="title">标签，并插入图片。然后，设置图片的高、宽和边框宽度。

```
<div class="title"><img src="images/
xinnian.
```

```
png"  width="80px"  height="144px"
border="0"/>
    </div>
```

STEP|05 插入"新年"图片文字的 CSS 样式代码，并设置其图片的位置。

```
.title {
    margin-top:60px;
    margin-left:30px;
    float:left;
}
```

STEP|06 在其后，再插入<div class="content">标签，并插入新年贺词的文本内容。

```
<div class="content">当鲜红的太阳跃上
地平线，我们又
    迎来了新的一天。二零……
</div>
```

STEP|07 插入文本内容的样式代码，分别设置宽、高、字体样式、边框样式、分栏效果。

```
.content {
    margin-top:180px;
    margin-left:10px;
    width:600px;
    height:250px;
    border:#F63 solid 1px;
```

```
    float:left;
    font-family:"华文楷体";
    font-size:20px;
    column-width:1em;
    column-count:0.2em;
    column-rule:#F63;
    column-rule-style:solid;
    column-rule-width:1px;
    padding-left:5px;
}
```

STEP|08 在最后，再插入<div class="bi">标签，并添加"毛笔"图片。然后，设置图片的高、宽和边框大小。

```
<div class="bi"><img src="images/
bi.png" width=
    "34px" height="250px" border=
    "0"/>
</div>
```

STEP|09 添加对"毛笔"图片的定位效果，如设置该图片距顶部和距左侧的距离。

```
.bi {
    margin-top:393px;
    margin-left:50px;
    float:left;
}
```

16.16　新手训练营

练习 1：制作环境保护页

downloads\16\新手训练营\环境保护
提示：本练习中，首先关联外部 CSS 样式表文件。

在网页中插入一个 Div 层，关联 CSS 样式，并在其中嵌入 Div 层，用以显示导航图片和导航文本。

然后，在网页中插入一个包含所有主体内容的 Div 层。在该层中嵌套 2 个 Div 层，分别关联相对应

的 CSS 规则，并在不同的层中插入相应的图片，并输入相应的文本。

最后，在网页中插入一个版尾 Div 层，输入相应文本，并添加锚记链接。

练习 2：制作咖啡主页

⊙ downloads\16\新手训练营\咖啡主页

提示：本练习中，首先关联外部 CSS 样式表文件。

在网页中插入名为"page"的 Div 层，同时在其中嵌套 2 个 Div 层，插入图片输入文本，并设置文本的超链接属性。

然后，在网页中插入一个主体内容的 Div 层，在其中嵌入 3 个并列 Div 层，分别插入图像、文本，并设

置文本的超链接属性。

最后，制作网页的版尾部分。在网页中插入一个 Div 层，嵌套 Div 层，设置其样式并输入版尾文本。

练习 3：制作经典三列布局

downloads\16\新手训练营\三列布局

提示：本练习中，首先关联外部 CSS 样式表文件。在网页中插入一个总 Div 层，并在该层中嵌入 3 个下属层，分别为左层、右层和版尾层。在左层中，分别在对应的位置中插入图片、表单元素和项目列表，并设置其链接属性和 CSS 样式。然后，在右层中嵌入多个 Div 层，分别制作导航栏和各种列表栏，并为层元素设置超链接属性和 CSS 样式。最后，在版尾层中嵌入一个 Div 层，插入项目列表，输入列表内容和超链接属性，以及版本信息等文本。

练习 4：制作商品展示页

downloads\16\新手训练营\商品展示

提示：本练习中，首先关联外部 CSS 样式表文件。在网页中，插入嵌套 Div 层，插入图像和表单元素，

输入标题文本来制作版头内容。然后，插入一个名为"menu"的层，指定 CSS 样式，输入文本并设置文本的超链接属性，用以显示导航栏内容。

接着，在网页中插入"contentwrap"层，并在其中嵌套多个 Div 层，根据设计需求，在不同的层中插入图像和表单元素，为图像和表单元素指定 CSS 规则，同时输入文本并设置文本的样式。最后，在网页

中插入"bottom"层，嵌套各个 Div 层，分别为其插入图片，输入文本，指定 CSS 样式，并设置文本的字体样式。

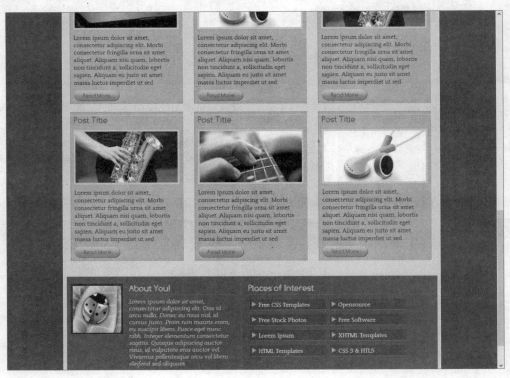

第 17 章

JavaScript 概述

　　JavaScript 是一种属于网络的脚本语言，已经被广泛用于 Web 应用开发，它不仅可用来开发交互式的 Web 页面，还可以将 HTML、XML 和 Java Applet、Flash 等 Web 对象无缝地结合起来，为用户提供更流畅美观的浏览效果。JavaScript 脚本是通过嵌入在 HTML 中来实现自身功能的，同其他语言一样拥有自身的基本数据类型、表达式和算术运算符，以及程序的基本程序框架。在本章中，将详细介绍 JavaScript 的基本语法、数据结构、数据类型等基础知识和使用技巧。

17.1 JavaScript 简介

JavaScript 是一种直译式脚本语言，拥有近 20 年的发展历史，具有简单、易学易用等特点。

17.1.1 认识 JavaScript

JavaScript 是一种动态类型、弱类型、基于原型的语言，内置支持类型。它的解释器被称为 JavaScript 引擎，为浏览器的一部分，广泛用于客户端的脚本语言，最早是在 HTML（标准通用标记语言下的一个应用）网页上使用，为 HTML 网页增加动态功能。

1. JavaScript 的历史

JavaScript 于 1995 年由 Netscape 公司的 Brendan Eich 在网景导航者浏览器上首次设计而成。由于它是由 Netscape 与 Sun 合作的，而 Netscape 管理层希望其外观看起来像 Java，因此取名为 JavaScript。但实际上它的语法风格与 Self 及 Scheme 较为接近。

JavaScript 最初是受 Java 启发而开始设计的，目的之一就是"看上去像 Java"，因此语法上有类似之处，一些名称和命名规范也借自 Java；但 JavaScript 的主要设计原则源自 Self 和 Scheme。

为了取得技术优势，微软公司推出了 JScript 来迎战 JavaScript 的脚本语言；同时为了互用性，ECMA 国际（前身为欧洲计算机制造商协会）创建了 ECMA-262 标准（ECMAScript），两者都属于 ECMAScript 的实现。尽管 JavaScript 是作为给非程序人员的脚本语言，而不是作为给程序人员的脚本语言来推广和宣传的，但是 JavaScript 却具有非常丰富的特性。

发展初期，JavaScript 的标准并未确定，同期有 Netscape 公司的 JavaScript、微软公司的 JScript 和 CEnvi 公司的 ScriptEase 三足鼎立。1997 年，在 ECMA 国际的协调下，由 Netscape、Sun、微软、Borland 组成的工作组确定统一标准：ECMA-262。

2. JavaScript 的组成

JavaScript 是甲骨文公司的注册商标，ECMA 国际以 JavaScript 为基础制定了 ECMAScript 标准。完整的 JavaScript 实现包含 ECMAScript、文档对象模型、浏览器对象模型 3 部分，每部分的具体作用如下所述。

❑ ECMAScript：描述了该语言的语法和基本对象。

❑ 文档对象模型（DOM）：描述处理网页内容的方法和接口。

❑ 浏览器对象模型（BOM）：描述与浏览器进行交互的方法和接口。

JavaScript 是一种脚本语言，其源代码在发往客户端运行之前不需经过编译，而是将文本格式的字符代码发送给浏览器，由浏览器解释运行。直译语言的弱点是安全性较差，而且在 JavaScript 中，如果一条运行不了，那么下面的语言也无法运行。

3. JavaScript 的特征

JavaScript 脚本语言具有以下 5 大特征。

❑ 脚本语言：JavaScript 是一种解释型的脚本语言，在程序的运行过程中逐行进行解释，不像 C、C++ 等语言那样先编译后执行。

❑ 基于对象：JavaScript 是一种基于对象的脚本语言，不仅可以创建对象，而且可以使用现有对象。

❑ 简单：JavaScript 语言采用的是弱类型的变量类型，设计简单紧凑；它是基于 Java 基本语句和控制的脚本语言，而且对数据类型未做出严格的要求。

❑ 动态性：JavaScript 是一种采用事件驱动的脚本语言，无需经过 Web 服务器便可以对用户的输入做出响应。

❑ 跨平台性：JavaScript 脚本语言仅需要浏览器的支持，与操作系统无关。因此，JavaScript 脚本在编写后可以带到任意支持浏览器的机器上使用，目前 JavaScript 已被大多数的浏览器所支持。

另外，JavaScript 主要被作为客户端脚本语言在用户的浏览器上运行，不需要服务器的支持。所以在早期程序员比较青睐于 JavaScript，以减少对服务器的负担，而与此同时也带来了另一个问题：安全性。

随着服务器的强壮，虽然程序员更喜欢运行于服务端的脚本以保证安全，但 JavaScript 仍然以其跨平台、容易上手等优势大行其道。随着引擎如 V8 和框架如 Node.js 的发展，及其事件驱动及异步 IO 等特性，JavaScript 逐渐被用来编写服务器端程序。

17.1.2 JavaScript 与 Java 的区别

JavaScrip 和 Java 的关系好比雷锋与雷峰塔的关系，总有用户认为 JavaScrip 是 Java 的一个子集。其实，这两种编程语言除了名字非常接近之外，不存在其他内置的关系。JavaScrip 是一种脚本语言，在 Web 中无所不能，而 Java 则是一种通过解释方式来执行的语言，也是一种跨平台的设计语言。JavaScrip 和 Java 的区别如下所述。

1．产品类型不同

JavaScrip 由 Netscape 公司开发，是一种可以嵌入 Web 页面中的基于对象和事件驱动的解释性语言；而 Java 是 Sun Microsystems 公司推出的新一代面向对象的程序设计语言，适用于 Internet 应用程序开发。

2．基于对象和面向对象

JavaScript 是基于对象的一种脚本语言，也是一种基于对象和事件驱动的编程语言；它自身拥有丰富的内部对象，以供设计人员使用。

而 Java 是面向对象的，是一种真正的面向对象的语言，无论是开发复杂的程序还是简单的程序，都必须设计对象。

3．嵌入方式不一样

JavaScript 和 Java 的嵌入方式完全不一样，其标识也不一样。在 HTML 文档中，JavaScript 语言使用<script></script>进行标识，而 Java 语言则使用 Applet 进行标识。

4．浏览器执行方式不同

JavaScript 是一种解释性编程语言，它的源代码无需编译，直接将文本格式的字符代码发送给客户，也就是说，JavaScript 的语句本身会随 Web 页面一起被下载下来，并由浏览器解释执行。

而 Java 的源代码在传递到客户端执行之前，必须经过编译，它需要通过编译器或解释器实现独立于某个特定的平台编译代码，因此在客户端上必须具备相应平台上的翻译器或解释器。

5．代码格式不同

JavaScript 的代码是文本字符格式，可以直接嵌入到 HTML 文档中，并可动态装载，其独立文件的格式为*.js。

而 Java 是一种与 HTML 无关的代码格式，必须通过外媒体进行装载，其代码以字节代码的形式保存在独立的文档中，其独立文件的格式为*.class。

6．变量不同

JavaScript 中的变量声明采用弱类型的变量，也就是变量在使用之前无需声明，而是由解释器在运行之前检查其数据类型。

而 Java 采用的是强类型的变量，所有变量在编译之前必须进行声明。

7．联编方式不同

JavaScript 采用动态联编，也就是 JavaScript 在引用对象时，在运行过程中进行检查。

而 Java 采用静态联编，也就是 Java 在引用对象时，必须在编译时进行，以使编译器可以实现强类型的检查。

8．对文本和图像的操作不同

JavaScript 不会直接对文本或图像进行操作，而是在 Web 页面中与 HTML 元素结合在一起进行操作；但它可以通过控制浏览器，达到让浏览器直接对文本和图像进行处理。而 Java 则完全可以直接对文本和图像进行操作。

17.2　JavaScript 语法基础

JavaScript 是目前互联网上最流行的一种脚本语言，是一种可插入 HTML 文档的编程代码，它可以使用记事本直接进行编写。JavaScript 具有独特的语法特点和规范，在对网页进行制作之前，还需要先来了解 JavaScript 的一些基础语法。

17.2.1　语法概述

JavaScript 在 HTML 中使用<script></script>标签进行显示，可以将<script>标签放置在网页的任何地方，一般放置在<head>标签内。

<script>标签的主要作用是警告浏览器，需要它开始解释这些标记之间的内容，将其作为一个脚本进行运行。

JavaScript 的语法结构如下所示：

```
<script>
...
</script>
```

对于之前的实例，可能会出现在<script>标签中使用 type="text/javaScript"d 的现象，目前无需再添加该内容，因为 JavaScript 是所有现代浏览器和 HTML5 中默认的脚本语言。

例如，下列在<head>标签内使用的 JavaScript 代码。

```
<!DOCTYPE html>
<html>
<head>
<meta charset="utf-8">
<title>无标题文档</title>
<script>
alert("Welcome! Can I help you
anything?");
</script>
</head>
<body>
</body>
```

```
</html>
```

使用浏览器预览，系统会自动弹出一个对话框，其效果如下图所示。

如若将 JavaScript 代码放置在<body>标签内，则需要执行下列代码：

```
<!DOCTYPE html>
<html>
<head>
<meta charset="utf-8">
<title>无标题文档</title>
</head>
<body>
<script>
document.write("<h1>Welcome!</h1>");
document.write("<h3>Can I help you
anything?</h3>");
</script>
</body>
</html>
```

使用浏览器预览，其效果如下图所示。

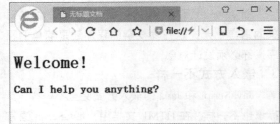

17.2.2 JavaScript 语句

JavaScript 语句向浏览器发出指令，告诉浏览器应该做什么。JavaScript 中的每条语句是由表达式、关键字或运算符组合而成。当需要在一行内编写多条语句时，语句之间可以使用分号（;）进行间隔；另外在每条可执行的语句结尾处也需要添加分号。

例如，下面的 JavaScript 语句中，将"Welcome!"赋值给 "do"。

```
document.getElementById("do").inne
rHTML="Welcome!";
```

在 JavaScript 语句中，浏览器会按照编写顺序来执行每条语句，其示例代码如下所示。

```
<!doctype html>
<html>
<head>
<meta charset="utf-8">
<title>无标题文档</title>
</head>
<body>
<h1>中国图书网</h1>
<p id="do"></p>
<div id="DIV"></div>
<script>
document.getElementById("do").inne
rHTML="计算机类图书";
document.getElementById("DIV").inn
erHTML="历史类图书";
</script>
</body>
</html>
```

使用浏览器预览，其效果如下图所示。

另外，JavaScript 中的语句通过代码块的形式进行组合，从而达到多条语句一起执行的目的。在组合过程中，会使用大括号将其括起来，通常用于函数或流程控制语句中。

JavaScript 语句块的示例代码，如下所示：

```
<!doctype html>
<html>
<head>
<meta charset="utf-8">
<title>无标题文档</title>
</head>
<body>
<h1>中国图书网</h1>
<p id="do">社科类图书</p>
<div id="DIV">军事类图书</div>
<p><button type="button" onclick=
"Function()">单击</button></p>
<script>
function Function()
{
document.getElementById("do").inne
rHTML="计算机类图书";
document.getElementById("DIV").inn
erHTML="历史类图书";
}
</script>
<p style="color:red">单击按钮，改变显
示内容。</p>
</body>
</html>
```

使用浏览器预览，其效果如下图所示。

> **提示**
>
> JavaScript 会忽略多余的空格，在编写过程中，可通过添加空格的方式来提高代码的可读性。

17.2.3 JavaScript 注释

JavaScript 中的注释主要用于解释代码功能，以及阻止代码执行，其自身并不参与代码执行。

1. 单行注释

单行注释以双斜杠 "//" 开始，结束于该行末尾。单行注释的代码示例如下所示：

```html
<!doctype html>
<html>
<head>
<meta charset="utf-8">
<title>无标题文档</title>
</head>
<body>
<h1>中国图书网</h1>
<p id="do"></p>
<div id="DIV"></div>
<script>
// 输出 do 标题：
document.getElementById("do").innerHTML="计算机类图书";
// 输出 DIV 标题：
document.getElementById("DIV").innerHTML="历史类图书";
</script>
<p><b>注释: </b>注释不会被执行。</p>
</body>
</html>
```

使用浏览器预览，其效果如下图所示。

2. 多行注释

多行注释语句以 "/*" 开始，以 "*/" 结尾，用于注释一段代码。多行注释的代码示例如下所示：

```html
<!doctype html>
<html>
<head>
<meta charset="utf-8">
<title>无标题文档</title>
<script type="text/javascript">
function disptime(){
 var today = new Date(); //获得当前时间
 var hh = today.getHours(); //获得小
  时、分钟、秒
 var mm = today.getMinutes();
 var ss = today.getSeconds();
 /*设置 div 的内容为当前时间*/
 document.getElementById("T1").
  innerHTML="<h1>当前时间: "+hh+":
  "+mm+":"+ss+"<h1>";
 /*
 使用 setTimeout 在函数 disptime() 体内
 再次调用 setTimeout
 设置定时器每隔 1 秒 (1000 毫秒)，调用函数
 disptime() 执行，刷新时钟显示
 */
 var myTime=setTimeout("disptime()",
  1000);
}
</script>
</head>
<body onload="disptime()">
<div id="T1">
</div>
</body>
</html>
```

使用浏览器预览，其效果如下图所示。

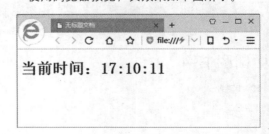

3．阻止执行

JavaScript 中的注释还可以执行某段代码的执行，例如下列示例代码中阻止了第一条语句的执行。

```
<!doctype html>
<html>
<head>
<meta charset="utf-8">
<title>无标题文档</title>
</head>
<body>
<h1>中国图书网</h1>
<p id="do"></p>
<div id="DIV"></div>
<script>
//document.getElementById("do").in
nerHTML="计算机类图书";
document.getElementById("DIV").inn
```

```
erHTML="历史类图书";
</script>
<p><b>注释: </b>注释不会被执行。</p>
</body>
</html>
```

使用浏览器预览，其效果如下图所示。

> **提示**
>
> JavaScript 中的注释还可以放在语句的行尾，其作用也是解释代码。

17.3　JavaScript 数据结构和类型

在众多计算机的编程语言中，每一种编程语言都具有自己独特的数据结构和数据类型。而 JavaScript 脚本语言也不例外，唯一不同的是 JavaScript 采用的是弱数据类型的方式，既可以先声明数据类型，也可以不必声明数据类型。

17.3.1　JavaScript 数据结构

JavaScript 的数据结构包括标识符、常量、变量和关键字等。

1．标识符

JavaScript 中的标识符就是一个名称，是用户为一些要素进行定义的名称，包括变量和函数名称。在定义标识符时，用户需要遵循以下规则。

- ❑ 标识符必须由字母、数字、下画线和中文组成。
- ❑ 中间不能包含空格、标点符号和运算符等其他符号。
- ❑ 需要严格区分大小写。
- ❑ 标识符的首字符必须为字母、下画线或中文。

- ❑ 标识符不能同名于 JavaScript 中的关键字名字。

2．关键字

关键字用于标识 JavaScript 语句的开头和结尾，它不能作为变量名或函数名，但可保留。JavaScript 中的一些关键字如下表所示。

break	default	finally	in
case	with	typeof	switch
delete	for	instanceof	this
var	catch	do	function
new	throw	void	continue
else	if	return	try
while	debugger*	boolean	float
int	char	byte	double
loog	short	true	interface
return	typeof	dass	final
package	synchronized	false	import
null	extends	implement	goto
native	static	private	super

3．常量

常量也称为常数，在 JavaScript 运行时，值不能被改变的量为常量，主要为程序提供固定且精确的值。例如，数字、逻辑值（true 和 false）等都是常量。JavaScript 常量，包括下列 6 种基本类型。

- ❑ 整型常量：整型常量可以使用十六进制、八进制和十进制表示其值。
- ❑ 实型常量：由整数部分加小数部分表示，如 15.32、198.98；也可以使用科学或标准方法表示，如 8e7、7e5 等。
- ❑ 布尔值：布尔常量包含 True 或 False 两种状态，主要用来说明或代表一种状态或标志。
- ❑ 字符型常量：使用单引号(')或双引号(")括起来的字符。
- ❑ 空值：JavaScript 中包含一个空值 Null，表示什么也没有。
- ❑ 特殊字符：JavaScript 中包含一种以反斜杠(/)开头的不可显示的特殊字符，该字符通常称为控制字符。

下表中，列出了一些可以在表达式中使用的预定义 JavaScript 常量。

常　　量	描　　述	对　　象
e	数字常量 e，自然对数的底	math
infinity	大于最大浮点数的值	global
LN2	2 的自然对数	math
LN10	10 的自然对数	math
LOG2E	以 2 为底的 e 的对数	math
LOG10E	以 10 为底的 e 的对数	math
MAX_VALUE	表示最大数字	number
MIN_VALUE	表示最接近零的数字	number
NaN	表示算术表达式返回非数字的值	number
NaN(全局)	指示表达式不是数字的值	global
null	不指向有效数字的变量	global
PI	圆的周长与直径的比率	math
SQRT1_2	0.5 的平方根或相等项	math
SQRT2	2 的平方根	math

JavaScript 的常量通常使用 const 来声明，语法格式如下所示：

```
const 常量名:数据类型=值;
```

4．变量

变量是存取数字、提供存放信息的单元。对于变量，必须明确变量的命名、变量的声明与赋值、变量的作用范围。

- ❑ 变量的定义方式

在 JavaScript 中，虽然可以不用声明变量，但不进行声明的变量无法作为存储单元。而声明变量，则是为变量进行命名。一般情况下，可以使用 var 关键字进行命名，其语法格式为：

```
vra 标识符;
```

使用 var 定义变量时，在函数体外定义的变量为全局变量，而在函数体内定义的变量为局部变量。

在使用关键字 var 同时声明多个变量时，每个变量之间需要使用逗号进行分隔，例如下列代码：

```
vra name,age,sex;
```

如若为变量赋值，则需要使用 JavaScript 中的赋值运算符 "="，例如下列代码：

```
vra age=18;
```

在 JavaScript 中，也可以直接为未声明的变量赋值，如下列代码：

```
age=18;
count=18;
```

在上述代码中，age 和 count 变量都未进行声明，直接为其赋值。

> **注意**
>
> 如果变量未被赋值，其默认值为 undefind。

- ❑ 命名规则

在 JavaScript 中，变量的名称也就是一个标识符，其名称可以为任意长度。另外，在为变量命名时，还需要遵循下列规则。

❑ 首字符必须以字母或下画线开始。

❑ 后续的字符必须为字母、数字或下画线。

❑ 不能使用 JavaScript 关键字作为变量。

❑ 变量名称严格区分大小写，大小写不同名的变量表示不同的变量。

例如，在下列示例代码中，首先创建名为 username 的变量，向该变量赋值 JavaScript，并将其放入到 id 为 duo 的段落中。

```html
<!DOCTYPE html>
<html>
<head>
<meta charset="utf-8">
<title>无标题文档</title>
</head>
<body>
<p>单击按钮创建变量</p>
<button onclick="Fun()">单击</button>
<p id="duo"></p>
<script>
function Fun()
{
var username="JavaScript";
document.getElementById("duo").inn
erHTML=username;
}
</script>
</body>
</html>
```

使用浏览器预览，其效果如下图所示。

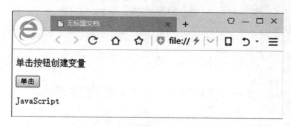

17.3.2　JavaScript 数据类型

在 JavaScript 中包含 5 种基本的数据类型（简单数据类型），它们分别是：undefined、null、布尔、字符串和数值型；以及一种复杂对象数据类型。在了解各数据类型之前，还需要先来了解一下 JavaScript 中的 typeof 运算符。

1．typeof 运算符

typeof 运算符返回一个用于标识表达式的数据类型的字符串，该运算符的语法格式为：

```
typeof=[(]expression[)]
```

expression 参数是其搜索类型信息的任何表达式，其中的圆括号为可选类型。

typeof 运算符将类型信息以字符串的形式返回 6 种可能的值，包括数字、字符串、布尔值、对象、函数和未定义。

typeof 运算符的示例代码如下所示：

```html
<!DOCTYPE html>
<html>
<head>
<meta charset="utf-8">
<title>无标题文档</title>
</head>
<body>
<script>
typeof(11);
typeof(E);
typeof(Number.MAX_VALUE);
typeof(Infinity);
typeof("100");
typeof(true);
typeof(win);
typeof(document);
typeof(null);
typeof(PI);
typeof(Date);
typeof(time);
typeof(x1=36);
document.write ("typeof(11): "+typeof
(11)+"<br>");
document.write ("typeof(E): "+typeof
(E)+"<br>");
document.write ("typeof(Number.MAX_
VALUE): "+typeof(Number.MAX_VALUE)+
"<br>")
document.write ("typeof(Infinity):
"+typeof(Infinity)+"<br>")
document.write ("typeof(\"100\"):
```

```
"+typeof("100")+"<br>")
document.write ("typeof(true):
"+typeof(true)+"<br>")
document.write ("typeof(win):
"+typeof(win)+"<br>")
document.write ("typeof(document):
"+typeof(document)+"<br>")
document.write ("typeof(null):
"+typeof(null)+"<br>")
document.write ("typeof(PI):
"+typeof(PI)+"<br>")
document.write ("typeof(Date):
"+typeof(Date)+"<br>")
document.write ("typeof(time):
"+typeof(time)+"<br>")
document.write ("typeof(x1):
"+typeof(x1)+"<br>")
</script>
</body>
</html>
```

使用浏览器预览，其效果如下图所示。

```
typeof(11): number
typeof(E): undefined
typeof(Number.MAX_VALUE): number
typeof(Infinity): number
typeof("100"): string
typeof(true): boolean
typeof(win): undefined
typeof(document): object
typeof(null): object
typeof(PI): undefined
typeof(Date): function
typeof(time): undefined
typeof(x1): number
```

2. undefined 数据类型

undefined 数据类型属于"空值"，表示变量中未被赋值。undefined 数据类型的示例代码如下所示：

```
<!doctype html>
<html>
<head>
<meta charset="utf-8">
<title>无标题文档</title>
</head>
<body>
```

```
<script>
var a;
document.write(a + "<br />");
</script>
</body>
</html>
```

使用浏览器预览，其效果如下图所示。

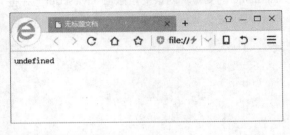

undefined

3. null 数据类型

null 数据类型也表示一个空值，常用于定义空的或不存在的引用。null 数据类型的示例代码如下所示：

```
<!doctype html>
<html>
<head>
<meta charset="utf-8">
<title>无标题文档</title>
</head>
<body>
<script>
var a;
document.write(a + "<br />");
var c=null
document.write(c + "<br />");
</script>
</body>
</html>
```

使用浏览器预览，其效果如下图所示。

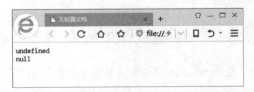

undefined
null

4. 布尔数据类型

boolean 数据类型为布尔类型，表示一个逻辑值，包含 true 和 false。其中，true 表示逻辑真，false 表示逻辑假。

　　boolean 数据类型的示例代码如下所示：

```
<!doctype html>
<html>
<head>
<meta charset="utf-8">
<title>无标题文档</title>
</head>
<body>
<script>
var x=10;
  if(x)
    {
    alert("返回true");
    }
</script>
</body>
</html>
```

使用浏览器预览，其效果如下图所示。

5．数值型数据类型

　　number 数据类型为数值型数据，表示常量，以及可以进行数学运算的数据类型。它分为整数、浮点数、内部常量和特殊值 4 种类型。

　　number 数据类型的示例代码如下所示：

```
<!doctype html>
<html>
<head>
<meta charset="utf-8">
<title>无标题文档</title>
</head>
<body>
```

```
<script>
var x=36.00;
var y=101e6;
var z=1123e-6;
document.write(x + "<br />")
document.write(y + "<br />")
document.write(z + "<br />")
</script>
</body>
</html>
```

使用浏览器预览，其效果如下图所示。

```
36
101000000
0.001123
```

6．字符串数据类型

　　string 数据类型为字符串类型，可以使用单引号（''）或双引号（""）进行标记。

　　string 数据类型的示例代码如下所示：

```
<!doctype html>
<html>
<head>
<meta charset="utf-8">
<title>无标题文档</title>
</head>
<body>
<script>
var s1="绿茶";
var s2='红茶';
var s3="黑茶";
var s4="白茶 '白牡丹'";
var s5='乌龙茶 "大红袍"';
document.write(s1 + "<br>")
document.write(s2 + "<br>")
document.write(s3 + "<br>")
document.write(s4 + "<br>")
document.write(s5 + "<br>")
</script>
</body>
</html>
```

使用浏览器预览，其效果如下图所示。

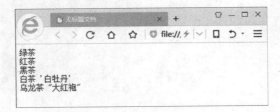

7．对象数据类型

object 数据类型为对象类型，对象是一组数据和功能的集合，它可以通过执行 new 操作符后跟所要创建的对象类型的名称进行创建。

object 数据类型的示例代码如下所示：

```
<!DOCTYPE html>
<html>
<head>
<meta charset="utf-8">
<title>无标题文档</title>
</head>
```

```
<body>
<script>
person=new Object();
person.firstname="西湖龙井";
person.lastname="铁观音";
person.age="碧螺春";
person.eyecolor="red";
document.write(person.firstname+ "
和 " +person.age +" 是绿茶");
</script>
</body>
</html>
```

使用浏览器预览，其效果如下图所示。

17.4　JavaScript 运算符

JavaScript 运算符是完成运算的一系列符号，其功能类似于 Excel 中的运算符，主要用于为变量赋值。JavaScript 中的运算符大体可分为 6 种，包括算术运算符、比较运算符、位运算符、逻辑运算符、条件运算符和赋值运算符。

17.4.1　运算符的优先级

JavaScript 中各个运算符会构成不同的表达式，而一个表达式中往往又会包含多种运算符，因此在使用运算符参与运算之前，还需要先来了解一下运算符的优先级。

在使用多种运算符时，JavaScript 就会根据运算符的优先级决定计算的顺序。下表以从上到下的顺序排列优先级从高到低的各种运算符。

运　算　符	说　　明	接合性
()	括号	从左到右
++/--	自加/自减	从右到左

续表

运　算　符	说　　明	接合性
*、/、%	乘法、除法、取模	从左到右
+、-	加法、减法	从左到右
<、<=、>、>=	小于、小于或等于、大于、大于或等于	从左到右
==、!=	等于、不等于	从左到右
&&	逻辑与	从左到右
||	逻辑或	从左到右
=、+=、*=、/=、%=、-=	赋值运算和快捷运算	从右到左

在书写表达式时，若要更改求值的顺序，可以将公式中先计算的部分用括号括起来；如若无法确定运算符的顺序，尽量使用括号参与运算以保证运算的顺序。

JavaScript 运算符优先级的示例代码如下所示：

```
<!DOCTYPE  html>
```

```html
<html>
<head>
<meta charset="utf-8">
<title>无标题文档</title>
</head>
<body>
<script>
var x1=10+2*3;
var x2=(10+2)*3;
alert("x1="+x1+"\nx2="+x2);
</script>
</body>
</html>
```

在上述代码中，"var x1=10+2*3"表示按自动优先级进行计算，"var x2=(10+2)*3"表示使用括号改变运算顺序，而"alert("x1="+x1+"\nx2="+x2)"表示分行输出结果。使用浏览器预览，其效果如下图所示。

17.4.2　算术运算符

算术运算符用于计算基本的数字运算，包括+（加）、-（减）、*（乘）、/（除）、%（余数）、++（自加）和--（自减）7 种运算符。算术运算符的具体说明如下表所示。

运算符	说　　明	示　　例	结　　果
+	加	y=10　x=y+2	x=12
-	减	y=10　x=y-2	x=8
*	乘	y=10　x=y*2	x=20
/	除	y=10　x=y/2	x=5
%	余数	y=10 x=y%2	x=0
++	累加	y=10　x=++y	x=11
--	递减	y=10　x=--y	x=10

JavaScript 算术运算符的示例代码如下所示：

```html
<!DOCTYPE html>
<html>
<head>
<meta charset="utf-8">
<title>无标题文档</title>
</head>
<body>
<script>
var x=100,y =4;
document.write("100+4="+(x+y)+
"<br>");
document.write("100-4="+(x-y)+
"<br>");
document.write("100*4="+(x*y)+
"<br>");
document.write("100/4="+(x/y)+
"<br>");
document.write("(100++)="+(x++)+
"<br>");
document.write("++100="+(++x)+
"<br>");
document.write("(100--)="+(x--)+
"<br>");
document.write("--100="+(--x)+
"<br>");
</script>
</body>
</html>
```

使用浏览器预览，其效果如下图所示。

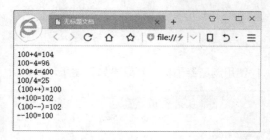

17.4.3　比较运算符

比较运算符又称为关系运算符，其作用是对数据进行逻辑比较，根据比较结果返回布尔值 true 或 false。比较运算符主要包括==（等于）、!=（不等于）、<（小于）、<=（小于或等于）、>（大于）、>=（大于或等于）6 种运算符。

比较运算符的具体说明如下表所示。

运算符	说　明	示　例	结　果
==	等于	x=5　x==6	false
!=	不等于	x!=6	true
<	小于	x<6	true
<=	小于或等于	x<=6	true
>	大于	x>6	false
>=	大于或等于	x>=6	false

JavaScript 比较运算符的示例代码如下所示：

```html
<!DOCTYPE html>
<html>
<head>
<meta charset="utf-8">
<title>无标题文档</title>
</head>
<body>
<script>
var a=99;
document.write("a==99: "+(a==99)+
"<br>");
document.write("a>=100: "+(a>=100)+
"<br>");
document.write("a<100: "+(a<100)+
"<br>");
document.write("a!=99: "+(a!=99)+
"<br>");
document.write("a>100: "+(a>100)+
"<br>");
</script>
</body>
</html>
```

使用浏览器预览，其效果如下图所示。

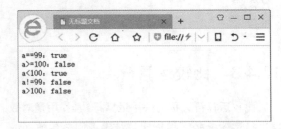

辑运算的运算符，主要包括&（与）、|（或）、^（异或）、~（取补）、<<（左移）、>>（右移）6 种运算符。

位运算符的具体说明如下表所示。

运算符	说　明	示　例	结　果
&	与（AND）	x=5&1	1
|	或（OR）	x=5|1	5
^	异或	x=5^1	4
~	取反	x=5~1	-6
<<	左移	x=5<<1	10
>>	右移	x=5>>1	2

JavaScript 位运算符的示例代码，如下所示：

```html
<!DOCTYPE html>
<html>
<head>
<meta charset="utf-8">
<title>无标题文档</title>
</head>
<body>
<script>
var a=10;
var b=11;
document.write("a|b: "+(a|b)+"<br>");
document.write("a>>1: "+(a>>1)+
"<br>");
    document.write("-a>>1: "+(-a>>1)+
"<br>");
document.write("a<<2: "+(a<<2)+
"<br>");
document.write("-a<<2: "+(-a<<2)+
"<br>");
</script>
</body>
</html>
```

使用浏览器预览，其效果如下图所示。

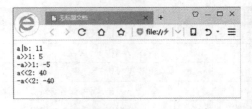

17.4.4　位运算符

位运算符是一种针对两个二进制的位进行逻

17.4.5　逻辑运算符

逻辑运算符用于确定变量或值之间的逻辑关

系，JavaScript 中的逻辑运算符包括&&（与）、||（或）、!（非）3 种运算符，每种运算符的具体说明如下表所示。

运算符	说明	示　例	结果
&&	和	x=6 y=3　(x<10&&y>1)	true
||	或	x=6 y=3　(x==5||y==5)	false
!	非	x=6 y=3　!(x==y)	true

JavaScript 逻辑运算符的示例代码如下所示：

```
<!DOCTYPE html>
<html>
<head>
<meta charset="utf-8">
<title>无标题文档</title>
</head>
<body>
<script>
var a=true;
var b=false;
document.write((!a)+"<br>");
document.write((!b)+"<br>");
document.write((a&&b)+"<br>");
document.write((a||b)+"<br>");
var a=true;
var b=true;
document.write((a&&b)+"<br>");
document.write((a||b)+"<br>");
var a=false;
var b=false;
document.write((a&&b)+"<br>");
document.write((a||b)+"<br>");
var a=true;
var b=false;
document.write((a&&b)+"<br>");
document.write((a||b)+"<br>");
</script>
</body>
</html>
```

使用浏览器预览，其效果如下图所示。

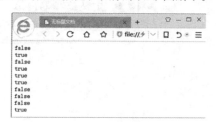

17.4.6　条件运算符

JavaScript 条件运算符（?:）基于条件的赋值运算，包含 1 个条件和 2 个真假值，其语法格式如下所示：

```
条件? 表达式1:表达式2
```

在上述代码中，当条件为真时，使用表达式 1 的值，否则使用表达式 2 的值。

JavaScript 条件运算符的示例代码如下所示：

```
<!DOCTYPE html>
<html>
<head>
<meta charset="utf-8">
<title>无标题文档</title>
</head>
<body>
<script>
var age=20;
document.write("年龄等于"+age+"<br>");
document.write(age<18?"年龄不符合":"
年龄符合");
</script></body>
</html>
```

使用浏览器预览，其效果如下图所示。

17.4.7　赋值运算符

赋值是将数值赋值给变量，在使用该运算符时，必须保证运算符两侧的操作数类型一致。

JavaScript 中的赋值运算符中每种运算符的具体说明如下表所示。

运算符	示　例	等价于	结果
=	x=10 y=5　x=y		x=5
+=	x=10 y=5　x+-y	x=x+y	x=15
-=	x=10 y=5　x-=y	x=x-y	x=5
*=	x=10 y=5　x*=y	x=x*y	x=50
/=	x=10 y=5　x/=y	x=x/y	x=2
%=	x=10 y=5　x%=y	x=x%y	x=0

注意

在代码中编写复合赋值运算符时，两个符号之间不能存在空格。

JavaScript 赋值运算符的示例代码，如下所示：

```html
<!DOCTYPE html>
<html>
<head>
<meta charset="utf-8">
<title>无标题文档</title>
</head>
<body>
<script>
var x=10;
var y=5;
    document.write("x+y: "+(x+y)+
    "<br>");
    document.write("x+=y: "+(x+=y)+
    "<br>");
    document.write("x-=y: "+(x-=y)+
    "<br>");
    document.write("x*=y: "+(x*=y)+
    "<br>");
    document.write("x%=y: "+(x%=y)+
```

```html
    "<br>");
var a=10;
var b="5";
    document.write("a+b: "+(a+b)+
    "<br>");
    document.write("a+=b: "+(a+=b)+
    "<br>");
</script>
</body>
</html>
```

在上述代码中，使用双引号将数字括起来表示字符串，将数字与字符串相加，结果将成为字符串。即，代码中的"document.write("a+b："+(a+b)+"<br>");"表示将 a 和 b 字符串相加，获得值 105。

使用浏览器预览，其效果如下图所示。

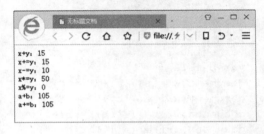

17.5 练习：制作海湾度假村网页

"海湾度假村"网页的布局效果是一个比较普通而常见的网页形式。但该网页布局与上述的网页内容布局对比来讲，整体上看上去比较复杂。但在制作过程中，相对也比较简单，因为它是以顺序的方式进行向下制作。

练习要点

- 插入页眉内容
- 加载 CSS 文件
- 添加 Div 层
- 插入图片
- 定义选择器内容
- 使用 JavaScript 代码

操作步骤 >>>>

STEP|01 创建 index.html 文件，并在该文件中，
修改文件名称，加载 CSS 文件。

```
<title>海边度假村</title>
<link href="style.css" rel="stylesheet"
type="text/css">
```

STEP|02 在<body>标签中，添加下面<div>标签，
并对整体网页进行布局，其中包含 heade、content、
centre、life 和 footer 等内容。

```
<div id="heade"></div>
<div id="content">
    <div id="content_left"></div>
    <div id="content_centre"></div>
    <div id="content_right"></div>
</div>
<div id="centre"></div>
<div id="life">
    <div id="sx"></div>
    <div id="hf"></div>
    <div id="ys"></div>
</div>
<div id="footer"></div>
<div id="advert"></div>
```

STEP|03 在<div id="heade">标签中添加页眉信
息，如背景图片和导航条等内容。

```
<div id="heade_title">海湾度假村</div>
  <div id="menu">
   <ul>
    <li><a href="#">进入村庄</a>
    </li>
    <li><a href="#">村庄简介</a>
    </li>
    <li><a href="#">村庄分布</a>
    </li>
    <li><a href="#">室内浏览</a>
    </li>
    <li><a href="#">在线订房</a>
    </li>
    <li><a href="#">选择景点</a>
    </li>
    <li><a href="#">投诉建议</a>
```

```
    </li>
   </ul>
  </div>
```

STEP|04 在 CSS 文件中，包含添加相关选择器，
并分别设置网页名称样式、导航菜单样式。

```
#heade {
    width:869px;
    height:410px;
    background-image:url(images/
    head.JPG);
    background-repeat:no-repeat;
    background-position:top;
    float:left;
}
#heade_title {
    margin-top:20px;
    margin-left:35px;
    float:left;
    color:#000;
    font-family:"黑体";
    font-size:24px;
    font-weight:bold;
    text-shadow: 2px 2px 2px #FFF;
}
#menu {
    margin-top:0px;
    margin-left:300px;
    padding:0px;
    width:600px;
    height:35px;
    float:left;
}
#menu ul li {
    display:inline;
    list-style:none;
}
#menu li a {
    height: 27px;
    width: 80px;
    padding:8px 4px 4px 4px;
    border-radius:4px;
    color:#960;
    font-size:14px;
    text-decoration:none;
    border:1px solid #960;
    background-image:url(images/
    bottom.jpg);
```

```
    box-shadow:2px 2px 4px #999999;
}
#menu li a:hover {
    border:1px solid #BE6C1B;
    box-shadow:3px 3px 3px #BE6C1B;
}
```

STEP|05 在<div id="content">标签中，分别添加 3 个标签的内容，即左侧、中间和右侧内容。

```
<div id="content_left">
    <div id="user_login">
        <div id="login_title">用户登录
        </div>
        <form action="#" name="login"
        method=
        "get">
            <label for="uname">用户名:
            </label>
            <input type="text" name=
            "uname" size=
            "15">
            <br/>
            <label for="pw">密码:</label>
            <input type="password" name=
            "pw" size=
            "15">
            <label for="yz">验证码:
            </label>
            <input type="text" name="yz"
            size="7">
            <label style="width:8; height:
            10px;
            border:1px solid #C60; padding:
            2px; back-
            ground-color:#FFCC99;">
            E5G32</label>
            <input type="submit" style=
            "margin-left:
            15px;" value="登录" name="tj">
            <input type="reset"  style=
            "margin-left:
            15px;" value="重置" name="cz">
        </form>
    </div>
</div>
<div id="content_centre">
    <dl>
        <dt> <a href="#news">新闻</a>
```

```
        <a href="
        #recreation">娱乐</a> <a href=
        "#sports">
        体育</a> </dt>
        <dd>
            <ul id="news">
                <li>•<a href="http://www.
                865171.cn">火车票发售:担心网
                络被挤瘫情愿排队 ...</a>
                </li>
                新闻列表内容，详见源代码。
                <li>•<a href="http://www.
                865171.cn">
                CBA 主教练成高危行业 投资越大期
                望越大压力越大
                08...</a></li>
            </ul>
        </dd>
    </dl>
    <div id="content_right">
</div>
```

STEP|06 在 CSS 样式文件中，分别添加登录、新闻和右侧的图片的样式代码，并设置其效果。

```
#content {
    float:left;
    width:869px;
    height:172px;
}
#content_left {
    float:left;
}
#user_login {
    width:180px;
    height:170px;
    border:#eee solid 1px;
}
#login_title {
    width:180px;
    height:25px;
    float:left;
    font-family:"黑体";
    font-size:14px;
    font-weight:bolder;
    line-height:1.5em;
    background-color:#BE6C1B;
    color:#000;
```

```
      text-shadow:1px 1px 1px #FFF;
}
#user_login form {
      margin-top:10px;
      line-height:2.5em;
      font-size:12px;
      float:left;
      width:100%;
      height:100px;
}
#content_centre {
      float:left;
}
/*关于新闻列表样式，详见源文件……*/
#content_right {
      float:left;
      margin-left:446px;
      border:1px solid #eee;
      height:170px;
      width:235px;
      background-image:url(images/
      pc.jpg);
}
```

STEP|07 在<div id="centre">标签中添加室内环境图片内容，并设置其 CSS 样式。

```
<div id="centre_title">室内环境</div>
  <div id="photo"><img src=
  "images/sn1.jpg"/>
  </div>
  <div id="photo"><img src=
  "images/sn2.jpg"/>
  </div>
  <div id="photo"><img src="images/
  sn4.jpg"/>
  </div>
  <div id="photo"><img src="images/
  sn5.jpg"/>
  </div>
  <div id="photo"><img src="images/
  sn6.jpg"/>
  </div>
  <div id="photo"><img src="images/
  sn3.jpg"/>
  </div>
```

STEP|08 在 CSS 代码文件中，分别定义了 centre 选择器、centre_title 选择器和 photo 选择器内容。

```
#centre {
      margin-top:2px;
      float:left;
      width:869px;
      height:145px;
}
#centre_title {
      height:25px;
      font-family:"黑体";
      font-size:14px;
      font-weight:bolder;
      line-height:1.5em;
      background-color:#BE6C1B;
      color:#000;
      text-shadow:1px 1px 1px #FFF;
}
#photo {
      margin:2px;
      float:left;
      border:1px solid #CCC;
}
```

STEP|09 在<div id="life">标签中，包含 3 块内容，分别为 sx、hf 和 ys 内容。其中部分省略的代码，用户可以详见源文件。

```
<div id="life_title">生活常识</div>
  <div id="sx">
  <img src="images/sx1.jpg"/>
  <p>身心健康</p>
    <ul
      <li>•<a href="#">3 招除体内湿气
      养成瘦身</a>
          </li>
      关于列表内容，详见源代码
      <li>•<a href="#">秋季减肥奇
      异...</a></li>
    </ul>
  </div>
</div>
```

STEP|10 在<div id="footer">标签中添加版尾信息，如网站的版权、联系电话等。

```
<div  id="footer">Copyright  ©2012
www.hwdjc.com 版权所有  海湾度假村
鄂 ICP 备 1020XX 号<br/>
服务免费电话：400-654-12x 客服电话：
```

```
037X-1561588
</div>
```

STEP|11 在 `<div id="advert">` 标签中添加右侧的广告内容，其广告跟随滚动条而移动。

```
<div id="advert"><div id="advert_
title">欢迎光临</div><div id="advert_
content">不违反法律和道德的前提下，为客
人解决一切困难。</div>
</div>
```

STEP|12 在 `<head>` 标签中添加广告移动的 JavaScript 代码内容。

```
<SCRIPT LANGUAGE="JavaScript">
function sc5(){
```

```
document.getElementById("advert").
style.top=
(document.documentElement.scrollTo
p+document.
documentElement.clientHeight-docum
ent.getElem
entById("advert").offsetHeight)+
"px";
document.getElementById("advert").
style.left=(document.documentEleme
nt.scrollLeft+document.documentEle
ment.clientWidth-document.getEleme
ntById("advert").offsetWidth)+"px";
}
window.onscroll=sc5;
</script>
```

17.6 练习：制作花品展示页

在很多网页中，为展示产品的效果，添加一个展示图片（产品）页面。而在 CSS3 代码中，用户可以为这些图片添加背景效果，使其图片的展示更有立体感。

练习要点

- 插入背景图片
- 添加网页名称样式
- 设置导航效果
- 添加分类
- 添加搜索
- 设置图片样式
- 链接 CSS 样式
- 插入 Div 层

操作步骤 ▶▶▶▶

STEP|01 创建 index.html 文件，并在<head>标签中，修改网页的名称，载入 CSS 外部文件。

```
<title>明馨花品网</title>
<link href="style.css" type="text/
css" rel="stylesheet">
```

STEP|02 在<body>标签中，插入下列<div>标签以布局页面结构。

```
<div id="header"></div>
<div id="content">
    <div id="content_left"></div>
    <div id="content_right"></div>
</div>
<div id="content_bottom"></div>
<div id="footer"></div>
```

STEP|03 在网页中，分别插入<div id="header">、<div id="content_left"></div>、<div id="content_bottom"></div>和<div id="footer">标签内容，以及设置其样式。

STEP|04 在<div id="content_right">标签中，添加<div id="right_title">标签，用来设置该模块的标题内容。

```
<div id="right_title">
    <h2>爱情鲜花</h2>
</div>
```

STEP|05 在 CSS 样式文件中，分别设置 right_title 和 h2 样式。其中，h2 选择器样式在设置"花品分

类"文本时已经添加过。

```
#right_title {
    margin-top:15px;
    width:100%;
    height:25px;
    border-bottom-color:#8ab93f;
    border-bottom-style:double;
    border-bottom-width:2px;
}
```

STEP|06 在该栏目的标题标签下面，再插入一个标签，用来显示图片信息，如插入<div id="img">标签。

```
<div id="img"><a href="#" title="详
细 信 息 "><img  src="pic/9010786_
m.jpg" border="0"/></a>
</div>
```

STEP|07 在 CSS 文件中，再加入 img 选择器，用来定义<div id="img">标签的样式。

```
#img {
    margin:8px;
    font-family:"宋体";
    font-size:12px;
    text-align:center;
    width:160px;
    border:1px #999999 solid;
    box-shadow:2px 2px 3px 2px #999999;
    float:left;
}
```

STEP|08 在<div id="img">标签中，插入一个 3×2 的表格，并分别添加鲜花的名称、原价、现价和订购图片等内容。

```
<table  border="0"  align="center"
cellpadding="0" cellspacing="0">
<tr>
  <td  colspan="2"  align="center"
id="ame" style=" ont-weight:bold;">
十全十美</td>
</tr>
<tr>
```

```
    <td style="text-decoration:line-
    through;">原价：￥120 元</td>
    <td rowspan="2" valign="middle">
    <a href="#"><img src="images/
    dg.PNG" width="70" height="25"
    border="0"/></a>
    </td>
</tr>
<tr>
    <td>现价：<samp style="color:
    #FF0000;">￥80 元</samp>
    </td>
</tr>
<tr>
    <td colspan="2"></td>
</tr>
</table>
```

STEP|09 此时，用户可以通过上述方法添加多张图片，以及图片的描述内容。

STEP|10 在所有<div id="img">标签下面，添加<div id="navigation">标签，并插入<form>表单。在该标签中制作分页，显示导航。

```
<div id="navigation">
    <form action="#" name="form1"
```

```
    method="get">
    共 185 个商品  <a
    href="#">首
      页  
    </a><a href=
    "#">上一页  </a><a
    href="#">下
    一页  </a><a href=
    "#">尾 
     页  </a> 页
    次：3/12 页 
       8 个商品/页
      
      转到：
    <input type="text" name="yh"
    size="5">
    <input type="submit" value="
    转到">
    </form>
    </p>
</div>
```

STEP|11 在 CSS 文件中，添加<div id="navigation">标签样式，如设置导航宽度为 100%，高度为 50px，并且以线性显示等。

```
#navigation {
    margin-top:0px;
    width:100%;
    height:50px;
    padding:10px;
    border-top:3px solid #8ab93f;
    float:left;
    display: inline;
    color:#000;
    text-align:center;
}
```

17.7 新手训练营

练习 1：制作漂浮广告

downloads\17\新手训练营\漂浮广告

提示：本练习中，首先设置网页标题，输入 CSS 样式代码。然后，输入 JavaScript 代码，用于制作交互动作。最后，在<body>标签内制作网页内容，并设置其样式和属性。

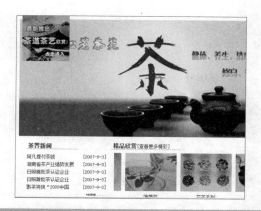

练习 2：制作信息反馈页面

downloads\17\新手训练营\信息反馈页面

提示：本练习中，首先设置网页标题，然后输入 CSS 代码，并关联 CSS 样式表和 JavaScript 代码文件。

```
<head>
<meta charset="utf-8">
<title>信息反馈页</title>
<style type="text/css">
body {
margin-left: 0px;
margin-top: 0px;
}
</style>
<link href="main.css" rel="stylesheet"
type="text/css">
<script src="Scripts/AC_
RunActiveContent.js" type="text/
javascript"></script>
</head>
```

最后，在<body>标签内插入 3 个表格，分别制作网页版头、正文和版尾内容，并设置其属性和样式。最终效果如下图所示。

练习 3：制作友情链接页面

downloads\17\新手训练营\友情链接页面

提示：本练习中，首先设置网页标题，并输入 CSS 代码。然后，在<body>标签内插入一个表格，在表格中分别输入相应文本，插入图像，并设置各元素的属性和样式。最终效果如下图所示。

练习 4：制作招商信息网页

downloads\17\新手训练营\招商信息网页

提示：首先设置网页标题，然后输入 CSS 代码，并关联 CSS 样式表。

```
<head>
<meta charset="utf-8">
<title>产品详细介绍</title>
<style type="text/css">
body,td,th {
font-size: 12px;
}
</style>
<link href="index.css" rel="stylesheet"
type="text/css">
</head>
```

然后，在<body>标签内插入多个 Div 层，制作每层内容，并设置其属性和样式。其最终效果如下图所示。

第 18 章

JavaScript 核心语法

　　JavaScript 编程中，对程序流程的控制主要是通过一些语句和函数来完成的，包括条件判断、循环语句，以及调整语句等。其中，条件判断语句用于判断语句中的不同条件，它可以按照预先设定的条件执行程序；循环语句是在满足某条件下循环执行一个操作；而跳转语句用于结束循环。除此之外，本章还将介绍有关事件处理的基础内容，事件处理是通过事件来调用对象，实现交互性页面效果，以协助用户制作出功能更加强大的网页

18.1 条件判断语句

条件判断语句用于基于不同的条件执行不同的动作，也就是对语句中不同条件的值执行判断，并根据不同的条件来执行相应的语句。JavaScript 中的条件判断语句包含 if 和 switch 两种类型。

18.1.1　if 类语句

在 JavaScript 中，if 类语句包括 if 语句、if…else 语句、if…else if 语句以及嵌套 if 语句。

1. if 语句

if 语句是最常用的条件语句，只有当指定条件为 true 时，该语句才会执行代码。if 语句的语法格式为：

```
if(条件语句)
{
执行语句
}
```

在上述代码中，"条件语句"可以为任意逻辑表达式。代码中{}的作用是组合多条语句，并作为一个整体进行执行。

JavaScript 中 if 语句的示例代码如下所示：

```
<!DOCTYPE html>
<html>
<head>
<meta charset="utf-8">
<title>无标题文档</title>
</head>
<body>
<p>如果 x 小于 y，将返回文本</p>
<script>
var x=92;
var y=80;
if (x>y)
  {
  document.write("<p>成绩优秀。
  </p>");
}
```

```
</script>
</body>
</html>
```

在上述代码中，首先声明 x 和 y 的值，然后使用 if 语句对表达式进行判断，如果 x>y，则返回"优秀"文本。使用浏览器预览，其效果如下图所示。

2. if…else 语句

if…else 语句是最基本的控制语句，它是在指定条件成立时执行的代码。也就是说，指定的条件成立时执行一段代码，而条件不成立时，则执行另外一段代码。通过 if…else 语句可以改变语句的执行顺序，该语句的语法结构为：

```
if(条件)
{
条件成立时执行该代码
}
else
{
条件不成立时执行该代码
}
```

上述代码中，当条件成立时，则执行 if 中的代码，而当条件不成立时，则执行 else 中的代码。

JavaScript 中 if…else 语句的示例代码如下所示：

```
<!DOCTYPE html>
```

```html
<html>
<head>
<meta charset="utf-8">
<title>无标题文档</title>
</head>
<body>
<script>
    var x="张三";
    if(x="张三")
      {
      document.write("<h1>欢迎光临
      </h1>");
      }
      else{
      document.write("<h1>请重新输入名
称</h1>");
      }
</script>
</body>
</html>
```

在上述代码中，使用 if…else 语句对变量 x 值进行判断，当 a 值等于"张三"时，则返回"欢迎光临"文本。使用浏览器预览，其效果如下图所示。

3．if…else if 语句

if…else if 语句用于选择多套代码中的一套代码来执行，其语法格式如下所示：

```
if(条件1)
{
当条件1为true时执行的代码
}
else if（条件2）
{
当条件2为true时执行的代码
}
```

```
else
{
当条件1和条件2都不为true时执行的代码；
}
```

JavaScript 中 if…else if 语句的示例代码如下所示：

```html
<!DOCTYPE html>
<html>
<head>
<meta charset="utf-8">
<title>无标题文档</title>
</head>
<body>
<script>
var now = new Date();
var hh = now.getHours();
var mm = now.getMinutes();
var clock = hh + "-";
var time=now.getHours()
  if (hh < 10)
    clock += "0";
    clock += hh + ":";
  if (mm < 10) clock += '0';
    clock += mm;
    document.write("当前时间为"
    +clock);
  if (time<10)
  {
    document.write("<h1>早上好!
    </h1>")
  }
  else if (time>=10 && time<16)
  {
  document.write("<h1>下午好!</h1>")
  }
    else{document.write("<h1> 晚上
    好!</h1>")
  }
</script>
</body>
</html>
```

使用浏览器预览，其效果如下图所示。

4．if…else 嵌套语句

if…else 嵌套语句可以在多组语句中选择一组来执行，其语法格式如下所示：

```
if(条件 1)
{
当条件 1 为 true 时执行的代码
}
else if（条件 2）
{
当条件 2 为 true 时执行的代码
}
……
else if（条件 n）
{
当条件 n 为 true 时执行的代码
}
else
{
当条件 1、2 至 n 都不为 true 时执行的代码;
}
```

JavaScript 中嵌套 if…else 语句的示例代码如下所示：

```
<!DOCTYPE html>
<html>
<head>
<meta charset="utf-8">
<title>无标题文档</title>
</head>
<body>
<script>
var Fraction=90;
  if (Fraction<60)
  {
    document.write("<h1>成绩不及格
```

```
</h1>")
  }
  else if (Fraction<75)
  {
document.write("<h1>成绩良好!</h1>")
  }
   else if (Fraction<85)
  {
document.write("<h1>成绩很好!
  </h1>")
  }
    else{document.write("<h1>成绩
    优秀!</h1>")
  }
</script>
</body>
</html>
```

使用浏览器预览，其效果如下图所示。

18.1.2 switch 语句

当需要执行若干代码中的一个代码时，可以使用 switch 语句，该语句可以将一个表达式的结果与多个值进行比较，并根据比较结果来执行语句。switch 语句的语法格式如下所示：

```
switch(表达式)
{
case 1:
执行代码块 1
break
case 2:
执行代码块 2
break
default:
如果 n 既不是 1 也不是 2，则执行该代码块
}
```

在该语句中，表达式的值将与所有的 case 语句中的常量进行比较，如若相匹配，则执行 case 语句中的代码；如果完全不匹配，则执行 default 语句，default 语句是可选的。如果没有相匹配的 case 语句，也没有 default 语句，则什么也不执行。

> **注意**
>
> switch 后面的 n 可以为表达式，也可以为变量。

JavaScript 中 switch 语句的示例代码如下所示：

```html
<!DOCTYPE html>
<html>
<head>
<meta charset="utf-8">
<title>无标题文档</title>
</head>
<body>
<script>
var x=new Date();
day=x.getDay();
switch (day){
    case 1:
        document.write("<h1>今天星期一
        </h1>");
break;
    case 2:
        document.write("<h1>今天星期
        二</h1>");
break;
    case 3:
```

```html
        document.write("<h1>今天星期三
        </h1>");
break;
    case 4:
        document.write("<h1>今天星期四
        </h1>");
break;
    case 5:
        document.write("<h1>今天星期五
        </h1>");
break;
    case 6:
        document.write("<h1>今天星期
        六</h1>");
break;
    default:
        document.write("<h1>今天星期
        日</h1>");
    break;
}
</script>
</body>
</html>
```

使用浏览器预览，其效果如下图所示。

18.2 循环和跳转语句

循环控制语句是在满足条件的情况下反复执行某一操作，它是由循环体及循环的终止条件两部分组成的；而跳转语句用于结束循环状态。

18.2.1 循环语句

JavaScript 中的循环控制语句包括 for 语句、while 语句和 do-while 语句。

1. for 语句

for 语句可以按照指定次数重复执行代码，该语句由条件控制和循环部分 2 部分组成，其语法格式如下所示：

```
for(初始;条件表达式;增量)
{
语句集
}
```

在上述代码中，初始化是一个赋值语句，用来控制循环变量赋初值；条件表达式为关系表达式，用于控制何时退出循环；而增量用于定义循环控制变量每次循环的变化方式。

JavaScript 中 for 语句的示例代码如下所示：

```
<!DOCTYPE html>
<html>
<head>
<meta charset="utf-8">
<title>无标题文档</title>
</head>
<body>
<p>点击按钮显示循环次数：</p>
<button    onClick="Fun()">  点  击
</button>
<script>
 function Fun()
{

  for(var i=0;i<8;i++)
{
    document.write("欢迎光临！<br>");
}
}
</script>
</body>
</html>
```

使用浏览器预览，其效果如下图所示。

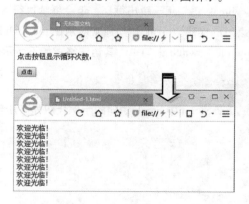

2. while 语句

while 语句为循环语句，也属于条件判断语句；它的结构循环为当型循环，适用于循环次数未知的情况。在该语句中，维持循环的是表达式，条件成立时执行循环，条件不成立时退出循环。while 语句的语法格式如下所示：

```
while(条件表达式)
{
语句集
}
```

在上述代码中，当条件表达式返回的值为 true 时，则执行语句集；执行完语句集后，再次检测表达式的返回值，如果返回值为 true，则重复执行语句集，直至条件表达式的返回值为 false 时结束循环。

JavaScript 中 while 语句的示例代码如下所示：

```
<!DOCTYPE html>
<html>
<head>
<meta charset="utf-8">
<title>无标题文档</title>
</head>
<body>
<script>
   var i=1;
   var iSum=0;
   while(i<10)
   {
 iSum+=i;
 document.write(i+""+"<br>");
 i++;
   }
   document.write("1-9 的所有数之和为
   "+iSum);
</script>
</body>
</html>
```

使用浏览器预览，其效果如下图所示。

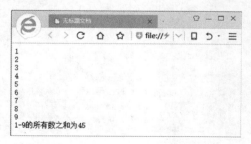

3．do-while 语句

do-while 语句的循环结构为直到型循环，也是用于未知循环次数的情况。do-while 语句的语法格式如下所示：

```
do
{
语句集
}
while(条件表达式)
```

do-while 语句与 while 语句的区别在于 do-while 语句是在执行完第一次循环后再判断条件，也就是说包含在大括号中的语句集至少被执行一次。

JavaScript 中 do-while 语句的示例代码如下所示：

```
<!DOCTYPE html>
<html>
<head>
<meta charset="utf-8">
<title>无标题文档</title>
</head>
<body>
<h2>只要i 小于 6 就一直循块。</h2>
<button onclick="fun()">点击</button>
<p id="do"></p>
<script>
  function fun()
  {
  var x="",i=2;
  do
  {
    x="<p>"+x+"循环次数"+i+"</p>";
    i++;
  }
  while(i<6)
     document.getElementById("do")
```

```
    .innerHTML=x;
  }
</script>
</body>
</html>
```

使用浏览器预览，其效果如下图所示。

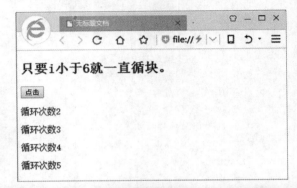

18.2.2　跳转语句

JavaScript 中的跳转语句只有 continue 语句和 break 语句，其中 continue 语句用于彻底结束循环，而 break 语句是结束本次循环。

1．break 语句

break 语句用于跳出循环，但会继续执行该循环之后的代码。break 语句通常应用在 for、while、do-while、switch 语句中，其语法格式如下所示：

```
break;
```

JavaScript 中 break 语句的示例代码如下所示：

```
<!DOCTYPE html>
<html>
<head>
<meta charset="utf-8">
<title>无标题文档</title>
</head>
<body>
<h2>i==4 时停止循</h2>
```

```
<button onclick="fun()">点击</button>
<p id="do"></p>
<script>
  function fun()
   {
var x="",i=0;
for(i=0;i<8;i++)
{
  if(i==4)
  {
    break;
  }
   x="<p>"+x+"循环次数"+i+"</p>";
}
document.getElementById("do").inne
rHTML=x;
   }
</script>
</body>
</html>
```

在上述代码中，当 i==4 时将停止循环。使用浏览器预览，其效果如下图所示。

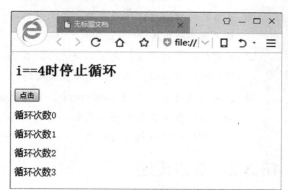

2．continue 语句

continue 语句用于中止本次循环，并判断是否执行下一次循环。continue 语句只能用于 while 语句、do-while 语句、for 语句等语句中。continue 语句的语法格式如下所示：

```
continue;
```

JavaScript 中 continue 语句的示例代码如下所示：

```
<!DOCTYPE html>
<html>
<head>
<meta charset="utf-8">
<title>无标题文档</title>
</head>
<body>
<h2>i==4 时跳过循环</h2>
<button onclick="fun()">点击</button>
<p id="do"></p>
<script>
  function fun()
   {
var x="",i=0;
for(i=0;i<8;i++)
{
  if(i==4)
  {
    continue;
  }
   x="<p>"+x+"循环次数"+i+"</p>";
}
document.getElementById("do").inne
rHTML=x;
   }
</script>
</body>
</html>
```

在上述代码中，当 i==4 时将跳过该循环。使用浏览器预览，其效果如下图所示。

18.3 函数

JavaScript 中的函数是一种非常重要的对象，是可重复使用的代码块，大约95%的代码都包含函数。除此之外，函数不仅可以作为函数被调用，被传入参数，还可以作为对象的构造器来使用。

18.3.1 函数简介

JavaScript 中的函数是具有某种特定功能的一系列的代码集合，可以完成特定的任务并返回数据，但只有函数被调用时，函数体内的代码才会被执行。

在编写程序时，可以将程序中大部分功能拆解成一个一个的函数，从而使程序代码结构更加清晰。而函数中的代码执行结果并不是一成不变的，可以通过向函数中传递参数，通过函数返回的值来解决不同情况下的问题。

JavaScript 中的函数属于 function 对象，可以使用该对象的构造函数来创建函数。除此之外，还可以通过函数对象的性质，轻易地将一个函数赋值给一个变量，或将函数作为参数进行传递。

JavaScript 中函数是被包括在花括号中的代码块，其基本使用语法如下所示：

```
function functionname()
{
需要执行的代码
}
```

在上述代码中，函数的关键词为 function，当调用该函数时，会执行函数内的代码。另外，函数使用的具体语法如下所示：

```
function f1(…){…}
var f2=function(…){…};
var f3=function f4(…){…};
var f5=new Function();
```

在上述代码中，使用了 function 关键字定义了一个函数，并为每个函数指定了函数名，同时通过函数名对函数进行调用。

JavaScript 中的函数有很多种，包括有参数函数、无参数函数、有返回值函数、无返回值函数，以及系统函数和自定义函数等类型。

在 JavaScript 中，函数对象通常被称为内部对象，例如日期对象（Date）、数组对象（Array）等都属于内部对象。这些内部对象是由 JavaScript 本身进行定义的，无需用户指定对象的构造方式。

> **提示**
>
> JavaScript 对大小写比较敏感，关键词 function 必须小写，并且必须使用与函数名称相同的大小写来调用函数。

通过上述介绍，可以将函数的优点归纳为下列3点。

- ❑ 具有较强的灵活性：函数代码具有较强的灵活性，可以通过传递参数，使函数的应用更加广泛。
- ❑ 具有较强的利用性：定义函数之后，在任何地方都可以调用函数，无须多次编写。
- ❑ 快速响应网页事件：JavaScript 中的事件模型是由函数和事件配合使用的，因此响应网页事件的速度相对比较快。

18.3.2 参数传递

函数中的参数具有承外的作用，外部数据只能通过参数传入函数内部。函数自身参数为形式参数，而调用函数时传递的参数为实际参数。

在 JavaScript 中调用函数时，可以向函数中传递参数，也就是值。这些参数可以在函数中使用，对于多个参数，需要使用逗号进行分隔。但在声明函数时，需要将参数作为变量进行声明，例如下列代码：

```
function fun(var1,var2)
```

```
   {
   需要执行的代码
   }
```

在函数中，变量和参数的顺序必须一致。例如，第一个变量是第一个被传递参数给定的值。

例如，下列代码中便传递了参数。

```html
<!DOCTYPE html>
<html>
<head>
<meta charset="utf-8">
<title>无标题文档</title>
</head>
<body>
<h3>欢迎界面</h3>
<button onclick="fun('张三','20')">
点击</button>
<script>
  function fun(name,age)
  {
alert(name+" "+age+" 岁!");
  }
</script>
</body>
</html>
```

使用浏览器预览，其效果如下图所示。

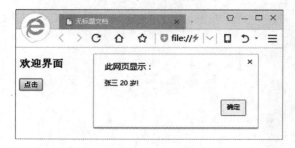

18.3.3　定义函数

在 JavaScript 中，可以使用 function 关键字创建和定义函数，一般包括关键字定义和变量定义两种方式。

1．关键字定义

关键字定义是使用关键字 function 进行定义，语法格式如下所示：

```
function 函数名 (参数1,参数2,……)
{
[语句组]
return [表达式]
}
```

在上述代码中，function 为定义函数使用的关键字，函数名为合法的 JavaScript 标识符，都为必选项；而参数为合法的 JavaScript 标识符，语句组为 JavaScript 程序语句，表达式的值可作为函数的范围值，它们都为可选项；而 return 也为可选项，表示函数遇到该指令执行结束并返回。

JavaScript 中普通定义函数的代码示例如下所示：

```html
<!DOCTYPE html>
<html>
<head>
<meta charset="utf-8">
<title>无标题文档</title>
</head>
<body>
<p>本例调用的函数会执行一个计算，然后返回结果: </p>
<p id="do"></p>
<script>
function Fun(a,b)
{
return a*b;
}
document.getElementById("do").inne
rHTML=Fun(2,23);
</script>
</body>
</html>
```

在上述代码中，首先在 JavaScript 中创建 dm() 显示函数，再插入一个按钮。使用浏览器预览，其效果如下图所示。

2．变量定义方式

JavaScript 中的函数对象对应的类型是 Function，可以通过 new Function()来创建一个函数对象，其语法格式如下所示：

```
var 变量名=new Function（[参数 1,参数 2,……],函数体）;
```

在上述代码中，变量名为必选项，表示函数名称；参数为可选项，表示函数参数的字符串；函数体为可选项，表示字符串，相当于函数中的程序语句系列，各语句之间使用逗号进行分隔。

JavaScript 中变量定义函数的代码示例如下所示：

```html
<!DOCTYPE html>
<html>
<head>
<meta charset="utf-8">
<title>无标题文档</title>
</head>
<body>
<p>本例调用的函数会执行一个计算，然后返回结果: </p>
<p id="do"></p>
<script>
var x=function(a,b)
{
return a*b
}
document.getElementById("do").innerHTML=x(2,23);
</script>
</body>
</html>
```

使用浏览器预览，其效果如下图所示。

18.3.4　内置函数

JavaScript 中的内置函数包括 eval()函数、isFinite()函数和 isNaN()函数等函数，使用内置函数可以提高编程效率。

1．eval()函数

eval()函数用于计算某个字符串，并执行其中的 JavaScript 代码，它的返回值是通过计算 string 得到的值。eval()函数的语法为：

```
eval(string)
```

eval()函数只接受原始字符串作为参数，参数 string 为必选参数，表示所需要计算的字符，包含 JavaScript 表达式或需要执行的语句。如果参数不是表达式，没有值，则会返回 undefined。

JavaScript 中 eval()函数的代码示例如下所示：

```html
<!DOCTYPE html>
<html>
<head>
<meta charset="utf-8">
<title>无标题文档</title>
</head>
<body>
<script>
  var a=100
  document.write(eval(a+120)+
  "<br/>");
document.write(eval("30/2")+
"<br/>");
eval("x=20;y=20;document.write
(x*y)");
</script>
</body>
</html>
```

使用浏览器预览，其效果如下图所示。

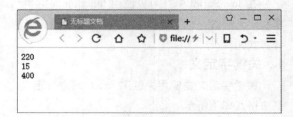

> **提示**
>
> 虽然 eval()函数的功能非常强大，但在实际使用中用到它的情况并不多。

2．isFinite()函数

isFinite()函数用于检查给定参数的有限数值，该函数的语法为：

```
isFinite(number)
```

参数 number 为必选参数，表示所需检测的数字。如果 number 为有限数字，则返回 true；如果 number 为非数字（NaN）或者正、负无穷大的数字，则返回 false。

JavaScript 中 isFinite()函数的代码示例如下所示：

```html
<!DOCTYPE html>
<html>
<head>
<meta charset="utf-8">
<title>无标题文档</title>
</head>
<body>
<script>
  document.write("参数123214256 的结
  果为"+isFinite(123214256)+"<br/>")
  document.write("参数-0.13 的结果为
  "+isFinite(-0.13)+"<br/>")
  document.write("参数 6-2 的结果为
  "+isFinite(6-2)+"<br/>")
  document.write("参数0 的结果为
  "+isFinite(0)+"<br/>")
  document.write("参数isFinite的结果
  为"+isFinite("isFinite")+"<br/>")
  document.write("参数 2017/10/10 的
  结果为"+isFinite("2017/10/10")+
  "<br/>")
</script>
</body>
</html>
```

使用浏览器预览，其效果如下图所示。

3．isNaN()函数

isNaN()函数用于检查给定的参数是否为非数字值，该函数的语法为：

```
isNaN(x)
```

参数 x 为必选参数，表示需要检查的值。如果参数 x 为非数字值 NaN，则返回 true；如果参数 x 为其他值，则返回 false。

JavaScript 中 isNaN()函数的代码示例如下所示：

```html
<!DOCTYPE html>
<html>
<head>
<meta charset="utf-8">
<title>无标题文档</title>
</head>
<body>
<script>
  document.write("参数 123214256 的结
  果为"+isNaN(123214256)+"<br/>")
  document.write("参数-0.13 的结果为
  "+isNaN(-0.13)+ "<br/>")
  document.write("参数 6-2 的结果为
  "+isNaN(6-2)+ "<br/>")
  document.write("参数 0 的结果为
  "+isNaN(0)+ "<br/>")
  document.write("参数isFinite的结果
  为"+isNaN("isFinite")+ "<br/>")
  document.write("参数 2017/10/10 的
  结果为"+isNaN("2017/10/10")+
  "<br/>")
</script>
</body>
</html>
```

使用浏览器预览，其效果如下图所示。

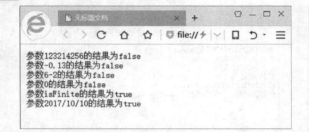

4．parseInt()函数

parseInt()函数可以将字符串转换为一个整数，该函数的语法为：

```
parseInt(string,radix)
```

该函数中的 string 参数为必选参数，表示需要被转换的字符串。参数 radix 为可选参数，表示要转换的数字的基数，该值介于 2~36 之间；如果省略该参数或其值为 0，则数字将以 10 为基数进行转换；如果该参数以 "0x" 或 "0X" 开头，则数字将以 16 为基数进行转换；如果该参数小于 2 或大于 36，则该函数将返回 NaN。

JavaScript 中 parseInt()函数的代码示例如下所示：

```
<!DOCTYPE html>
<html>
<head>
<meta charset="utf-8">
<title>无标题文档</title>
</head>
<body>
<script>
  document.write("参数('100')的结果
  为: "+parseInt("100")+"<br/>")
  document.write("参数('11',10)的结
  果为:"+parseInt("11",10)+"<br/>")
  document.write("参数('12',2)的结果
  为: "+parseInt("12",2)+"<br/>")
  document.write("参数('18',8)的结果
```

```
  为: "+parseInt("13",8)+"<br/>")
  document.write("参数('1f',16)的结
  果为:"+parseInt("1f",16)+"<br/>")
  document.write("参数('010')的结果
  为: "+parseInt("010")+"<br/>")
</script>
</body>
</html>
```

使用浏览器预览，其效果如下图所示。

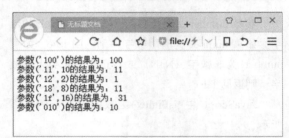

5．parseFloat()函数

parseFloat()函数可以将字符串转换为一个浮点数，该函数的语法为：

```
parseFloat(string)
```

函数参数 string 为必选参数，表示需要被转换的字符串。如果该函数指定字符串中的首个字符为数字，则对字符串进行转换，直到到达数字的末端为止，然后以数字返回该数字，而不是作为字符串。

parseFloat()函数如果在转换过程中遇到了正负号、数字(0-9)、小数点，或者科学记数法中的指数（e 或 E）以外的字符，则它会忽略该字符以及之后的所有字符，返回当前已经转换到的浮点数。同时参数字符串首位的空白符会被忽略。

JavaScript 中 parseFloat()函数的代码示例如下所示：

```
<!DOCTYPE html>
<html>
```

```html
<head>
<meta charset="utf-8">
<title>无标题文档</title>
</head>
<body>
<script>
  document.write("参数 100 的结果为:
  "+parseFloat("100")+"<br/>")
  document.write("参数 16.00 的结果为:
  "+parseFloat("16.00")+"<br/>")
  document.write("参数 18.33 的结果为:
  "+parseFloat("18.33")+"<br/>")
  document.write("参数 44 55 66 的结果
  为: "+parseFloat("44 55 66")+
  "<br/>")
  document.write("参数 160 的结果为:
  "+parseFloat("  160  ")+"<br/>")
  document.write("参数 20 years 的结果
  为: "+parseFloat("20 years")+
  "<br/>")
  document.write("参数 August 8 的结果
  为: "+parseFloat("August 8")+
  "<br/>")
</script>
</body>
</html>
```

使用浏览器预览，其效果如下图所示。

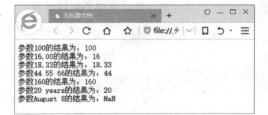

> **提示**
>
> parseFloat()函数中，如果字符串中的第一个
> 字符不能被转换为数字，则会返回 NaN。

6．Number()函数

Number()函数可以将对象的值转换为数字，该函数的语法为:

```
Number(object)
```

函数中的参数 object 为必选参数，表示需要转换的对象。如果参数为 Date 对象，则返回从 1970 年 1 月 1 日至今的毫秒数;如果参数对象的值无法转换为数字，则返回 NaN。

JavaScript 中 Number()函数的代码示例如下所示:

```html
<!DOCTYPE html>
<html>
<head>
<meta charset="utf-8">
<title>无标题文档</title>
</head>
<body>
<script>
  document.write("参数 new Boolean
  (true) 的结果为: "+Number(new Boolean
  (true))+"<br/>")
  document.write("参数 new Boolean
  (false) 的结果为: "+Number(new Boolean
  (false))+"<br/>")
  document.write("参数 new Date() 的结
  果为: "+Number(new Date())+"<br/>")
  document.write("参数 new String
  ('111') 的结果为: "+Number(new String
  ("111"))+"<br/>")
  document.write("参数 new String
  ('111 222') 的结果为: "+Number(new
  String("111 222"))+"<br/>")
</script>
</body>
</html>
```

使用浏览器预览，其效果如下图所示。

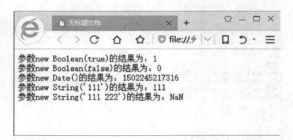

7．String()函数

String()函数可以将对象的值转换为字符串，

该函数的语法为：

```
String(object)
```

函数中的参数 object 为必选参数，表示需要转换的对象。

JavaScript 中 String() 函数的代码示例如下所示：

```
<!DOCTYPE html>
<html>
<head>
<meta charset="utf-8">
<title>无标题文档</title>
</head>
<body>
<script>
  document.write("参数 new Boolean
  (true) 的结果为: "+String(new Boolean
  (true))+"<br/>")
  document.write("参数 new Boolean
  (false) 的结果为: "+String(new Boolean
  (false))+"<br/>")
  document.write("参数 new Date() 的结
  果为: "+String(new Date())+"<br/>")
  document.write("参数 new String
  ('111') 的结果为: "+String(new String
  ("111"))+"<br/>")
  document.write("参数 new String
  ('111 222') 的结果为: "+String(new
  String("111 222"))+"<br/>")
</script>
</body>
</html>
```

使用浏览器预览，其效果如下图所示。

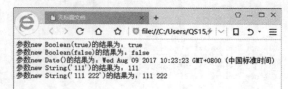

8. escape() 函数

escape() 函数可对字符串进行编码，以便于可以在所有计算机中读取该字符串，该函数的语法为：

```
escape(string)
```

函数参数 string 为必选参数，表示需要被编码的字符串。需要注意的是，该函数不会对 ASCII 字母或数字进行编码，也不会对 *、@、-、_、+、/ 等 ASCII 标点符号进行编码。

JavaScript 中 escape() 函数的代码示例如下所示：

```
<!DOCTYPE html>
<html>
<head>
<meta charset="utf-8">
<title>无标题文档</title>
</head>
<body>
<script>
  document.write("参数 Visio 的结果为:
  "+escape("Visio")+"<br/>")
  document.write("参数 ?!=#%& 的结果
  为: "+escape("?!=#%&")+"<br/>")
  document.write("参数 Visio W3School!
  的结果为: "+escape("Visio
  W3School!")+"<br/>")
</script>
</body>
</html>
```

使用浏览器预览，其效果如下图所示。

提示

可以使用 unescape() 函数对 escape() 函数编码的字符串进行解码。

9. unescape() 函数

unescape() 函数可以对通过 escape() 函数编码的字符串进行解码，该函数的语法为：

```
unescape(string)
```

函数参数 string 为必选参数,表示需要进行解码的字符串。

JavaScript 中 unescape()函数的代码示例如下所示:

```
<!DOCTYPE html>
<html>
<head>
<meta charset="utf-8">
<title>无标题文档</title>
</head>
<body>
<script>
  document.write("函数unescape的结果
  为: "+unescape("Visio W3School!")+
  "<br/>")
  document.write("函数escape的结果
```

```
  为: "+escape("Visio W3School!")+
  "<br/>")
</script>
</body>
</html>
```

使用浏览器预览,其效果如下图所示。

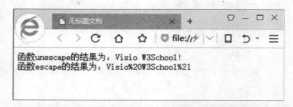

函数unescape的结果为: Visio W3School!
函数escape的结果为: Visio%20W3School%21

提示

由于 ECMAScript v3 已从标准中删除了 unescape()函数,因此需要使用 decodeURI() 函数和 decodeURIComponent()函数取代它。

18.4 事件驱动和事件处理

事件是浏览者通过鼠标或键盘执行的操作,对此事件做出的响应代码称为事件处理程序,而事件的发生使得响应的事件处理程序被执行,称为事件驱动。

18.4.1 事件与事件驱动

JavaScript 中的事件可以分为鼠标交互事件,以及键盘和表单事件等类型的事件。例如,在鼠标事件中,用户通过单击鼠标等方式进行操作,而程序则根据鼠标的动作进行响应。

JavaScript 中的事件使用 Even 来表示,包括下列两方面的事件。

- ❑ 浏览器产生的事件:浏览器产生的事件是用户在浏览器中进行一系列操作而产生的。
- ❑ 文档产生的事件:文档产生的事件是指文档自身产生的事件,例如文档加载、文档卸载等。

总体来讲,JavaScript 中的事件是通过鼠标或热键等动作引起的,因此可以被划分为单击事件、改变事件、选中事件等类型的事件。

1. 鼠标单击事件

鼠标单击事件(onClick)是用户单击鼠标时所产生的事件,此时该事件指定的事件处理程序或代码将被调用执行。

鼠标单击事件可分为单击事件(click)、双击事件(dblclick)、鼠标按下(mousedown)和鼠标释放(mouseup)4 种类型。其中鼠标单击是按下并释放鼠标键的完整过程所产生的事件;鼠标按下事件是指鼠标按下鼠标键时产生的事件,此时程序不会理会鼠标键是否被释放;鼠标释放事件是指鼠标键被释放时所发生的事件,而按下鼠标键不会引发相应的事件。

诱发单击事件执行的对象包括 button(按钮)、checkbox(复选框)、radio(单选按钮)、reset buttons (重置按钮)和 submit buttons(提交按钮)。

例如,下列代码中通过按钮激活 texty()文件。

```
<form>
```

```
<input type="button" value="打开"
onClick="texty()">
</form>
```

在 onClick 事件之后，可以使用 JavaScript 内部函数或直接使用 JavaScript 代码，当然也可以使用用户自定义的函数来作为事件的处理程序。例如，下列代码中使用了 elart()方法。

```
<form>
<input type="button" value="打开文件
" onClick="alert('跳转到下一页')">
</form>
```

使用浏览器预览，其效果如下图所示。

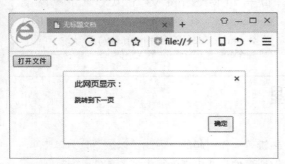

2．键盘事件

键盘事件（onKeydown）是指在文本框中输入文本时所发生的事件，可分为按下键盘（keydown）、释放键盘（keyup）和按下并释放键盘（keypre）3 种事件。

3．改变事件

改变事件（onChange）是在操作文本框或下拉列表框中产生的事件，用户只要修改下拉列表框中可选项便会激发该事件。另外，当用户修改文本框中的文字并失去文本框焦点时，也会激发该事件。

4．选择事件

选择事件（onSelect）是在文本框或下拉列表框对象中的文字被点亮后所引发的事件。

5．获得焦点事件

获得焦点事件（onFocus）是在用户单击文本框或下拉列表框对象时所引发的事件，该事件被引发后将成为前台对象。

6．失去焦点事件

失去焦点事件（onBlur）是当文本框或下拉列表框对象不再拥有焦点时所引发的事件，该事件与 onFocus 为对应关系。

7．载入文件

载入文件（onLoad）事件是在文件被载入时引发该事件，当首次载入一个文件时该事件会检测 cookie 的值，并为其赋值（变量值），使它可以被源代码使用。

8．卸载文件

卸载文件（onUnload）是在 Web 页面退出时所引发的事件，该事件可更新 cookie 的状态。

18.4.2　关联事件与处理代码

在 JavaScript 中，事件是由浏览器来通知程序对事件进行响应的。事件产生时，浏览器会直接调用 JavaScript 程序来响应事件。

事件的处理程序可以是任意的 JavaScript 语句，也可以使用特定的自定义函数（function）来处理事件。一般情况下可通过下列 3 种方法，来指定事件处理程序。

1．在 HTML 标签中指定

用户可以直接在 HTML 标签中来指定事件及处理程序，其语法格式为：

```
<标记...事件="事件处理程序"[事件="事件处
理程序"...]>
```

例如，下列代码中直接定义了<body>标记。

```
<onload="alert('欢迎光临...！')"
onunload="alert('再见！')">
```

在上述代码中，在网页中会弹出一个对话框，欢迎用户光临；而当用户退出当前文档页面时，则会弹出“再见！”文本。

2．JavaScript 代码指定

除了可以在 HTML 中指定事件及处理程序之外，用户还可以在 JavaScript 程序中，通过设置对象事件属性的方法进行指定，其示例代码如下所示：

```
<script for="对象" event="事件">
...
(事件处理程序代码)
...
</script>
<script for="document" event=
"onload"> alert('读取文档! ');
</script>
```

3. JavaScript 说明指定

使用 JavaScript 说明方法指定事件处理程序的语法格式为：

```
<事件主角-对象>.<事件>=<事件处理程序>;
```

在该指定方法中，"事件处理程序"是真正的代码。在 JavaScript 中，通常使用函数（function）来处理对象，其具体的语法格式如下所示：

```
Function 事件处理名（参数表）
{
事件处理语句集;
...
}
```

18.4.3 调用事件

在 JavaScript 中，可以运用函数和代码来调用事件，也就是自定义响应事件，从而增加了网页的交互性。

1. 调用函数事件

调用函数事件是将一个函数作为事件的处理程序，在调用函数时首先需要定义函数，再调用该函数。调用函数事件的示例代码如下所示：

```
<!doctype html>
<html>
<head>
<meta charset="utf-8">
<title>无标题文档</title>
</head>
<body>
<script>
```

```
function calcF(a)
{
var x;
x=10*a+20*a
alert("计算结果:"+x);
}
var Value=prompt('输入数值')
calcF(Value);
</script>
</body>
</html>
```

在上述代码中，function calcF(a)为定义函数。使用浏览器预览，其效果如下图所示。

2. 调用代码事件

调用代码事件是将代码作为事件的处理程序，对于比较简单的事件响应程序，则可以将响应代码直接写入事件中，不必写入到<script>标签中。

调用代码事件的示例代码如下所示。

```
<!doctype html>
<html>
<head>
<meta charset="utf-8">
<title>无标题文档</title>
<script>
```

```
function test()
{
alert("欢迎光临！");
}
</script>
</head>
<body onLoad="test()" >
<form>
<input type="button" value="点击"
onclick="test()">
</form>
</body>
</html>
```

使用浏览器预览，其效果如下图所示。

3．绑定对象事件

在处理事件时，除了调用函数和代码之外，还可以将事件绑定到对象中。该绑定属于动态绑定，需要结合 DOM 对象一起使用。

绑定对象事件的示例代码如下所示：

```
<!doctype html>
<html>
<head>
<meta charset="utf-8">
```

```
<title>无标题文档</title>
<script>
function HA()
{
for(var i=0;i<document.links.
length;i++)
{
    document.links[i].onclick=HLk;
}
}
function HLk()
{
alert("转到跳转页面");
}
</script>
</head>
<body onLoad="HA()">
<li><a href="1.html">绿茶</a></li>
<li><a href="2.html">红茶</a></li>
</body>
</html>
```

在上述代码中，为对象绑定了"onLoad"事件，之后调用了"function HLk()"函数。使用浏览器预览，其效果如下图所示。

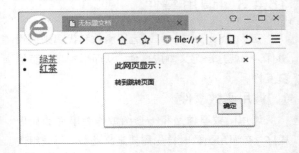

18.5 练习：制作在线调查页

随着传统调研样本难以采集、调研费用昂贵、调研周期过长、调研环节监控的滞后性等一系列问题，以及目前中国网民数量不断递增，在线调查高效便捷，以及质量的可控性不断增强，在线调查势必成为未来调查的主导形势。在本练习中，将结合 before 选择器及其标签制作一个在线调查页面，帮助用户更好地了解 before 选择器的含义和应用。

秋天设计

网站首页　企业文化　关于我们　经典案例　服务理念　在线咨询　合作流程　联系我们

┌─在线调查─────────────────────

1. 调查对象

○ 个人　○ 单位

2. 联系人

[_____]

3. 联系电话

[_____]

4. Emai

[_____]

5. 我们提供的哪些服务还未能达到您的满意？

☐ 市场调研、整合形象、策划

☐ 企业标志、视觉形象识别VIS系统设计

☐ 企业年报、宣传画册、杂志、手提袋、海报

☐ 产品推广、PIS、物料设计

☐ 产品包装

☐ 平面设计印刷

☐ 为企业全面导入独特、鲜明的形象系统

6. 您对我们目前的客服满意吗？

○ 非常满意　○ 基本满意　○ 一般　○ 不满意　○ 非常不满意

[提交]

操作步骤 》》》》

STEP|01 创建及布局页面，在页面中设计页面背景颜色、页头和页尾等内容。

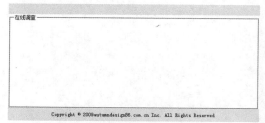

秋天设计

STEP|02 以列表的形式向导航栏中插入标题。nav 表示导航栏所在的 Div 层。ul 表示列表，li 表示列表中的列表项。

```
<div id="nav">
<ul>
<li><a href="#">网站首页</a></li>
<li><a href="#">企业文化</a></li>
<li><a href="#">关于我们</a></li>
<li><a href="#">经典案例</a></li>
<li><a href="#">服务理念</a></li>
<li><a href="#">在线咨询</a></li>
<li><a href="#">合作流程</a></li>
<li><a href="#">联系我们</a></li>
```

```
</ul>
</div>
```

STEP|03 为导航栏中的标题添加样式，#nav 表示 Div 层样式，#nav ul 表示列表的样式，#nav ul li 表示列表项样式。

```
#nav{ line-height:25px;background-
color:#EFEFEF; margin-bottom:0px;
margin-top:5px;
}
#nav ul {
    margin:0px;
    padding:0px;
    list-style:none; background-
color:#EFEFEF;
}
#nav ul li {
    padding:5px; margin:0px;
    display:inline;
    line-height:25px;
}
```

STEP|04 在表单中插入在线调查的内容。由于调查内容过多，部分代码已省略，详细代码请查看源文件。

```
<label>
```

```
    <p class="tit">调查对象</p><p>
     <input type="radio" name=
    "RadioGroup1"
        value="单选" id=
        "RadioGroup1_0" />
    个人</label>
    <label>
     <input type="radio" name=
    "RadioGroup1"
        value="单选" id=
        "RadioGroup1_1" />
    单位</label></p>
    <label><p class="tit">联系人</p>
    <p><input name="name" type=
    "text" id=
        "name" size="50" />
    </label></p>
    <label><p class="tit">联系电
话 </p>
    <p><input name="tel" type=
    "text" id=
        "tel" size="50" />
</label>
</p>
```

STEP|05 为调查内容添加样式，包括 p 标签和 tit
类的样式。

```
p {
    padding:5px;
    margin:0px;}
.tit {
    counter-increment:count;
    font-size:14px;
    color:red;
    font-weight:bolder;
}
```

STEP|06 使用 before 选择器，在 p.tit 类前插入编
号，包括字体颜色和字体等内容。

```
p.tit:before {
    content:counter(count)'.';
    color:red;
    font-family:黑体;
}
```

STEP|07 为页面主体添加样式，包括主体的背景
图片和字体大小等内容。

```
body {
    background-image: url(images/
    bg.jpg);
    background-repeat: repeat-y;
    margin-left: 0px;
    margin-right: 0px;
    margin-bottom: 10px;
    margin-top: 10px;
}
body, td, th {
    font-size: 12px;
}
```

STEP|08 设置页面中超链接的样式，包括链接未
访问、链接已访问、鼠标指针经过和鼠标指针指向
时，文字的颜色和修饰等。

```
a:link {
    color: #333;
    text-decoration: none;}
a:visited {
    color: #333;
    text-decoration: none;}
a:active {
    color: #F90;
    text-decoration: none;}
a:hover {
    text-decoration: underline;
    color: #666;
}
```

18.6 练习：制作动画转动特效

在本章中，用户可以使用 Animations 功能，为动画定义多个关键帧，并指定每个关键帧中标签的属

性值来实现更加复杂的动画效果。在本练习中，将使用 Animations 功能制作一个企业首页，帮助用户更好地了解 Animations 功能的含义和应用。

操作步骤 ▶▶▶▶

STEP|01 创建页面的页头。页头被放置在 Div 层中，使用 ul 列表为页头添加导航条。

```
<div id="menu"><ul>
  <li class="home"> <a href="">
   <script language="javascript"
   type=
   "text/javascript">
   od_displayImage('myImg1', 'images/
   home',
    80, 99, '', 'Variable Opacity
    Rules');
   </script> </a> </li>
  <li class="contact_current"> <a
  href="">
   <script language="javascript" type=
    "text/javascript">
   od_displayImage('myImg1', 'images/
   contact',
    103, 79, '', 'Variable Opacity
    Rules');
   </script> </a> </li></ul>
```

```
  </div>
```

STEP|02 为页头添加 CSS 样式，包括导航列表 ul 和列表项 li 的样式。

```
#menu ul{
margin:0px;
padding:0px;
list-style:none;
}
#menu li.home a{width:80px;height:
99px;float:
    left; margin:60px 0 0 0;
}
```

STEP|03 为页面添加 intro_text 层，该层主要存放动画的介绍信息。

```
<div id="intro_text">
    <div style="width:300px; padding:
    65px 0 0   0px;">
    <h2>动画介绍</h2>
    <p>  动画是一种小孩
      子喜爱的东西，很灵动。英文有：
```

animation、cartoon、animatedcartoon。其中，比较正式的 "Animation" 一词源自于拉丁文字根的 anima，意思为灵魂；动词 animate 是赋予生命，引申为使某物活起来的意思。所以 animation 可以解释为经由创作者的安排，使原本不具生命的东西像获得生命一般的活动...

```
        </p>
    </div>
</div>
```

STEP|04 为 intro_text 层添加 CSS 样式，包括层的高度或宽度等信息。

```css
#intro_text {
    float:left;
    width:416px;
    height:213px;
    background:url(images/paper.
    gif) no-repeat
    center;
    text-align:left;
}
```

STEP|05 为页面添加动画特效，该动画放置在 container1 层中。

```html
<div id="container1">
    <div id="stage">
     <div id="shape" class="cube
     backfaces">
      <div class="plane one">1
     </div>
      <div class="plane two">2
     </div>
      <div class="plane three">3
     </div>
      <div class="plane four">4
     </div>
      <div class="plane five">5
     </div>
      <div class="plane six">6
     </div>
      <div class="plane seven">7
     </div>
      <div class="plane eight">8
     </div>
      <div class="plane nine">9
```

```html
     </div>
     <div class="plane ten">10
     </div>
     <div class="plane eleven">11
     </div>
     <div class="plane twelve">12
     </div>
    </div>
</div>
```

STEP|06 为 container1 层和 stage 层添加样式，stage 层放在 container1 层中。

```css
#container1 {
    margin-top:20px;
    margin-left:50px;
    background-color:#856674;
    border:none;
    border-radius:20px;
    color: white;
    width: 700px;
    height: 380px;
    -webkit-perspective: 800;
    -webkit-perspective-origin:
    50% 225px;
}
#shape {
    position: relative;
    top: 100px;
    margin: 0 auto;
    height: 200px;
    width: 200px;
    -webkit-transform-style:
    preserve-3d;
}
```

STEP|07 为 plane 添加样式，该层主要用于设置动画中的过渡效果。

```css
.plane {
    position: absolute;
    height: 200px;
    width: 200px;
    border: 1px solid white;
    -webkit-border-radius: 12px;
    -webkit-box-sizing: border-box;
    text-align: center;
    font-family: Times, serif;
    font-size: 124pt;color: black;
```

```
background-color: rgba(255, 255,
255, 0.6);
-webkit-transition: -webkit-
transform 2s,
```

```
opacity 2s;
-webkit-backface-visibility:
hidden;
}
```

18.7　新手训练营

练习 1：制作产品详细介绍

🔘downloads\18\新手训练营\产品详细介绍

　　提示：本练习中，首先设置网页标题，并关联外部的 CSS 样式表。然后，输入 JavaScript 代码，用于制作交互效果。最后，在<body>标签内制作网页内容。最终效果如下图所示。

练习 2：制作拼图游戏

🔘downloads\18\新手训练营\拼图游戏

　　提示：本练习中，首先设置网页标题，并关联外部的 CSS 样式表。然后，输入 JavaScript 代码，用于制作交互效果。最后，在<body>标签内制作网页内容。最终效果如下图所示。

练习 3：制作多方面产品展示

🔘downloads\18\新手训练营\多方面产品展示

　　提示：本练习中，首先设置网页标题，并关联外部的 CSS 样式表。然后，输入 JavaScript 代码，用于制作交互效果。最后，在<body>标签内制作网页内容。最终效果如下图所示。

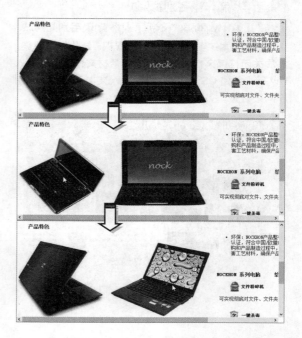

练习 4：制作豪宅别墅网站

🔘downloads\18\新手训练营\豪宅别墅网站

　　提示：本练习中，首先设置网页标题，输入 CSS 样式代码。然后，在<body>标签内制作网页内容。最后，根据导航栏的超链接文本，分别制作内容页面，使该网站在不弹出页面的情况下从主页面超链接到其他副页面中。最终效果如下图所示。

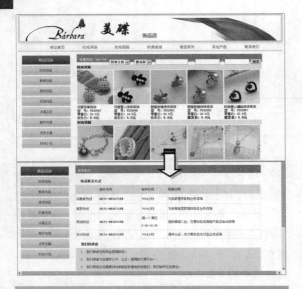

练习 5：制作豪宅别墅网站

downloads\18\新手训练营\豪宅别墅网站

提示：本练习中，输入框架代码，制作网站框架。然后关闭框架文档，打开相应的素材文件，通过插入 Div 层、创建 CSS 规则，以及插入文本等操作，来制作网站首页。

然后，打开相应的框架模板，通过插入 Div 层、表格、图像、文本，以及定义 CSS 规则等方法，来制作网站的详细页面。

练习 6：制作页面导航条

downloads\18\新手训练营\页面导航条

提示：本练习中，首先设置网页标题，关联外部 CSS 样式表。然后，在<body>标签内制作网页内容。最终效果如下图所示。

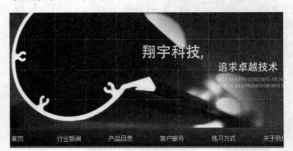

第 19 章

JavaScript 的内置对象

　　JavaScript 是一种面向对象的编程语言，而对象是一种数据结构，不仅包含了各种已命名的数据属性，还包含了对这些数据进行操作的方法函数。另外，对象可以将数据与方法组织到一个对象包中，从而大大增强了代码的模块性和重用性，使程序设计更加容易和轻松。JavaScript 将对象划分为内置对象、浏览器内置对象和自定义对象等种类，在本章中将详细介绍最常用的内置对象的一些基础知识和使用方法，为用户深入学习对象编程奠定基础。

19.1 面向对象概述

面向对象（Object Oriented，OO）是软件开发方法，它是一个依赖于几个基本原则的思想库，目前已经席卷了整个软件界。面向对象是一种对现实世界理解和抽象的方法，是计算机编程技术发展到一定阶段后的产物，它强调在软件开发过程中面向客观世界或问题域中的事物，采用人类在认识客观世界的过程中普遍运用的思维方法，直观、自然地描述客观世界中的有关事物。目前，面向对象的概念和应用已超越了程序设计和软件开发，扩展到如数据库系统、交互式界面、分布式系统、网络管理结构、CAD 技术、人工智能等领域。

19.1.1 什么是面向对象

面向对象（Objec-Oriented，OO）不仅是一些具体的软件开发技术与策略，而且是一整套关于如何看待软件系统与现实世界的关系，用什么观点来研究问题并进行求解，以及如何进行系统构造的软件方法学。

面向对象的核心是对象，它是系统中用来描述客观事物的一个实体，它是构成系统的一个基本单位。一个对象由一组属性和对这组属性进行操作的一组服务组成。从更抽象的角度来说，对象是问题域或实现域中某些事物的一个抽象，它反映该事物在系统中需要保存的信息和发挥的作用；它是一组属性和有权对这些属性进行操作的一组服务的封装体。客观世界是由对象和对象之间的联系组成的。

面向对象的软件工程方法的基础是面向对象的编程语言。一般认为诞生于 1967 年的 Simula-67 是第一种面向对象的编程语言。尽管该语言对后来许多面向对象语言的设计产生了很大的影响，但它没有后继版本。继而 20 世纪 80 年代初 Smalltalk 语言掀起了一场"面向对象"运动。随后便诞生了面向对象的 C++、Eiffel 和 CLOS 等语言。尽管在当时面向对象的编程语言在实际使用中具有一定

的局限性，但它仍吸引了人们广泛的注意，一批批面向对象的编程书籍层出不穷。直到今天，面向对象编程语言数不胜数，在众多领域发挥着各自的作用，如 C++、Java、C#、VB.NET 和 C++.NET 等。随着面向对象技术的不断完善，面向对象技术逐渐在软件工程领域得到了应用。

面向对象的软件工程方法包括面向对象的分析（OOA）、面向对象的设计（OOD）、面向对象的编程（OOP）等内容。

而 JavaScript 是一种面向对象的动态脚本语言，它具有面向对象语言所特有的各种特性，比如封装、继承及多态等。目前，很多优秀的 Ajax 框架中，大量地使用了 JavaScript 的面向对象特性。为了更好地使用 ext 技术，需要把握 JavaScript 的面向对象语言的一些高级特性。

JavaScript 核心对象包括 Array、Boolean、Date、Function、Math、Number、Object 和 String 等，其具体说明如下表所示。

对 象	说 明
Array	该对象为数组对象
Boolean	该对象为布尔值对象
Date	该对象为日期对象
Function	该对象用于指定可编译为函数字符串的 JavaScript 代码
Math	该对象用于提供基本的数学常量和函数
Number	该对象为实数数值对象
Object	该对象包含了所有 JavaScript 对象共享的基本功能
String	该对象为字符串对象

19.1.2 创建对象

在 JavaScript 中，对象包含字符串、数字、日期、函数等几乎所有的元素。用户可以创建自己的对象，其对象的基本语法如下所示：

```
var object=new objectname();
```

在上述代码中，var 表示声明对象的变量，object 表示声明对象的名称，new 表示关键词，objectname 表示构造函数的名称。

例如，下列示例代码中所显示的对象：

```
<!DOCTYPE html>
<html>
<head>
<meta charset="utf-8">
<title>无标题文档</title>
</head>
<body>
<script>
var pp=new Object();
pp.name="张三";
pp.job="经理";
document.write("欢迎"+pp.name+
pp.job);
</script>
</body>
</html>
```

在上述代码中，首先创建了名为 pp 的对象，然后为对象添加了 pp.name="张三"和 pp.job="经理"属性。使用浏览器预览，其效果如下图所示。

19.1.3　属性和方法

JavaScript 中的对象是数据（变量），拥有独特的属性和方法。其中，属性是与对象相关的值，用于描述对象的特效；而方法是能够在对象上执行的动作。

1. 属性

属性可以使用"对象名称.属性名称"方法来表示，其调用属性语法如下所示。

```
objectName.propertyName
```

例如，下列示例代码中显示了访问属性的具体方法：

```
<!DOCTYPE html>
<html>
<head>
<meta charset="utf-8">
<title>无标题文档</title>
</head>
<body>
<script>
var str="person";
var a=str.length;
document.write("字符串的长度为: "+a);
</script>
</body>
</html>
```

在上述代码中，使用了 string 对象中的 length 属性来查找字符串的长度。使用浏览器预览，其效果如下图所示。

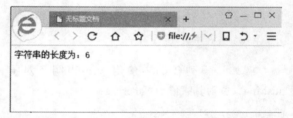

2. 对象的方法

对象的方法是一种可以在对象上执行的动作，其调用方法的语法为：

```
objectName.methodName()
```

调用对象方法的示例代码如下所示：

```
<!DOCTYPE html>
<html>
<head>
<meta charset="utf-8">
<title>无标题文档</title>
</head>
<body>
<script>
```

```
var str="person";
var a=str.toUpperCase();
document.write("字符串的大写形式为:
"+a);
</script>
</body>
</html>
```

在上述代码中，调用了 string 对象中的

toUpperCase 方法，将文本转换为了大写状态。使用浏览器预览，其效果如下图所示。

19.2 字符串对象

在 JavaScript 中，字符串对象是众多对象中最为基本的一种数据类型，用于处理已有的字符串。

19.2.1 创建字符串对象

在 JavaScript 中，既可以直接声明字符串对象，又可以使用 new 关键字来创建字符串对象。

1. 直接声明

直接声明字符串对象类似于声明函数，使用 var 对其进行声明，其语法格式为:

```
var 字符串变量=字符串;
```

例如，下列代码中使用 var 声明了对象 instring，并对其赋值为"message"。

```
var insting=message;
```

2. 使用 new 关键字

除了直接声明字符串对象之外，还可以使用 new 关键字来创建字符串对象，其语法格式为:

```
var 字符串变量=new Sting 字符串;
```

在上述代码中，字符串的构造函数 String 中的首字母必须为大写字母。下列代码中使用 new 关键字创建对象 instring，并对其赋值为"message"。

```
var insting=new String(message);
```

19.2.2 应用对象属性

字符串对象属性比较少，包括 length、

constructor 和 prototype 属性，每种属性的具体说明如下所述:

- ❑ length 属性: 表示字符串的长度。
- ❑ constructor 属性: 表示创建字符串对象的函数引用。
- ❑ prototype 属性: 表示添加字符串对象的属性和方法。

字符串对象属性的语法格式如下所示:

```
对象名.属性名          //获取对象属性
对象名.属性名=值        //赋值给对象属性
```

JavaScript 中字符串对象属性的示例代码如下所示:

```
<!doctype html>
<html>
<head>
<meta charset="utf-8">
<title>无标题文档</title>
</head>
<body>
<script type="text/javascript">
var A="北京欢迎您！"
document.write("字符串"北京欢迎您！"的
长度为: "+A.length)
</script>
</body>
</html>
```

使用浏览器预览，其效果如下图所示。

19.2.3　应用对象方法

　　JavaScript 中内置了大量的字符对象的方法，以协助用户在字符串对象中进行查找、替换字符等操作。字符串对象中一些常用方法的描述如下表所示。

方　　法	说　　明	语　　法
anchor()	创建 HTML 锚	stringObject.anchor(anchorname)
big()	用大号字体显示字符串	stringObject.big()
blink()	显示闪动字符串	stringObject.blink()
bold()	使用粗体显示字符串	stringObject.bold()
charAt()	返回指定位置的字符	stringObject.charAt(index)
charCodeAt()	返回指定位置字符的 Unicode 编码	stringObject.charCodeAt(index)
concat()	连接字符串	stringObject.concat(stringX,stringX,...,stringX)
fixed()	以打字机文本显示字符串	stringObject.fixed()
fontcolor()	使用指定的颜色显示字符串	stringObject.fontcolor(color)
fontsize()	使用指定的尺寸显示字符串	stringObject.fontsize(size)
fromCharCode()	从字符编码创建一个字符串	String.fromCharCode(numX,numX,...,numX)
indexOf()	返回某个指定的字符串值在字符串中首次出现的位置	stringObject.indexOf(searchvalue,fromindex)
italics()	使用斜体显示字符串	stringObject.italics()
lastIndexOf()	从后向前搜索字符串	stringObject.lastIndexOf(searchvalue,fromindex)
link()	将字符串显示为链接	stringObject.link(url)
localeCompare()	用本地特定的顺序比较字符串	stringObject.localeCompare(target)
match()	在字符串中检索指定的值，或找到一个或多个正则表达式的匹配	stringObject.match(searchvalue) stringObject.match(regexp)
replace()	替换与正则表达式匹配的字符串	stringObject.replace(regexp/substr,replacement)
search()	检索与正则表达式相匹配的值	stringObject.search(regexp)
slice()	提取字符串的片断，并在新的字符串中返回被提取的部分	stringObject.slice(start,end)
small()	使用小字号显示字符串	stringObject.small()
split()	将字符串分割为字符串数组	stringObject.split(separator,howmany)
strike()	使用删除线显示字符串	stringObject.strike()
sub()	将字符串显示为下标	stringObject.sub()
substr()	在字符串中抽取从 start 下标开始的指定数目的字符	stringObject.substr(start,length)
substring()	提取字符串中介于两个指定下标之间的字符	stringObject.substring(start,stop)
sup()	将字符串显示为上标	stringObject.sup()
toLocaleLowerCase()	将字符串转换为小写	stringObject.toLocaleLowerCase()
toLocaleUpperCase()	将字符串转换为大写	stringObject.toLocaleUpperCase()

续表

方　法	说　明	语　法
toLowerCase()	将字符串转换为小写	stringObject.toLowerCase()
toUpperCase()	将字符串转换为大写	stringObject.toUpperCase()
toSource()	表示对象的源代码	stringObject.toSource ()
toString()	返回字符串	stringObject.toString()
valueOf()	返回某个字符串对象的原始值	stringObject.valueOf()

通过上表，用户已了解了对象字符串各种方法的具体含义及语法格式。下面，使用 match()方法，来检测与正则表达式相匹配的字符串。

```html
<!doctype html>
<html>
<head>
<meta charset="utf-8">
<title>无标题文档</title>
</head>
<body>
<script type="text/javascript">
var stringObject="JavaScript!"
document.write(stringObject.match(
"JavaScript")+"<br />")
document.write(stringObject.match(
"JavaScrapt")+"<br />")
```

```html
document.write(stringObject.match(
"javaScript")+"<br />")
document.write(stringObject.match(
"JavaScript!"))
</script>
</body>
</html>
```

使用浏览器预览，其效果如下图所示。

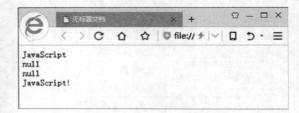

19.3　数值对象

数值是编程中必不可少的对象之一，为了便于操作，JavaScript 内置了大量的数值属性和方法，包括求平方根、求绝对值、取整等。

19.3.1　应用对象属性

JavaScript 中使用 Math 表示数值对象，其语法结构如下所示：

```
Math.[{property|method}]
```

在上述代码中，参数 property 表示对象的属性名，参数 method 表示对象的方法名。

Math 对象的属性为数学中的一些常数，用户可通过引用属性来获取数学常数。其中，Math 对象各常用属性的具体说明如下表所示。

属　性	说　明	语　法
E	返回自然对数的底数	Math.E
LN2	返回 2 的自然对数	Math.LN2
LN10	返回 10 的自然对数	Math.LN10
LOG2E	返回以 2 为底的 e 的对数	Math.LOG2E
LOG10E	返回以 10 为底的 e 的对数	Math.LOG10E
PI	返回圆周率	Math.PI
SQRT1_2	返回 2 的平方根的倒数	Math.SQRT1_2
SQRT2	返回 2 的平方根	Math.SQRT2

JavaScript 中 Math 对象属性的示例代码如下所示：

```html
<!doctype html>
<html>
<head>
<meta charset="utf-8">
<title>无标题文档</title>
</head>
<body>
<script type="text/javascript">
var x1=Math.E
document.write("E 属性的计算结果为: "
+x1+"<br>");
var x2=Math.LN2
document.write("LN2 属性的计算结果为:
" +x2+"<br>");
var x3=Math.LN10
document.write("LN10 属性的计算结果为:
 " +x3+"<br>");
var x4=Math. LOG2E
document.write("LOG2E 属性的计算结果
为: " +x4+"<br>");
var x5=Math. LOG10E
document.write("LOG10E 属性的计算结果
为: " +x5+"<br>");
var x6=Math. PI
document.write("PI 属性的计算结果为: "
+x6+"<br>");
var x7=Math. SQRT1_2
document.write("SQRT1_2 属性的计算结
果为: " +x+"<br>");
var x8=Math. SQRT2
document.write("SQRT2 属性的计算结果
为: " +x8+"<br>");
</script>
</body>
</html>
```

使用浏览器预览，其效果如下图所示。

> **注意**
>
> Math 对象属性属于只读型属性，不能对其进行赋值，因此属性值是固定的。

19.3.2 应用对象方法

Math 对象包含求绝对值、求最大数和最小数等多种方法，其常用的一些对象方法的说明如下表所示。

方　法	说　明	语　法
abs()	返回绝对值	Math.abs(x)
acos()	返回反余弦值	Math.acos(x)
asin()	返回反正弦值	Math.asin(x)
atan()	返回反正切值	Math.atan(x)
atan2()	返回从 x 轴到点 (x,y)的角度（介于 -PI/2 与 PI/2 弧度之间）	Math.atan2(y,x)
ceil()	向上舍入数值	Math.ceil(x)
cos()	返回余弦值	Math.cos(x)
exp()	返回 e 的 x 次幂值	Math.exp(x)
floor()	向下舍入数值	Math.floor(x)
log()	返回数的自然对数	Math.log(x)
max()	返回指定值中的最高值	Math.max(x...)
min()	返回两值中的最低值	Math.min(x,y)
pow()	返回 x 的 y 次幂	Math.pow(x,y)
random()	返回 0～1 之间的随机数	Math.pow(x,y)
round(	将数四舍五入为最接近的整数	Math.round(x)
sin()	返回数的正弦值	Math.sin(x)
sqrt()	返回数的平方根	Math.sqrt(x)
tan()	返回角的正切值	Math.tan(x)
toSource()	返回该对象的源代码	object.toSource()
valueOf()	返回 Math 对象的原始值	mathObject.valueOf()

通过上表，用户已了解了 Math 对象各种方法的具体含义及语法格式。下面，使用 Match()方法，

来检测与正则表达式相匹配的字符串。

```html
<!doctype html>
<html>
<head>
<meta charset="utf-8">
<title>无标题文档</title>
</head>
<body>
<script type="text/javascript">
document.write("反余弦值属性的结果:
"+Math.acos(-1) + "<br />")
document.write("反正弦值属性的结果:
"+Math.asin(1) + "<br />")
document.write("反正切值属性的结果:
"+Math.atan(10) + "<br />")
document.write("向上舍入属性的结果:
"+Math.ceil(5.1) + "<br />")
document.write("最高值属性的结果:
"+Math.max(-3,5) + "<br />")
document.write("正弦值属性的结果:
"+Math.sin(Math.PI/2))
</script>
</body>
</html>
```

使用浏览器预览,其效果如下图所示。

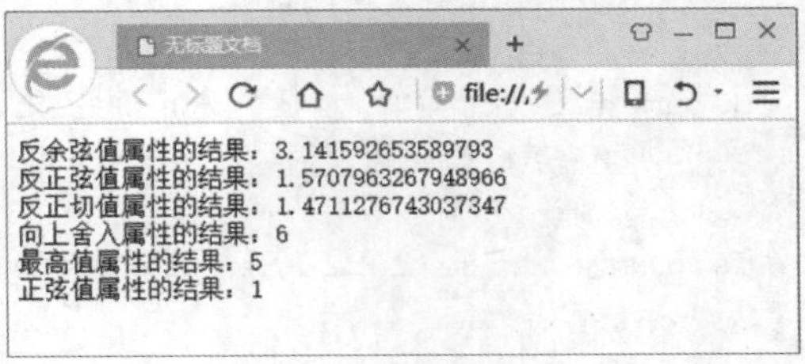

```
反余弦值属性的结果: 3.141592653589793
反正弦值属性的结果: 1.5707963267948966
反正切值属性的结果: 1.4711276743037347
向上舍入属性的结果: 6
最高值属性的结果: 5
正弦值属性的结果: 1
```

19.4 日期对象

在 JavaScript 中,不存在日期类型的数据,却内置了处理日期和时间的日期对象。

19.4.1 创建日期对象

日期对象不像字符串对象,必须使用 new 语句进行创建。在创建日期对象时,可以使用下列 4 种方法:

```javascript
var myDate=new Date()
var myDate=new Date(日期字符串)
var myDate =new Date(年,月,日[时,分,
秒,[毫秒]])
var myDate=new Date(毫秒)
```

创建日期的示例代码如下所示:

```html
<!doctype html>
<html>
<head>
<meta charset="utf-8">
<title>无标题文档</title>
</head>
<body>
<script>
var D1=new Date();
var D2=new Date("August 10,2017");
var D3=new Date("2017/10/10");
var D4=new Date(2017,11,18,20,18,
18);
var D5=new Date(20000);
document.write("new Date 所代表的时间
为: "+D1.toLocaleString()+"<br>");
document.write("August 10,2017 所代
表的时间为: "+D2.toLocaleString()+
"<br>");
document.write("2017/10/10 所代表的
时间为: "+D3.toLocaleString()+"<br>");
document.write("2017,11,18,20,18,1
8 所代表的时间为: "+D4.toLocaleString()+
"<br>");
document.write("20000 所代表的时间为:
"+D5.toLocaleString()+"<br>");
</script>
</body>
</html>
```

使用浏览器预览,其效果如下图所示。

```
new Date所代表的时间为：2017/9/1 下午4:41:25
August 10,2017所代表的时间为：2017/8/10 上午12:00:00
2017/10/10所代表的时间为：2017/10/10 上午12:00:00
2017, 11, 18, 20, 18, 18所代表的时间为：2017/12/18 下午8:18:18
20000所代表的时间为：1970/1/1 上午8:00:20
```

19.4.2　应用对象属性

日期对象的属性比较少，只包括下表中的两种属性。

属　　　性	说　　　明	语　　　法
constructor	返回对创建此对象的 Date()函数的引用	object.constructor
prototype	向对象添加属性和方法	object.prototype.name=value

JavaScript 中 Date()对象属性的示例代码如下所示：

```html
<!doctype html>
<html>
<head>
<meta charset="utf-8">
<title>无标题文档</title>
</head>
<body>
<script>
var test=new Date();
if (test.constructor==Array)
{
```

```javascript
    document.write("返回 Array");
}
if (test.constructor==Boolean)
{
    document.write("返回 Boolean");
}
if (test.constructor==Date)
{
    document.write("返回 Date");
}
if (test.constructor==String)
{
    document.write("返回 String");
}
</script>
</body>
</html>
```

使用浏览器预览，其效果如下图所示。

19.4.3　应用对象方法

日期对象的方法分为 setXxx、getXxx 和 toXxx 3 组方法，其中 setXxx 方法用于设置时间和日期值，getXxx 方法用于获取时间和日期值，而 toXxx 方法用于转换日期格式。其中，常用的一些对象方法的说明如下表所示。

方　　　法	说　　　明	语　　　法
Date()	返回当日的日期和时间	Date()
getDate()	返回一个月中的某一天(1～31)	dateObject.getDate()
getDay()	返回一周中的某一天(0～6)	dateObject.getDay()
getMonth()	返回月份(0～11)	dateObject.getMonth()
getFullYear()	以四位数字返回年份	dateObject.getFullYear()
getYear()	使用 getFullYear()方法代替	dateObject.getYear()
getHours()	返回小时(0～23)	dateObject.getHours()
getMinutes()	返回分(0～59)	dateObject.getMinutes()
getSeconds()	返回秒数(0～59)	dateObject.getSeconds()

续表

方　　法	说　　明	语　　法
getMilliseconds()	返回毫秒(0～999)	dateObject.getMilliseconds()
getTime()	返回 1970 年 1 月 1 日至今的毫秒数	dateObject.getTime()
getTimezoneOffset()	返回本地时间与格林威治标准时间(GMT)的分钟差	dateObject.getTimezoneOffset()
getUTCDate()	根据世界时返回月中的一天(1～31)	dateObject.getUTCDate()
getUTCDay()	根据世界时返回周中的一天(0～6)	dateObject.getUTCDay()
getUTCMonth()	根据世界时返回月份(0～11)	dateObject.getUTCMonth()
getUTCFullYear()	根据世界时返回四位数的年份	dateObject.getUTCFullYear()
getUTCHours()	根据世界时返回小时(0～23)	dateObject.getUTCHours()
getUTCMinutes()	根据世界时返回分钟(0～59)	dateObject.getUTCMinutes()
getUTCSeconds()	根据世界时返回秒钟(0～59)	dateObject.getUTCSeconds()
getUTCMilliseconds()	根据世界时返回毫秒(0～999)	dateObject.getUTCMilliseconds()
parse()	返回 1970 年 1 月 1 日午夜到指定日期（字符串）的毫秒数	Date.parse(datestring)
setDate()	设置某一天(1～31)	dateObject.setDate(day)
setMonth()	设置月份(0～11)	dateObject.setMonth(month,day)
setFullYear()	设置年份（四位数字）	dateObject.setFullYear(year,month,day)
setYear()	使用 setFullYear()方法代替	dateObject.setYear(year)
setHours()	设置小时(0～23)	dateObject.setHours(hour,min,sec,millisec)
setMinutes()	设置分钟(0～59)	dateObject.setMinutes(min,sec,millisec)
setSeconds()	设置秒钟(0～59)	dateObject.setSeconds(sec,millisec)
setMilliseconds()	设置毫秒(0～999)	dateObject.setMilliseconds(millisec)
setTime()	以毫秒设置 Date 对象	dateObject.setTime(millisec)
setUTCDate()	根据世界时设置月份的一天(1～31)	dateObject.setUTCDate(day)
setUTCMonth()	根据世界时设置月份(0～11)	dateObject.setUTCMonth(month,day)
setUTCFullYear()	根据世界时设置年份（四位数字）	dateObject.setUTCFullYear(year,month,day)
setUTCHours()	根据世界时设置小时(0～23)	dateObject.setUTCHours(hour,min,sec,millisec)
setUTCMinutes()	根据世界时设置分钟(0～59)	dateObject.setMinutes(min,sec,millisec)
setUTCSeconds()	根据世界时设置秒钟(0～59)	dateObject.setUTCSeconds(sec,millisec)
setUTCMilliseconds()	根据世界时设置毫秒(0～999)	dateObject.setUTCMilliseconds(millisec)
toSource()	返回该对象的源代码	object.toSource()
toString()	转换为字符串	dateObject.toString()
toTimeString()	将时间部分转换为字符串	dateObject.toTimeString()
toDateString()	将日期部分转换为字符串	dateObject.toDateString()
toGMTString()	使用 toUTCString()方法代替	dateObject.toGMTString()

续表

方　法	说　明	语　法
toUTCString()	根据世界时，转换为字符串	dateObject.toUTCString()
toLocaleString()	根据本地时间格式，转换为字符串	dateObject.toLocaleString()
toLocaleTimeString()	根据本地时间格式，将时间部分转换为字符串	dateObject.toLocaleTimeString()
toLocaleDateString()	根据本地时间格式，将日期部分转换为字符串	dateObject.toLocaleDateString()
UTC()	根据世界时返回 1970 年 1 月 1 日到指定日期的毫秒数	Date.UTC(year,month,day,hours,minutes,seconds,ms)
valueOf()	返回原始值	valueOf()

JavaScript 中 Date()对象方法的示例代码如下所示：

```html
<!doctype html>
<html>
<head>
<meta charset="utf-8">
<title>无标题文档</title>
</head>
<body>
<script>
var d=new Date()
document.write("今天是: "+d.
getFullYear()+" 年 "+d.getMonth()+"
月"+d.getDate()+"日"+d.getHours()+
"时"+d.getMinutes()+"分")
</script>
</body>
</html>
```

使用浏览器预览，其效果如下图所示。

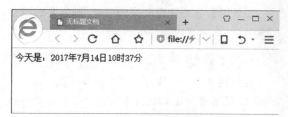

19.4.4　运算日期

在 JavaScript 中，日期也可以进行运算，运算包括加法和减法运算。其中，加法运算是为一个日期对象加上整数的年、月、日，而减法运算是对 2 个日期对象进行相减运算。

1. 加法运算

加法运算中，只能对整数年、月和日进行相加，在 JavaScript 中可通过 setXxx 类方法对其进行加法运算，其语法格式如下所示：

```js
date.setDate(date.getDate()+value);
date.setMonth(date.getMonte()+value);
date.setFullYear(date.setFllYear()
+valie);
```

下面代码中，实现了两个"年"日期相加。

```html
<!doctype html>
<html>
<head>
<meta charset="utf-8">
<title>无标题文档</title>
</head>
<body>
<script>
var d=new Date()
document.write("明年的今天是: "+(d.
getFullYear()+1+"年")+d.getMonth()+"
月"+d.getDate()+"日")
</script>
</body>
</html>
```

使用浏览器预览，其效果如下图所示。

2．减法运算

JavaScript 中两日期相减会返回两个日期之间的毫秒数，但可以将毫秒转换为天、小时、分或秒等。

日期相减并转换的示例代码如下所示：

```html
<!doctype html>
<html>
<head>
<meta charset="utf-8">
<title>无标题文档</title>
</head>
<body>
<script>
var x=new Date();
var y=new Date(2017,10,1,0,0,0);
var z=y-x
```

```javascript
document.write("距离 2017 年国庆节还
有："+parseInt(z/(24*60*60*1000))+"
天<br>");
document.write("距离 2017 年国庆节还
有："+parseInt(z/(60*60*1000))+"小时
<br>");
document.write("距离 2017 年国庆节还
有："+parseInt(z/(60*1000))+"分钟<br>");
</script>
</body>
</html>
```

使用浏览器预览，其效果如下图所示。

19.5 数组对象

数组对象也是 JavaScript 中最常使用的对象之一，数组是值的有序集合，JavaScript 中的数组十分灵活、强大，可以在同一个数组中存放多种类型且长度不一的元素。

19.5.1 创建数组对象

在 JavaScript 中，数组对象以 Array()对象进行表示，用于在单个的变量中存储多个值，其语法格式为：

```javascript
new Array();
new Array(size)
new Array(elemento,element1,…,elementn
);
```

在上列语法中，参数 size 表示期望的数组个数，而 length 字段被设置为 size 值；参数 elemento, element1,…,elementn 表示参数列表，它的 length 字段被设置为 size 值。

例如，如若设置一个空的数组，也就是长度为 0 的数组，则需要执行下列语句：

```javascript
var 数组名=new Array();
```

如若设置一个长度为 7 的数字，则需要执行下列语句：

```javascript
var 数组名=new Array(7);
```

如若设置一个长度为 n 的数组，则需要执行下列语句：

```javascript
var 数组名=new Array(n);
```

如若设置一个指定长度的数组，则需要执行下列语句：

```javascript
var 数组名=new Array(1,2,3,4);
```

在使用 Array 对象时，需要注意下列事项。

❏ 使用该构造函数，可以返回新创建并初始化了的数组。

❏ 如若调用构造函数 Array()时没有设置参数，则返回空数组，length 字段也为 0。

❏ 如若调用构造函数时只设置一个数字参数，则返回具有指定个数且元素为

undefined 的数组。

❑ 如若其他参数调用 Array()函数，则该构造
函数会使用参数指定的值初始化数组。

19.5.2　应用属性

JavaScript 中 Array 对象的属性包括下表中的
3 个。

属　　性	说　　明	语　　法
constructor	返回对创建此对象的数组函数的引用	object.constructor
length	返回数组中元素的数目	arrayObject.length
prototype	向对象添加属性和方法	object.prototype.name=value

JavaScript 中 Array()对象属性的示例代码如下
所示：

```
<!doctype html>
<html>
<head>
<meta charset="utf-8">
<title>无标题文档</title>
</head>
<body>
<script>
var x= new Array(3)
  document.write(" 数组的长度： " +
  x.length+"<br />")
if (x.constructor==Array)
```

```
{
  document.write("返回 Array");
}
if (x.constructor==Boolean)
{
  document.write("返回 Boolean");
}
if (x.constructor==Date)
{
  document.write("返回 Date");
}
if (x.constructor==String)
{
  document.write("返回 String");
}
</script>
</body>
</html>
```

使用浏览器预览，其效果如下图所示。

19.5.3　应用方法

Array()对象包括合并数组、删除数组元素、添
加数组元素、数组元素排序等方法，其每种方法的
具体含义和语法如下表所示。

属　　性	说　　明	语　　法
concat()	连接两个或多个的数组	arrayObject.concat(arrayX,arrayX…,arrayX)
join()	将数组中的所有元素放入一个字符串	arrayObject.join(separator)
pop()	删除并返回数组的最后一个元素	arrayObject.pop()
push()	向数组的末尾添加一个或多个元素	arrayObject.push(newelement1,newelement2,…,newelementX)
reverse()	颠倒数组中元素的顺序	arrayObject.reverse()
shift()	删除并返回数组的第一个元素	arrayObject.shift()
slice()	从已有的数组返回选定的元素	arrayObject.slice(start,end)
sort()	对数组的元素进行排序	arrayObject.sort(sortby)
splice()	删除元素，并向数组添加新元素	arrayObject.splice(index,howmany,item1,…,itemX)

续表

属　性	说　明	语　法
toSource()	返回该对象的源代码	object.toSource()
toString()	把数组转换为字符串	arrayObject.toString()
toLocaleString()	把数组转换为本地数组	arrayObject.toLocaleString()
unshift()	向数组的开头添加一个或多个元素，并返回新的长度	arrayObject.unshift(newelement1,newelement2,…, newelementX)
valueOf()	返回数组对象的原始值	arrayObject.valueOf()

JavaScript 中 Array()对象方法的示例代码如下所示：

```
<!doctype html>
<html>
<head>
<meta charset="utf-8">
<title>无标题文档</title>
</head>
<body>
<script>
var x=new Array(3)
x[0]="31"
x[1]="32"
x[2]="33"
var x2=new Array(3)
x2[0]="21"
```

```
x2[1]="22"
x2[2]="23"
var x3=new Array(2)
x3[0]="100"
x3[1]="200"
document.write(x.concat(x2,x3)+"<br />")
</script>
</body>
</html>
```

使用浏览器预览，其效果如下图所示。

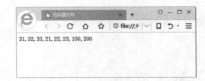

19.6 练习：制作图片展示

在图片展示效果中，用户可以并排显示 4 张图片，并且当鼠标指针放置在某张图片上时，即可展开图片并显示图片的全景效果。

练习要点

- 新建文档
- 添加 JS 和 CSS 文件
- 添加图片
- 定义 Div 标签样式
- 定义图片动画效果

操作步骤 ▶▶▶▶

STEP|01 在文档中添加 jQuery UI 所需要的 JS 库和 CSS 库文档，并修改网页的标题。

```
<head>
<meta charset="utf-8">
<script src="jquery-1.9.1.js" type=
"text/javascript">
</script>
<script src="jquery-ui-1.10.3.
custom.js" type="text/javascript">
</script>
<link href="jquery-ui-1.10.3.
custom.css" rel="stylesheet">
<title>图片展示</title>
</head>
```

STEP|02 在<body></body>标签中，用户可以添加网页中需要显示的图片，并在图片中添加其图片的名称，如下代码所示：

```
<div id="photoShow">
    <div class="photo">
        <img src="01.jpg" />
        <span>我的庄园，非常漂亮！</span>
    </div>
    <div class="photo">
        <img src="02.jpg" />
        <span>这是一片荷塘。</span>
    </div>
    <div class="photo">
        <img src="03.jpg" />
        <span>不知道是什么图来的</span>
    </div>
    <div class="photo">
        <img src="04.jpg" />
        <span>非常美丽的河呀。</span>
    </div>
    <div class="photo">
        <img src="05.jpg" />
        <span>非常芬芳……</span>
    </div>
</div>
```

STEP|03 在<head></head>标签中，用户可以添加

<style></style>标签，并在标签中定义<div>标签内容的样式，代码如下所示。

```
<style type="text/css">
#photoShow{
    border: solid 1px #C5E88E;
    overflow: hidden; /*图片超出 DIV
    的部分不显示*/
    width: 580px;
    height: 169px;
    background: #C5E88E;
    position: absolute;
}
.photo{
    position: absolute;
    top: 0px;
    width: 490px;
    height: 169px;
}
.photo img{
    width: 490px;
    height: 169px;
}
.photo span{
    padding: 5px 0px 0px 5px;
    width: 490px;
    height: 30px;
    position: absolute;
    left: 0px;
    bottom: -32px; /*介绍内容开始的时
    候不显示*/
    background: black;
    filter: alpha(opacity=50); /*IE
    透明*/
    opacity: 0.5; /*FF 透明*/
    color: #FFFFFF;
}
</style>
```

STEP|04 在 <head></head> 标签中，再添加<script></script>标签，并在标签中添加 jQuery 代码，定义图片的动画效果。

```
<script>
$(document).ready(function(){
```

```javascript
var imgDivs = $("#photoShow>div");
var imgNums = imgDivs.length;
                        //图片数量
var divWidth = parseInt($("#photoShow")
.css("width"));         //显示宽度
var imgWidth = parseInt($(".photo>
img").css("width"));    //图片宽度
var minWidth = (divWidth - imgWidth)/
(imgNums-1); //显示其中一张图片时其他
                图片的显示宽度
var spanHeight = parseInt($
("#photoShow>.photo:first>span")
.css("height")); //图片介绍信息的高度
imgDivs.each(function(i){
    $(imgDivs[i]).css({"z-index":
    i, "left": i*(divWidth/imgNums)});
    $(imgDivs[i]).hover(function(){
        //$(this).find("img").css
        ("opacity","1");
        $(this).find("span").stop().
        animate({bottom: 0}, "slow");
        imgDivs.each(function(j){
            if(j<=i){
                $(imgDivs[j]).stop().
```

```javascript
                animate({left: j*
                minWidth}, "slow");
            }else{
                $(imgDivs[j]).stop().
                animate({left: (j-1)*
                minWidth+imgWidth},
                "slow");
            }
        });
    },function(){
        imgDivs.each(function(k){
            //$(this).find("img").
            css("opacity","0.7");
            $(this).find("span").
            stop().animate({bottom:
            -spanHeight}, "slow");
            $(imgDivs[k]).stop().
            animate({left: k*(divWidth/
            imgNums)}, "slow");
        });
    });
});
});
</script>
```

19.7 练习：制作弹出对话框

在网页中，有许多时候需要通过弹出一个对话框来完成一些操作，如登录、产品内容展示、提示信息等。这时，用户只需触击或者单击页面中某个链接或者按钮，即可弹出一个对话框。

练习要点

- 新建文档
- 添加 JS 和 CSS 文件
- 添加超链接
- 定义文本样式
- 定义对话框弹出效

操作步骤 ▶▶▶▶

STEP|01 在文档的中，添加 jQuery UI 所需要的 JS 库和 CSS 库文档，并修改网页的标题。

```html
<head>
```

```html
<meta charset="utf-8">
<script src="jquery-1.9.1.js" type=
"text/javascript"></script>
<script src="jquery-ui-1.10.3.
custom.js" type="text/javascript">
```

```
</script>
<link href="jquery-ui-1.10.3.custom.
css" rel="stylesheet">
<title>弹出对话框</title>
</head>
```

STEP|02 在<body></body>标签中，用户可以添加弹出对话框时的遮罩层，如 ID 为 BgDiv。还有 ID 为 DialogDiv 层的对话框层，以及网页中需要显示的<p></p>标签中的超链接内容。

```
<div id="BgDiv"></div>
<div id="DialogDiv" style="display:
none">
  <h2>用户登录<a href="#" id="btnClose">
  关闭</a></h2>
  <div class="form">
    <form action="#" method="post">
    <div class="int"> 用 
     户：
      <input type="text" name=
      "username" id="username" class=
      "required"/>
    </div>
    <div class="int">密  码：
      <input type="password" id=
      "pswd" class="required"/>
    </div>
    <div class="int">验证码：
      <input type="text" id=
      "personInfo" class="required"
      size="6px"/>
    </div>
    <input type="submit" value="提
    交" id="send"/>
    <input type="reset" id="res"/>
  </form>
  </div>
</div>
<p align="center"> <a id="btnShow"
href="#">弹出</a>
</p>
```

STEP|03 在<head></head>标签中，用户可以定义以上所添加的层的 CSS 样式，以及层中的文本样式。

```
<style type="text/css">
body, h2 {
margin: 0;
padding: 0;
}
#BgDiv {
background-color: #e3e3e3;
position: absolute;
z-index: 99;
left: 0;
top: 0;
display: none;
width: 100%;
height: 1000px;
opacity: 0.5;
filter: alpha(opacity=50);
-moz-opacity: 0.5;
}
#DialogDiv {
position: absolute;
width: 250px;
left: 50%;
top: 50%;
margin-left: -200px;
height: auto;
z-index: 100;
background-color: #fff;
border: 1px #8FA4F5 solid;
padding: 1px;
}
#DialogDiv h2 {
height: 25px;
font-size: 14px;
background-color: #8FA4F5;
position: relative;
padding-left: 10px;
line-height: 25px;
}
#DialogDiv h2 a {
position: absolute;
right: 5px;
font-size: 12px;
color: #000000
```

```css
}
#DialogDiv .form {
padding: 10px;
}
</style>
```

STEP|04 在 <head></head> 标签中，再添加
<script></script>标签，并通过 jQuery 控制弹出对
话框效果。

```javascript
<script type="text/javascript">
$(function(){
    $("#btnShow").click(function(){
        $(".form").html();
        $("#BgDiv").css({ display:
        "block",height:$(document).
        height()});
```

```javascript
var yscroll=document.
documentElement.scrollTop;
$("#DialogDiv").css("top",
"50px");
$("#DialogDiv").css("display",
"block");
document.documentElement.
scrollTop=0;
});
$("#btnClose").click(function(){
    $("#BgDiv").css("display",
    "none");
    $("#DialogDiv").css("display",
    "none");
});
});
</script>
```

19.8 新手训练营

练习 1：制作用户列表

⊙downloads\19\新手训练营\用户列表

提示：本练习中，首先关联外部的 CSS 文件，以
及 JavaScript 文件。

```html
<script rc="jquery-1.9.1.js" type=
"text/javascript"></s
cript>
<script src="jquery-ui-1.10.3.
custom.js" type="text/java
script"></script>
<link href="jquery-ui-1.10.3.custom.
css" rel="styleshee
t">
```

然后，输入当前页面各元素的属性 CSS 样式
代码，并在<body>标签内制作网页内容。最终效果
如下图所示。

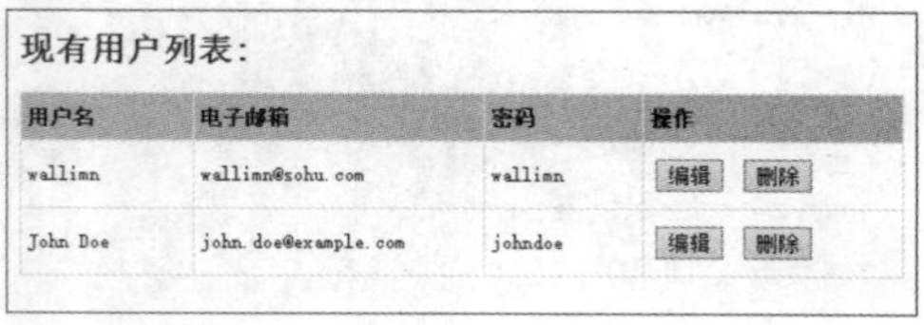

练习 2：制作用户创建界面

⊙downloads\19\新手训练营\用户创建界面

提示：本练习中，首先关联外部的 CSS 文件，以
及 JavaScript 文件。然后，输入当前页面中设置的属
性 CSS 样式代码，以及 JavaScript 交互动作代码。最
后，在<body>标签内制作网页内容。最终效果如下图
所示。

练习 3：制作内容展示列表

⊙downloads\19\新手训练营\内容展示列表

提示：本练习中，首先关联外部的 CSS 文件以及
JavaScript 文件。然后，在<body>标签内输入 JavaScript
交互动作代码，并制作网页内容。最终效果如下图
所示。

练习 4：制作按钮式选项卡

downloads\19\新手训练营\按钮式选项卡

提示：本练习中，首先关联外部的 CSS 文件以及 JavaScript 文件。然后，在<body>标签内输入 JavaScript 交互动作代码，并制作网页内容。最终效果如下图所示。

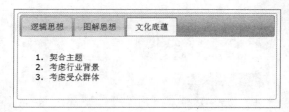

练习 5：制作复选框组

downloads\19\新手训练营\复选框组

提示：首先关联外部的 CSS 文件以及 JavaScript 文件。然后，在<body>标签内输入 JavaScript 交互动作代码，并制作网页内容。最终效果如下图所示。

> 选择题
>
> 1、工笔是哪种绘画形式的技法？
>
> | 水彩画 | 油画 | 国画 |
>
> 2、冰激凌是从哪国传进的外来语？
>
> | 英国 | 美国 | 法国 |
>
> 3、博士作为官名最早出现在？
>
> | 秦 | 汉 | 唐 |

第 **20** 章

JavaScript 核心对象

　　JavaScript 是一种基于对象的语言，包含了表单对象、窗口对象、文档对象、图像对象等不同类型的对象。运用这些对象，不仅可以轻松地实现 JavaScript 编程以加强 JavaScript 程序功能，还可以通过事件来调用对象，实现交互性页面效果。本章将详细介绍 JavaScript 事件驱动、事件定义和调用的基础知识，以及 JavaScript 一系列对象的设置和使用方法。

20.1 窗口对象

　　窗口对象也就是 window 对象，表示浏览器窗口或框架。浏览器窗口为浏览器层次结构中的顶级对象，而框架则为 window 对象的子对象。

　　window 对象属于客户端中的全局对象，用户完全可以将窗口属性作为全局变量进行使用，并可以将窗口对象的方法作为函数进行使用。

20.1.1　应用窗口

　　window 对象可以控制窗口的大小、位置、弹出的对话框，以及控制状态栏的显示内容等。它与其他对象一样，也拥有自己的属性和方法，其访问属性和方法的语法格式为：

```
window.属性名（方法）
```

　　如若访问的是当前窗口的 window 对象，则无需使用 window 标签，直接使用属性名或方法名即可。

　　除了 window 属性和方法之外，还可以使用 frames 数组来引用其他相关的对象。其中，frames 的语法格式为：

```
frames[]
```

　　该对象集合是 window 对象的数组，表示返回窗口中所有命名的框架。

1. 对象属性

　　窗口对象中包含了多种属性，例如设置或返回窗口名称的 name 属性、返回父窗口的 parent 属性等。每种属性的具体含义如下表所示。

属　　性	说　　明	语　　法
closed	返回布尔值，该值声明了窗口是否已关闭，为可读属性	window.closed
defaultStatus	设置或返回窗口状态栏中的默认文本，为可读可写属性	window.defaultStatus=sometext
document	对 Document 对象的只读引用	window.document
history	对 History 对象的只读引用	window.history
innerheight	返回窗口的文档显示区的高度，单位为 px	window.innerheight
innerwidth	返回窗口的文档显示区的宽度	window.innerwidth
length	设置或返回窗口中的框架数量	window.length
location	用于窗口或框架的 Location 对象	window.location
name	设置或返回窗口的名称	window.name=name
Navigator	对 Navigator 对象的只读引用	window.Navigator
opener	返回对创建此窗口的引用，为可读可写属性	window.opener
outerheight	返回窗口的外部高度，为只读整数	window.outerheight=pixels
outerwidth	返回窗口的外部宽度，为只读整数	window.outerwidth=pixels
pageXOffset	设置或返回当前页面相对于窗口显示区左上角的 X 位置	window.pageXOffset
pageYOffset	设置或返回当前页面相对于窗口显示区左上角的 Y 位置	window.pageYOffset
parent	返回父窗口	window.parent
Screen	对 Screen 对象的只读引用，包含有关客户端显示屏幕信息	window.Screen
self	返回对当前窗口的只读引用，等价于 window 属性	window.self
status	设置或返回窗口状态栏的文本	window.status=sometext
top	返回最顶层的先辈窗口	window.top
window	window 属性等价于 self 属性，它包含了对窗口自身的引用	

2. 对象方法

窗口对象中包含了 19 种方法，例如关闭浏览器窗口的 dose()方法、打印当前窗口内容的 print()方法等。每种方法的具体含义如下表所示。

方 法	说 明	语 法
alert()	显示带有一段消息和一个确认按钮的警告框	alert(message)
blur()	把键盘焦点从顶层窗口移开	window.blur()
clearInterval()	取消由 setInterval()设置的 timeout	clearInterval(id_of_setinterval)
clearTimeout()	取消由 setTimeout()方法设置的 timeout	clearTimeout(id_of_settimeout)
close()	关闭浏览器窗口	window.close()
confirm()	显示带有指定消息以及确认按钮和取消按钮的对话框	confirm(message)
createPopup()	创建一个 pop-up 窗口	window.createPopup()
focus()	把键盘焦点给予一个窗口	window.focus()
moveBy()	可相对窗口的当前坐标把它移动指定的 px	window.moveBy(x,y)
moveTo()	把窗口的左上角移动到一个指定的坐标	window.moveTo(x,y)
open()	打开一个新的浏览器窗口，或查找一个已命名的窗口	window.open(URL,name,features,replace)
print()	打印当前窗口的内容	window.print()
prompt()	显示可提示用户输入的对话框	prompt(text,defaultText)
resizeBy()	按照指定的 px 调整窗口的大小	resizeBy(width,height)
resizeTo()	把窗口的大小调整到指定的宽度和高度	resizeTo(width,height)
scrollBy()	按照指定的 px 值来滚动内容	scrollBy(xnum,ynum)
scrollTo()	把内容滚动到指定的坐标	scrollTo(xpos,ypos)
setInterval()	按照指定的周期（以毫秒计）来调用函数或计算表达式	setInterval(code,millisec[,"lang"])
setTimeout()	在指定的毫秒数后调用函数或计算表达式	setTimeout(code,millisec)

通过上面表格，用户已了解了窗口对象的相应属性和方法的具体含义。下列代码中，使用了对象中的 alert()方法，来显示带有消息和按钮的警告框。

```
<!doctype html>
<html>
<head>
<meta charset="utf-8">
<title>无标题文档</title>
<script>
function F_alert()
  {
  alert("欢迎光临!!")
  }
</script>
</head>
<body>
```

```
<input                type="button"
onclick="F_alert()" value="单击" />
  </body>
  </html>
```

使用浏览器预览，其效果如下图所示。

20.1.2 应用对话框

在客户端浏览器中经常会弹出一些对话框，这些对话框是浏览器与用户进行的最基本的交互。在 window 对象中，包括警告对话框、询问对话框和输入对话框 3 种对话框。

浏览器中的对话框是使用 window 对象中的 alert()、confirm() 和 prompt() 方法来实现的，其每种方法所显示的对话框样式也不尽相同。

1. 警告对话框

alert() 方法用于设置警告对话框，其弹出的对话框中只包含"确定"按钮。示例代码如下所示。

```
<!doctype html>
<html>
<head>
<meta charset="utf-8">
<title>无标题文档</title>
<script>
  alert("欢迎光临!!")
</script>
</head>
<body>
</body>
</html>
```

使用浏览器预览，其效果如下图所示。

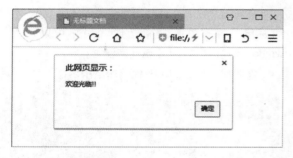

2. 询问对话框

confirm() 方法用于设置询问对话框，其弹出的对话框中包括"确定"和"取消"按钮。示例代码如下所示。

```
<!doctype html>
<html>
<head>
<meta charset="utf-8">
<title>无标题文档</title>
<script>
```

```
function F_confirm()
  {
  var x=confirm("选择按钮")
  if (x==true)
    {
    document.write("您选择了【确定】按
    钮!")
    }
  else
    {
    document.write("您选择了【取消】按
    钮!")
    }
  }
</script>
</head>
<body>
<input                    type="button"
onclick="F_confirm()"
value="点击" />
</body>
</html>
```

使用浏览器预览，其效果如下图所示。

3. 输入对话框

prompt() 方法用于设置输入对话框，其弹出的对话框中包括"确定"和"取消"按钮，以及一个文本框。示例代码如下所示。

```
<!doctype html>
<html>
<head>
<meta charset="utf-8">
<title>无标题文档</title>
<script>
function F_prompt()
```

```
    {
    var name=prompt("请输入姓名","")
    if (name!=null && name!="")
      {
      document.write("您好 " + name +
      "!")
      }
    }
</script>
</head>
<body>
<input type="button" onclick=
"F_prompt()"
value="点击" />
</body>
</html>
```

使用浏览器预览，其效果如下图所示。

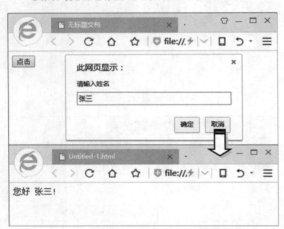

20.1.3　应用状态栏

状态栏显示在浏览器的底部，主要用于显示提示信息或任务状态。用户可以使用 window 对象中的一些属性来设置状态栏所显示的信息类型，包括默认信息和瞬间信息两种方式。

1．设置默认信息

状态栏的默认信息可以使用 window 对象中的 defaultStatus 属性来设置，该属性主要用于设置或返回窗口状态栏中的默认文本，而该文本会在页面加载时被显示。

设置默认信息的示例代码如下所示。

```
<!doctype html>
<html>
<head>
<meta charset="utf-8">
<title>无标题文档</title>
</head>
<body>
<script>
window.defaultStatus="状态栏默认文本";
</script>
<h3>显示状态栏文本</h3>
</body>
</html>
```

使用浏览器预览，其效果如下图所示。

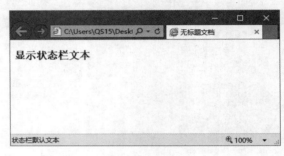

2．设置瞬间信息

瞬间信息只有在存储出发事件时才会显示，例如将鼠标放置在超链接上时。用户可以使用 window 对象中的 status 属性来设置。

设置瞬间信息的示例代码如下所示。

```
<!doctype html>
<html>
<head>
<meta charset="utf-8">
<title>无标题文档</title>
<script>
function F()
{
var r=new Date();
var t=r.toLocaleString();
window.status=t;
}
setInterval("F()",100);
</script>
</head>
```

```
<body>
<h3>显示瞬间状态栏</h3>
</body>
</html>
```

使用浏览器预览，其效果如下图所示。

提示

部分浏览器有可能无法显示状态栏信息，此时可使用 IE10 以上版本浏览器进行查看。

20.1.4　窗口操作

浏览器窗口是一个重要元素，window 对象为其提供了多种操作浏览器窗口的方法，包括打开窗口的 open()方法、关闭窗口的 close()方法等。

1．打开窗口

用户可以使用 window 对象中的 open()方法对窗口进行打开操作，open()方法可以打开一个新浏览器窗口，或查找一个已命名的窗口，其语法格式为：

```
window.open(URL,name,features,repl
ace)
```

在上述语法格式中，包含了下列 4 种参数。

❑ **URL**　为可选字符串，声明了要在新窗口中显示的文档的 URL。如果省略了这个参数，或者它的值是空字符串，那么新窗口就不会显示任何文档。

❑ **name**　为可选字符串，该字符串是一个由逗号分隔的特征列表，其中包括数字、字母和下画线，该字符声明了新窗口的名称。

❑ **features**　为可选字符串，声明了新窗口要显示的标准浏览器的特征。如果省略该参数，新窗口将具有所有标准特征。

❑ **replace**　为可选布尔值。规定了装载到窗口的 URL 是在窗口的浏览历史中创建一个新条目，还是替换浏览历史中的当前条目。

打开窗口的示例代码如下所示。

```
<!doctype html>
<html>
<head>
<meta charset="utf-8">
<title>无标题文档</title>
<script>
function open_ck()
{
window.open("http://www.baidu.com")
}
</script>
</head>
<body>
<input type=button value="跳转窗口"
onclick="open_ck()" />
</body>
</html>
```

使用浏览器预览，其效果如下图所示。

2．关闭窗口

用户可以使用 window 对象中的 close()方法对窗口进行关闭操作，关闭窗口的示例代码如下所示。

```
<!doctype html>
<html>
<head>
```

```
<meta charset="utf-8">
<title>无标题文档</title>
<script>
function CW()
  {
  CK.close()
  }
</script>
</head>
<body>

<script>
CK=window.open('','','width=200,he
ight=100')
    CK.document.write("清华电脑学堂--
HTML教程")
</script>
```

```
    <input type="button" value="关闭窗口
'" onclick="CW()" />
    </body>
</html>
```

使用浏览器预览，其效果如下图所示。

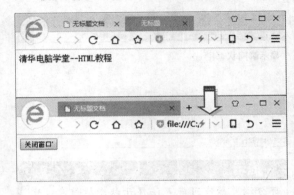

20.2 文档对象

文档对象又称为 document 对象，为 window 中的一个子对象，用于表示浏览器窗口中的文档，主要用来控制超链接、表单元素等对象。

20.2.1 应用文档对象

每个载入浏览器的 HTML 文档都会成为 document 对象，通过该对象用户可以从脚本中对 HTML 页面中的所有元素进行访问。document 对象不仅拥有多个属性和方法，还拥有对象集合。

1．对象集合

document 对象的对象集合主要用于对一些其他对象的引用，包括 HTML 元素、Anchor 对象、Applet 对象、Form 对象、Image 对象等 6 种常用对象。每种对象集合的具体说明如下表所示。

对 象 集 合	说　　明	语　　法
all[]	提供对文档中所有 HTML 元素的访问	document.all[i] document.all[name] document.all.tags[tagname]
anchors[]	返回对文档中所有 Anchor 对象的引用	document.anchors[]
applets	返回对文档中所有 Applet 对象的引用	document.applets
forms[]	返回对文档中所有 Form 对象的引用	document.forms[]
images[]	返回对文档中所有 Image 对象的引用	document.images[]
links[]	返回对文档中所有 Area 和 Link 对象的引用	document.links[]

通过上表中的内容，用户已经掌握了对象集合的具体含义和语法，下面以具体示例介绍对象集合的具体使用方法。

```
<!doctype html>
```

```
<html>
<head>
<meta charset="utf-8">
<title>无标题文档</title>
</head>
```

```
<body>
<a name="A">语文</a><br />
<a name="B">数学</a><br />
<a name="C">英语C</a><br />
<a name="C">理化C</a><br />
<br />

锚记目录的数量：
<script>
document.write(document.anchors.le
ngth)
</script>
</body>
</html>
```

使用浏览器预览，其效果如下图所示。

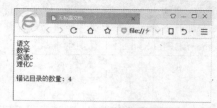

2. 对象属性

document 对象的属性主要包括返回当前文档的域名、返回当前文档的标题、返回当前文档的 URL 等 7 种常用属性，其每种属性的具体说明如下表所示。

属　　性	说　　明	语　　法
body	提供对<body>元素的直接访问,对于定义了框架集的文档,该属性引用最外层的<frameset>	
cookie	设置或返回与当前文档有关的 cookie	document.cookie
domain	返回当前文档的域名	document.domain
lastModified	返回文档被最后修改的日期和时间	document.lastModified
referrer	返回载入当前文档的 URL	document.referrer
title	返回当前文档的标题	document.title
URL	返回当前文档的 URL	document.URL

通过上表中的内容,用户已经掌握了对象属性的具体含义和语法,下面以具体示例介绍对象属性的具体使用方法。

```
<!doctype html>
<html>
<head>
<meta charset="utf-8">
<title>无标题文档</title>
</head>
<body>
<h3>该文档最后修改的日期为:</h3>
<script>
document.write(document.lastModified)
</script>
```

```
</body>
</html>
```

使用浏览器预览，其效果如下图所示。

3. 对象方法

document 对象的方法包括返回带有指定名称的对象集合、返回带有指定标签名的对象集合、向文档写 HTML 表达式或 JavaScript 代码等 7 种常用方法，每种方法的具体说明如下表所示。

方　　法	说　　明	语　　法
close()	关闭用 document.open()方法打开的输出流,并显示选定的数据	document.close()
getElementById()	返回对拥有指定 id 的第一个对象的引用	document.getElementById(id)

续表

方　法	说　明	语　法
getElementsByName()	返回带有指定名称的对象集合	document.getElementsByName(name)
getElementsByTagName()	返回带有指定标签名的对象集合	document.getElementsByTagName(tagname)
open()	打开一个流，以收集来自任何 document.write()或 document.writeln() 方法的输出	document.open(mimetype,replace)
write()	向文档写 HTML 表达式或 JavaScript 代码	document.write(exp1,exp2,exp3,....)
writeln()	等同于 write()方法，不同的是在每个表达式之后写一个换行符	document.writeln(exp1,exp2,exp3,....)

通过上述表格中的内容，用户已经了解 document 对象各方法的具体含义，下面以具体示例介绍对象方法的具体使用。

```html
<!doctype html>
<html>
<head>
<meta charset="utf-8">
<title>无标题文档</title>
<script>
function getElements()
  {
  var
A=document.getElementsByName ("F");
  alert(A.length);
  }
</script>
</head>
<body>
<input name="F" type="button" size=
"20" /><br />
<input name="F" type="color" size=
"20" /><br />
<input name="F" type="text" size=
"20" /><br />
<br />
<input type="button" onclick=
"getElements()"
value="名称为 F 的元素的数量" />
</body>
</html>
```

使用浏览器预览，其效果如下图所示。

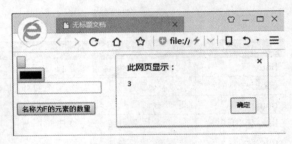

20.2.2　操作文档元素

了解了文档的基础内容之后，便可以使用该对象中的属性、方法及对象集合来操作文档中的元素了。

1．操作背景颜色

用户可以使用 bgcolor 属性来操作整个文档中的背景颜色，其示例代码如下所示。

```html
<!doctype html>
<html>
<head>
<meta charset="utf-8">
<title>无标题文档</title>
</head>
<body>
<script>
  document.bgColor="grenn";
  function CL()
  {
  document.bgColor="";
  }
</script>
<h1 onMouseOver="CL">设置网页的背景颜
```

```
色</h1>
	</body>
	</html>
```

使用浏览器预览，其效果如下图所示。

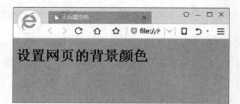

2．获取文档位置

若要获取当前文档的位置，需要使用 location、URL 和 referrer 属性进行获取。下面示例中，将通过 URL 属性来获取当前文档的位置。

```
<!doctype html>
<html>
```

```
<head>
<meta charset="utf-8">
<title>无标题文档</title>
</head>
<body>
<h1>文档位置</h1>
<script>
  var W=document.location;
  document.write("<p>当前文档的地址
为：</p>");
  document.write(W);
</script>
</body>
</html>
```

使用浏览器预览，其效果如下图所示。

20.3 表单和图像对象

表单的主要目的是将客户端（用户）的一些信息传递到服务，并进行处理或存储等，以达到网页动态交互的目的；而图像是网页中重要的多媒体元素之一，不仅可以弥补纯文本的单调性，还可以通过图像对象增加图片的特效。

20.3.1 应用表单对象

表单对象与普通表单一样，也是通过 From 标记进行创建。表单对象代表 HTML 中的表单，HTML 文档中的<form>出现一次，其表单对象 Form 便会被创建一次。

1．对象集合

Form 对象中只包括一个对象集合（elements），该对象集合可返回包含表单中所有元素的数组，而

元素在数组中出现的顺序和它们在表单的 HTML 源代码中的顺序相同。

对象集合的语法格式如下所示：

```
formObject.elements[].property
```

如果 elements[]数组具有名称，那么该元素的名称为 formObject 的一个属性，此时可以使用名称来引用 input 对象。例如，假设 a 是一个 form 对象，其 input 对象的名称为 fname，则可以使用 a.fname 引用该对象。

elements[]对象集合的示例代码，如下所示。

```
<!doctype html>
<html>
<head>
<meta charset="utf-8">
```

```
<title>无标题文档</title>
</head>
<body>
<form id="F">
姓名: <input id="ae" type="text"
value="文本框A" /><br>
性别: <input id="le" type="text"
value="文本框B" /><br>
<input id="S" type="button" value="
提交" />
</form>
<p>表单中元素的值分别为:<br />
<script>
var x=document.getElementById("F");
for (var i=0;i<x.length;i++)
  {
  document.write(x.elements[i].
value);
  document.write("为");
  document.write(x.elements[i].
type);
```

```
  document.write("<br>");
  }
</script>
</p>
</body>
</html>
```

使用浏览器预览, 其效果如下图所示。

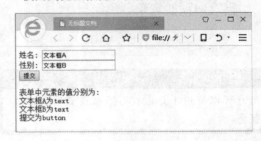

2. 对象属性

Form 对象属性包括返回表单的 id、返回表单中的元素数目等常用的 8 个属性。每种属性的具体说明如下表所示。

属 性	说 明	语 法
acceptCharset	设置或返回服务器可接受的字符集	formObject.acceptCharset=charset
action	设置或返回表单的 action 属性	formObject.action=URL
enctype	设置或返回表单用来编码内容的 MIME 类型	formObject.encoding=encoding
id	设置或返回表单的 id	formObject.id=id
length	返回表单中的元素数目	formObject.length
method	设置或返回将数据发送到服务器的 HTTP 方法	formObject.method=get|post
name	设置或返回表单的名称	formObject.name=formname
target	设置或返回表单提交结果的 Frame 或 Window 名	formObject.target=_blank|_parent|_self|_top

通过上述表格中的内容, 用户已经了解 Form 对象各属性的具体含义和语法。除了上述表格中的属性之外, Form 属性还包括一些标准属性, 其具体说明如下表所示。

标 准 属 性	说 明	语 法
className	设置或返回元素的 class 属性	object.className=classname
dir	设置或返回文本的方向	object.dir=text-direction
lang	设置或返回元素的语言代码	object.lang=language-code
title	设置或返回元素的 title 属性	object.title=title

下面, 使用 enctype 属性, 来详细介绍 Form 对象属性的使用方法。在下列代码中, 使用了 enctype 属性设置了表单的编码内容。

```
<!doctype html>
<html>
<head>
<meta charset="utf-8">
```

```
<title>无标题文档</title>
<script>
function F()
  {
  var x=document.getElementById("A")
  alert(x.enctype)
  }
</script>
</head>
<body>
<form id="A" enctype=" application/
x-www-form-urlencoded">
姓名:<input type="text" value="" />
<input type="button" onclick="F()"
value="单击" />
</form>
</body>
</html>
```

使用浏览器预览，其效果如下图所示。

3．对象方法

Form 对象方法包括把表单的所有输入元素重置为它们的默认值和提交表单两个方法。

把表单的所有输入元素重置为它们的默认值方法使用 reset()表示，该方法类似于用户单击了Rest 按钮的结果，其语法格式为：

```
formObject.reset()
```

而提交表单方法使用 submit()表示，该方法类似于用户单击 Submit 按钮的结果，其语法格式为：

```
formObject.submit()
```

提交表单方法的示例代码如下所示。

```
<!doctype html>
```

```
<html>
<head>
<meta charset="utf-8">
<title>无标题文档</title>
<script>
function S()
  {
document.getElementById("F").
  submit()
  }
</script>
</head>
<body>
<form id="F" action="js_form_action.
asp" method="get">
姓名:<input type="text" name="姓名"
size="20"><br />
性别:<input type="text" name="性别"
size="20"><br />
<br />
<input type="button" onclick="S()"
value="提交">
</form>
</body>
</html>
```

使用浏览器预览，其效果如下图所示。

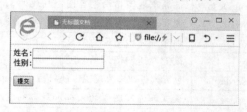

4．对象事件句柄

Form 对象的事件句柄主要用于表单元素的调用，包括在重置表单元素之前调用、在提交表单之前调用两种类型。

在重置表单元素之前调用表示在重置表单时调用的处理器，使用 onreset 表示，其语法格式为：

```
form.onreset
```

Form 对象的 onreset 属性指定了一个事件句柄函数，当用户单击了表单中的 Reset 按钮提交重置时，就会调用这个事件句柄函数。

> **注意**
>
> 该句柄不会作为 Form.reset()方法响应而被调用，如果 onreset 句柄返回 fasle，则表单的元素不会被重置。

在提交表单之前调用使用 onsubmit 表示，表示在提交表单时调用的事件句柄，其语法格式为：

```
form.onsubmit
```

Form 对象的 onsubmit 属性指定了一个事件句柄函数，当用户单击了表单中的 Submit 按钮提交表单时，就会调用这个事件句柄函数。

> **注意**
>
> 当调用方法 Form.submit()时，该处理器函数不会被调用，如果 onsubmit 句柄返回 fasle，则表单元素不会被提交。

20.3.2 应用图像对象

图片对象是通过 Image 进行创建，主要用于设置网页中嵌入对象的属性。图像对象代表 HTML 中的图像，HTML 文档中的<img>出现一次，其表单对象 Image 便会被创建一次。

1. 对象属性

Image 对象的属性包括返回图像的 id、返回图像的名称、返回图像的 URL 等 15 种常用属性，其每种属性的具体含义如下表所示。

属　性	说　明	语　法
align	设置或返回与内联内容的对齐方式	imageObject.align=left|right|top|middle|bottom
alt	设置或返回无法显示图像时的替代文本	imageObject.alt=alternate_text
border	设置或返回图像周围的边框	imageObject.border=pixels
complete	返回浏览器是否已完成对图像的加载	imageObject.complete
height	设置或返回图像的高度	imageObject.height=pixels
hspace	设置或返回图像左侧和右侧的空白	imageObject.hspace=pixels
id	设置或返回图像的 id	imageObject.id=id
isMap	返回图像是否是服务器端的图像映射	imageObject.isMap
longDesc	设置或返回指向包含图像描述的文档的 URL	imageObject.longDesc=URL
lowsrc	设置或返回指向图像的低分辨率版本的 URL	imageObject.lowsrc=URL
name	设置或返回图像的名称	imageObject.name=name
src	设置或返回图像的 URL	imageObject.src=URL
useMap	设置或返回客户端图像映射的 usemap 属性的值	imageObject.useMap=URL
vspace	设置或返回图像的顶部和底部的空白	imageObject.vspace=pixels
width	设置或返回图像的宽度	imageObject.width=pixels

通过上述表格中的内容，用户已经了解 Image 对象各属性的具体含义和语法。除了上述表格中的属性之外，Image 属性还包括 className 属性和 title 属性两种标准属性。

其中，className 属性表示设置或返回元素的 class 属性，其语法格式为：

```
object.className=classname
```

而 title 属性表示设置或返回元素的标题，其语法格式为：

```
object.title=title
```

下面，将以具体示例代码详细介绍 className 标准属性的使用方法。

```
<!doctype html>
<html>
<head>
<meta charset="utf-8">
```

```
<title>无标题文档</title>
</head>
<body id="m" class="my">
<script>
x=document.getElementsByTagName('b
ody')[0];
document.write("方法一显示 Class 名字
为: " + x.className);
document.write("<br />");
document.write("方法二显示 Class 名字
为: ");
document.write(document.getElement
ById('m').className);
</script>
</body>
</html>
```

使用浏览器预览，其效果如下图所示。

2．对象的事件句柄

Image 对象的事件句柄主要用于图像装载和

卸载设置，包括放弃图像的装载时调用的事件句柄、装载图像的过程中发生错误时调用的事件句柄，和图像装载完毕时调用的事件句柄 3 种类型。

当用户放弃图像的装载时调用的事件句柄使用 onabort 来表示，其语法格式为：

```
imageObject.onabort
```

Image 对象的属性 onabort 声明了一个事件句柄函数，当用户在图像完成载入之前放弃图像的装载时，调用该句柄。

而在装载图像的过程中发生错误时，调用的事件句柄使用 onerror 来表示，其语法格式为：

```
imageObject.onerror
```

Image 对象的属性 onerror 声明了一个事件句柄函数，当装载图像的过程中发生了错误时调用该句柄。

当图像装载完毕时调用的事件句柄使用 onload 来表示，其语法格式为：

```
imageObject.onload
```

Image 对象的属性 onload 声明了一个事件句柄函数，当图像装载完毕的时候调用该句柄。

20.4　练习：制作网页导航

结合使用 HTML、CSS 和 JavaScript 技术，可以轻松地实现一些常用的网页特效，如"交换图像"行为则可以实现动态导航条效果，而"打开浏览器窗口"行为，则可以实现弹出广告效果。在本练习中，将通过制作网页导航来详细介绍网页行为特效的制作方法。

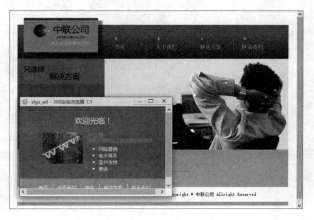

练习要点

- 插入表格
- 设置表格属性
- 设置单元格属性
- 插入图像
- 设置"交换图像"行为
- 使用 JavaScript
- 设置 CSS 样式

操作步骤 ▶▶▶▶

STEP|01 设置页面属性。首先，设置网页标题。然后设置页面属性的 CSS 样式。

```html
<!doctype html>
<html>
<head>
<meta charset="gb2312">
<title>中联公司-首页</title>
<style type="text/css">
a {
font-size: 12px;
color: #000;
text-decoration: none;
}
body {
font-size: 12px;
color: #000;
}
</style>
</head>
```

STEP|02 插入表格和图像。在<body>标签后，插入一个 1 行 6 列 700px 的表格，设置表格的居中对齐属性，并分别在列中插入相应的图像。

```html
<body>
<table width="700" border="0" align=
"center" cellpadding="0" cellspacing="0">
    <tr>
        <td><img
src="images/home/brand.jpg"width="225"
height="108" alt=""/></td>
        <td><img
src="images/home/home.jpg" width="105"
height="108" alt=""/></td>
        <td><img
src="images/home/about_us.jpg"width="113
" height="108" alt=""/></td>
        <td><img
src="images/home/solutions.jpg"width="
113" height="108" alt=""/></td>
        <td><img
src="images/home/contact_us.jpg"width=
"107"height="108" alt=""/></td>
```

```html
        <td><img
src="images/home/right.jpg" width="37"
height="108" alt=""/></td>
    </tr>
</table>
</body>
```

STEP|03 添加其他内容。在其后再插入一个 3 行 2 列 700px 的表格，设置表格的居中对齐属性，并合并相应的单元格。

```html
<table width="700" border="0" align=
"center" cellpadding="0" cellspacing="0">
    <tbody>
    <tr>
        <td></td>
        <td rowspan="2"></td>
    </tr>
    <tr>
        <td></td>
    </tr>
    <tr>
        <td colspan="2"></td>
    </tr>
    </tbody>
</table>
```

STEP|04 然后，分别在各单元格中插入相应的图片。

```html
<table width="700" border="0" align=
"center" cellpadding="0" cellspacing="0">
    <tr>
        <td><img
src="images/home/left_title.jpg"
width="225" height="67" alt=""/></td>
        <td rowspan="2"><img src="images/
home/right_men.jpg"        width="475"
height="242" alt=""/></td>
    </tr>
    <tr>
        <td><img
src="images/home/left_content.jpg"widt
h="225" height="175" alt=""/></td>
    </tr>
    <tr>
```

```
        <td            colspan="2"><img
src="images/home/foot.jpg" width= "700"
height="100" alt=""/></td>
    </tr>
</table>
```

STEP|05 设置版尾信息。在其后插入一个 2 行 1 列的表格，设置表格和单元格属性，并输入版尾文本。

```
    <table width="700" border="0" align=
"center" cellpadding="0" cellspacing="0">
    <tr>
    <td height="40" align="center">
<a href="#">首页</a> | <a href="#">公司
</a> | <a href="#">服务</a> | <a href="#">
解决方案</a> | <a href="#">联系我们</a>
Copyright &copy; 中 联 公 司  Allright
Reserved </td>
    </tr>
    <tr>
    <td                    height="10"
bgcolor="#C0C0C0"></td>
    </tr>
</table>
```

STEP|06 设置交互技术。在<style>标签后，添加<script></script>标签，并在其内输入用于设置图片交换行为和打开浏览器窗口的 JavaScript 代码。

```
<script>
function MM_preloadImages() { //v3.0
  var d=document; if(d.images)
  { if(!d.MM_p) d.MM_p=new Array();
  var i,j=d.MM_p.length,a=MM_
  preloadImages.arguments; for(i=
  0; i<a.length; i++)
  if (a[i].indexOf("#")!=0)
  { d.MM_p[j]=new Image; d.MM_p
  [j++].src=a[i];}}
}

function MM_swapImgRestore() { //v3.0
  var i,x,a=document.MM_sr; for
  (i=0;a&&i<a.length&&(x=a[i])
  &&x.oSrc;i++) x.src=x.oSrc;
```

```
}

function MM_findObj(n, d) { //v4.01
  var p,i,x;   if(!d) d=document;
  if((p=n.indexOf("?"))>0&&parent.
  frames.length) {
   d=parent.frames[n.substring
   (p+1)].document; n=n.substring
   (0,p);}
  if(!(x=d[n])&&d.all) x=d.all[n];
  for (i=0;!x&&i<d.forms.length;
  i++) x=d.forms[i][n];
  for(i=0;!x&&d.layers&&i<d.layers.
  length;i++) x=MM_findObj(n,d.
  layers[i].document);
  if(!x && d.getElementById) x=
  d.getElementById(n); return x;
}

function MM_swapImage() { //v3.0
  var i,j=0,x,a=MM_swapImage.
  arguments; document.MM_sr=new
  Array; for(i=0;i<(a.length-2);i+=3)
  if ((x=MM_findObj(a[i]))!=null)
  {document.MM_sr[j++]=x; if(!x.
  oSrc) x.oSrc=x.src; x.src=a[i+2];}
}
function MM_openBrWindow(theURL,
winName,features)
{//v2.0
window.open(theURL,winName,features);
}
</script>
```

STEP|07 然后，在<body>标签中更改该标签内容，以及需要实现交互图片的表格中的图片属性，和打开浏览器窗口的属性。

```
    <body                 topmargin="20"
onLoad="MM_preloadImages('images/excha
nge/home.jpg','images/exchange/about_us
.jpg','images/exchange/selutions.jpg',
'images/exchange/contact_us.jpg');MM_o
penBrWindow('zlgs_ad.html','','width=3
85,height=239')">
    <table width="700"border="0"align=
```

```
"center"cellpadding="0"cellspacing="0">
    <tr>
    <td><img
src="images/home/brand.jpg"width="225"
height="108"></td>
    <td><img src="images/home/home
.jpg" name="home" width="105"
height="108" id="home" onMouseOver=
"MM_swapImage('home','','images/
exchange/home.jpg',1)" onMouseOut=
"MM_swapImgRestore()"></td>
    <td><img src="images/home/about_
us.jpg" name="about_us" width=
"113" height="108" id="about_us"
onMouseOver="MM_swapImage('about_
us','','images/exchange/about_
us.jpg',1)" onMouseOut="MM_
swapImgRestore()"></td>
    <td><img src="images/home/
```

```
solutions.jpg" name="selutions"
width="113" height="108" id=
"selutions" onMouseOver="MM_
swapImage('selutions','','images/
exchange/selutions.jpg',1)"
onMouseOut="MM_swapImgRestore()"
></td>
    <td><img src="images/home/contact_
us.jpg" name="contact_us" width=
"107" height="108" id="contact_
us" onMouseOver="MM_swapImage
('contact_us','','images/exchange/
contact_us.jpg',1)" onMouseOut=
"MM_swapImgRestore()"></td>
    <td><img src="images/home/right
.jpg" width="37" height="108"></td>
    </tr>
    </table>
```

20.5 练习：制作动态首页

用户可以结合使用 HTML、CSS 和 JavaScript 制作一些行为功能，达到更改一个或多个页面元素的可见属性的目的。例如，当用户鼠标指向或离开一个页面对象时，显示或隐藏包含该对象相关信息的页面元素，既增加了网页的美观性，又体现了网页的交互性。在本练习中，将通过制作包含动态图像导航条的企业首页网页，来详细介绍行为功能的使用方法。

练习要点
- 插入 Div
- 插入图像
- 插入表格
- 设置表格属性
- 添加"显示-隐藏"行为
- 设置行为触发事件

操作步骤 ▶▶▶▶

STEP|01 设置 CSS 样式。首先，设置网页标题。然后设置页面属性及 Div 的 CSS 样式。

```
<!doctype html>
<html>
<head>
<meta charset="utf-8">
<title>企业首页</title>
<style type="text/css">
<!--
a {
 font-size: 12px;
 color: #FFF;
 text-decoration: none;
}
body {
 font-size: 12px;
 color: #FFF;
}
#apDiv1 {
position:absolute;
width:766px;
height:185px;
z-index:6;
background: url(images/pic_about_
us.jpg);
top: 67px;
margin: 0px auto;
}

.content {
font-size: 12px;
color: #fae808;
width: 95%;
}
#apDiv2 {
position:absolute;
width:766px;
height:185px;
z-index:7;
background: url(images/pic_service
.jpg);
margin: 0px auto;
top: 67px;
```

```
}
#apDiv3 {
position:absolute;
width:766px;
height:185px;
z-index:8;
background-image: url(images/pic_
product.jpg);
margin-top: 0px;
margin-right: auto;
margin-bottom: 0px;
margin-left: auto;
top: 67px;
}
#apDiv4 {
position:absolute;
width:766px;
height:185px;
z-index:9;
background-image: url(images/pic_
project.jpg);
margin-top: 0px;
margin-right: auto;
margin-bottom: 0px;
margin-left: auto;
top: 67px;
}
#apDiv5 {
position:absolute;
width:766px;
height:185px;
z-index:10;
background-image: url(images/pic_
contact_us.jpg);
margin-top: 0px;
margin-right: auto;
margin-bottom: 0px;
margin-left: auto;
top: 67px;
}
-->
</style>
</head>
```

STEP|02 制作版头内容。在<body>标签内插入一

个 2 行 2 列 766px 的表格，设置表格的居中对齐属性。

```
<table width="766" border="0" align=
"center" cellpadding="0" cellspacing="0">
  <tbody>
    <tr>
      <td> </td>
      <td> </td>
    </tr>
    <tr>
      <td> </td>
      <td> </td>
    </tr>
  </tbody>
</table>
```

STEP|03 将光标定位在第 1 行第 1 列单元格中，设置单元格属性，输入全角空格符及文本，并设置文本的链接属性。

```
<td  width="622"  align="left"
bgcolor="#0096ff">  
             
             
             
             
             
            <a  href="#">  首
            页</a>
|
    <a href="#">关于我们</a>
|
<a href="#">在线服务</a>
|
<a href="#">产品展示</a>
|
<a href="#">合作项目</a>
|
<a href="#">联系我们</a>
</td>
```

STEP|04 为第 1 行第 2 列单元格插入图像，合并第 2 行中的所有单元格，设置其属性，并插入 5 个 Div 层。

```
<td><img src="images/brand.jpg"
alt="" width="144" height="47"
/></td>
</tr>
<tr>
    <td height="185" colspan=
    "2" bgcolor="#0096ff">
    <div id=
    "apDiv1"></div>
<div id="apDiv2"></div>
<div id="apDiv3"></div>
<div id="apDiv4"></div>
<div id="apDiv5"></div>
    </td>
</tr>
</table>
```

STEP|05 制作导航条。在网页空白区域插入一个 1 行 6 列的表格，设置其居中对齐属性，并分别插入相应的图像。

```
<table width="766" border="0" align=
"center" cellpadding="0" cellspacing="0">
    <tr>
        <td><img src="images/
        left.jpg" alt="" width=
        "42" height="49" /></td>
        <td><img src="images/
        about_us.jpg" alt="" width=
        "144" height="49" id=
        "about_us" onmouseover=
        "MM_showHideLayers
        ('apDiv1','','show',
        'apDiv2','','hide',
        'apDiv3','','hide',
        'apDiv4','','hide',
        'apDiv5','','hide');
        MM_swapImage('about_
        us','','images/exchange/
        about_us.jpg',1)"
        onmouseout="MM_
        swapImgRestore()" /></td>
        <td><img src="images/
        service.jpg" alt="" width=
        "146" height="49" id=
```

```
"service" onmouseover=
"MM_showHideLayers
('apDiv1','','hide',
'apDiv2','','show',
'apDiv3','','hide',
'apDiv4','','hide',
'apDiv5','','hide');
MM_swapImage('service',
'','images/exchange/
service.jpg',1)"
onmouseout="MM_
swapImgRestore()" /></td>
<td><img src="images/
product.jpg" alt="" width=
"144" height="49" id=
"product" onmouseover=
"MM_showHideLayers
('apDiv1','','hide',
'apDiv2','','hide',
'apDiv3','','show',
'apDiv4','','hide',
'apDiv5','','hide');
MM_swapImage('product',
'','images/exchange/
product.jpg',1)"
onmouseout="MM_
swapImgRestore()" />
</td>
<td><img src="images/
projects.jpg" alt="" width=
"146" height="49" id=
"projects" onmouseover=
"MM_showHideLayers
('apDiv1','','hide',
'apDiv2','','hide',
'apDiv3','','hide',
'apDiv4','','show',
'apDiv5','','hide');
MM_swapImage('projects',
'','images/exchange/
project.jpg',1)"
onmouseout="MM_
swapImgRestore()" />
</td>
<td><img src="images/
```

```
contact_us.jpg" alt=""
width="144" height="49"
id="contact_us"
onmouseover=
"MM_showHideLayers
('apDiv1','','hide',
'apDiv2','','hide',
'apDiv3','','hide',
'apDiv4','','hide',
'apDiv5','','show');
MM_swapImage('contact_
us','','images/exchange/
contact_us.jpg',1)"
onmouseout="MM_
swapImgRestore()" /></td>
    </tr>
</table>
```

STEP|06 制作主体内容。在其后插入一个 5 行 2 列的表格，设置其属性，合并相应的单元格，并设置其内容。

```
<table width="766" border="0" align=
"center" cellpadding="0"
cellspacing="0">
    <tr>
        <td><img src="images/
content_title.jpg" alt=
"" width="332" height="44"
/></td>
        <td width="434" rowspan=
"4" bgcolor="#7b8688">
<div class="content">
<p><strong>什么是企业策
划：</strong></p><p>
             
             
             
             
企业策划是提高市场占有率的
有效行为，如果是一份创意突
出，而且具有良好的可执行性和
可操作性的企业策划案，无论对
于企业的知名度，还是对于品牌
的美誉度，都将起到积极的提高
```

```
作用。 <br />
 
 
 
 
一个成功的项目，首先是必须
要有专业的前期策划，有了专
业的前期策划才会有合理的流
程及布局设计，有了合理的设
计才能进行有效的管理，只有
在有效地管理基础之上才会有
好的经营效益。</p></div>
</td>
</tr>
<tr>
<td><img src="images/
content_1.jpg" alt=""
width="332" height="55"
/></td>
</tr>
<tr>
<td><img src="images/
content_2.jpg" alt=""
width="332" height="56"
/></td>
</tr>
<tr>
<td><img src="images/
content_3.jpg" alt=""
width="332" height="57"
/></td>
</tr>
<tr>
<td height="34" colspan=
"2" align="center" bgcolor=
"#0096ff">Copyright ©
2009 企业策划 Allright
Reserved</td>
</tr>
</table>
```

STEP|07 添加交互行为。在</head>标签上方添加
交互行为的 JavaScript 代码。然后更改<body>标签
内相应的代码，该代码不在此进行表述了，详细请
参阅模板文件。

```
<script type="text/javascript">
<!--
function MM_showHideLayers() { //v9.0
  var i,p,v,obj,args=MM_
  showHideLayers.arguments;
  for (i=0; i<(args.length-2); i+=3)
  with (document) if (getElementById &&
  ((obj=getElementById(args[i]))!=
  null)) { v=args[i+2];
    if (obj.style) { obj=obj.style;
    v=(v=='show')?'visible':(v==
    'hide')?'hidden':v; }
    obj.visibility=v; }
}
function MM_preloadImages() { //v3.0
  var d=document; if(d.images){ if
  (!d.MM_p) d.MM_p=new Array();
    var i,j=d.MM_p.length,a=MM_
    preloadImages.arguments; for(i=
    0; i<a.length; i++)
    if (a[i].indexOf("#")!=0){ d.MM_
    p[j]=new Image; d.MM_p[j++].src=
    a[i];}}
}

function MM_swapImgRestore() { //v3.0
  var i,x,a=document.MM_sr; for(i=
  0;a&&i<a.length&&(x=a[i])&&x
  .oSrc;i++) x.src=x.oSrc;
}

function MM_findObj(n, d) { //v4.01
  var p,i,x;  if(!d) d=document;
  if((p=n.indexOf("?"))>0&&parent
  .frames.length) {
    d=parent.frames[n.substring
    (p+1)].document; n=n.substring
    (0,p);}
  if(!(x=d[n])&&d.all) x=d.all[n];
  for (i=0;!x&&i<d.forms.length;i++)
  x=d.forms[i][n];
  for(i=0;!x&&d.layers&&i<d.layers
  .length;i++) x=MM_findObj(n,d
  .layers[i].document);
  if(!x && d.getElementById) x=d
```

```
.getElementById(n); return x;
}

function MM_swapImage() { //v3.0
var i,j=0,x,a=MM_swapImage.
arguments; document.MM_sr=new
Array; for(i=0;i<(a.length-2);
i+=3)
```

```
if ((x=MM_findObj(a[i]))!=null)
{document.MM_sr[j++]=x; if(!x
.oSrc) x.oSrc=x.src; x.src=
a[i+2];}
}
//-->
</script>
```

20.6　新手训练营

练习1：制作翻转切换开关

downloads\20\新手训练营\翻转切换开关

提示：本练习中，首先关联外部的 CSS 文件，以及 JavaScript 文件。然后，在<body>标签内制作网页内容。最终效果如下图所示。

练习2：制作滑块

downloads\20\新手训练营\滑块

提示：本练习中，首先关联外部的 CSS 文件，以及 JavaScript 文件。然后，在<body>标签内制作网页内容。最终效果如下图所示。

练习3：制作可折叠区域

downloads\6\新手训练营\可折叠区域

提示：本练习中，首先关联外部的 CSS 文件，以

及 JavaScript 文件。然后，在<body>标签内制作网页内容。最终效果如下图所示。

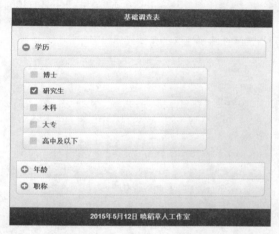

练习4：制作日期时间页

downloads\20\新手训练营\日期时间页

提示：本练习中，首先关联外部的 CSS 文件，以及 JavaScript 文件。然后，在<body>标签内制作网页内容。最终效果如下图所示。

练习5：制作列表视图

downloads\20\新手训练营\列表视图

提示：本练习中，首先关联外部的 CSS 文件，以

及 JavaScript 文件。然后，在<body>标签内制作网页内容。最终效果如下图所示。

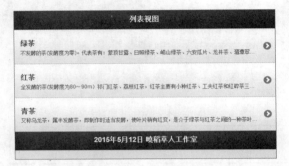

练习 6：显示指定属性名的属性值

downloads\20\新手训练营\显示指定属性名的属性值

提示：本练习中，将运用 getAttribute()方法，返回指定属性的属性值。具体代码如下所示。

```html
<body>
<a href="/jsref/dom_obj_attributes
.asp" target="_blank">Attr 对象</a>,
<p id="demo">请点击按钮来显示上面这个链
接的 target 属性值。</p>
<button onclick="F()">单击</button>
<script>
function F()
{
var a=document.getElementsByTagName
("a")[0];
var x=document.getElementById
("demo");
x.innerHTML=a.getAttributeNode
("target").value;
}
</script>
</body>
```

在浏览器中浏览，其最终效果如下图所示。

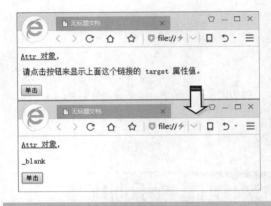

练习 7：显示屏幕的分辨率

downloads\20\新手训练营\显示屏幕的分辨率

提示：本练习中，将运 pixelDepth 属性，返回指屏幕的分辨率。具体代码如下所示。

```html
<!doctype html>
<html>
<head>
<meta charset="utf-8">
<title>无标题文档</title>
</head>
<body>
<script>
document.write("<p>屏幕分辨率：")
document.write(screen.pixelDepth +
"</p>")
</script>
</body>
</html>
```

在浏览器中浏览，其最终效果如下所示。

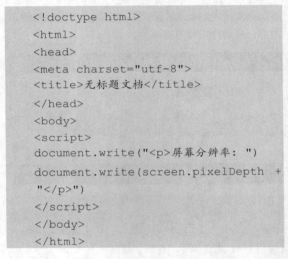

第 **21** 章

网站后台管理页面

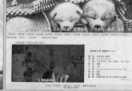

后台管理页到目前为止，已经非常普遍，并且成为动态网站不可缺少的一块内容。后台管理系统主要是针对前台（前端）内容的一种管理，常见如用户管理、权限管理、内容添加、删除、更新等常规操作。

另外，后台管理页面的内容根据网站的性质或者内容，也有一些区别。较好的后台管理系统，可以直接生成前端所有的页面内容，并且不需要用户再对前端进行布局等操作。

21.1 后台管理页设计分析

后台管理系统（手动编程除外）是内容管理系统 Content Manage System（CMS）的一个子集。

21.1.1 后台管理系统的分类

根据不同的需求,网站后台管理系统有几种不同的分类方法。比如,如下根据应用层面的划分。

- ❏ 重视后台管理的网站后台管理系统。
- ❏ 重视风格设计的网站后台管理系统。
- ❏ 重视前台发布的网站后台管理系统。

目前,在网络上比较流行的各种网站后台管理系统,风格千差万别,但都具有很好的灵活性,方便灵活变动。

网站后台管理系统开发人员的出发点是为了让不熟悉网站的用户有一个直观的表示方法,也让各种网络编程语言用户可以通过简单的方式来开发个性化的网站。

21.1.2 后台管理系统的功能

大多数网站后台管理系统的功能,大致可分为以下几种。

- ❏ **系统管理** 管理员管理,可以新增管理员及修改管理员密码;数据库备份,为保证数据安全,本系统采用了数据库备份功能;上传文件管理,管理增加产品时上传的图片及其他文件。
- ❏ **企业信息** 主要用来设置修改企业的各类信息及介绍。
- ❏ **产品管理** 对于公司或者企业单位,可以在后台管理前台的产品信息,如产品类别新增修改管理、产品添加修改,以及产品的审核。
- ❏ **下载功能** 在前台有下载功能的,可以在后台对下载进行管理。例如,可分类增加各种文件,像驱动和技术文档等文件的下载。

- ❏ **订单管理** 如果在前台有在线订单需求的,则可以在后台添加该功能。例如,查看订单的详细信息及订单处理。
- ❏ **会员管理** 该功能比较常见,如用户在前台注册信息等,则可以在后台对会员资料进行查看、修改、删除等操作,以及锁定、解锁、在线给会员发信等操作。
- ❏ **新闻管理** 该功能主要用来添加新闻内容,对新闻内容进行分类处理。
- ❏ **留言管理** 管理信息反馈及注册会员的留言,注册会员的留言可在线回复,未注册会员可使用在线发信功能给予答复。
- ❏ **荣誉管理** 包括新增修改企业荣誉栏目的信息,新增修改企业形象栏目的信息。
- ❏ **人才管理** 包括发布修改招聘信息、人才策略栏目管理、应聘管理。
- ❏ **营销管理** 修改营销网络栏目的信息。
- ❏ **调查管理** 发布修改新调查。
- ❏ **友情链接** 新增修改友情链接。
- ❏ **前台模版管理** 全新模版功能,在线编辑修改模版。
- ❏ **数据库管理** 全新挂接数据库、在线表编辑、添加数据表、编辑数据库、加添编辑文件挂接网站等。
- ❏ **系统日志管理** 系统日志功能,每一步操作都有记录,系统更安全。
- ❏ **多语言管理** 中英文切换,简体繁体切换。

除此之外,用户还可以针对特殊的领域或者行业进行必要的内容管理。例如一个图书信息发布网站,可以添加图书管理、发布、数据审核等功能。

21.1.3 后台框架集管理页

目前,网页设计一般采用 DIV+CSS 的方式,而在后台管理页面设计中,也有用户喜欢使用框架集的方式。

HTML 框架集文档，可在 Web 浏览器窗口中显示多个独立的可滚动区域，这些区域称为框架。

框架集中的每个框架在 Web 浏览器窗口中它自己那部分区域内显示一个 HTML 文档。框架集的可用选项包括框架是否可滚动，以及是否可调整大小。

可以通过将框架名指定为超级链接的目标，在该框架中显示新内容。例如，在一个框架中可显示具有超级链接条目的目录。在单击一个条目时，由其链接所调用的 HTML 页就会显示在与目标同名的那个框架中。

21.2　设置登录页面

后台登录页面非常重要，当用户想进入后台管理页面时，则必须先进入"用户登录页面"。通过输入正确的"用户名"和"密码"信息，才能跳转到"后台管理页面"。简单地说，"用户登录页面"是进行"后台管理页面"的一个用户验证页面，判断用户是否具有管理权限。

操作步骤 ▶▶▶▶

STEP|01 在当前的文件夹目录中，分别创建 login.html 文件、style 文件夹、page 文件夹和 images 文件夹。

STEP|02 在 login.html 中来创建"用户登录页面"。

```
<!DOCTYPE HTML>
<html>
<head>
<meta charset="utf-8">
<title>用户登录页面</title>
</head>
<body>
</body>
</html>
```

STEP|03 在文档中<head>标签内，添加外部 CSS 文件。在添加之前，先在 style 文件中创建 login.css 文件。

```
<link href="style/login.css" rel=
"stylesheet" type="text/css">
```

STEP|04 在<body>标签中，添加登录模块的布局

结构。

```
<div id="login">
  <div id="login_t">
    <div id="title"> </div>
    <div id="line"> </div>
    <div id="lg"></div>
  </div>
</div>
```

STEP|05 在 login.css 文件中，分别定义结构的样式。

```
body{
margin:0px;
    padding:0px;
    width:1002px;
    height:530px;
    background-color:#002779;
    font-family:"宋体";
    font-size:12px;
}
#login{
    margin:150px 0 0 250px;
    width:500px;
    height:250px;
    border-radius:10px;
    border:#CCC 1px solid;
    float:left;
}
#login #title{
    width:500px;
    height:120px;
    background:#043ba2;
    border-radius:10px 10px 0 0;
}
#login #line{
    width:500px;
    height:10px;
    background-color:#CCC;
}
#login #lg{
    width:500px;
    height:120px;
    background-color:#FFFFFF;
    border-radius:0 0 10px 10px;
```

```
}
```

STEP|06 通过上述代码，可以在浏览器中查看已经布局完成的页面效果。

STEP|07 在<div id="title"> </div>标签中，添加登录的标题内容，如添加一张图片和文本内容。

```
<div id="tp"><img src="images/
login_t.png" width="65" height=
"65"/></div>
<div id="tw">dmin</div>
<div id="text">网站后台登录</div>
```

STEP|08 在样式文件（login.css）中，定义图片的位置、英文字体和中文字体的样式。

```
#login #title #tp{
    padding:20px 0 0 50px;
    float:left;
}
#login #title #tw{
    margin-top:30px;
    float:left;
    font-size:56px;
    color:#FFF;
    font-family:Arial, Helvetica,
    sans-serif;
    font-weight:bolder;
}
#login #title #text{
    margin:50px 0 0 20px;
    font-family:"黑体";
    font-size:30px;
    float:left;
```

```
    color:#FC3;
}
```

STEP|09 通过上述代码，向 "用户登录页面" 添加样式后，可以在浏览器中查看其效果。

STEP|10 在 `<div id="lg"></div>` 标签之间，添加表单内容，用于输入 "用户名"、"密码" 和 "验证码" 等内容。

```html
<form action="#" method="post"
id="form1" name="form1">
    <div id="left">
    <label>用户名: </label>
    <input type="text" name=
    "userName" size="20">
    <br/>
    <label>密  码: </label>
    <input type="password" name=
    "login_pw" size="20">
    <br/>
    <label>验证码: </label>
    <input type="text" name=
    "login_yz" size="10">
    <samp id="yz">EFD2F</samp>
    </div>
    <div id="right" ><input id="an"
    type="button" value="登录"
    onClick="inputCheck()"></div>
</form>
```

STEP|11 在样式文件中，添加对表单的样式设置，如表单的位置、按钮样式等。

```css
#login #lg form{
```

```css
    width:500px;
    float:left;
}
#login #lg form #left{
padding:10px 0 0 50px;
    line-height:3em;
    float:left;
}
#login #lg form #right{
    margin:20px 0 0 50px;
    float:left;
}
#login #lg form #yz{
    border:1px #CCCCCC solid;
    background-color:#FFCC99;
    padding:3px;
    font-family:"迷你简剪纸";
}
#login #lg form #an{
    width:100px;
    height:70px;
    border:#0099FF 1px solid;
    border-radius:5px;
    background:#043ba2;
    text-align:center;
    font-size:24px;
    font-weight:bolder;
    line-height:2.5em;
    color:#FFF;
}
```

STEP|12 通过上述代码的添加，可以通过浏览器查看其效果。

STEP|13 在 `<head>` 标签中，添加 JavaScript 代码，

来判断用户输入的信息，并跳转到管理页面。

```
<script language="javascript">
function inputCheck(){
    var lname = document.form1.
    userName.value;
    if(lname == ""){
        alert("用户名不能为空!");
        document.form1.
        userName.focus();
        return false;
    }
    var lpw = document.form1.
    login_pw.value;
    if(lpw == ""){
        alert("密码不能为空!");
        document.form1.
        login_pw.focus();
        return false;
    }
    var lyz = document.form1.
    login_yz.value;
    if(lyz==""){
        alert("验证码不能为空!");
        document.form1.
        login_yz.focus();
```

```
        return false;
    }
    if(lname!="admin" || lpw!=
    "admin"){
        alert("用户名和密码不正确!");
    }else{
        self.location='..
        /page/index.html';
    }
    return true;
}
</script>
```

STEP|14 此时，当用户不输入内容，或者输入错误的用户名、密码等内容时，单击【登录】按钮，则弹出提示信息。

21.3 创建主框架集页

主框架集页将不同框架页集合到一起显示的主页面。其中，框架集根据用户创建的结构来判断所包含的页面数量。例如，在本练习中，主框架集包含有 3 个框架页，如 top.html 顶部页面、left.html 左侧页面，以及 mian.html 主页面内容。

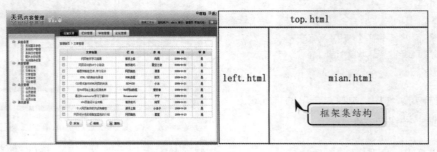

操作步骤 ▶▶▶▶

STEP|01 在 page 文件夹中，创建 index.html 文件，并更改文件的名称。

```
<!DOCTYPE HTML>
<html>
<head>
<meta charset="utf-8">
<title>后台管理页面</title>
</head>
<body>
</body>
</html>
```

STEP|02 在</head>和<body>标签之间，添加框架文件内容。

```
<frameset rows="75,*" cols="*"
frameborder="no" border="0"
framespacing="0">
 <frame src="top.html" name=
"topFrame" scrolling="No"
noresize="noresize" id="topFrame"
title="topFrame" />
 <frameset rows="*" cols="230,*"
framespacing="0" frameborder=
"no" border="0">
  <frame src="left.html" name=
  "leftFrame" scrolling="No"
  noresize="noresize" id=
  "leftFrame" title="leftFrame" />
  <frame src="mian.html" name=
  "mainFrame" id="mainFrame"
```

```
     title="mainFrame" />
   </frameset>
</frameset><noframes></noframes>
```

在制作该部分内容时，需要注意<frameset>标签代替 body 标签定义了框架页，并且定义了框架将分为多少行与多少列。<frameset>标签是成对出现的。在框架页中，frameset 代替了 body 标签，因此框架页中不能包含 body。该标签中的一些属性如下所述。

❏ **common** 一般属性。

❏ **cols** 定义了框架含有多少列与列的大小（每个值使用逗号分隔），取值为像素 px 或者百分比%。

❏ **rows** 定义了框架含有多少行与行的大小（每个值使用逗号分隔），取值为像素 px 或者百分比%。

❏ **border** 定义 frame 定义的框架页的边框（单位 px），使用 CSS 实现。

❏ **frameborder** 定义框架页是否包含边框（此属性应写在 frame 标签内部，不应在此出现）。

❏ **framespacing** 定义框架页之间间隔的距离，使用 CSS 实现。

> **注意**
>
> 在框架集页面中，添加各子框架页面时，用户需要先创建各子框架页面。各子框架页面可以为空页面。

21.4 框架集顶部文件

在框架集中，顶部文件相当于一个页面中的 header（头部信息）内容。而实质上，框架集不添加框架边框时，则顶部文件也就是该框架集主页面的头部信息。因此，在该文件中，主要包含了网页的头部信息内容。

操作步骤 >>>>

STEP|01 在 page 文件夹中，创建 top.html 文件，并删除<title>标签及内容。

```
<!DOCTYPE HTML>
<html>
<head>
<meta charset="utf-8">
</head>
<body>
</body>
</html>
```

STEP|02 在 style 文件夹中，创建 page_top.css 文件。然后定义<body>标签样式。

```
body{
    margin:0;
    padding:0;
}
```

STEP|03 将 page_top.css 文件添加到当前的文档中，如添加<link>标签。

```
<link href="../style/page_
top.css" rel="stylesheet" type=
"text/css">
```

STEP|04 在<body>标签中，添加<div id="top">标签，用来定义头部信息。然后，通过<div id="logo">标签，添加网站的 Logo 标签图片。

```
<div id="top">
    <div id="logo"><img src="../
    images/logo.png" width="280"
    height="75" /></div>
</div>
```

STEP|05 在样式文件中，定义头部样式及 Logo 标签样式。

```
#top{
    background-image:url(../ima
    ges/top_bg.gif);
    width:1024px;
    height:75px;
}
#logo {
```

```
        width:280px;
        height:75px;
        float:left;
    }
```

STEP|06 在<div id="logo">标签后面，再添加<div id="topRight">标签，用来定义头部右侧内容。

```
    <div id="topRight"></div>
```

STEP|07 在样式文件中，添加对右侧<div>标签的宽度和高度设置。

```
    #topRight {
        width:744px;
        height:75px;
        float:left;
    }
```

STEP|08 在<div id="topRight">标签中，再以列表方式添加"帮助"和"退出"内容。

```
    <div id="exit">
        <ul>
            <li><img src="../images/
            logout.gif" width="16"
            height="16" /><strong>退出
            </strong></li>
            <li><img src="../images/
            help.gif" width="16"
height="16" /><strong>帮助
</strong></li>
        </ul>
    </div>
```

STEP|09 在样式文件中，添加该标签的样式内容。

```
    #exit {
        width:724px;
        height:37px;
        float:left;
        text-align:right;
        padding-right: 20px;
    }
    #top #topRight #exit ul {
        margin: 0px;
        padding: 0px;
        list-style-type: none;
    }
    #top #topRight #exit ul li {
        line-height: 37px;
```

```
        height: 37px;
        display: block;
        float: right;
        margin-left: 10px;
    }
```

STEP|10 在"帮助"和"退出"下面，再添加用户登录所显示的一些内容。

```
    <div id="login">
        <ul>
            <li><img src="../images/
            style.gif" width="48"
            height="24" /></li>
            <li>界面风格: </li>
            <li>身份: 管理员</li>
            <li>登录用户: admin</li>
            <li><a href="#"><img
            src="../images/hide.gif"
            width="84" height="24"
            border="0" /></a></li>
        </ul>
    </div>
```

STEP|11 在样式文件中，分别定义<div id="login">标签、<ul>标签和<li>标签内容。

```
    #login {
        width:450px;
        height:30px;
        float:left;
        text-align:right;
        padding-top: 8px;
        margin-left: 270px;
    }
    #top #topRight #login ul {
        margin: 0px;
        padding: 0px;
        list-style-type: none;
    }
    #top #topRight #login ul li {
        float: right;
        height: 30px;
        display: block;
        text-align: left;
        line-height: 25px;
        margin-left: 5px;
        font-family:"宋体";
        font-size:12px;
    }
```

21.5 框架集左侧文件

在框架集左侧，一般都是显示该网站进行管理的一些项目内容，并且每个项目内容代表着一块功能。在该页面中，用户可以制作成列表形式的展示方式，也可以是多个竖形排列的按钮。用户通过单击该列表中的文本或者按钮，即可更改右侧框架集主页面的内容。

操作步骤 ▶▶▶▶

STEP|01 在 page 文件夹中，创建 left.html 文件，并删除<title>标签及内容。

```
<!DOCTYPE HTML>
<html>
<head>
<meta charset="utf-8">
</head>
<body>
</body>
</html>
```

STEP|02 在 style 文件夹中，创建 page_left.css 文件。然后定义<body>标签样式。

```
body, td, th {
    font-size: 12px;
}
body {
    background-color: #2286c2;
}
```

STEP|03 将 page_left.css 文件添加到当前的文档中，如添加<link>标签。

```
<link href="../style/page_
left.css" rel="stylesheet" type=
"text/css">
```

STEP|04 在<body>标签中，添加该页面的布局标签。

```
<div id="leftmain">
    <div id="topBg"></div>
    <div id="centerBg"></div>
    <div id="buttomBg"></div>
</div>
```

STEP|05 在样式文件中，对<div id="leftmain">标签定义样式。

```
#leftmain {
    width:220px;
    height:600px;
    margin-top: 30px;
}
```

STEP|06 在<div id="topBg">标签中，添加图片。

该图片用于列表边框上面的内容。

```
<div id="topBg"><img src="../
images/left_top.gif" width="220"
height="30" />
</div>
```

STEP|07 在样式文件中，添加`<div id="topBg">`标签的样式。

```
#topBg {
width:220px;
height:30px;
}
```

STEP|08 在`<div id="centerBg">`标签中，添加列表内容。

```
<dl>
    <dt><img src="../images/
    folder.gif" width="15" height=
    "11" /><strong><a href="#">系
    统设置</a></strong></dt>
        <dd><img src="../images/
        txt.gif" width="11" height=
        "14" /><a href="#">系统基本
        参数</a></dd>
        <dd><img src="../images/
        txt.gif" width="11" height=
        "14" /><a href="#">系统用户
        管理</a></dd>
        <dd><img src="../images/
        txt.gif" width="11" height=
        "14" /><a href="#">系统日志
        管理</a></dd>
        <dd><img src="../images/
        txt.gif" width="11" height=
        "14" /><a href="#">图片水印
        设置</a></dd>
        <dd><img src="../images/
        txt.gif" width="11" height=
        "14" /><a href="#">系统错误
        修复</a></dd>
    <dt><img src="../images/
    folder.gif" width="15" height=
    "11" /><strong><a href="#">内
    容管理</a></strong></dt>
        <dd><img src="../images/
        txt.gif" width="11" height=
```

```
        "14" /><a href="#">栏目管理
        </a></dd>
        <dd><img src="../images/
        txt.gif" width="11" height=
        "14" /><a href="#">文章发布
        </a></dd>
        <dd><img src="../images/
        txt.gif" width="11"
        height="14" /><a href="#">
        文章管理</a></dd>
        <dd><img src="../images/
        txt.gif" width="11" height=
        "14" /><a href="#">文章审核
        </a></dd>
        <dd><img src="../images/
        txt.gif" width="11" height=
        "14" /><a href="#">评论管理
        </a></dd>
    <dt><img src="../images/
    folder.gif" width="15" height=
    "11" /><strong><a href="#">会
    员管理</a></strong></dt>
        <dd><img src="../images/
        txt.gif" width="11" height=
        "14" /><a href="#">会员添加
        </a></dd>
        <dd><img src="../images/
        txt.gif" width="11" height=
        "14" /><a href="#">会员管理
        </a></dd>
        <dd><img src="../images/
        txt.gif" width="11" height=
        "14" /><a href="#">会员审核
        </a></dd>
        <dd><img src="../images/
        txt.gif" width="11" height=
        "14" /><a href="#">会员分组
        </a></dd>
    <dt><img src="../images/
    folder.gif" width="15" height=
    "11" /><strong><a href="#">退
    出登录</a></strong></dt>
</dl>
```

STEP|09 在样式文件中，先来定义`<div id="centerBg">`标签，然后定义列表的样式。

```
#centerBg {
    width:200px;
```

```
    height:440px;
    background-image:url(../ima
    ges/left_body.gif);
    padding-left: 20px;
}
```

```
}
#leftmain #centerBg dl dd a:hover{
    color: #F60;
        margin-left: 10px;
    text-decoration: none;
}
```

STEP|10 在样式文件中，对该列表进行设置。例如，分别定义\<dl\>标签、\<dt\>标签和\<dd\>标签的样式。

```
#leftmain #centerBg dl {
    margin: 0px;
    padding: 0px;
}#leftmain #centerBg dl dt a {
    color: #144882;
    text-decoration: none;
    margin-left: 10px;
}
#leftmain #centerBg dl dd a {
    color: #144882;
    text-decoration: none;
    margin-left: 10px;
```

STEP|11 在\<div id="buttomBg"\>标签中，添加列表边框的底图片。

```
<div id="buttomBg"><img src="../
images/left_bottom.gif" width=
"220" height="15" />
</div>
```

STEP|12 在样式文件中，再添加对底图片的样式设置。

```
#buttomBg {
    width:220px;
    height:15px;
}
```

21.6 练习：框架集主文件

在框架集中，主文件指右侧显示的内容页面。而该内容是整个网站的核心操作内容，所以称之为"主文件"。其实，在网站中"主文件"是根据单击左侧选择项而发生改变的。

操作步骤 ►►►►

STEP|01 在 page 文件夹中，创建 mian.html 文件，并删除<title>标签及内容。

```
<!DOCTYPE HTML>
<html>
<head>
<meta charset="utf-8">
</head>
<body>
</body>
</html>
```

STEP|02 在 style 文件夹中，创建 page_mian.css 文件，然后，定义<body>标签样式。

```
body, td, th {
    font-size: 12px;
}
body {
    margin-left: 0px;
    margin-top: 0px;
    margin-right: 0px;
    margin-bottom: 0px;
    background-color: #2286c2;
}
```

STEP|03 将 page_mian.css 文件添加到当前的文档中，如添加<link>标签。

```
<link href="../style/page_mian.
css" rel="stylesheet" type="text/
css">
```

STEP|04 在<body>标签中，分别添加多个<div>标签，用来布局内容。

```
<div id="mainBg">
    <div id="topNav"></div>
    <div id="content"></div>
</div>
```

STEP|05 在样式文件中，定义<div id="mainBg">标签的样式。

```
#mainBg {
    width:764px;
```

```
    height:470px;
    margin-bottom: 20px;
    padding-top: 10px;
}
```

STEP|06 在<div id="topNav">标签中，添加表格上面的操作按钮内容。

```
<ul>
    <li><a href="#"><img src="../
    images/nav_10.png" width="90"
    height="31" border="0" /></a>
    </li>
    <li><img src="../images/
    nav_11.png" width="81" height=
    "31" /></li>
    <li><img src="../images/
    nav_12.png" width="79" height=
    "31" /></li>
    <li><img src="../images/
    nav_13.png" width="80" height
    ="31" /></li>
</ul>
```

STEP|07 在样式文件中，分别定义<div id="topNav">标签样式，以及列表的样式内容。

```
#topNav {
    height:31px;
    padding-left: 20px;
}
#mainBg #topNav ul {
    margin: 0px;
    padding: 0px;
    list-style-type: none;
}
#mainBg #topNav ul li {
    float: left;
}
```

STEP|08 在样式文件中，定义<div id="content">标签样式。

```
#content {
    background-image:url(../ima
    ges/mainBg.png);
```

```
background-repeat:no-repeat;
width:744px;
height:445px;
padding-top: 20px;
padding-left: 20px;
}
```

STEP|09 在<div id="content">标签中，添加目录路径内容。

```
<div id="menu">管理首页 &gt; 文章管理
</div>
```

STEP|10 在样式文件中，定义 menu 的样式内容。

```
#menu {
    width:720px;
    height:25px;
    line-height: 25px;
    color: #144882;
    border: 1px solid #c4e7fb;
    margin-bottom: 10px;
}
```

STEP|11 在路径目录下面，添加<div id="tb">标签，用来定义表格内容。

```
<div id="tb"></div>
```

STEP|12 在样式文件中，定义<div id="tb">标签的样式。

```
#tb {
    width:720px;
    margin-bottom: 10px;
}
```

STEP|13 在<div id="tb">标签中，添加<table>标签，即表格内容。

```
<table width="720" border="0"
cellspacing="1" cellpadding="0">
  <tr>
    <td width="5%" height="27"
    align="center" bgcolor=
    "#FFFFFF" class="tdBg">
     </td>
    <td width="32%" align="center"
```

```
bgcolor="#FFFFFF" class=
"tdBg"><strong>文章标题
</strong></td>
    <td width="19%" align="center"
bgcolor="#FFFFFF" class=
"tdBg"><strong>栏 目</strong>
</td>
    <td width="16%" align="center"
bgcolor="#FFFFFF" class=
"tdBg"><strong>作 者</strong>
</td>
    <td width="15%" align="center"
bgcolor="#FFFFFF" class=
"tdBg"><strong>时 间</strong>
</td>
    <td width="13%" align="center"
bgcolor="#FFFFFF" class=
"tdBg"><strong>审 核</strong>
</td>
  </tr>
  <tr>
    <td height="26" align="center"
bgcolor="#FFFFFF"><input
type="checkbox" name=
"checkbox" id="checkbox" />
</td>
    <td align="center" bgcolor=
"#FFFFFF"><a href="#">网页制作
学习指南</a></td>
    <td align="center" bgcolor=
"#FFFFFF">新手上路</td>
    <td align="center" bgcolor=
"#FFFFFF">风雨</td>
<td align="center" bgcolor=
"#FFFFFF">2009-9-23</td>
    <td align="center" bgcolor=
"#FFFFFF">是</td>
  </tr>
  <tr>
    <td height="26" align="center"
bgcolor="#FFFFFF"><input
type="checkbox" name=
"checkbox2" id="checkbox2" />
</td>
    <td align="center" bgcolor=
```

```
"#FFFFFF"><a href="#">网页设计
的 10 个小秘诀</a></td>
  <td align="center" bgcolor=
"#FFFFFF">制作技巧</td>
  <td align="center" bgcolor=
"#FFFFFF">星空之夜</td>
<td align="center" bgcolor=
"#FFFFFF">2009-9-22</td>
  <td align="center" bgcolor=
"#FFFFFF">是</td>
</tr>
<tr>
  <td height="26" align="center"
bgcolor="#FFFFFF"><input
type="checkbox" name=
"checkbox3" id="checkbox3" />
</td>
  <td align="center" bgcolor=
"#FFFFFF"><a href="#">看图学配
色艺术，学习设计</a></td>
  <td align="center" bgcolor=
"#FFFFFF">网页配色</td>
  <td align="center" bgcolor=
"#FFFFFF">漫漫</td>
<td align="center" bgcolor=
"#FFFFFF">2009-9-22</td>
  <td align="center" bgcolor=
"#FFFFFF">是</td>
</tr>
<tr>
  <td height="26" align="center"
bgcolor="#FFFFFF"><input
type="checkbox" name=
"checkbox4" id="checkbox4" />
</td>
  <td align="center" bgcolor=
"#FFFFFF"><a href="#">HTML5
的使命与承诺</a></td>
<td align="center" bgcolor=
"#FFFFFF">HTML 教程</td>
  <td align="center" bgcolor=
"#FFFFFF">秋天</td>
<td align="center" bgcolor=
"#FFFFFF">2009-9-23</td>
  <td align="center" bgcolor=
```

```
"#FFFFFF">是</td>
</tr>
<tr>
  <td height="26" align="center"
bgcolor="#FFFFFF"><input
type="checkbox" name=
"checkbox5" id="checkbox5" />
</td>
  <td align="center" bgcolor=
"#FFFFFF"><a href="#">CSS 样式
表与 HTML 网页的关系</a></td>
  <td align="center" bgcolor=
"#FFFFFF">DIV+CSS</td>
  <td align="center" bgcolor=
"#FFFFFF">小冰</td>
<td align="center" bgcolor=
"#FFFFFF">2009-9-21</td>
  <td align="center" bgcolor=
"#FFFFFF">是</td>
</tr>
<tr>
  <td height="26" align="center"
bgcolor="#FFFFFF"><input
type="checkbox" name=
"checkbox6" id="checkbox6" />
</td>
  <td align="center" bgcolor=
"#FFFFFF"><a href="#">在 WAP 网
站上建立反馈表单</a></td>
  <td align="center" bgcolor=
"#FFFFFF">WAP 网站教程</td>
  <td align="center" bgcolor=
"#FFFFFF">爱好者</td>
<td align="center" bgcolor=
"#FFFFFF">2009-9-20</td>
  <td align="center" bgcolor=
"#FFFFFF">是</td>
</tr>
<tr>
  <td height="26" align="center"
bgcolor="#FFFFFF"><input
type="checkbox" name=
"checkbox7" id="checkbox7" />
</td>
  <td align="center" bgcolor=
```

```
"#FFFFFF"><a href="#">通过
Dreamweaver 学习了解 CSS</a>
</td>
<td align="center" bgcolor=
"#FFFFFF">Dreamweaver</td>
<td align="center" bgcolor=
"#FFFFFF">宁宁</td>
<td align="center" bgcolor
="#FFFFFF">2009-9-23</td>
    <td align="center" bgcolor=
    "#FFFFFF">是</td>
</tr>
<tr>
    <td height="26" align="center"
    bgcolor="#FFFFFF"><input
    type="checkbox" name=
    "checkbox8" id="checkbox8" />
    </td>
    <td align="center" bgcolor=
    "#FFFFFF"><a href="#">404 页面
设计全攻略</a></td>
    <td align="center" bgcolor=
    "#FFFFFF">制作技巧</td>
    <td align="center" bgcolor
    ="#FFFFFF">阿军</td>
<td align="center" bgcolor=
"#FFFFFF">2009-9-21</td>
    <td align="center" bgcolor=
    "#FFFFFF">是</td>
</tr>
<tr>
    <td height="26" align="center"
    bgcolor=
"#FFFFFF"><input type="checkbox"
name="checkbox9" id="checkbox9" />
</td>
    <td align="center" bgcolor=
    "#FFFFFF"><a href="#">个人网页
    制作的方式有哪些</a></td>
    <td align="center" bgcolor=
    "#FFFFFF">新手上路</td>
    <td align="center" bgcolor=
    "#FFFFFF">小浩子</td>
<td align="center" bgcolor=
"#FFFFFF">2009-9-20</td>
```

```
    <td align="center" bgcolor=
    "#FFFFFF">是</td>
</tr>
<tr>
    <td height="26" align="center"
    bgcolor="#FFFFFF"><input
    type="checkbox" name=
    "checkbox10" id="checkbox10" />
</td>
    <td align="center" bgcolor=
    "#FFFFFF"><a href="#">网页设计
    色彩搭配宝蓝色的介绍</a></td>
    <td align="center" bgcolor=
    "#FFFFFF">网页配色</td>
    <td align="center" bgcolor=
    "#FFFFFF">星星</td>
<td align="center" bgcolor=
"#FFFFFF">2009-9-23</td>
    <td align="center" bgcolor=
    "#FFFFFF">是</td>
</tr>
</table>
```

STEP|14 在样式文件中，分别定义表单中各行、列、文件的样式。

```
table {
    background-color:#BBD3EB;
}
.tdBg{
    background-image:url(../im
    ages/index1_72.gif);
}
a {
    color: #144882;
    text-decoration: none;
}
a:hover {
    color: #F60;
}
```

STEP|15 在表格下面添加<div id="bj">标签，用来定义表格下面的操作按钮。

```
<div id="bj"></div>
```

STEP|16 在样式文件中，添加<div id="bj">标签的

样式内容。

```
#bj {
    width:720px;
    margin-top: 10px;
    margin-right: auto;
    margin-bottom: 10px;
    margin-left: auto;
    height: 31px;
}
```

STEP|17 在<div id="bj">标签中，添加按钮列表内容。

```
<ul>
    <li><a href="javascript:
    void(null);"><img src="../
    images/add.gif" width="74"
    height="31" border="0" /></a>
    </li>
    <li><a href="#"><img src="../
    images/edit.gif" width="74"
```

```
    height="31" border="0" /></a>
    </li>
    <li><a href="#"><img src="../
    images/del.gif" width="74"
    height="31" border="0" /></a>
    </li>
</ul>
```

STEP|18 在样式文件中，定义列表样式效果，并且并排显示。

```
#mainBg #content #bj ul {
    margin: 0px;
    padding: 0px;
    list-style-type: none;
}
#mainBg #content #bj ul li {
    float: left;
    width: 74px;
    padding-left: 20px;
    height: 50px;
}
```